Landscape 3: una sintesi di elementi diacronici

About Access Archaeology

Access Archaeology offers a different publishing model for specialist academic material that might traditionally prove commercially unviable, perhaps due to its sheer extent or volume of colour content, or simply due to its relatively niche field of interest. This could apply, for example, to a PhD dissertation or a catalogue of archaeological data.

All *Access Archaeology* publications are available as a free-to-download pdf eBook and in print format. The free pdf download model supports dissemination in areas of the world where budgets are more severely limited, and also allows individual academics from all over the world the opportunity to access the material privately, rather than relying solely on their university or public library. Print copies, nevertheless, remain available to individuals and institutions who need or prefer them.

The material is refereed and/or peer reviewed. Copy-editing takes place prior to submission of the work for publication and is the responsibility of the author. Academics who are able to supply print-ready material are not charged any fee to publish (including making the material available as a free-to-download pdf). In some instances the material is type-set in-house and in these cases a small charge is passed on for layout work.

Our principal effort goes into promoting the material, both the free-to-download pdf and print edition, where *Access Archaeology* books get the same level of attention as all of our publications which are marketed through e-alerts, print catalogues, displays at academic conferences, and are supported by professional distribution worldwide.

The free pdf download allows for greater dissemination of academic work than traditional print models could ever hope to support. It is common for a free-to-download pdf to be downloaded hundreds or sometimes thousands of times when it first appears on our website. Print sales of such specialist material would take years to match this figure, if indeed they ever would.

This model may well evolve over time, but its ambition will always remain to publish archaeological material that would prove commercially unviable in traditional publishing models, without passing the expense on to the academic (author or reader).

Landscape 3: una sintesi di elementi diacronici

Uomo e ambiente nel mondo antico: un equilibrio possibile?

F. Carbotti, D. Gangale Risoleo,
E. Iacopini, F. Pizzimenti,
I. Raimondo

CARDIN

Access Archaeology

ARCHAEOPRESS PUBLISHING LTD
Summertown Pavilion
18-24 Middle Way
Summertown
Oxford OX2 7LG
www.archaeopress.com

ISBN 978-1-80327-700-4
ISBN 978-1-80327-701-1 (e-Pdf)

Cover image: Caccia all'orso, dettaglio (inv. MCR 3665 - Roma, Museo della Civiltà Romana). © Roma, Sovrintendenza Capitolina ai Beni Culturali.

Centro Studi
per l'Archeologia dell'Adriatico

This book is available direct from Archaeopress or from our website www.archaeopress.com

About Cardini by Groma

Cardini by Groma is the double-blind peer-reviewed monograph series of the Open Access journal *Groma. Documenting Archaeology.*

Groma was founded in 2007 with the desire to share original methodological perspectives and new research approaches in archaeology. The name of the journal was derived from the *groma*, the Roman land surveying instrument, and it clearly expresses the deliberate connection between antiquity and technology, the double focus of the journal. An initial close connection with the *Centro Studi per l'Archeologia dell'Adriatico*, based in Ravenna, played a significant role in defining the main geographic scope of the published articles, with a particular focus on the Adriatic and Ionian region.

The monographic series of *Cardini by Groma* fully embraces the spirit of the journal and further extends it to new research themes, other than methodology, by also removing any strict geographical limit. The *Cardini* series is also aimed at offering an opportunity to young researchers at the beginning of their academic careers to publish their original research, while guaranteeing the high scientific quality of the publications.

As a synthesis of these features, the proceedings of the *Landscape* conference published in the present volume are a new and valuable addition to the publications included in the monographic series.

The series *Cardini by Groma* is edited by:

Enrico Giorgi, Julian Bogdani

The editorial board comprises:

Davide Gangale Risoleo, Ippolita Raimondo, Federica Carbotti, Veronica Castignani

Previous issues in the series:

Tarlano, F. (ed.), 2010. *Il territorio grumentino e la valle dell'Agri nell'antichità. Atti della Giornata di studi. Grumento Nova (Potenza, 25 aprile 2009)*. Bologna: Bradypus.

Giorgi, E. and E. Vecchietti (eds.), 2014. *Il castello oltre le mura. Ricerche archeologiche nel borgo e nel territorio di Acquaviva Picena (Ascoli Piceno)*. Bologna: Bradypus.

Bogdani, J., 2019. *Archeologia e tecnologie di rete: metodi, strumenti e risorse digitali*. Bologna: Bradypus.

Sommario

Dalla Topografia Antica all'Archeologia dei Paesaggi passando per Bologna

Con la terza edizione di *Landscape: una sintesi di elementi diacronici*, quella che può essere considerata a buon diritto una bella tradizione della Topografia Antica, anche per merito della puntuale edizione degli atti, è approdata finalmente all'Università di Bologna, affrontando il tema, caro alla tradizione di studi dell'ateneo felsineo, del rapporto tra uomo e ambiente nel mondo antico.

Il convegno è stato l'esito della proficua collaborazione tra i membri del comitato scientifico, composto da Federica Boschi, Stefano Campana, Giuseppe Ceraudo, Paolo Liverani e Maria Luisa Marchi, e del comitato organizzatore, composto da Davide Gangale Risoleo, Eleonora Iacopini, Francesco Pizzimenti e Ippolita Raimondo.

L'evento è stato inaugurato a Bologna il 5 maggio in Aula Prodi, nel complesso di San Giovanni in Monte sede principale del Dipartimento di Storia Culture Civiltà, dalla direttrice Francesca Sofia e da Paolo Liverani, presidente della Consulta Universitaria di Topografia Antica, che aveva già tenuto a battesimo la prima edizione del 2019.

Il secondo giorno, ossia il 6 maggio, si è svolto nella sede ravennate di Casa Traversari e i lavori sono stati aperti da Antonio Curci, responsabile dell'unità organizzativa di Ravenna, dalla Soprintendente locale Federica Gonzato e da chi scrive affiancato da Federica Boschi, in rappresentanza del Centro Studi per l'Archeologia dell'Adriatico.

In questa occasione, al tradizionale patrocinio della Consulta Universitaria di Topografia Antica, si è aggiunto quello del centro studi, grazie al generoso sostegno assicurato dalla Fondazione Flaminia per l'Università in Romagna, oltre che dalla stessa Università di Bologna.

A tal proposito, si coglie quest'occasione per ringraziare la Commissione Ricerca del Dipartimento di Storia Culture Civiltà e il suo presidente Claudio Minca, il Direttivo del Centro Studi per l'Archeologia dell'Adriatico e in particolare Elena Maranzana, e soprattutto la Fondazione Flaminia e la presidente Mirella Falconi.

Assolto con piacere questo pegno di gratitudine, voglio però tornare sul passaggio iniziale, ossia l'approdo di *Landscape 3* all'Università di Bologna, dopo la citata prima edizione pisana e la seconda foggiana accolta da Maria Luisa Marchi. Al di là dell'opportuna alternanza di sedi ben distribuite geograficamente lungo la penisola, l'edizione bolognese mi sta particolarmente a cuore, non solo perché mi ha coinvolto direttamente, ma anche perché ha contribuito a riportare l'attenzione sulla Topografia Antica in quella che penso possa essere ricordata come una delle sedi storiche della disciplina, se non altro grazie al lavoro magistrale di Nereo Alfieri, fondatore della cattedra bolognese all'inizio degli anni Sessanta del secolo scorso. Ma lo ha fatto con lo spirito dei tempi, parlando di quell'archeologia dei paesaggi evocata dalla formula anglofona del titolo, che per molti di noi rappresenta un'opportunità attuale di declinazione della disciplina, vicina a tematiche metodologiche ma saldamente radicata nella tradizione italiana della Topografia Antica.

Ground truthing, remote sensing, environmental archaeology, solo per citare qualcuna delle locuzioni che mi pare godano di maggior fortuna internazionale, sottendono idee, metodi e tecniche di ricerca presenti sin dagli albori della topografia, seppure continuamente rinnovati per il necessario adeguamento richiesto dal costante sviluppo metodologico. Ma non è forse questo che Nereo Alfieri seppe mettere in campo, o meglio in aria, a Spina, certo forte delle ben più note esperienze internazionali, ma certamente adeguandole in maniera originale al contesto padano? Allora la fotografia aerea, più recentemente le immagini satellitari e la geofisica, oggi le analisi paleo-ambientali e i sensori trasportati da droni, sono tutte innovazioni tecnologiche con le quali ci confrontiamo quotidianamente. La disponibilità di nuovi strumenti ha permesso nuove domande di ricerca e necessariamente ha cambiato la disciplina. Questo è un argomento sui cui ho maturato profonda convinzione grazie al confronto con Stefano Campana già al tempo del workshop sul ruolo delle tecnologie nella formazione dell'archeologo, che si tenne nel 2008 proprio in Aula Prodi e fu concluso da Daniele Manacorda[1].

Interesse verso il confronto metodologico e approccio topografico mi pare siano alla base di alcuni aspetti centrali anche nel mestiere dell'archeologo, ad esempio nell'ambito dell'Archeologia Preventiva, che pure rappresenta un terreno d'incontro fertile tra diverse tradizioni dell'archeologia che dovrebbero rafforzarsi anche per mezzo del dialogo con le consulte universitarie, le associazioni professionali e i colleghi del Ministero.

Topografia, metodologia, archeologia professionale sono dunque alcuni degli ingredienti caratteristici che emergono anche dalla pluralità di voci dei partecipanti al convegno. Tuttavia, l'interesse per alcune linee di ricerca tradizionali mi pare sia rimasto intatto, e questo è testimoniato dal tema individuato per questo stesso convegno dedicato al rapporto tra uomo e ambiente nel mondo antico e alla ricerca di un equilibrio possibile. Un tema fondante, dunque, declinato in maniera attuale, cercando di volgere verso l'antico quell'attenzione per l'ambiente che necessariamente caratterizza i nostri Tempi.

Nel corso del convegno, il tema generale è stato affrontato in cinque sessioni (urbanistica, vie di comunicazione, confronto metodologico, gestione delle risorse e poster), coordinate rispettivamente da Stefano Campana, Giuseppe Ceraudo, Frank Vermeulen, Maria Luisa Marchi e Cristina Corsi. Le comunicazioni sulle vie d'acqua di Stefano Medas, sull'archeologia digitale di Julian Bogdani, sull'urbanistica di Populonia di Andra Camilli sono state esemplari e hanno rappresentato un viatico necessario per orientare la discussione. Le ulteriori numerose comunicazioni di altri colleghi di vari istituti di ricerca nazionali e internazionali e di tanti giovani ricercatori, come previsto nello spirito del progetto, hanno tutte fornito ottime occasioni per aggiornare e arricchire il patrimonio delle nostre conoscenze, tenendo perfettamente fede alle migliori aspettative degli organizzatori.

Con Landscape 3, inoltre, i frutti delle giornate di lavoro trovano edizione nell'ambito dei Cardini, una collana sorta nell'ambito della rivista *Groma. Documenting Archaeology* e questo è per me motivo ulteriore di soddisfazione che speriamo possa fare da viatico per una prospettiva di lungo corso[2].

In conclusione resta un ultimo ringraziamento particolarmente sentito nei confronti di Davide Gangale Risoleo e Ippolita Raimondo, promotori di questo incontro e ideatori del progetto Landscape, per avermi coinvolto in un passaggio di questa bella avventura che sono sicuro essere destinata a continuare a crescere, data la bontà dell'idea iniziale. Promuovere gli studi dei ricercatori, che con rare eccezioni sarebbe bene fossero sempre giovani se non nell'anagrafe almeno nella maniera di affrontare le sfide

---

[1] Quel dibattito, al quale partecipò anche Daniele Manacorda, è poi confluito nel secondo volume della vecchia serie di Groma ed è ancora consultabile sull'attuale pagina web della nuova serie della rivista (https://groma.unibo.it/). Il nome stesso della rivista, plasmato sul noto strumento agrimensorio romano, che accoglie nel suo *advisory board* topografi, archeologi del paesaggio e metodologi, vuole alludere al tentativo di coniugare tecnologia e interesse per l'antico.

[2] Per una review delle edizioni precedenti si rimanda a https://archeopress.com/ojs/index.php/groma.

scientifiche, attraverso un'iniziativa gestita dagli stessi protagonisti è un'idea tanto semplice da essere innovativa perché, temo, troppo poco praticata. Il loro esempio è stato per me decisamente formativo.

Le osterie di Bologna e Ravenna, come da buona consuetudine dopo le giornate di convegno, hanno rappresentato un secondo palcoscenico serale per continuare le nostre discussioni in un'atmosfera piacevole, che mi ha dato maniera di conoscerli meglio e di apprezzare sinceramente l'energia che loro stessi e gli altri giovani ricercatori mettono in campo quotidianamente per portare avanti una tradizione di ricerche che ancora ci appassiona tutti.

Enrico Giorgi

Docente di Archeologia dei Paesaggi e della Città

Alma Mater Studiorum Università di Bologna

Presidente del Centro Studi per l'Archeologia dell'Adriatico di Ravenna

Membro della Giunta della Consulta Universitaria di Topografia Antica

Introduzione

Landscape: la storia di un progetto (2019-2023)

La serie di convegni *Landscape: una sintesi di elementi diacronici* è un progetto nato nell'ambito del dottorato di ricerca in Scienze dell'Antichità e Archeologia che associa le tre università toscane: Pisa, Firenze e Siena.

Attraverso la partecipazione ad un bando espressamente diretto a finanziare iniziative organizzate dai dottorandi dell'Università di Pisa[1] abbiamo avuto l'opportunità di creare un contenitore che nel corso degli anni ha permesso a giovani ricercatori di mettere in discussione e accrescere le proprie competenze.

Il primo fortunato esordio[2], da noi promosso in qualità di dottorandi, ha generato l'idea di riproporre l'evento annualmente in altre sedi – una volta al nord e una volta al sud–, con l'auspicio di trasformarlo in un appuntamento fisso per giovani studiosi di topografia antica ed archeologia dei paesaggi, con il coinvolgimento preminente della Consulta Universitaria di Topografia Antica.

Fin dalla prima edizione è stato dato spazio alle ricerche di carattere territoriale e topografico avviate da dottorandi, e da giovani ricercatori, accogliendole all'interno di una proiezione diacronica (senza imporre perimetri temporali) e ponendole a confronto da un lato con quelle di altri giovani ricercatori – per gettare le basi per un futuro *network* di relazioni scientifiche – e dall'altro con studiosi più esperti, i quali con i loro consigli hanno saputo fornire nuovi e interessanti spunti di riflessione.

Inoltre, il convegno ha cercato di offrire ai partecipanti un palcoscenico dove cimentarsi nel *public speaking*. Infatti, divulgare, fare rete e saper confrontarsi con qualsiasi tipo di pubblico, sono competenze che si acquisiscono soltanto con molto esercizio; creare una palestra dove poter affinare tali capacità è stato sin da subito uno dei nostri obiettivi. Dopotutto, è indubbio che una chiara esposizione permetta di trasformare una ricerca che nasce da un'intuizione personale in un messaggio universale.

Il convegno ha offerto questo spazio, divenendo un banco di prova per coloro che per la prima volta si sono trovati a presentare i risultati delle proprie ricerche.

Nel tempo abbiamo cercato di conservare la struttura generale dell'iniziativa, organizzata intorno a quattro sessioni, ognuna delle quali è aperta da un *keynote speaker* invitato per l'occasione e quattro linee di ricerca principali: urbanistica, viabilità, paesaggio, metodologia. Annualmente i partecipanti sono stati invitati - attraverso una *call* pubblica - a proporre degli interventi su un tema sempre differente, indagato attraverso le lenti della topografia antica. La partecipazione è sempre stata gratuita.

Attraverso questi incontri è stato possibile aprire una finestra sullo stato della ricerca contemporanea nel campo della Topografia Antica - condotta attraverso l'ausilio di nuove metodologie di indagine

---

[1] La prima edizione è stata allestita grazie alla vittoria di un bando dell'Università di Pisa: Iniziative PhD2019 (decreto rettorale n. 50133 del 15 maggio 2019, repertorio 812/2019).

[2] Per la posa di questo primo mattone del progetto sentiamo di dovere ringraziare: Giuseppe Ceraudo, Maria Luisa Marchi, Paolo Liverani, Simonetta Menchelli e Stefano Campana.

(*remote* e *proximal sensing*) unite ad altre ormai consolidate, che seppur tradizionali, conservano ancora la propria efficacia - all'interno di un dialogo virtuoso tra passato, presente e futuro della disciplina.

La prima edizione, dal titolo *Nuove metodologie per l'analisi di un territorio*, si è svolta presso l'Università di Pisa dal 24 al 25 ottobre 2019. Ha visto il coinvolgimento di studiosi di rilevanza internazionale, tra i quali Amanda Claridge, Giuseppe Ceraudo, Martin Millett e Frank Vermeulen. Gli atti della prima edizione sono confluiti in un volume edito nel 2021[3].

La seconda edizione, dal titolo *Crisi e resilienza nel mondo antico*, si sarebbe dovuta svolgere presso l'Università di Foggia dal 26-27 febbraio 2021, tuttavia, le restrizioni previste per il contrasto alla pandemia hanno imposto lo svolgimento delle attività da remoto. Per l'organizzazione delle attività, oltre agli autori della prima edizione, ha contribuito Giovanni Forte. La realizzazione di questa seconda edizione è stata resa possibile grazie al supporto dell'Università di Foggia, del Comune di Pietramontecorvino e di Maria Luisa Marchi.

Il convegno ha visto la partecipazione di Tesse Stek, Stefania Quilici Gigli, Simonetta Menchelli e Danilo Leone. Gli atti della seconda edizione sono confluiti in un volume edito nel 2022[4].

La terza edizione: le ragioni di questo volume

La terza edizione, dal titolo *Uomo e ambiente nel mondo antico: un equilibrio possibile?*, è stata allestita in collaborazione con l'Università di Bologna dal 5 al 6 maggio 2022, e le attività si sono svolte sia a Bologna che a Ravenna. Per l'organizzazione delle attività, oltre agli autori della prima edizione, hanno contribuito Francesco Pizzimenti ed Eleonora Iacopini. Inoltre, sentiamo di dover ringraziare per il supporto: la Fondazione Flaminia, il Centro Studi per l'Archeologia dell'Adriatico, Enrico Giorgi e Federica Boschi.

Il convegno ha visto la partecipazione di Stefano Medas, Julian Bogdani e Andrea Camilli.

Questo volume raccoglie gli atti di queste due giornate e coloro che sono intervenuti sono stati invitati ad affrontare una tematica estremamente attuale e che pervade in modo sempre più evidente il presente e il futuro dell'umanità. Una sfida colta anche dalla comunità dei ricercatori, che di fatto ha iniziato a ripensare un mondo sempre più eco-sostenibile, che sappia convivere con l'ambiente circostante rispettando gli equilibri ecologici. Un obiettivo che non a caso ritroviamo anche nelle linee guida di *Horizon* 2020.

Le ricerche presentate durante il convegno hanno affrontato il tema cercando di storicizzarlo, proiettando nelle società del passato le sfide del presente e cercando di rispondere all'invito provocatorio del titolo del convegno: è mai esistito un equilibrio tra uomo e natura? L'obiettivo principale è stato quello di verificare il livello di consapevolezza ecologica insito nelle società antiche ed individuare le eventuali soluzioni messe in atto, cercando di rispondere a due domande in particolare: quali sono state le scelte (politiche, economiche, sociali) attuate durante le variazioni climatiche e come quest'ultime erano percepite dalle società antiche? Queste scelte erano dettate da una consapevolezza di tipo "ambientalista", oppure prevaleva una finalità meramente utilitaristica?

---

[3] Gangale Risoleo D. and I. Raimondo (eds) 2021. *Landscape: una sintesi di elementi diacronici. Metodologie a confronto per l'analisi di un territorio*. Oxford: BAR International Series 3047.

[4] Marchi M.L., G. Forte, D. Gangale Risoleo and I. Raimondo (eds) 2022. *Landscape 2: una sintesi di elementi diacronici. Crisi e resilienza nel mondo antico*. Venosa: Osanna Edizioni.

I vari contributi sono stati raggruppati in quattro sezioni (urbanistica, viabilità, metodologia, gestione delle risorse e del territorio), riproponendo una schematizzazione già adottata nelle edizioni precedenti, con l'obiettivo di declinare l'argomento attraverso il confronto di approcci differenti e proponendo riflessioni di carattere metodologico.

La prima sezione è stata sviluppata attraverso un'analisi dettagliata del rapporto uomo-ambiente, ponendo particolare attenzione ai fattori geomorfologici che hanno guidato le scelte insediative, insieme a quelle ambientali ed economiche, talvolta determinando una dislocazione consapevole dei quartieri sulla base della loro specializzazione. I contributi proposti coprono un arco cronologico ampio, che arriva al basso medioevo, lungo tutta la penisola italiana: dalla Toscana alla Sicilia.

Nella seconda sezione sono stati considerati i medesimi fattori della precedente, ma proiettati esclusivamente sulle vie di comunicazione, cercando di comprendere le scelte progettuali (di carattere economico, geomorfologico, storico) da quali scelte siano scaturite. I tre contributi illustrano vari casi studio riguardanti la viabilità terrestre e quella fluviale, nel contesto dell'Italia settentrionale e della Sicilia meridionale.

La terza sezione ha un carattere interdisciplinare e metodologico. Illustra, infatti, alcuni esempi virtuosi, in cui il confronto tra la ricerca archeologica e altre discipline scientifiche ha portato a nuove soluzioni interpretative, dimostrando come la "contaminazione" sia un processo estremamente efficace nel campo della ricerca. In questa sezione l'archeologia dialoga con la geofisica, la geografia, la geomorfologia e gli strumenti informatici figli di queste discipline (es. GPR, LVL, EMI, GIS, LIDAR).

La quarta sezione mira alla comprensione delle necessità connesse al reperimento delle risorse da parte delle società del passato e soprattutto alla loro gestione, riflettendo alla domanda principale del volume: queste attività coincidevano con la volontà di tutelare l'ambiente circostante? I casi studio proposti coprono un arco cronologico estremamente ampio, che va dall'età del Bronzo al XV secolo, collocati all'interno del panorama mediterraneo (Italia, Albania, Grecia, Egitto).

Bilanci e prospettive future

Mentre scriviamo questa introduzione è in fase di allestimento la quarta edizione che avrà luogo a Lecce in collaborazione con l'Università del Salento, intitolata *Pianificazione e mondo antico: tra i dogmi del passato e le interpretazioni recenti*. Altri nuovi colleghi hanno scelto di sposare la causa e stanno contribuendo alla realizzazione di questa nuova edizione: Giulia D'Alessio, Stefano De Nisi, Cesare Felici, Stefania Pesce.

Cercando di riassumere in numeri ciò che è stato fatto, possiamo ricordare che sono stati invitati dodici *keynote speaker* (provenienti da Università italiane e straniere); sono stati coinvolti undici docenti – provenienti da varie Università italiane – in qualità di membri del Comitato Scientifico; hanno partecipato attivamente quattro Università italiane (Università di Pisa, Università di Foggia, Università di Bologna, Università del Salento).

Dal 2019 ad oggi il progetto ha coinvolto in totale nove persone nell'organizzazione del progetto e auspichiamo che nel futuro la rete possa allargarsi. *Landscape* è ormai divenuta una piattaforma consolidata, messa a disposizione dei giovani ricercatori che hanno voglia di cimentarsi per la prima volta nell'organizzazione di un convegno.

Tuttavia, il traguardo che riteniamo più importante è quello di aver accolto ben sessantotto contributi e di aver posto le basi per dare vita a una rete di contatti, coinvolgendo centoventotto colleghi, alcuni dei quali hanno anche avuto l'opportunità di pubblicare i risultati delle loro ricerche nei due volumi editi.

In questi numeri è riassunto il fine ultimo di questo progetto: connettere, confrontare, condividere.

Adesso la sfida più grande è riuscire a mantenerlo vivo, garantendone la continuità. Siamo certi che grazie al supporto della Consulta Universitaria di Topografia Antica, dei docenti che ne fanno parte e di tutti i colleghi – soprattutto dei più giovani che si stanno approcciando adesso alla disciplina – riusciremo a perseguire questo obiettivo.

Davide Gangale Risoleo
(Università della Calabria)

Ippolita Raimondo
(Progettista Archeologa - Italferr S.p.A.)

Sezione I
Urbanistica

Topografia dei paesaggi urbani e ambiente.

Stefano Campana
(Università degli Studi di Siena)

Le società urbanizzate sono state caratteristiche della maggior parte della regione mediterranea, nel Levante almeno dall'ultima parte del IV millennio a.C., nell'Egeo dal 2000 a.C. circa, e negli ultimi due millenni e mezzo nel resto dell'area mediterranea. In epoca romana sono poco meno di 450 i centri urbani noti sparsi in tutta la penisola italiana, dei quali circa un terzo, mostra evidenze di essere stato abitato in un modo o nell'altro da popoli preromani. L'architettura e l'urbanistica nelle città antiche del Mediterraneo si prestano molto bene all'indagine. In virtù del loro complesso contesto sociale, economico e politico, della loro importanza storico-monumentale, del loro valore artistico e, in molti casi, della loro facile accessibilità, i ruderi dei loro monumenti e delle relative strutture, hanno sempre attratto il fascino e lo studio di coloro che vissero o intrapresero viaggi culturali nell'area mediterranea. Da un punto di vista archeologico è possibile distinguere due tipologie di contesti urbani: città abbandonate, oggi spesso situate in contesti rurali, o paesaggi urbani a continuità di vita e quindi contesti che non hanno mai cessato di essere città.

In questa sessione sono presentati una serie di contributi che interessano contesti a non continuità di vita, stutati tra l'Italia centrale e meridionale in cinque regioni, Toscana, Umbria, Basilicata, Puglia e Sicilia. Le tematiche principali, spesso condivise dai diversi articoli, sono coerenti con l'indirizzo principale del convegno, rivolto al rapporto tra società antiche e ambiente. In particolare, i contributi trattano la relazione tra città e infrastrutture, con una specifica attenzione verso la gestione delle acque (approvvigionamento, distribuzione e/o smaltimento) ma anche verso le caratteristiche geologiche, geomorfologiche e le trasformazioni dell'uso del suolo.

I contributi non si dilungano in eccessive spiegazioni sulle metodologie impiegate ma condividono tutti le solide basi delle lunghe tradizioni di studi della topografia antica e della *landscape archaeology* che, fin dalle loro origini moderne, hanno dialogato intensamente influenzandosi reciprocamente, fino a compiere, negli ultimi decenni, un progressivo processo di osmosi che rende non sempre ovvia la distinzione dei due approcci, qualora ve ne sia ancora una. Al loro interno però non mancano differenze anche significative di metodo e prospettive di ricerca in qualche modo rappresentative della complessità della materia. Il tema del rapporto uomo ambiente, sebbene non sia esattamente originale, è di grande interesse, poiché fa emergere l'opportunità di leggere, secondo una prospettiva di sicura attualità, l'integrazione tra lo sviluppo urbano con i rispettivi contesti e una serie di problematiche centrali, tra le quali spicca la gestione delle acque.

Il contributo di Giacomo Antonelli, tramite un approccio squisitamente topografico e di impostazione piuttosto tradizionale, basato su una profonda conoscenza diretta del territorio in esame, descrive con grande efficacia il rapporto simbiotico tra lo sviluppo della città di *Ocriculum* (Umbria) e il contesto ambientale in cui sorge nonché la straordinaria continuità di alcune scelte e opere ancora attive: si pensi al canale sotterraneo dove tutt'oggi scorre il rio San Vittore. Qui il rapporto tra la topografia degli insediamenti e delle infrastrutture, con grandi corsi d'acqua, fiumi minori, risorse del territorio, risulta del tutto organico grazie ad un'analisi dettagliata dei diversi elementi e a un'ottima capacità di ampliare lo sguardo per fornire una visione d'insieme nella quale collocare i numerosi elementi descritti dall'autore. Ciò è reso possibile anche da un ricco corredo di illustrazioni cartografiche che rendono più agevole la lettura.

Il lavoro di Giovanni Polizzi è parte di un progetto internazionale, *"Water Traces between Mediterranean and Caspian Seas before 1000 AD: From Resource to Storage"*, diretto dalla prof.ssa Sophie Bouffier e caratterizzato da una spiccata impronta interdisciplinare. Tra gli esiti delle attività svolte a Tindari (Sicilia), di particolare interesse è lo sviluppo di un protocollo per il discrimine di sorgenti attualmente non più attive ma in uso nell'antichità. Non mancano significative considerazioni sui rapporti topografici tra l'acqua (sorgente, siti di stoccaggio e distribuzione) e la forma urbana; di grande interesse sono le letture di come trasformazioni ambientali e, o insediative, (o entrambe) nel corso del tempo hanno reso necessaria la realizzazione di un acquedotto, forse attribuibile all'epoca ellenistico-romana.

L'articolo di Gianluca Mastrocinque e Marco Campese su Egnazia (Puglia), rappresenta uno degli esiti di un progetto di lungo, corso attivo dal 2001. In questo caso il tema centrale è l'acqua. Un recente intervento di scavo di un nuovo settore della città, situato in una zona periferica, ha permesso l'identificazione di un'area aperta quadrangolare destinata alla raccolta dell'acqua piovana. Questa struttura chiusa da una imponente canalizzazione è collegata alla galleria ipogea a quattro bracci tradizionalmente indicata come 'criptoportico'. Altri elementi funzionali alla raccolta delle acque meteoriche o a pozzi, sono stati individuati nelle vicinanze del circuito murario e all'interno della città. L'analisi di queste strutture e in particolare i depositi ceramici provenienti dagli strati di obliterazione, consentono agli autori di formulare una interessante lettura diacronica (tra I secolo d.C. e VI d.C.) delle trasformazioni della rete di approvvigionamento delle acque alla città e del rapporto tra spazi idrici comunitari e pozzi pertinenti a singole unità abitative.

La ricerca presentata da Prospero Cirigliano è parte di un progetto più ampio e di lungo corso (http://www.emptyscapes.org) che affronta lo studio delle trasformazioni diacroniche di una porzione di territorio che per lungo tempo è stato il suburbio della città di Roselle (Toscana), diventando forse già dalla tarda antichità e poi sicuramente nel corso dell'alto medioevo, uno spazio di sperimentazione dei diversi poteri. In questo spazio hanno agito e si sono confrontate aspramente aristocrazie laiche ed ecclesiastiche e non possiamo escludere la presenza di interessi e possessi regi. I segni presenti nel territorio sono numerosi e del tutto inusuale, almeno per quest'area, è il ritmo con cui vengono fondati e abbandonati insediamenti e spazi culturali; un fenomeno che rappresenta un chiaro indicatore della instabilità e della forte competizione. Anche in questo caso il rapporto con l'ambiente svolge un ruolo fondamentale che viene esplorato, anche se in modo ancora preliminare dall'autore, in relazione alla grande collina di Moscona, posta immediatamente a sud della città di Roselle e sulla quale si trovano tracce di fasi precedenti e successive all'occupazione della città.

Chiude la sessione il contributo di Francesco Tarlano e Priscilla Sofia Dastoli che analizza il rapporto tra le dinamiche insediative nel territorio dell'alta Val d'Agri (Basilicata) e alcuni aspetti strutturali del paesaggio. Questo contributo, a differenza dei precedenti, non è indirizzato alla discussione delle caratteristiche dell'ambiente e dello spazio urbano o suburbano, bensì allo studio diacronico (dal neolitico all'età contemporanea) di un ampio territorio rurale, polarizzato in età romana intorno alla città di *Grumentum* mentre nel medioevo e in età moderna, intorno a un maggior numero di luoghi centrali. Il contributo si spinge a descrivere e commentare anche le trasformazioni più recenti che hanno avuto un impatto significativo, modificando in modo importante la vocazione agricola originaria dell'alta Val d'Agri.

La città terrazzata di *Ocriculum*: adeguamenti dell'uomo, adattamenti alla natura e persistenti infrastrutture[1].

Giacomo Antonelli
(Ricercatore indipendente)

Abstract: Urbanizing a slope requires always different architectural attentions, customized according to the needs of the individual settlement units. It is not just a question of creating terraces to increase the building surface, but it means adapting the main infrastructures to the land, exploiting its natural conformation where possible, or adapting the territory to the construction and housing needs of the city. In *Ocriculum* Roman engineers used both of these solutions, especially for building hydraulic constructions, some of which still working.

Keywords: *Ocriculum*, sostruzioni, terrazzamenti, sistemi idrici.

Introduzione

Sebbene la città di *Ocriculum* derivi il proprio nome dall'abitato collinare dove tuttora sorge la città di Otricoli (dal greco *ocris*, passato attraverso l'etrusco *ukar*, fino al latino *arx* = monte, unito al diminutivo latino[2]), quella superficie così ristretta non era in grado di ospitare i grandi monumenti che invece vennero edificati nel sito prossimo all'approdo sul Tevere, per quanto anch'esso venne sottoposto ad una nutrita serie di sistemazioni utile ad ampliarne ulteriormente la superficie edificabile (Figura 1).

Il porto si trovava sulla riva sinistra del fiume ai piedi del pendio settentrionale di un tavolato tufaceo impostatosi al di sopra di depositi fluviali pleistocenici circa 155.000 anni fa, nel corso della fase eruttiva finale del complesso Cimino-vicano[3]. Poco più ad est, i depositi fluviali raggiungono ancora l'altezza di oltre 200m slm: questo pose un fermo alla colata lavica che si assestò alla quota massima di 130m slm. I depositi fluviali sono composti da ciottoli a tratti ben cementati, ma per lo più assolutamente poco coerenti[4], tali da essere facilmente erosi e rimossi sotto l'azione degli agenti atmosferici. L'erosione risulta più cospicua se ad operare è un corso d'acqua, seppur di modeste dimensioni, come il rio San Vittore: l'azione combinata di entrambi produce effetti a volte disastrosi (Figura 2).

L'azione erosiva del rio, unita al portato detritico accumulato, ha nel tempo scavato una profonda valle a V nel tavolato tufaceo separandolo in due speroni che si affacciano sulla riva sinistra del Tevere. Il più settentrionale fu già dall'VIII sec a.C.[5] interessato da un insediamento posto a controllo del fiume e soprattutto a guardia dello scalo. L'abitato collinare, che non va scisso da quello portuale in quanto ad appartenenza culturale, etnica e istituzionale, dista circa 2km da qui. Anche questo porta a considerare

---

[1] I dati e le considerazioni sui singoli monumenti e sulla città in generale, dove non riferiti a specifiche pubblicazioni pregresse, sono frutto del percorso di ricerca dottorale in Archeologia conclusosi a luglio 2021 con la tesi dal titolo "La carta archeologica di *Ocriculum*" e condotto in seno alla cattedra di Rilievo e Analisi Tecnica dei Monumenti Antichi, Dipartimento di Scienze dell'Antichità, "Sapienza" Università di Roma.
[2] Pietrangeli 1978: 9.
[3] Bertacchini and Cenciaioli 2003: 211-212.
[4] Bertacchini and Cenciaioli 2003: 211-212.
[5] Filippi and Pacciarelli 1991: 68-70.

l'impianto parafluviale come quello più direttamente legato al porto, sia come sede di un importante emporio commerciale frequentato da tutte le popolazioni circostanti e in cui circolava merce proveniente da tutto il Mediterraneo[6], sia come avamposto per la difesa del porto e ancor più della cittadella poco distante.

La realizzazione della *Via Flaminia* alla fine del III sec. a.C., su di un tracciato verosimilmente preesistente, garantì alla città un nuovo afflusso di merci rendendola uno dei più importanti snodi tra viabilità terrestre e fluviale a nord di Roma. Non è ancora chiaro quale fosse l'originale andamento della strada consolare[7] in prossimità del porto: se ad esso vi si arrivava attraverso un diverticolo o se da subito

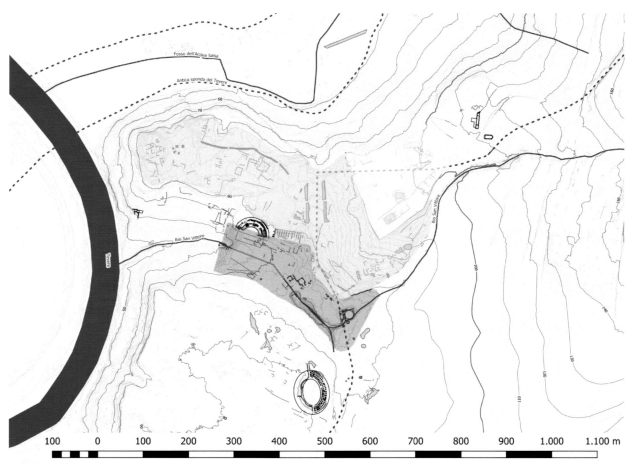

Figura 1 – In blu la spianata artificiale al di sopra del canale sotterraneo che imbriglia le acque del rio San Vittore: prima indispensabile operazione per procedere alla realizzazione dell'intero nuovo impianto urbano. In verde il secondo e più esteso livello: sicuramente quello con i limiti più netti in quanto compresi tra gli altri due livelli e gli scoscesi pendi del tavolato tufaceo. L'ultimo livello in giallo necessita indubbiamente di ulteriori indagini per poter essere meglio definito sul lato orientale.

---

[6] Cenciaioli 2001: 302.
[7] Hay, Keay and Millet 2013: 136-141; Pietrangeli 1978: 168-170.

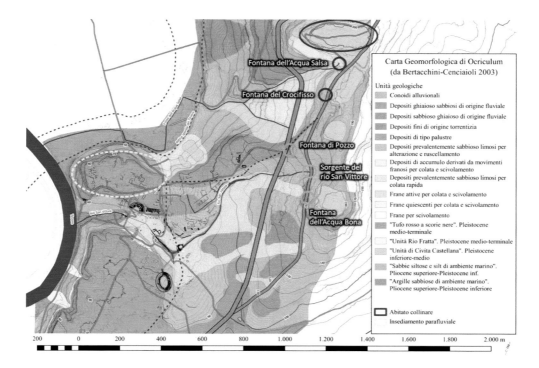

Figura 2 – Carta geomorfologica di Ocriculum. Gli ovali individuano gli abitati sul colle (rosso) e sul pianoro del pod. La Scorga (giallo tratteggiato). I cerchi indicano le sorgenti note a monte dell'insediamento portuale di Ocriculum: in celeste le sorgenti ancora attive, in rosso quelle prosciugatesi negli ultimi cinquanta anni. Si noti come il sistema idrico del rio San Vittore abbia inciso profondamente il tavolato tufaceo dividendolo in due entità. Lungo il corso di questo torrente si distribuisce anche l'unità geologia "Depositi prevalentemente sabbioso limosi per colata rapida", che ricopre tutto il primo livello urbano ad eccezione del tratto del rio compreso tra le tombe sull'antica Via Flaminia e le terme. Qui si può vedere il profondo fosso scavato dal corso d'acqua all'interno dei suoi stessi detriti per ritornare a scorrere all'interno del canale sotterraneo romano. Il rio San Vittore infatti nel periodo altomedievale veicolò una imponente frana verso la città antica ormai abbandonata: questo causò la saturazione e l'ingorgo del canale coi detriti e la conseguente inondazione della città che si ritrovò sepolta sotto metri di fango. In un secondo momento la volta del canale tra le terme e i monumenti funerari collassò: il torrente poté così tornare a scorrere all'interno del collettore antico.

la strada si trovava a costeggiarne il sito, come invece è riscontrabile tra la fine dell'età repubblicana e l'inizio dell'età imperiale. Sicuramente anche il passaggio della Flaminia ebbe un ruolo cruciale nella successiva programmazione urbanistica dell'abitato prossimo al porto.

Tra la fine del II sec. a.C. e l'età giulio-claudia (Figura 3), infatti, questo insediamento subì un importante ampliamento e una poderosa monumentalizzazione, attirando su di esso anche il centro politico e istituzionale della città: il foro, che verosimilmente doveva trovarsi in origine nell'abitato collinare (fornito già dal IV-III sec. a.C. di fortificazioni[8]), è attestato a partire dalla metà del I sec. a.C. in una zona molto più prossima allo scalo portuale[9] e con esso si deve supporre che anche gli altri edifici rilevanti per la vita comunitaria (il *comitium*, la *basilica*, i templi poliadici ecc.) abbiano qui trovato una nuova collocazione, benché non ci siano a riguardo testimonianze archeologiche o documentarie.

---

[8] Cipollone and Lippolis 1979: 57-75.
[9] Pietrangeli 1941: 155-156; Pietrangeli 1942-43: 63.

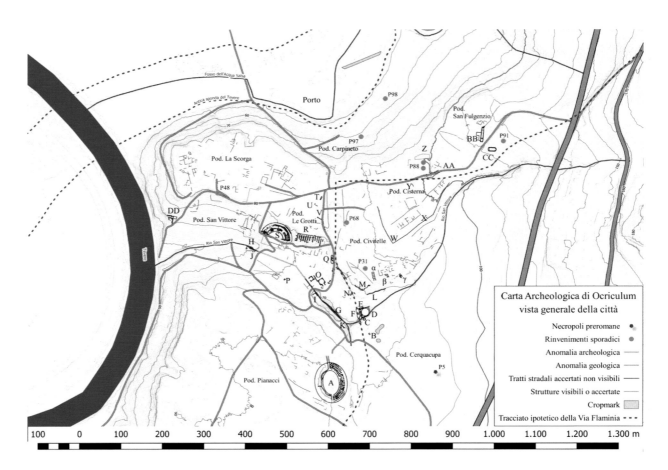

*Figura 3 – Le lettere maiuscole individuano i principali monumenti e le strutture meglio conservate della città antica. Di seguito, in ordine alfabetico, l'indicazione di quelli citati nel testo: **A**-Anfiteatro; **C**-Tomba cd. a torre; **D**- Mausoleo rotondo; **E**-Fontana pubblica; **F**-Via Flaminia; **G**-Tratto occluso e dismesso del canale sotterraneo in cui si conservano fori sulla volta: scarichi di fognature; **H**-Resti della fronte sostruttiva a nicchie; **L**- Ninfeo; **M**- Strutture presenti a monte del Ninefo e del Pilone, riferibili con buona probabilità ad un acquedotto; **N**-Pilone del castellum aquae; **O**-Terme; **P**-Struttura a crociera molto rovinata e non meglio identificata; **Q**-Piccole Sostruzioni; **R**-Grandi Sostruzioni; **S**-Teatro; **U**-Blocchi di calcare con scanalature, forse riferibili al "n. 11 – Foro" della pianta del Pannini; **W**-Lungo muro in opera quadrata; **Z**-Resti di una cisterna al di sotto di un casale colonico e muro absidato in opera vittata; **BB**-Piscina limaria al di sotto del casale colonico ora Museo Antiquarium statale e resti del relativo acquedotto; **CC**-Chiesa della Madonna del Buon Consiglio, già di San Fulgenzio; **DD**-Chiesa di San Vittore e resti dell'abbazia benedettina. Le lettere greche **α, β** e **γ** identificano ambienti ipogei con differenti destinazioni d'uso: **α**-Cisterna a due navate divise da tre pilastri riutilizzata come cantina e rimessa; **β**-Camera sostruttiva con altro vano ortogonale retrostante; **γ**-Camera sostruttiva bipartita con vano ortogonale retrostante. I pallini rosa individuano invece i rinvenimenti sporadici noti all'interno dell'area. Di seguito quelli citati nel testo: **P48**-Reperti ceramici di VIII secolo a.C.; **P88**-Lastra in terracotta con teoria di armati del VI secolo a.C.; **P91**-Frammento coroplastico con nudo apollineo di II secolo a.C.*

Trovandosi lambito dal Tevere a nord e a ovest, tale insediamento non poteva che svilupparsi verso est e verso sud. Un ampliamento ad est avrebbe di sicuro comportato meno lavori di sistemazione: qui infatti si trovava e si trova tuttora la strada che collega i due abitati, incorporata poi nel tracciato urbano della *Via Flaminia*. Verso sud, d'altra parte, si poneva tutt'altro genere di problematiche a causa della presenza del rio San Vittore e della sua profonda valle. L'imprevedibilità di questo piccolo corso d'acqua doveva sicuramente preoccupare gli ingegneri che per l'appunto decisero di imbrigliarlo in un canale che ne convogliasse le acque oltre l'area urbana, in prossimità della foce nel Tevere.

A tal proposito, occorre precisare come il territorio circostante la moderna città di Otricoli possa vantare un numero davvero notevole di sorgenti naturali, specialmente nel versante collinare che si affaccia sulla valle del Tevere. Ciononostante è plausibile ritenere che in antico i punti di fuoriuscita di acqua fossero addirittura maggiori: un dato a favore di questa tesi è il prosciugamento di alcune fontane storiche della città solo nel corso degli ultimi cinquanta anni.

Questa abbondanza di acque sorgive contribuì senz'altro allo sviluppo dell'antica città umbra, poi *municipium* romano, e nella pianificazione dell'ampliamento urbano che si sta descrivendo furono senz'altro indispensabili strutture di approvvigionamento (vd. *infra*) e di smaltimento delle acque.

Primo livello urbano

La regimentazione del rio San Vittore fu la prima e fondamentale operazione che soddisfò la seconda esigenza. Il torrente venne infatti incanalato in una struttura in opera cementizia con cortina interna in reticolato. Il canale, coperto con volta a botte, venne poi interrato e su di esso si realizzò il primo terrazzamento utile ad ampliare la superficie edificabile della città[10]. La fronte monumentale di tale spianata artificiale, che sembra avere il suo punto più basso nella zona delle terme (63m slm), si trovava immediatamente ad est del teatro e pare fosse composta da grandi nicchie (4,80m ca di diametro) in opera reticolata, con spiccato alla quota di 54m slm circa, ben al riparo dalle piene del Tevere che oggi (come probabilmente allora) scorre a circa 43/44m slm.

Il rio San Vittore così imbrigliato poteva essere meglio controllato e soprattutto poteva garantire alla città in crescita un naturale collettore fognario, alimentato sempre da acqua corrente e verso il quale convogliare tutti gli scarichi della città. Nei tratti dove il canale è ispezionabile si possono infatti notare diversi fori nella volta sia di sezione quadrata sia circolare e attraverso alcuni si riconoscono i laterizi disposti a cappuccina di canalizzazioni che confluivano qui da ogni parte della città. Nella pianta della città pubblicata dalla Cenciaioli[11] e poi dal De Rubertis[12] si notano nel canale altri ingressi provenienti dalla zona del teatro e delle c.d. Grandi Sostruzioni: probabilmente tale rappresentazione si basa su un rilievo eseguito nel secolo scorso dal Gruppo Speleologico UTEC Narni, conservato un tempo presso la Soprintendenza di Perugia, ma ora non più reperibile.

Attualmente l'inizio del canale si colloca poco a valle del tratto basolato della via Flaminia e dei monumenti funerari che su di essa si affacciano. Dal momento che, però, il rio scorre ora attraverso questo gruppo monumentale, obliterando parte del monumento funerario rotondo e tranciando completamente la strada antica, si deve poter credere che la sua canalizzazione prosegua anche verso monte. Ulteriore conferma di ciò proviene dalla presenza di una fontana c.d. pubblica a nord del mausoleo rotondo e ancor più da quella di un fognolo posto sul lato est della strada tra questi due monumenti (Figura 4). In questo punto la Flaminia presenta una pendenza tutta diretta verso il fognolo, per assicurare un migliore drenaggio della viabilità. La strada infatti provenendo dall'anfiteatro (91m slm) e risalendo poi verso la zona forense (83m slm), aveva qui il punto di maggior depressione (70m slm) e perciò a rischio allagamento. È verosimile credere che il canale del rio San Vittore si trovasse a passare sotto la strada per raccoglierne le acque reflue. Purtroppo non è ancora chiaro fin quanto più a monte dovesse risalire.

---

[10] Antonelli 2018: 22-23.
[11] Cenciaioli 2000: 9.
[12] De Rubertis 2011: 247, fig. 1.

Figura 4 - Tratto scoperto della Via Flaminia (ortofotopiano a cura dell'autore). In alto a sinistra la fontana pubblica (F) compresa tra la scarpata a nord e il mausoleo rotondo (D) a sud. Evidenziato in rosso il fognolo nel punto di maggior depressione della strada. Si noti come attualmente il torrente tagli quest'ultima obliterandone una parte.

Inoltre gli scavi che sono stati fatti nella zona tra la fine del secolo scorso e l'inizio del presente[13] non hanno restituito una sequenza stratigrafica affidabile. Potendo però approfondire la ricerca si dovrebbero indagare i rapporti tra questo tratto della via Flaminia e il canale. Gli studi precedenti[14] sono concordi sul ritenere che la via consolare originariamente proseguisse dritta verso il sito collinare e solo successivamente abbia piegato verso il sito *apud Tiberim*, attraversandolo. Purtroppo però nessuna traccia di quell'iniziale itinerario è stata finora trovata nella zona. Inoltre sembra poco credibile che un porto così importante come quello di Otricoli potesse essere raggiunto solo attraverso un diverticolo e non dalla viabilità principale affinché venisse garantito un più fruttuoso scambio di merci tra via fluviale e terrestre. Per queste motivazioni si è più inclini a credere che il percorso tenuto dalla Flaminia fosse da subito quello che le evidenze archeologiche mostrano. In ogni caso comunque andrebbe meglio indagato il rapporto tra la strada e il torrente San Vittore che per quanto modesto era comunque un ostacolo al tracciato viario.

Secondo livello urbano

Fu dunque la regimentazione del rio San Vittore che permise il successivo sviluppo urbano proprio in direzione della sua valle, ormai colmata. Infatti, sempre sul versante settentrionale di quest'ultima venero realizzate imponenti fronti sostruttive composte da edifici teatrali, complessi ad arcate e anche semplici muri contenitivi. In questo modo venne garantita una maggiore superficie edificabile a monte: il secondo livello urbano, attestato a partire da 83m slm. Questo terrazzamento era senz'altro il più ampio della città e qui dovevano trovarsi i principali edifici pubblici nonché sicuramente anche i principali quartieri abitativi. A tal proposito si deve ritenere che lì, dove dall'VIII sec. a.C. si colloca un insediamento a guardia del porto e del percorso tiberino, in età imperiale sembrerebbe istallarsi un settore abitativo afferente ad un ceto sociale particolarmente elevato, se i dati desumibili dagli scavi pontifici di fine '700 possono dirsi attendibili[15].

---

[13] Cenciaioli 2013: 273-285.
[14] Cfr. nota 7.
[15] Guattani 1784, Gennaio, Tav. III, nn. 18-19; Pietrangeli 1942-43: 52-53.

È interessante notare come le sostruzioni a sostegno di questo secondo e più grande terrazzamento vadano diminuendo in altezza procedendo verso monte lungo il versante settentrionale della valle del rio San Vittore. Da ovest a est, infatti, figurano il teatro (15m), le cd. Grandi Sostruzioni (13m), le cd. Piccole Sostruzioni (8m) e il ninfeo (10m), oltre il quale le strutture contenitive disposte a destra del torrente non sembrano superare i m 3 di altezza, anche se andrebbe meglio indagato l'interro effettivo cui sono sottoposte. Sembra quindi che pur modificando il territorio in vista di un'urbanizzazione importante si sia rispettata e assecondata la naturale pendenza, *modus operandi* riscontrabile anche nel successivo terso livello urbano.

Terzo livello urbano

Questo infatti è delineato a sudovest e sudest da un lungo muro a 'L' in opera quadrata di tufo, la cui cortina è ormai visibile solo in quei pochi segmenti riutilizzati in moderne strutture ad uso agricolo o completamente nascosti dalla vegetazione infestante. Anche questa struttura, di cui si ignora l'altezza originaria e che ora raggiunge al massimo i 3m dal piano di campagna, segue l'andamento del terreno soprattutto nel versante sudorientale, quello rivolto verso la valle del rio San Vittore.

Sebbene nel terrazzamento alle sue spalle non sia più visibile alcuna struttura, al di fuori di una cisterna riutilizzata in un casale colonico[16] e dalla quale prende il nome l'intero podere in oggetto, gli scavi pontifici documentano qui una ricca serie di edifici pubblici[17]: sulle singole attribuzioni funzionali non si possono avanzare che perplessità ("n. 13 - Collegio", "n. 14 - Tempio", "n. 17 - Foro"), ma è sicuro che edifici di una certa rilevanza dovessero trovarsi in questo terzo livello. Il ritrovamento poi nei pressi del casale colonico citato di una lastra fittile risalente al primo quarto del VI sec. a.C.[18] sembrerebbe suggerire una destinazione d'uso cultuale della zona senza soluzione di continuità dall'età arcaica fino a oggi (vd. *infra*).

Non è chiaro se il terrazzamento appena descritto possa considerarsi l'ultimo di questo insediamento *apud Tiberim*: più a monte si trovano infatti altre evidenze archeologiche inglobate in edifici moderni. Una di queste è una chiesa edificata non prima della metà del VI secolo, in quanto intitolata originariamente al vescovo Fulgenzio martirizzato per ordine di Totila al tempo della guerra gotica e di cui si ha notizia dai *Dialogi* di Gregorio Magno[19]. Sembra che questo edificio paleocristiano si possa inquadrare in un contesto di età classica[20]. Inoltre da quest'area proviene anche un'altra terracotta architettonica di II sec. a.C. che lascerebbe supporre la presenza di un importante edificio, forse sempre a carattere cultuale, già in età ellenistica[21].

La *piscina limaria* di Casale San Fulgenzio e il suo acquedotto

L'altra struttura prossima alla chiesa è una *piscina limaria*, inglobata successivamente in un casale colonico, da sempre associato al nome del santo vescovo Fulgenzio come l'intero podere circostante. Acquisito e restaurato dalla Soprintendenza dell'Umbria, il casale dal 2006 è sede dell'Antiquarium statale "Casale San Fulgenzio", dove figurano reperti provenienti da scavi e ritrovamenti fortuiti occorsi dalla metà del secolo scorso ad oggi e dove è possibile visitare le strutture romane ivi conservate.

---

[16] Pietrangeli 1978: 77-80.
[17] Guattani 1784, Gennaio, Tav. III, nn. 13, 14, 17.
[18] Dareggi 1978: 629-631.
[19] Orselli 2001: 157-175; Pani 2001: 287-304.
[20] Pietrangeli 1978: 100.
[21] Stopponi 2006: 55-57.

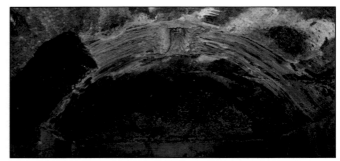

Figura 5 - Immagini dell'interno del l'interno della piscina limaria. A destra visuale dal punto di visita turistico accessibile da lato meridionale della struttura: si noti la vistosa lesione al cervello della volta. In alto a destra il foro rettangolare presente sulla porzione settentrionale della volta e circondato da spesse concrezioni calcaree che si estendono anche oltre lungo l'intradosso della volta: si tratta inequivocabilmente del punto di ingresso dell'acqua nella struttura. In basso a destra la lacuna nel cementizio e nel rivestimento in cocciopesto sul pavimento in corrispondenza del foro d'ingresso a nord. Si noti l'area squadrata in cui il cementizio è esposto e lo strato di calcare sembra risalire verso l'alto: sicuramente si tratta dell'alloggiamento di un elemento litico utile a smorzare la forza dell'acqua in ingresso del foro soprastante.

La grande vasca (28x4,30x4,30m) presenta internamente ed esternamente cortina in opera reticolata; le pareti interne e il pavimento sono rivestiti in cocciopesto, ma non la volta. Da sempre interpretata come cisterna[22] in relazione a quella presente poco più a valle a ovest di cui si è già fatto cenno, doveva risultare quasi completamente interrata, come testimoniano i lacerti esterni di cortina reticolata presenti solo sul lato sud e sulla parte meridionale di quello ovest in corrispondenza della copertura interna a botte. Oltre i limiti del reticolato la cortina risulta costruita direttamente contro terra. Probabilmente quando venne riutilizzata come casale colonico venne in parte dissotterrata, operazione che provocò gravi dissesti nella struttura: il peso della volta non più contrastato dalla terra causò il ribaltamento della metà superiore del muro ovest; contestualmente la volta stessa si lesionò al cervello iniziando a collassare (Figura 5). Per evitare il crollo dell'intero edificio venne realizzato un capanno sul lato ovest come contrafforte e la stessa vasca venne riempita per metà e suddivisa in tre ambienti, adibiti poi a stalle e cantine.

Nella parte settentrionale della volta è presente un grande foro rettangolare circondato da vistose concrezioni calcaree e in corrispondenza di esso sul pavimento rivestito in cocciopesto è presente una grande lacuna irregolare a sud della quale è possibile riconoscere un'area squadrata leggermente rialzata in cui il nucleo cementizio è esposto. Potrebbe trattarsi dell'alloggiamento di un elemento litico

---

[22] Cenciaioli 2006: 9; Hay, Keay and Millet 2013: 73-75; Pietrangeli 1978: 170.

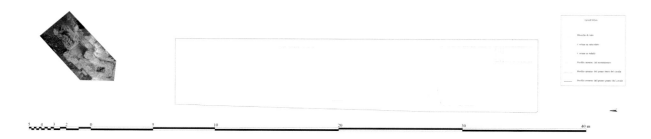

Figura 6 - *Pianta parziale del Casale San Fulgenzio. In rosso il profilo interno della piscina limaria. Si noti a nord la parte terminale dell'acquedotto (ortofotopiano a cura dell'autore): la vasca di dispersione posta subito prima del foro d'ingresso alla camera sottostante, oltre a salvaguardare la struttura dell'acquedotto, garantiva meno sollecitazioni anche alla volta della piscina nel punto più vulnerabile.*

(di cui si giustificherebbe meglio la mancanza per spoliazione, rispetto ad uno in muratura) utile forse a smorzare la forza dell'acqua in caduta che a lungo andare avrebbe potuto rovinare la muratura. Se quest'ipotesi potesse essere confermata, si spiegherebbe la presenza della lacuna come segno dell'asportazione di tale plinto.

All'esterno, sulla verticale di queste evidenze interne, è presente il termine di un acquedotto piuttosto particolare (Figura 6). Una struttura che sembra in parte interrata e in parte poggiante direttamente sul terreno, costruita rispettivamente in cementizio contro terra o in reticolato di tufo e rivestita internamente di cocciopesto. Presenta una piccola vasca (1,20x1,1m) lungo il suo percorso in cui l'acqua entrava con un salto di circa 70cm. Non sembra dovesse essere una vasca di decantazione in quanto il letto del canale in uscita si trova ad una quota più bassa del fondo della vasca stessa. La porzione visibile di questo acquedotto è piuttosto limitata, ma le prospezioni geofisiche operate dalla *British School at Rome* nei primi anni 2000[23] ne hanno individuato un lungo tratto che sembra proseguire verso nordest, in direzione del paese moderno. Forse questa infrastruttura doveva captare una o più sorgenti che si trovavano a monte, tra le quali ad oggi sono note quelle dell'Acqua Salsa, del Crocefisso e di Pozzo.

Questo particolare acquedotto venne realizzato seguendo il naturale pendio del terreno dalle sorgenti fino alla città. Poiché però tale pendenza sarebbe risultata eccessiva e perciò fatale per una canalizzazione idrica, gli ingegneri romani ricorsero all'istallazione di piccole vasche come quella descritta per disperdere la pressione che si sarebbe accumulata, salvaguardando così l'intera infrastruttura.

Quanto alla grande vasca, è ora possibile identificarla come *piscina limaria* piuttosto che come cisterna: la sua funzione era appunto quella di decantazione delle acque prima della distribuzione verso la città. Opposto all'ingresso a nord, doveva esserci infatti il foro di fuoriuscita nella parete sud, lì dove venne praticata un'apertura ai tempi del casale colonico, dalla quale ora si può accedere alla piscina. È verosimile che da questo punto l'acquedotto continuasse per raggiungere il livello più basso della città, quello dove nel II sec. d.C. venne edificato l'elegante impianto termale pubblico e sotto il quale correva il collettore fognario urbano. Questa ipotesi sembrerebbe supportata dalla presenza di strutture a destinazione idrica immediatamente a nord del mausoleo rotondo e della fontana ad esso adiacente.

---

[23] Hay, Keay and Millet 2013: 73-75.

Figura 7 - Strutture idrauliche in pod. Civitelle. Visione assonometrica del modello digitale fotogrammetrico elaborato dall'autore. Da sinistra il pilone (N), la vasca ricavata nel tufo e la struttura a campate di cementizio (M) e il ninfeo a sud di quest'ultima (L). Si noti come le operazioni di sterro operate nel secolo scorso abbiano pesantemente compromesso la conservazione e ancor più la comprensione delle strutture (M) una volta sicuramente connesse pilone e ninfeo, ma ora del tutto separate da questi.

Le strutture più vistose e controverse, anche a causa dello stato di conservazione, sono una serie di strutture addossate al banco di tufo, una vasca ricavata all'interno del medesimo banco, un pilone che si erge solitario e un ninfeo (Figura 7).

Le strutture alle spalle del Ninfeo

Nel primo caso due campate coperte a spiovente articolano una struttura in opera cementizia: lo spessore è di 1m; la lunghezza complessiva di 5,50m, mentre la luce delle campate è di 1,20/1,30m; l'altezza massima è di 3,60m circa. Sul lato orientale si trovano tre filari di blocchi in tufo alti circa 45cm disposti ortogonalmente alla fronte descritta. La superficie di quest'ultima si presenta piuttosto irregolare al di sotto delle imposte delle coperture, mentre più uniforme al di sopra di esse: è forse possibile immaginare che la parte inferiore sia stata gettata in cavi liberi, mentre la parte superiore abbia avuto il medesimo paramento in blocchi. Alle spalle della campata orientale si può osservare un muro in blocchi (altri circa 50cm) distante dal lato settentrionale della campata circa 1,15cm. Questo muro in blocchi non sembra far parte della costruzione a campate e i blocchi in effetti appaiono molto sconnessi: occorrerebbero certamente delle indagini a nord di queste strutture.

Tutta la struttura a campate si appoggia alla parete verticale (regolarizzata) di tufo presente a ovest e che avanza verso sud di circa 3,10m per poi piegare dolcemente verso ovest per circa 6,70m. Qui ad essa si appoggia un'altra struttura in opera cementizia di cui si conservano sul lato occidentale ben sette filari di blocchi di tufo alti 40-45cm. Essi risultano allineati ortogonalmente a quelli a est delle campate e sembrano ribattere le loro medesime quote. È possibile quindi considerare entrambi i paramenti come parte della medesima costruzione.

Allineata a quest'ultimo muro in blocchi è una camera poco più a ovest di cui si conservano solo le pareti nord ed est e la porzione di pavimento compreso tra di esse. Il resto è stato evidentemente asportato, come gran parte delle strutture che erano presenti alle spalle del ninfeo, a causa degli sterri operati per la costruzione di un capanno agricolo negli anni '70: a poco valsero le successive ricognizioni della

Soprintendenza[24]. La vasca venne realizzata all'interno del banco, foderando quest'ultimo con muri di opera cementizia gettati contro tavole e rivestiti di cocciopesto: uno spesso strato impermeabilizzante (circa 30cm) si imposta direttamente sul fondo in tufo. Di quest'ambiente si conosce l'estensione verso ovest (3,30m) poiché si conserva l'angolo con la perduta parete occidentale; mentre si ignora l'estensione verso sud (attualmente circa 2,80m). Doveva essere coperto con botte ribassata e alto complessivamente 2,60m: sulla parete nord si legge bene l'impronta lasciata dalla copertura, mentre sulla parete est alla quota di 82,20m slm si nota l'imposta. Ancora sulla parete nord, al centro in alto, si intuisce la presenza di un passaggio ormai molto rovinato, da mettere forse in relazione con il termine di una canalizzazione.

È abbastanza evidente come questo ambiente avesse una destinazione idraulica e altrettanto come esso sia da mettere in relazione con le strutture a est precedentemente descritte: ciò permette di riconoscere anche in queste ultime la medesima funzione. Purtroppo l'attuale piano di campagna (78,50m slm) è indice dell'entità dell'asportazione subita da questa struttura (il cui piano pavimentale è a quota 80,60m slm). Forse indagini più prossime alla struttura del ninfeo potrebbero fare luce su dove dovesse dirigersi l'acqua una volta entrata in questa camera da nord.

Il pilone monumentale

Il pilone invece ha una sezione rettangolare (4,50x2,60m ca.), presenta solo due lati con cortina reticolata, mentre gli altri due mostrano il nucleo cementizio con ricorsi regolari riferibili ad un rivestimento in blocchi disposti per taglio. Sul lato nordoccidentale inoltre figura una grossa lacuna rettangolare di circa 1,30x1,90m e profonda circa 60cm, che con tutta probabilità doveva ospitare un'epigrafe o un rilievo. La struttura si trova sul lato sudoccidentale del tracciato urbano della *Via Flaminia* e pare dovesse avere un suo gemello sul lato opposto[25]. Attualmente si conserva per un'altezza massima di circa 10m. Ad un'altezza compresa tra 79,33m slm e 79,96m slm si trovano due tracce di rivestimento in cocciopesto.

Nonostante la povertà di dati in nostro possesso, è possibile riconoscere qui la presenza di una qualche canalizzazione inglobata nel paramento in blocchi e proveniente dal complesso idraulico sopra descritto: a favore di tale ipotesi sono gli allineamenti delle strutture interessate e la rispondenza delle quote progressivamente digradanti fino a qui. Chiaramente manca qualsiasi effettivo collegamento, ammesso che ci fosse realmente, per via delle cause cui si è già accennato.

Considerate la mole del monumento e la sua posizione, vicino a un sistema di natura idraulica e a diversi edifici che dovevano sicuramente avere bisogno di un costante e cospicuo apporto idrico, tra cui il successivo impianto termale, si potrebbe identificare questo pilone come facente parte di un *castellum aquae* sulla cui fronte nordoccidentale doveva forse essere presente l'iscrizione relativa alla costruzione e all'eventuale benemerenza. In merito invece alla differenza di cortina sui lati meridionali si può forse concordare con il Pietrangeli[26] che collega l'utilizzo dell'opera quadrata nei lati visibili da chi saliva in città venendo da Roma. Non sarebbe poi la prima volta che una struttura idraulica sottolinei l'ingresso in città. Anche ammettendo inoltre che non possa trattarsi di un *castellum*, comunque sembra poco plausibile che fosse stato un sepolcro, come invece continua a sostenere la scuola britannica[27].

---

[24] SABAP Umbria, Archivio ex SAU, Otricoli, faldone 2.
[25] De Rubertis 2011: 290-291, fig. 33
[26] Pietrangeli 1978: 48.
[27] Hay, Keay and Millet 2013: 50.

Il Ninfeo

Se le due strutture descritte appartengono alla parte terminale di un acquedotto, certo allora si dovrebbe riconoscere nel vicino ninfeo la mostra monumentale tipica della fine di queste caratteristiche infrastrutture romane. Si tratta di un muro lungo circa 48m, in origine alto circa 10m e attualmente visibile solo nel lato sud articolato in nicchie a scarsella e semicircolari.

Più o meno al centro compare una nicchia semicircolare ampia 5,20m, coperta a catino con rivestimento intradossale in laterizio; sul fondo si apriva una nicchia a scarsella ampia 1,20m, con cortina in blocchetti di tufo, intonacata e successivamente tamponata con un'ulteriore muratura in reticolato. Stessa sorte toccò alle due identiche nicchie presenti ai lati di quella circolare, a distanza di 4,20m. Oltre queste ultime due dovevano trovarsi altre due grandi nicchie a fondo piano coperte a volta a botte, ampie come la centrale e sul fondo delle quali si aprivano le stesse piccole nicchie, anche in questo caso tamponate; di questi elementi più marginali rimane soltanto la nicchia tamponata a ovest e un accenno di volta a botte a est. Subito al di sopra delle coperture delle nicchie maggiori doveva trovarsi un filare di blocchi di tufo alti 45cm disposti per testa e per taglio, ma non è chiaro se tale tipo di cortina dovesse continuare più in alto, dato il deterioramento del nucleo cementizio.

Sulla fronte meridionale del monumento, l'unico lato ad oggi visibile, non sono presenti fori di fuoriuscita per l'acqua e certo il livello di interro di quasi 4m non agevola l'analisi della struttura. Tuttavia alcuni rilievi eseguiti negli anni '80[28] del secolo scorso mostrano sul lato nord diversi condotti coperti a cappuccina di inequivocabile destinazione. Inoltre dando credito agli studi pregressi[29], sembrerebbe che condotti idrici provenienti dal ninfeo e dalle strutture a monte alimentassero e alimentino ancora la fontana pubblica adiacente il mausoleo rotondo, la quale scaricava le sue acque in eccesso attraverso il medesimo fognolo presente sulla via Flaminia direttamente nel canale sotterraneo del rio San Vittore.

In questo modo si chiuderebbe il ciclo di approvvigionamento e smaltimento delle acque: purtroppo però le strutture di cui si parla sono al momento distanti e tra loro non direttamente connesse. La speranza è che future ricerche stratigrafiche possano far luce su queste ipotesi.

Quarto livello urbano?

Tornando invece alla progettazione urbana secondo terrazzamenti e alle due strutture conservate in pod. San Fulgenzio, si deve riconoscere come queste si trovino senza dubbio più in alto del terzo livello delimitato a sud dal lungo muro in opera quadrata ed è quindi abbastanza improbabile che ne abbiano fatto parte: la quota di quest'ultimo si attesta sui 93-103m slm, mentre la *piscina* e la chiesa si trovano a quota 112-113m slm. Al momento però non sono visibili ulteriori strutture sostruttive o evidenti salti di quota che possano denunciarne la presenza al di sotto del piano di campagna. Per tanto non è chiaro se questi due edifici siano da considerare afferenti ad un possibile quarto livello urbano o appartenenti all'ambito extraurbano.

Considerazioni conclusive

Come appare evidente la città si sviluppò nelle uniche due direzioni possibili: curioso rimane il fatto che lungo la riva del Tevere non si siano conservati impianti sostruttivi, ammesso che ci fossero. Si deve

---

[28] De Rubertis 2011: 310-311, fig. 46.
[29] Cenciaioli 2006: 113-114.

immaginare infatti che la zona immediatamente a sud del porto fosse costellata da piattaforme in cui dovevano trovare posto macchine elevartici per il carico-scarico delle merci o da edifici funzionali al porto stesso e alla sua manutenzione. Ma le pendici del pianoro tufaceo poco più a ovest, dove si insediò il primo abitato dell'età del ferro, sono piuttosto scoscese proprio perché modellate dal passaggio del fiume. Questo non sembra preoccupò gli abitanti di *Ocriculum* che non consolidarono mai questi versanti. Il Tevere per quanto risultasse una barriera insormontabile non era un pericolo per l'urbanizzazione della zona. Diversamente il rio San Vittore nonostante fosse maggiormente instabile e insidioso, aveva le giuste dimensioni per essere domato e rifunzionalizzato in modo da permettere l'ampliamento della superficie edificabile.

Una menzione particolare deve essere fatta per l'anfiteatro. Con molta probabilità esso non rientrava nella progettazione originaria di questo ingente ampliamento urbano: per quanto è ad oggi noto esso risale alla piena età giulio-claudia[30] quindi più di un secolo dopo la creazione del canale sotterraneo del rio San Vittore e diversi decenni dopo la costruzione degli altri edifici con funzione sostruttiva, sia essa principale o complementare. Tuttavia, per la sua collocazione e la sua conformazione l'anfiteatro si inserisce pienamente nel pensiero progettuale che ha guidato l'espansione di *Ocriculum*. Posto a sud della città, ad ovest della Flaminia, esso venne edificato su uno sperone di tufo che la stessa strada costeggiava scendendo verso il primo livello urbano. La collocazione extraurbana, tipica degli anfiteatri per varie ragioni, si sposa qui con la duplice possibilità di usufruire del banco roccioso per ricavarvi solo sagomandola nel tufo più della metà dell'edificio, ottenendo al contempo il materiale per realizzarne la restante parte in muratura, e di consolidare così il banco stesso proprio in prossimità del passaggio della via Flaminia.

La città di *Ocriculum* è un felice esempio di come la natura, con il suo paesaggio, le sue risorse, fosse tanto sfruttata quanto rispettata nell'antichità. Le infrastrutture raggiungevano dimensioni imponenti lì dove era necessario: dove non lo era si preferiva seguire il naturale andamento del terreno. In questo modo si è così provveduto a realizzare non terrazzamenti completamente pianeggianti, ma livelli urbani che mantenessero in tutto o in parte l'originaria pendenza naturale del territorio, probabilmente anche per favorire un naturale deflusso delle acque piovane verso le valli del Tevere e del rio San Vittore. Quest'ultimo, che necessitava di bonifica e regimentazione, si trova ad essere rifunzionalizzato per sfruttarne ogni possibilità, senza che il substrato naturale ne venga sconvolto. Un importante acquedotto realizzato senza elevare imponenti arcate o senza sconvolgere il sottosuolo. Edifici di notevole ingombro vengono disposti lungo pendii per contenerne il disfacimento, venendo così a far parte del paesaggio circostante.

Ad *Ocriculum* la scienza e l'ingegneria romane hanno sviluppato modi inediti e inusuali per rispondere ad esigenze riscontrabili altrove. In particolare sembra di poter riconoscere qui un'avvisaglia primordiale di quell'attenzione che si consoliderà solo in epoca contemporanea rivolta all'ambiente e al minimizzare l'impatto su di esso da parte delle nuove infrastrutture. Tutte le azioni appena riassunte rientrano senz'altro tra quelle in cui gli antichi, operando più o meno consapevolmente in tal senso, hanno sperimentato sensibilità tutte moderne, raggiungendo risultati che anche oggi non stenteremmo a definire più che soddisfacenti.

L'interazione uomo-natura è a *Ocriculum* piuttosto singolare anche adesso, dove in un parco naturale, tra vitigni, campi coltivati, pascoli, radure e macchie di boscaglia che si sono riappropriati degli spazi un tempo urbanizzati, si ergono ancora edifici monumentali e ancora scorre in un canale sotterraneo

---

[30] Cenciaioli 2000: 16; Hay, Keay and Millet 2013: 34; Pietrangeli 1978: 60-61.

romano il rio San Vittore, le cui acque raccolgono tuttora gli scarichi del moderno depuratore comunale.

Bibliografia

Antonelli, G. 2018. Spatial planning and architectural innovation in the Roman town of *Ocriculum*. *Journal of Sustainable Architecture and Civil Engineering* 22, n. 1: 11-26.

Bertacchini, M. and L. Cenciaioli 2003. Uno sguardo sulla città romana di Ocriculum (Umbria, Italy). *Il Quaternario* 16, n. 2: 207-216.

Cenciaioli, L. and E. Muti 2006. Casale San Fulgenzio, in L. Cenciaioli (ed.) *Un museo per Otricoli. L'antiquarium di Casale San Fulgenzio*: 9. Perugia: EFFE Fabrizio Fabri Editore Srl.

Cenciaioli, L. 2000. *Ocriculum. Guida ai monumenti della città antica*. Umbertide: Laboratorio Topografico La Fratta.

Cenciaioli, L. 2001. Il territorio di Otricoli tra Umbri e Sabini. *Annali della Fondazione per il Museo "Claudio Faina"* VIII: 293-318.

Cenciaioli, L. (ed.) 2006. *Un museo per Otricoli. L'antiquarium di Casale San Fulgenzio*. Perugia: EFFE Fabrizio Fabri Editore Srl.

Cenciaioli, L. 2013. Nuovi scavi a Otricoli lungo la Via Flaminia, in M. Luni and O. Mei (eds) *Forum Sempronii II. La città e la Flaminia: 1974-2013*: 273-285. Urbino: QuattroVenti.

Cipollone, M. and E. Lippolis 1979. Le mura di Otricoli, in M. Bergamini Simoni (ed.) *Studi in onore di Filippo Magi*: 57-75. Perugia: Edizioni Scientifiche Italiane

Dareggi, G. 1978. Una terracotta architettonica da Otricoli: qualche considerazione sul centro preromano. *Mélanges de l'École Française de Rome – Antiquité* 90, n. 2: 627-635.

De Rubertis, R. 2011. *Rilievi archeologici in Umbria*. Napoli: ESA.

Filippi, G. and M. Pacciarelli 1991. *Materiali protostorici dalla Sabina tiberina. L'età del bronzo e la prima età del ferro tra il Farfa e il Nera*. Magliano Sabina: Grafica 891.

Guattani, G.A. 1784. *Monumenti antichi inediti*. Roma: Pagliarini.

Hay, S., S. Keay, and M. Millet. 2013. *Ocriculum (Otricoli, Umbria). An archaeological survey of the Roman town*. London: Short Run Press Limited.

Orselli, A.M. 2001. Profili episcopali, in *Umbria Cristiana. Dalla diffusione del culto al culto dei santi (sec. IV-X)*:157-175. Spoleto: Fondazione CISAM.

Pani, G.G. 2001. La prosopografia cristiana dell'Umbria, in *Umbria Cristiana. Dalla diffusione del culto al culto dei santi (sec. IV-X)*:157-175. Spoleto: Fondazione CISAM.

Pietrangeli, C. 1941. Note di epigrafica otricolana. *Epigraphica* III: 136-159.

Pietrangeli, C. 1942-43. Lo scavo pontificio di Otricoli. *Rendiconti della Pontificia Accademia Romana di Archeologia* XIX: 47-104.

Pietrangeli, C. 1958. *Scavi e scoperte di antichità sotto il pontificato di Pio VI*. Roma: Istituto di Studi Romani.

Pietrangeli, C. 1978. *Otricoli. Un lembo dell'Umbria alle porte di Roma.* Roma: Ugo Bozzi Editore.

Stopponi, S. 2006. Terrecotte architettoniche, in L. Cenciaioli (ed.) *Un museo per Otricoli. L'antiquarium di Casale San Fulgenzio*: 56-68. Perugia: EFFE Fabrizio Fabri Editore Srl.

Tindari. Una sorgente da via Teatro Greco.
Riflessioni paleo-ambientali e urbanistiche.

Giovanni Polizzi
(Freie Universität Berlin- von Humboldt Stiftung; Università degli Studi di Palermo)

Giuseppe Montana
(Dip. di Scienze della Terra e del Mare DiSTeM, Università degli Studi di Palermo)

Alessandro Bonfardeci
(Dip. di Scienze della Terra e del Mare DiSTeM, Università degli Studi di Palermo)

Abstract: this paper presents the remains of a spring discovered in Tindari, via Teatro Greco, in an area between the south-western fortifications and the structures of the so-called 'Basilica'. The finding of a cistern in the immediate vicinity suggests that in antiquity the area may have been equipped with a complex system of water collection and storage, comparable to a fountain or a nymphaeum. The recognition of a spring within the city walls allows to reflect on the close relationship between ancient and contemporary environmental conditions, as well as the relationship between humans and environment in the ancient times. Its location inside a public area suggests also that it belonged to a wide community building programme, realized in unknown times, possibly after a large landslide known from ancient sources (during the 1st century BC) which affected part of the settlement. The article is followed by an appendix about the petrographic characterization of a lion shaped eave, found in the investigations around the spring. It pertains to a large public building that must have stood nearby. Both its style and provenance allow to attribute it to Syracusan craftsmen particularly popular in most of Sicily during the Hellenistic period.

Keywords: hydro-archaeology, Tindari, natural springs, water management.

Introduzione

Il presente contributo nasce da uno studio interdisciplinare svolto nell'ambito del programma di ricerca *Watertraces*, al quale hanno partecipato numerosi ricercatori di diverse discipline e che ha avuto come obbiettivo lo studio del rapporto uomo-ambiente, privilegiando un'analisi sulle caratteristiche, le opportunità e i limiti che le popolazioni antiche hanno incontrato relazionandosi ai rispettivi territori e alle loro risorse idriche[1]. Fra i numerosi insediamenti inseriti nel programma di ricerca, i siti siciliani di Solunto e Tindari costituiscono due interessanti casi studio. Per entrambi si è dovuto affrontare il problema dell'approvvigionamento e della gestione delle acque, per via dell'orografia accidentata e della loro posizione elevata rispetto al territorio circostante. Essi risalgono a un'epoca successiva alla colonizzazione arcaica, sono posti su alture facilmente difendibili e sono rivolti a Est/Sud Est.

---

[1] https://amidex.hypotheses.org/1601. Vorrei rivolgere un sincero ringraziamento a Maria Ravesi (Soprintendenza BB.CC.AA. Messina), per aver autorizzato e favorito la presente ricerca.

Le ricerche svolte a Solunto, esposte in altra sede[2], hanno permesso la creazione di un protocollo utile al riconoscimento delle tracce di sorgenti oggi non più attive ma sfruttate all'epoca dell'occupazione della città, come nel caso di Tindari.

Caratteristiche idro-geologiche e strutturali a Tindari e nel territorio

Il promontorio di Tindari (Figura 1) fa parte della catena siciliana dei Monti Peloritani, a loro volta appartenenti alla Catena Appennino-Maghrebide. Il suo sottosuolo è composto da rocce metamorfiche (marmo grigio fratturato)[3] e calcari cristallini[4].

Lo stesso tipo di rocce caratterizza il territorio immediatamente a Sud di Tindari, in particolare le Rocche Litto, che raggiungono i 550m slm. Esse racchiudono una conca con lieve pendenza verso Nord il cui substrato geologico è composto da Flysch di Capo d'Orlando e Argille Scagliose.

Il monte su cui insiste la città antica è attraversato dalla faglia di Tindari-Letojanni[5]. L'azione di questa faglia è alla base di movimenti destro-laterali e estensionali che si verificano sin dal Pleistocene medio-alto (2,5 milioni di anni fa)[6], i quali hanno provocato, e provocano tuttora, numerosi terremoti[7].

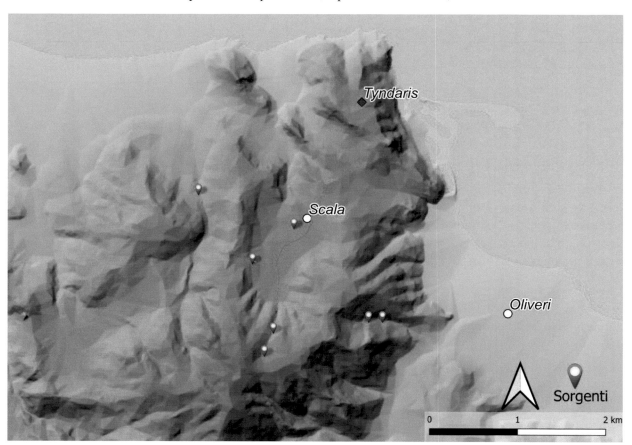

Figura 1 - Area di Tindari e Scala con la ricostruzione ipotetica del percorso dell'acquedotto (in blu).

---

[2] Polizzi *et alii* 2022.
[3] Carbone *et alii* 2011: 175-176.
[4] Fasolo 2013: I, 26.
[5] De Astis *et alii* 2003.
[6] Bonfiglio *et alii* 2010; Catalano and Di Stefano 1997.
[7] Bottari *et alii* 2008: 66; Wilson 2018.

I livelli più superficiali del monte di Tindari sono caratterizzati da una fratturazione elevata che favorisce l'infiltrazione delle acque piovane, a loro volta alla base di fenomeni carsici nel sottosuolo. La circolazione idrica nelle rocce metamorfiche come quelle di Tindari è discontinua e frazionata e può determinare la nascita di numerose sorgenti. Il rapido decremento della loro portata ha dimostrato il limitato volume dei relativi serbatoi naturali[8]. In alcuni casi, però, le rocce metamorfiche possono essere interessate da fratture estese e dare origine a serbatoi con un maggiore volume che favoriscono la presenza di sorgenti più copiose.

Ciò si verifica ad esempio a Sud di Tindari (Figura 1), dove le rocche Litto alimentano ampi serbatoi naturali che favoriscono la formazione di emergenze sorgentizie perenni[9]. Proprio queste, in particolare le Sorgenti della Lupa, furono intercettate durante l'occupazione del sito da due rami di acquedotto che dovevano portare le acque nella città[10].

Inquadramento topografico

Tindari si trova sulla costa settentrionale della Sicilia, circa venti chilometri ad Est di Milazzo[11]. Il sito della nuova fondazione offriva ai coloni numerose opportunità:

- il territorio immediatamente a Sud, delimitato dalle Rocche Litto, si configura come una conca ricca di sorgenti, alcune delle quali perenni.

- dal punto di vista geomorfologico, il promontorio di Tindari è caratterizzato da una lunga dorsale con orientamento Nord Ovest-Sud Est, il cui punto più alto, oggi sede del santuario della Madonna di Tindari, raggiunge i 270m slm. Tutto il versante occidentale della dorsale presenta un rilievo scosceso, mentre il versante Nord Est è caratterizzato da un'area in lieve pendenza ampia circa 18 ettari, delimitata da falesie che scendono a picco sul mare e che fu scelta per la lottizzazione[12].

La continuità insediativa che interessa l'area compresa fra il santuario e il villaggio moderno non permette una corretta ed esaustiva interpretazione delle evidenze archeologiche sporadicamente visibili in superficie. Tra queste vanno segnalate, in particolare, in Via Teatro Greco un setto murario in blocchi parallelepipedi e poco più a Sud due colonne in situ inglobate in un edificio moderno sulle quali torneremo più avanti.

A Nord Ovest del villaggio moderno si trova il complesso della basilica, dotato di un portico a Sud Est. A Sud di quest'ampia area lottizzata si trovano l'altura del santuario e un modesto rilievo (250m slm) privo di emergenze architettoniche ma inserito nel circuito murario per probabili ragioni difensive.

L'approvvigionamento idrico a Tindari in epoca ellenistico-romana

Dalle ricerche archeologiche svolte a Tindari, emerge che il sistema di immagazzinamento delle acque prevedeva un uso diffuso delle cisterne. Queste sono generalmente di forma irregolare e sono scavate nella roccia. Alcune cisterne sono ancora visibili o tuttora in funzione, altre sono interrate. Due cisterne hanno probabilmente avuto destinazione pubblica: una irregolare scavata nella roccia a Nord Ovest

---

[8] Carbone *et alii* 2011: 164. Per le sorgenti in ambiente metamorfico, Bense *et alii* 2013: 184-185.
[9] Carbone *et alii* 2011: 165.
[10] Fasolo 2013: II, 97.
[11] Per il contesto storico in cui si inserisce la fondazione di Tindari si veda Nuss 2010.
[12] In merito ai principi della topografia di Tindari si rimanda a Belvedere and Termine 2005. Si veda Campagna 2019 per una sintesi aggiornata sulla storia degli studi.

della cosiddetta Basilica (dimensioni: 2,50x2,90m) e un'altra, più grande, di forma rettangolare e foderata da una struttura in muratura, a valle del teatro (dimensioni: 16,50x12,50m)[13]. Il territorio era attraversato da un acquedotto, i cui resti sono stati riconosciuti in vari punti durante un programma di ricognizioni archeologiche. Il suo tracciato, non superiore ai 3 km di lunghezza, è stato ipoteticamente ricostruito sulla base del rinvenimento di tubuli in terracotta di forma tronco-conica sino alle immediate vicinanze di Tindari[14]. Le acque erano captate da sorgenti poste a circa 450 m di altezza, che scorrevano sino al sito attraversando l'altura alle spalle del borgo Locanda (alt. max. 300m slm). Qui si potrebbe ipotizzare la presenza di un sifone che permetteva alle acque sotto pressione di raggiungere Tindari (270m slm), ma nessun dato archeologico di questo tipo è stato sino ad ora riconosciuto sul terreno. Nulla sappiamo della sua cronologia, ma il fatto che attraversasse alcuni siti occupati sin dall'epoca tardo-repubblicana potrebbe suggerire la sua esistenza almeno in questo periodo.

La sorgente di Via Teatro Greco[15]

Un'altra fonte di approvvigionamento era poi costituita da una sorgente oggi non più attiva, riconosciuta in Via Teatro Greco, in corrispondenza della cortina muraria occidentale delimitata dalle torri VI e VII (Figura 2)[16]. Non sappiamo quali possano essere state le cause del suo esaurimento, ma l'origine carsica delle acque, dimostrata da analisi chimiche[17], suggerisce un possibile legame agli eventi tellurici, frequenti nella zona, che, com'è noto, provocando lo spostamento delle faglie, possono condurre a variazioni di portata se non all'esaurimento stesso delle sorgenti[18]. Altre potrebbero essere state le cause del suo esaurimento, come le variazioni climatiche, un'alterazione dell'equilibrio idrogeologico causato dal disboscamento delle aree circostanti o un eccessivo sfruttamento delle acque nel territorio circostante.

Le strutture archeologiche connesse alla sorgente non sono visibili nella loro interezza (Figura 3), a causa di lavori edilizi realizzati in epoca moderna che si sono sovrapposti alle evidenze antiche; tuttavia, è stato possibile riconoscere due nicchie scavate nelle concrezioni:

- la nicchia 1, (dimensioni: 0,87x0,73x0,79m) ha le superfici interne lavorate e in corrispondenza dello spiccato si notano evidenti tracce di cocciopesto che ricoprono le concrezioni. L'interno della nicchia ha restituito tracce in negativo di elementi lignei (travi?) e alcune pietre irregolari cementate alla sua parete. Questi elementi sembrano suggerire il crollo di un possibile elevato e l'abbandono del settore in un momento in cui la sorgente era ancora attiva, anche se con una portata d'acqua molto bassa.

- la nicchia 2, (dimensioni: 1,35x1x0,68m) non è conservata in tutto il suo sviluppo a causa dell'ingombro che sorregge una scala di epoca moderna. La parte dello spiccato visibile ha le superfici parzialmente lisciate, analogamente alla nicchia 1.

---

[13] Quest'ultima ha contribuito a rafforzare l'ipotesi che l'agorà/foro di Tindari si trovasse a valle del teatro, secondo uno schema urbanistico che ritroviamo anche a Solunto o a Monte Iato (Leone and Spigo 2008: 105).
[14] Fasolo 2013: II, 98-99.
[15] Questa ricerca è stata realizzata grazie a un contributo del governo francese gestito dall'*Agence Nationale de la Recherche*, voceprogetto : Investissements d'Avenir A*MIDEX, n° di riferimento ANR-11-IDEX-0001-02.
[16] La denominazione delle torri fa riferimento a Leone 2020.
[17] Polizzi *et alii* 2022.
[18] Bova *et alii* 2022.

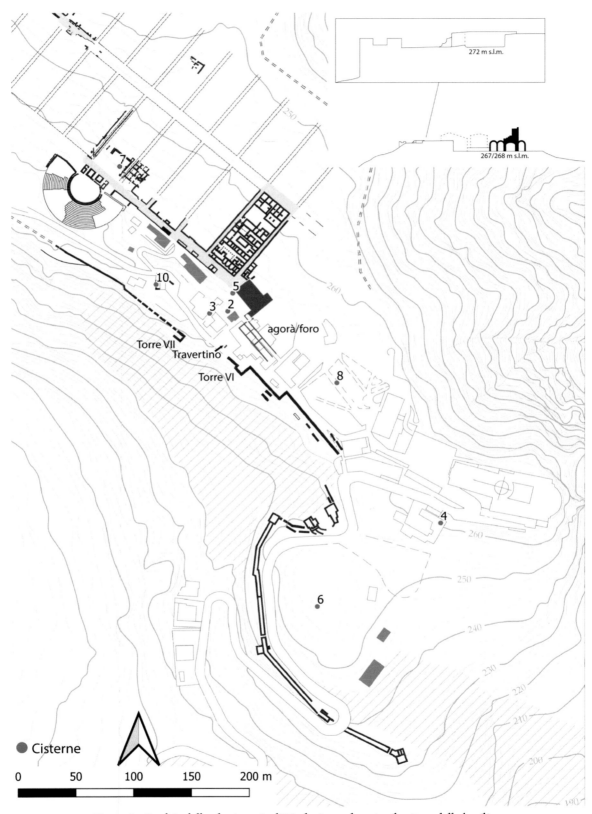

272 m s.l.m.

267/268 m s.l.m.

10

5

3 2

agorà/foro

Torre VII
Travertino

Torre VI

8

4

6

● Cisterne

0   50   100   150   200 m

Figura 2 - Stralcio della planimetria di Tindari con al centro il settore della basilica.

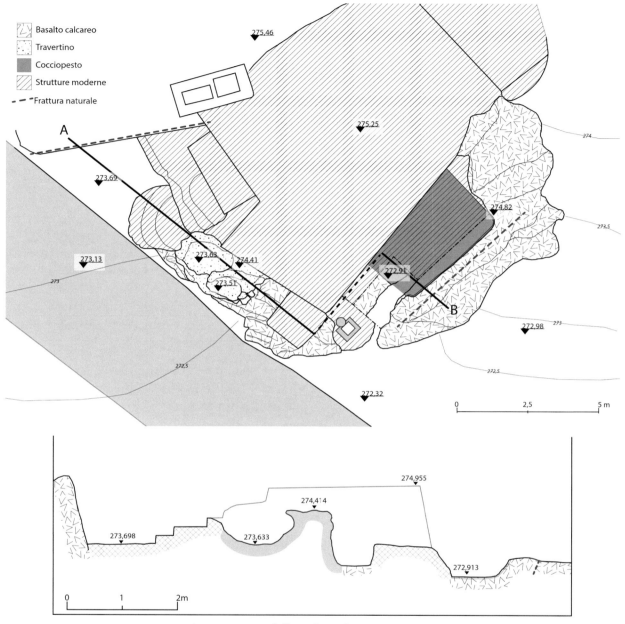

Figura 3 - Pianta delle evidenze di Via Teatro Greco.

A Sud Est delle concrezioni si trova una cisterna/serbatoio di forma quadrangolare con orientamento Nord Est/Sud Ovest. Essa era alimentata dalla sorgente, come dimostra un livello di concrezioni calcaree visibile a circa 0,30m dal fondo.

Il lato Sud orientale della cisterna, l'unico portato interamente alla luce, ha uno sviluppo complessivo, con andamento rettilineo, di 3,90m e un'altezza massima conservata di 0,80m. Le pareti, interamente scavate nel calcare grigio locale, sono rivestite in cocciopesto con un primo strato di intonaco composto da calce e sabbia fine, impiegato per regolarizzare le asperità della roccia. Un secondo strato di cocciopesto grossolano ricopre tutta la superficie della cisterna ma si conserva solo sul fondo e irregolarmente sullo spiccato della parete per un'altezza non superiore a 0,50m. Pochissime sono le tracce di un terzo strato di cocciopesto più fine. Il fondo della cisterna ha restituito un rivestimento impermeabilizzante il cui strato di allettamento è composto da malta e ciottoli di medie dimensioni. Il passaggio di un tubo di scarico moderno ha comportato la rimozione degli strati archeologici e il danneggiamento delle pareti e di parte degli angoli Sud Ovest e Nord Est.

Considerazioni di carattere urbanistico

Che la sorgente e la cisterna/serbatoio facessero parte di un'unica istallazione idraulica è comprovato dalla loro vicinanza, dal riconoscimento di cocciopesto sulle incrostazioni in travertino e dalle concrezioni orizzontali citate in precedenza. È verosimile che il complesso avesse inoltre una destinazione collettiva, data la sua posizione in corrispondenza di un possibile accesso alla città[19] e di uno dei suoi settori comunitari, la cui identificazione è oggi oggetto di dibattito (Figura 4). Studi recenti, infatti, localizzano nell'area delimitata dalla cosiddetta Basilica l'agorà/foro[20] o il ginnasio[21].

Al di là dell'effettiva funzione dello spazio pubblico accessibile dalla Basilica,[22] è possibile che la presenza della sorgente sia stata determinante nella sua localizzazione. Del resto, che questo settore di abitato abbia sempre avuto una vocazione collettiva sarebbe dimostrato dal rinvenimento sporadico di due gocciolatoi calcarei a protome leonina, spie di un qualche edificio pubblico o sacro nelle vicinanze, risalente alla metà del III sec. a.C.[23] Il confronto con altre realtà isolane quali Alesa[24] o Centuripe[25], tutte con un settore pubblico dotato di fontane e, come Tindari, rientranti nell'orbita siracusana in epoca ellenistica, supporta l'ipotesi che la sorgente si trovasse in uno spazio pubblico.

Ma le caratteristiche della cisterna/serbatoio della sorgente pongono in essere altre considerazioni di carattere urbanistico: la sua planimetria, probabilmente quadrangolare (Figura 2)[26], riprende l'orientamento della Basilica, che si sovrappone a un isolato precedente, e di un portico ad essa addossato nel lato Sud occidentale[27]. Questo orientamento, che ritroviamo in un setto murario ancora oggi visibile a ridosso di Via Teatro Greco, a breve distanza dalla sorgente, differisce da quello degli isolati a destinazione residenziale dislocati più a Nord.

Osservando quindi la Figura 1, emerge quella che potrebbe sembrare una sistemazione generale del settore pubblico, che si configura come un ampio spazio su due livelli, il più in quota dei quali servito dalla sorgente, come si evince dal fatto che il fondo della cisterna/serbatoio si attesta a una quota assoluta di 272m slm, mentre il possibile piano di calpestio dello spazio pubblico a Sud della Basilica ha una quota media di circa 267m slm.

Per quanto riguarda la divergenza di orientamento dello spazio pubblico rispetto a quello delle insule limitrofe, l'osservazione della pianta suggerirebbe che esso si adegui alla conformazione

---

[19] La pianta pubblicata in Ferrara 1814 riporta in quest'area un varco sfalsato, forse una porta assimilabile alla tipologia 'scea'. Oggi, il passaggio della strada moderna non permette di verificare questa ipotesi.
[20] Belvedere and Termine 2005: 87.
[21] Portale 2018: 314.
[22] Per la cronologia alta della Basilica (I sec. d.C.), La Torre 2005; Portale 2018: 315. Per la cronologia bassa (425-450), Wilson 2018: 454-455,457.
[23] Cf. l'appendice in coda al testo.
[24] Tigano and Burgio 2020.
[25] Portale 2018: 313.
[26] Come si evince dall'andamento dei lembi superstiti del suo perimetro.
[27] Ravesi 2018: 393-394.

Figura 4 - Settore dell'intervento di pulizia e rilievo in via Teatro Greco.

geomorfologica della sella che separa l'area del moderno santuario da quella dell'insula IV e le altre adiacenti[28]. È possibile che i cambiamenti geomorfologici successivi alla frana del fronte Nord orientale del monte di Tindari avessero guidato le soluzioni adottate nella monumentalizzazione del complesso pubblico[29]?

Occorre poi chiedersi se questa sia stata una soluzione verosimile adottata per la ristrutturazione del complesso pubblico dopo l'evento distruttivo citato da Plinio il Vecchio[30]. L'autore scrive che parte dell'abitato franò verso mare e l'unico settore in cui si sono riconosciute tracce di frana è proprio quello posto a Nord Est della Basilica, il quale, secondo l'ipotesi di O. Belvedere, doveva ospitare l'agorà[31]. Qualora si riconoscessero qui le tracce della famosa frana, quest'ultima avrebbe potuto danneggiare il settore forse occupato dall'agorà e dato origine ad uno spazio stretto e allungato con orientamento Nord Ovest/Sud Est, orientamento che appunto sarebbe stato ripreso dalla basilica e dal portico al fine di ottimizzare gli spazi[32].

Un'altra questione che si pone è quella della cronologia di tali interventi, che andrebbe fissata dopo il collasso del costone orientale del promontorio, avvenuto tra la fine del I sec. a.C. e la prima metà del secolo successivo[33].

Ciò che possiamo affermare al momento è che ci troveremmo di fronte a un vasto programma di risistemazione urbanistica che forse non si limitò soltanto al complesso pubblico ma a tutta la fascia

---

[28] Divergenza evidente nella planimetria generale in Barreca 1958, tav. 53.
[29] Un simile orientamento Sud Est/Nord Ovest, sebbene leggermente divergente, è mantenuto dalla cortina muraria fra le torri VI e VII.
[30] Plin., *Nat. Hist.* 2.206.
[31] Belvedere and Termine 2005: 87.
[32] Devo queste considerazioni al confronto con il professor Oscar Belvedere, che ringrazio per la costante disponibilità.
[33] Per la cronologia della frana (fine I sec. a.C.- I sec. d.C.) , Fasolo 2013: II, 121. Tale cronologia, però, non si accorderebbe con quella proposta per i resti scoperti in via Omero (fine II e I sec. a. C.). Ravesi 2018: 400.

centrale dell'abitato, compreso lo spazio della sorgente da noi riconosciuta. L'acqua potrebbe quindi aver ricevuto una nuova sistemazione, forse scenografica, in armonia con il resto dell'area pubblica, come sembrerebbe anche dimostrare il rinvenimento nella stessa area pubblica di «un delfino in marmo sopra un acquidotto» ricordato da Mons. Airoldi e oggi perduto[34].

Conclusioni

Gli abitanti di Tindari seppero sfruttare al meglio ciò che il territorio aveva da offrire sin dal loro primo stanziamento. Il sito, scelto per evidenti funzioni strategiche, offriva una serie di opportunità connesse alla presenza di acque abbondanti e ad una posizione facilmente difendibile. È probabile che la sorgente da noi riconosciuta fosse attiva al momento della fondazione della città, motivo per il quale fu inglobata all'interno del circuito murario. Dal punto di vista urbanistico, questa si è sempre trovata in un settore chiave dell'abitato, in prossimità dello spazio pubblico e di una porta, in modo da essere subito raggiungibile dall'esterno.

L'elemento idrico fu quindi sempre alla base della prosperità della città, come dimostra anche l'acquedotto che forse fu realizzato quando le risorse idriche reperibili nel sito non erano più sufficienti a soddisfare le esigenze di una popolazione in rapido incremento. E proprio la fase di particolare floridezza che la città attraversò fra l'epoca di Ierone II e la creazione della provincia Sicilia costituirebbe un elemento a favore della realizzazione dell'acquedotto in epoca ellenistico-romana, analogamente a quanto ipotizzato per altri centri siciliani come Halaesa, Kalé Akté o Taormina[35].

A Tindari il delicato equilibrio uomo-ambiente si declina secondo soluzioni che nel corso della vita della colonia si sono via via adattate alle necessità di carattere geomorfologico e ambientale. Questo fattore è rimasto invariato nel corso dei secoli e ancora in epoca moderna, quando Tindari fu rioccupata all'inizio del XIX secolo[36], i nuovi abitanti si stabilirono proprio nell'area in cui si trova l'affioramento di travertino. La presenza di un piccolo lavatoio pubblico e di una fontanella in corrispondenza della sorgente potrebbero non essere casuali e testimoniare che ancora una volta, la presenza della sorgente avrebbe condizionato le scelte insediative. Essa però dovette nuovamente esaurirsi. Una fotografia conservata al Museo Archeologico Regionale di Palermo, relativa agli scavi del 1895 di Antonio Salinas, mostra alcune donne che vanno a rifornirsi d'acqua all'esterno della città, probabilmente a Scala, dove si trovavano sorgenti perenni. Fu solo con l'arrivo del vescovo Fiandaca che il borgo poté nuovamente godere di acqua corrente, come dimostra una lapide commemorativa oggi conservata nel cortile del santuario moderno. Egli infatti realizzò nei primi anni del '900 una fontana alimentata dalle sorgenti della Lupa, a monte dell'abitato di Scala. Il moderno acquedotto, ancora oggi in funzione, avrebbe potuto seguire grossomodo il percorso dell'acquedotto più antico e ancora una volta, come forse in passato, il problema dello stress idrico del monte fu risolto con il recupero delle acque dal territorio.

[G.P.]

---

[34] Portale 2014a: 124.

[35] Un'altra ipotesi potrebbe prevedere la realizzazione dell'acquedotto come conseguenza della diminuzione di portata/esaurimento della sorgente, provocata da un evento sismico.

[36] Mezquiriz 1954: 88. All'inizio del XIX secolo, Tindari era occupata dal santuario e da un piccolo villaggio che ospitava circa venti persone. Ferrara 1814: 17.

Appendice

A. Il gocciolatoio a protome leonina

In corrispondenza dei resti della torre VII che si trova poco più a Nord della Sorgente è stato segnalato il rinvenimento di un frammento di gocciolatoio a protome leonina (Figura 5). Si tratta di una scultura in calcare finissimo databile attorno alla metà del III secolo a. C. Della scultura (dimensioni: 25x17x10cm) rimangono la parte superiore della testa, con gli occhi e le arcate sopraccigliari, e il lato destro della criniera; la parte inferiore, che comprendeva le fauci e il lato sinistro della criniera, sono state appositamente rimosse, come dimostra il taglio regolare delle superfici. È quindi probabile un suo reimpiego nella muratura della torre. La frattura fresca della parte superiore del muso suggerisce che quest'ultima si sia spezzata in tempi recenti, ma non è stata rinvenuta durante un sopralluogo nell'area di rinvenimento. La parte posteriore conserva il dado che andava alloggiato al supporto, come si riscontra in altri gocciolatoi a protome leonina rinvenuti in Sicilia. La funzione di gocciolatoio è suggerita da un foro passante conservato solo nella sua metà superiore (diametro: 5cm).

Dal punto di vista stilistico, il gocciolatoio rientra nell'ambito delle produzioni attribuibili alla scuola siracusana attiva a partire dalla seconda metà del IV secolo a.C.[37] I confronti più stringenti sono i gocciolatoi a protome leonina del tempio ellenistico di Megara Hyblaea (seconda metà del III sec. a.C.) e un gocciolatoio che probabilmente decorava un edificio sacro posto presso la sorgente del fiume Ciane (IV-II sec. a.C.). La somiglianza con questi esemplari è abbastanza evidente nonostante il pessimo stato di conservazione del gocciolatoio tindaritano: stessa resa degli occhi a bulbo, stessa espressione patetica delle sopracciglia formanti un angolo acuto[38]. Per quanto riguarda la criniera notiamo una simile resa con coppia sfalsata di brevi ciocche a virgola decisamente arretrate rispetto alla fronte.

Il gocciolatoio tindaritano ha una notevole importanza poiché permette di documentare l'impiego di elementi decorativi di pregio di matrice siracusana nelle decorazioni architettoniche di Tindari di epoca ellenistica. A Tindari, infatti, sono note solamente due protomi leonine in terracotta con funzione di gocciolatoio, oggi esposte presso l'antiquarium del sito[39]. Un'altra in calcare, inedita, è conservata nei magazzini.

Ben poco si può dire sull'edificio di pertinenza: la scoperta della protome in prossimità della sorgente potrebbe suggerire che essa fosse stata utilizzata in una fontana monumentale, come ipotizzato per un simile gocciolatoio rinvenuto a Milingiana, a Ovest di Butera[40]. L'impiego di gocciolatoi a protome leonina nella decorazione di fontane è inoltre attestato sin dall'età arcaica, come si evince dall'iconografia di numerosi vasi figurati attici e di monete[41]. La presenza del dado sul lato posteriore della testa potrebbe essere un elemento a favore di questa interpretazione, poiché avrebbe permesso un facile ancoraggio al punto di fuoriuscita delle acque. Tuttavia, come si evince da altri esemplari simili, la lavorazione dei gocciolatoi separatamente dalle sime era abbastanza diffusa. Ciò si deve al fatto che in caso di danneggiamenti alla copertura degli edifici era possibile cambiare i singoli elementi decorativi. Un rinvenimento interessante in tal senso è quello di un gruppo di dieci gocciolatoi in una vecchia cava in zona Santa Lucia a Siracusa. Sebbene essi facessero parte di un lotto unitario, alcune di queste protomi avevano un'esclusiva funzione decorativa e la resa delle figure non è sempre la stessa.

---

[37] Von Sydow 1984: 273-276. La cronologia delle protomi leonine siciliane è ancora oggi oggetto di dibattito, a causa della difficoltà nella contestualizzazione degli elementi rinvenuti. Portale 2014b: 366-369.
[38] Questo dettaglio è visibile anche nelle protomi leonine dell'altare di Ierone. Von Sydow 1984, tafel 87.2.
[39] Spigo 2005: 75 (datazione al III sec. a. C.); Pensabene 1999: 20 (datazione al II sec. a. C).
[40] Adamesteanu 1958: 360, fig. 8.
[41] Ginouvès 1962: 21-28, figg. 2-4, 49.

Tutte però possiedono un dado nella parte posteriore funzionale all'alloggiamento al supporto[42]. In merito al nostro esemplare, va segnalato il fatto che la parte superiore della testa non ha la criniera, né risulta rifinita in dettaglio. Questo particolare, non riscontrabile in nessun altro esemplare simile, potrebbe essere dovuto al fatto che la protome decorasse il sistema di copertura di un edificio e la sua parte superiore non fosse visibile. Ciò potrebbe suggerire che la gronda era posta a una certa altezza (in un edificio non adibito a fontana?). Le dimensioni del dado, più grandi rispetto agli esemplari rinvenuti in altri contesti e pertinenti a edifici di modeste dimensioni, suggeriscono quindi la pertinenza del gocciolatoio a un edificio di una certa importanza, di cui attualmente non è possibile fornire ulteriori

Figura 5 - Gocciolatoio a protome leonina rinvenuto presso la Torre VII.

dettagli.

---

[42] Paolo Orsi aveva ipotizzato che potesse trattarsi di un lotto di sculture pertinenti l'officina di uno scalpellino attiva nel III secolo a. C. Orsi 1912, 295. Altri studiosi pensano ad una deposizione votiva. Portale 2014b: 369.

B. *Ipotesi di provenienza del calcare*

L'analisi petrografica è stata effettuata su un piccolo frammento accuratamente prelevato dal gocciolatoio a protome leonina oggetto di studio, da cui è stata ottenuta una sezione sottile (spessore 0.03mm) previo consolidamento con resina epossidica. Le osservazioni sono state condotte utilizzando un microscopio polarizzatore Leica DM-SLP, dotato di fotocamera digitale (*software* Leica IM100 Image Manager). Gli obiettivi dell'analisi consistono nella caratterizzazione del litotipo costituente e nell'individuare la possibile area di produzione del manufatto litico, corroborando con dati geologici le ipotesi di provenienza formulate in base ai confronti stilistico-formali con reperti analoghi sia per datazione che per destinazione d'uso.

Il campione studiato può essere petrograficamente catalogato come *wackestone*, secondo la classificazione tessiturale di Dunham (1962)[43]. Si tratta di una calcarenite bioclastica a grana molto fine, di colore grigio chiaro, il cui esame microscopico rivela la presenza di resti di foraminiferi bentonici e planctonici, molluschi (piccoli gasteropodi e lamellibranchi), nonché frammenti di gusci e aculei di echinodermi. Riguardo l'ambiente deposizionale, il litotipo in esame può essere considerato come originatosi in ambiente neritico. Tra i foraminiferi bentonici, molti dei quali presentano un avvolgimento planispirale e trocospirale basso, è stata attestata la presenza di Anomalinoides sp., Operculina sp., Ammonia sp., Bolivina sp. ed alcuni Miliolidi. Il campione è caratterizzato anche alcuni gusci di foraminiferi planctonici, per lo più attribuibili attribuiti ai generi Globigerinoides, Globigerina e Globorotalia (Figure 6A, 6B). L'intensa frammentazione dei bioclasti, purtroppo, non consente una caratterizzazione paleontologica dettagliata. La componente silicoclastica è rara (<1%) e limitata a clasti angolosi di quarzo, per lo più con dimensione del silt grossolano (0.04-0.06mm). Rilevata anche la presenza di aggregati di piccole particelle di ossidi di ferro, per lo più a riempimento delle cavità dei microfossili. Pertanto, in virtù degli elementi raccolti, appare plausibile l'attribuzione della roccia al Miocene, epoca dell'era cenozoica. Non è possibile stabilire un intervallo cronologico più preciso data la difficoltà di individuazione di specie marker che possano indicare con certezza specifiche biozone, risultato che potrebbe essere ottenuto in futuro, integrando il presente studio con la determinazione dei nannofossili.

Andando a considerare gli aspetti riguardanti l'ipotetica area di reperimento del litotipo occorre fare alcune considerazioni. Il territorio circostante il sito, come precedentemente accennato, è caratterizzato dai terreni del Flysch di Stilo-Capo d'Orlando e delle Argille Scagliose Antisicilidi. Nello stesso territorio affiorano anche le "Calcareniti di Floresta", in discordanza con i terreni precedentemente citati, che sono arenarie con contenuto fossilifero riferibile al piano Burdigaliano del Miocene inferiore[44]. Tuttavia, dal punto di vista petrografico, oltre che da una abbondante microfauna calcarea (composta in prevalenza da foraminiferi planctonici e bentonici), esse sono caratterizzate anche da una ricca frazione silicoclastica (dal 20% sino a circa il 70% dell'intera componente detritica), nello specifico rappresentata da quarzo e feldspato (in prevalenza), nonché da muscovite, biotite e clorite[45]. Questo particolare suggerirebbe di escludere che il manufatto oggetto di studio, in cui la frazione silicoclastica è stata riscontrata in quantità irrisorie (<1%), sia stato realizzato a partire da questo specifico litotipo (anche se vi sono alcune convergenze per ciò che riguarda il contenuto fossilifero).

---

[43] Dunham 1962.
[44] Carbone *et alii* 1993.
[45] Carmisciano *et alii* 1981.

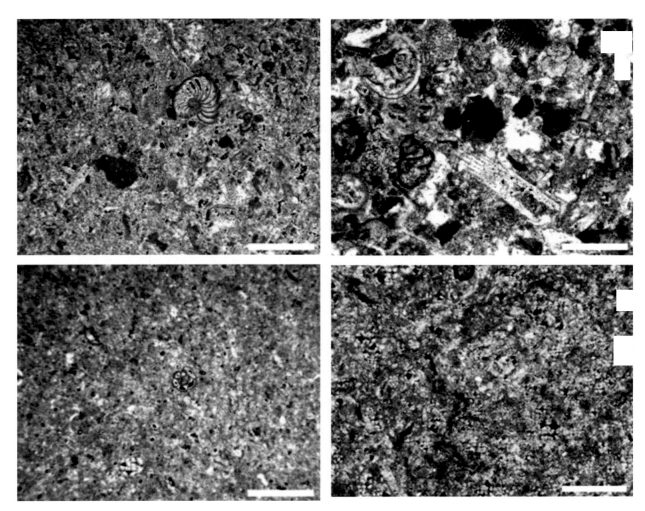

Figura 6 - Microfotografie in sezione sottile: (A) campione oggetto di studio (gocciolatoio a protome leonina di Tindari) in cui si notano resti di foraminiferi bentonici (XPL, barra dimensionale 0.5mm); (B) particolare del campione oggetto di studio (gocciolatoio a protome leonina di Tindari) caratterizzato da numerosi resti di foraminiferi e aculei di echinoderma (PPL, barra dimensionale = 0.2mm); (C) calcarenite bioclastica fine denominata "pietra di Noto" caratterizzata da foraminiferi bentonici e planctonici (XPL, barra dimensionale = 0.5mm); (D) microfotografia del litotipo che costituisce il corpo della "Dea di Morgantina", conservata presso il Museo di Aidone (XPL, barra dimensionale = 0.5mm).

Ancora a proposito degli interrogativi sull'area di provenienza del litotipo utilizzato per scolpire il gocciolatoio oggetto di studio, di contro, appare molto più convincente il confronto con le areniti calcaree affioranti nell'area Iblea, il cui utilizzo come "geomateriale" è ampiamente documentato[46]. Come noto, l'intervallo stratigrafico oligo-miocenico del territorio Ibleo è caratterizzato dagli affioramenti della Formazione Ragusa (Oligocene sup. – Langhiano inf.) nel settore occidentale e dalla Formazione Monti Climiti (Oligocene sup. - Tortoniano) nel settore orientale[47]. I calcari miocenici della Formazione Ragusa, suddivisa nel membro Leonardo e membro Irminio, affiorano prevalentemente nell'area comprendente i territori di Modica e di Ragusa. Il membro Irminio, in particolare, è caratterizzato da calcareniti più o meno fini, di colore bianco-grigiastro o giallastro, con numerose tracce di bioturbazione. Il contenuto faunistico, contraddistinto da associazioni di foraminiferi

[46] Minà 2005: 225.
[47] Lentini and Carbone 2014: 409.

bentonici, foraminiferi planctonici ed echinoidi (sporadici) consente di assegnare la roccia all'intervallo cronologico Burdigaliano superiore–Langhiano. Interessante sottolineare che l'utilizzo di tale litotipo è stato attestato nel caso della "Dea di Morgantina", acrolito restituito all'Italia dal J.P. Getty museum nel marzo del 2011 e conservato presso il Museo archeologico di Aidone[48].

Nel settore Ibleo orientale (zona di Siracusa-Augusta) affiorano i depositi del Miocene inferiore e medio-superiore della formazione Monti Climiti, nei due membri di Melilli e dei calcari di Siracusa. Il membro di Melilli si presenta come una successione di calcareniti biancastre bioturbate (da fini a grossolane) con molluschi bivalvi ed anellidi, passanti a calcari marnosi con foraminiferi bentonici e planctonici, databili al Miocene medio[49]. Il membro dei calcari di Siracusa è rappresentato da calcareniti a grana variabile e colore bianco-grigiastro, con alghe (litotamni e rodoliti), briozoi, foraminiferi, molluschi, echinoidi e coralli. Questi materiali, cavati nelle Latomie di Siracusa, sono stati utilizzati, ad esempio, nel Teatro Greco e nell'Anfiteatro Romano.

In conclusione, l'analisi petrografica condotta sul gocciolatoio a protome leonina di Tindari, pur considerando l'esiguità del campione prelevato e le conseguenti difficoltà nella individuazione di adeguati marker paleontologici, permette di identificare il litotipo come calcarenite fine di provenienza Iblea, con ancora poche sicurezze sulla precisa area di estrazione, anche i confronti delle immagini microscopiche (Figure 6B, 6D) lascerebbero intravedere una convergenza tessiturale e composizionale verso le calcareniti fini del membro Irminio della F.ne Ragusa.

[G.M.-A.B.]

Bibliografia

Adamesteanu, D. 1958. Milingiana (Butera) - Scavi e ricerche. *Notizie degli Scavi e Antichità*: 350-361.

Alaimo, R., R. Giarrusso, G. Montana, and P.S. Quinn 2007. La Dea di Morgantina: le prove geologiche a favore della provenienza siciliana. *Kalos, Arte in Sicilia* 19, 2007: 16-19.

Barreca, F. 1958. Tindari dal 345 al 317 a.Cr. *Kokalos* IV, 1958: 145-150.

Belvedere, O. and E. Termine 2005. L'urbanizzazione della costa nord-orientale della Sicilia e la struttura urbana di Tindari, in S.T.A.M. Mols and E.M. Moormann (eds) *Omni pede stare. Saggi architettonici e circumvesuviani in memoriam Jos de Waele* : 85-91. Napoli: Electa.

Bense, V.F., T.P. Gleeson, S.E. Loveless, O. Bour and J. Scibek 2013. Fault zone hydrogeology. *Earth-Science Reviews* 127 : 171-192. https://doi.org/10.1016/j.earscirev.2013.09.008.

Bonfiglio, L., G. Mangano and P. Pino 2010. The contribution of mammal-bearing deposits to timing late Pleistocene Tectonics of Cape Tindari (North-Eastern Sicily). *Rivista Italiana di Paleontologia e Stratigrafia* 116: 103-118.

Bottari, C., P. Carveni, M.A. Mastelloni, A. Ollà and U. Spigo 2008. Investigation of Archaeological Evidence for a Possible 6th-7th Century AD Earthquake in Capo d'Orlando (NE Sicily). *Environmental Semeiotics* 1: 55-69.

---

[48] Alaimo *et alii* 2007.
[49] Lentini and Carbone 2014.

Bova, P., A. Contino and G. Esposito 2022. Analyse historique des variations du débit provoqué par les séismes pendant les siècles XVe–XXe: le cas de Termini Imerese (Sicile centro-septentrionale) in G. Polizzi, V. Ollivier and S. Bouffier (eds) *From Hydrology to Hydroarchaeology in the Ancient Mediterranean*: 61-75. Oxford : Archaeopress Archaeology.

Campagna, L. 2019. Trasformazioni urbanistiche in Sicilia alle origini della Provincia. Riflessioni sul ruolo di Roma. *KTÈMA. Civilisations de l'Orient, de la Grèce et de Rome antiques* 44: 123-143. https://halshs.archives-ouvertes.fr/halshs-02444203.

Carbone, S., A. Messina and F. Lentini 2011. *Note illustrative della Carta Geologica d'Italia alla scala 1:50.000 "Milazzo - Barcellona P. G."*, Firenze: S.E.CA.

Carbone, S., M.H. Pedley, M. Grasso and F. Lentini 1993. Origin of the "Calcareniti di Floresta" of NE Sicily: late orogenic sedimentation associated with a middle Miocene sea-level high stand. *Giornale di Geologia*, Serie 3a, 55/2 : 105-116.

Carmisciano, R., L. Gallo, G. Lanzafame and D. Puglisi 1981. Le Calcareniti di Floresta nella ricostruzione dell'Appennino Calabro-Peloritano. *Geologica Romana*, 20: 171-182. https://www.settimanaterra.org/sites/default/files/geoeventi2017/GR_20_171_182_Carmisciano%20et%20al_0.pdf

Catalano, S. and A. Di Stefano 1997. Sollevamenti e tettogenesi pleistocenica lungo il margine tirrenico dei Monti Peloritani: integrazione dei dati geomorfologici, strutturali e biostratigrafici. *Il Quaternario* 10, 2: 337-342.

De Astis, G., G. Ventura and G. Vilardo 2003. Geodynamic significance of the Aeolian volcanism (Southern Tyrrhenian Sea, Italy) in light of structural, seismological, and geochemical data. *Tectonics* 22.4, 2003:1-17. https://doi.org/10.1029/2003TC001506.

Di Stefano, G. 2020. Camarina. Grondaie a teste leonine, in R. Amato, G. Barbera and C. Ciurcina (eds) *Siracusa, la Sicilia, l'Europa Scritti in onore di Giuseppe Voza Siracusa, la Sicilia, l'Europa Scritti in onore di Giuseppe Voza*: 301-306. Palermo: Torri del vento edizioni.

Dunham, R.J. 1962. Classification of carbonate rocks according to depositional texture, in W.E. Ham (ed.) *Classification of Carbonate Rocks*: 108-121. American Association of Petroleum Geologists 1, 1962.

Fasolo, M. 2013. *Tyndaris e il suo territorio*. Roma: MediaGEO.

Ferrara, F. 1814. Memorie sopra l'antica distrutta città di Tindari, con una pianta di tutte le rovine esistenti, e con le vedute più belle tra esse, in *Antichi edificj ed altri monumenti di belle arti ancora esistenti in Sicilia*: 3-28. Palermo: Tipografia Reale di Guerra.

Ginouvès, R. 1962. *Recherches sur le bain dans l'antiquité grecque*. Paris: de Boccard.

La Torre, G.F. 2005. La Basilica, in U. Spigo (ed.) *Tindari. L'area archeologica e l'Antiquarium*: 55-58. Milazzo: Rebus.

Lentini, F. and S. Carbone 2014. *Geologia della Sicilia. Memorie Descrittive della Carta Geologica d'Italia, Volume: XCV, Servizio Geologico d'Italia*. Roma : ISPRA.

Leone, R. and U. Spigo 2008. *Tyndaris 1. Ricerche nel settore occidentale: campagne di scavo 1993-2004*. Palermo: Assessorato dei Beni Culturali.

Leone, R. 2020. Note preliminari allo studio della cinta muraria di Tindari tra vecchi scavi e nuovi progetti, in L.M. Caliò, G.M. Gerogiannis and M. Kopsacheili (eds) *Fortificazioni e società nel Mediterraneo occidentale*: 271-281. Roma: Quasar.

Mezquiriz, M.A. 1954. Excavaciones estratigráficas de Tyndaris. *Caesaraugusta*: 85-96.

Minà, P. 2005. *Urbanistica e architettura nella Sicilia Greca*. Palermo: Regione siciliana, Assessorato dei beni culturali ambientali e della pubblica istruzione, Dipartimento dei beni culturali ambientali e dell'educazione permanente.

Nuss, A. 2010. Dionysios I. und die Gründung von Tyndaris – ein Beleg für die Etablierung der Territorialherrschaft auf Sizilien im 4. Jahrhundert v. Chr., in F. Daubner (ed.) *Militärsiedlungen und Territorialherrschaft in der Antike*: 19-40. Berlin, Boston: De Gruyter. https://doi.org/10.1515/9783110222845.19.

Pensabene, P. 1999. *Le terrecotte del Museo Nazionale Romano I. Gocciolatoi e protomi di sime*. Roma: L'Erma di Bretschneider.

Polizzi, G., V. Ollivier, O, Bellier, E. Pons-Branchu and M. Fontugne 2022. Archaeology and Hydrogeology in Sicily: Solunt and Tindari, in G. Polizzi, V. Ollivier and S. Bouffier (eds) *From Hydrology to Hydroarchaeology in the Ancient Mediterranean*: 102-126. Oxford: Archaeopress Archaeology.

Orsi, P. 1912. Siracusa. *Notizie degli Scavi e Antichità*: 293-298.

Portale, E.C. 2014a. La 'collezione Fagan', le sculture di Tindari e la nascita del museo dell'Università di Palermo. *Rivista di Archeologia* 38: 109-127.

Portale, E.C. 2014b. Decorazione, illustrazione o metafora? Su un gruppo di terrecotte architettoniche dal sito di S. Biagio ad Agrigento. *Sicilia Antiqua* 11: 363-387.

Portale, E.C. 2018. La domus Augusta vista dalla Sicilia: dame imperiali nel paesaggio urbano della prima provincia, in O. Belvedere, J. Bergemann (eds) *La Sicilia Romana: Città e territorio tra monumentalizzazione ed economia, crisi e sviluppo*: 305-325. Palermo: Palermo University Press.

Ravesi, M. 2018. Agora/foro di Tindari: considerazioni alla luce dei recenti scavi in via Omero, in M. Bernabò Brea, M. Cultraro, M. Gras, M.C. Martinelli, C. Pouzadoux and U. Spigo, *A Madeleine Cavalier*: 393-404. Napoli: Collection du Centre Jean Bérard, 49.

Spigo, U. 2005. *Tindari. L'area archeologica e l'Antiquarium*. Milazzo: Rebus.

Tigano, G. and R. Burgio 2020. Prime considerazioni sul sistema di approvvigionamento idrico e di drenaggio nell'antica Alesa, in V. Caminneci, M.C. Parello and M.S. Rizzo (eds) *Le forme dell'acqua. Approvvigionamento, raccolta e smaltimento nella città antica. Atti delle Giornate Gregoriane XII Edizione (Agrigento 1-2 dicembre 2018)*: 219-230. Bologna: Ante Quem.

Von Sydow, W. 1984. Die hellenistische Gebalken in Sizilien. *Römische Mitteilungen* 91: 239-358.

Wilson, R.J.A. 2018. Archaeology and earthquakes in late Roman Sicily: unpacking the myth of the terrae motus per totum orbem of AD 365, in M. Bernabò Brea, M. Cultraro, M. Gras, M.C. Martinelli, C. Pouzadoux and U. Spigo, *A Madeleine Cavalier*: 445-466. Napoli: Collection du Centre Jean Bérard, 49.

Gnatia lymphis iratis exstructa? Nuove acquisizioni sulla gestione idrica nel tessuto urbano di Egnazia.

Gianluca Mastrocinque
(Università degli studi di Bari Aldo Moro)

Marco Campese
(Università degli studi di Bari Aldo Moro)

Abstract: In the context of the 'Egnazia Project: From Excavation to Valorization', recent investigations provide new insights into the supply and distribution of water resources, revealing a well-designed sustainable management strategy, established through urban planning in the first imperial age and remaining efficient until late antiquity. In particular, the discovery of a porticoed building equipped with an impressive canalization, located near the 'cryptoporticus', allows for the formulation of a new hypothesis regarding the functional purpose of the entire district in relation to water supply and distribution. In late antiquity, this sector was reconverted into a metal factory, always with a focus on sustainability.

Keywords: urbanistica dell'acqua, archeologia dell'acqua, Egnazia-*Gnatia*, progetto Egnazia UniBa

Il settore destinato all'acqua alla periferia della città

Nell'ambito del 'Progetto Egnazia: dallo scavo alla valorizzazione', condotto dal Dipartimento di Ricerca e Innovazione Umanistica dell'Università di Bari in stretta collaborazione con il Parco e il Museo Archeologico Nazionale di Egnazia 'Giuseppe Andreassi'[1], le indagini più recenti forniscono nuove acquisizioni sull'approvvigionamento e sulla distribuzione della risorsa idrica e rivelano una accurata strategia di gestione sostenibile, impostata con l'intervento urbanistico della prima età imperiale e rimasta efficiente fino all'età tardoantica.

Per il periodo che va dall'inoltrato II secolo a.C., quando inizia a strutturarsi la maglia stradale in relazione alla *via Minucia* come decumano massimo, si è documentato negli anni un capillare sistema di rifornimento, che si avvale di pozzi di captazione della falda, ricostruita ad una profondità compresa tra 2 e 3m dai piani di frequentazione e di cisterne di captazione e di raccolta dell'acqua piovana.

Molti di questi dispositivi vengono obliterati non oltre il I secolo d.C., periodo in cui l'intervento che struttura il *municipium*, tra I secolo a.C. e I secolo d.C., individua spazi pubblici destinati in modo specifico alla risorsa idrica, localizzati anche nelle zone prossime alle mura e sempre in stretta relazione con la viabilità principale.

A questo riguardo il distretto più articolato ad oggi noto si trova nella periferia SE, a poca distanza dalle mura, nell'area ubicata a S del cosiddetto 'criptoportico' (Figura 1, 3). Le indagini in corso in questo settore si pongono in continuità con ricerche pregresse finalizzate all'individuazione di strutture legate

---

[1] Il programma scientifico è attivo dal 2001 ed è svolto come cantiere didattico, diretto prima da Raffaella Cassano e dal 2019 da Gianluca Mastrocinque.

al grande edificio pubblico ricavato in ambiente ipogeo, già evidenziato nel corso degli scavi realizzati negli anni Settanta del XX secolo da Stefano Di Ceglie[2].

Figura 1 - *Egnazia, immagine satellitare della città con indicazione delle aree di immagazzinamento delle risorse idriche: 1) la cisterna della piazza porticata; 2) la cisterna ubicata a S della basilica civile; 3) la cisterna pubblica nella periferia SE.*

Il nuovo settore di scavo è stato impostato tenendo conto dei risultati delle indagini geofisiche condotte da Marcello Ciminale[3]: la campagna di prospezioni geomagnetiche, infatti, ha rivelato la presenza di numerose anomalie, riferibili ad un articolato tessuto insediativo. Le indagini recenti hanno permesso di documentare un'area aperta quadrangolare destinata alla raccolta dell'acqua piovana, chiusa da una imponente canalizzazione realizzata in opera quadrata, la più consistente finora documentata ad Egnazia (larghezza complessiva del condotto: 0,90m circa, profondità della vasca: 0,20m) (Figura 2). Le dimensioni dei grandi blocchi, in alcuni casi superiori anche agli elementi usati per le mura e la tecnica di taglio mostrano per la prima età imperiale una significativa continuità dell'attività di estrazione e di lavorazione della calcarenite avviata tra la fine del IV e il III secolo a.C., all'epoca della prima organizzazione di tipo urbano[4]. L'unico punto di raccolta dell'acqua piovana è stato individuato nell'angolo NE, in un condotto sotterraneo, il cui imbocco è costruito anch'esso in opera quadrata a grandi blocchi in calcarenite ed è dotato, prima dell'immissione, di un dispositivo di decantazione dell'acqua foderato in malta con pozzetto di raccolta delle impurità (Figura 3).

---

[2] Bianchi 1992-1993; Filoni 2017-2018.
[3] Caggiani et al. 2012.
[4] Mastrocinque 2022: 6, con bibliografia.

Figura 2 - L'area del quadriportico da N, in primo piano il condotto idrico settentrionale e orientale.

Figura 3 - Il condotto idrico nell'angolo NE con il sistema di prima decantazione.

Questo dispositivo idrico è inquadrato da un quadriportico monumentale di cui si conserva lo stilobate di forma quasi quadrata (9.30 x 9.40m) su cui poggiavano sei colonne per lato, con diametro medio di 0,55m e intercolumnio di circa 1,75m (Figura 4). Delle colonne restano importanti tracce di alloggiamento, spesso in negativo e in alcuni casi il rivestimento all'imoscapo, con scanalature a spigolo vivo ottenute in malta lisciata. L'assenza di basi e il tipo di scanalatura permette di ricostruire con chiarezza l'impiego dell'ordine dorico, confermato anche da un rocchio di colonna e da un frammento di capitello, compatibili a livello dimensionale, che si conservano a poca distanza all'interno del cosiddetto 'criptoportico'. Le indagini, inoltre, hanno definito quasi del tutto l'articolazione degli spazi porticati con copertura ad unica falda sostenuta dal colonnato e dai muri di analemma orientale, occidentale e meridionale. Lo scavo infatti ha documentato le strutture costituite da grandi blocchi rimasti *in situ* e più spesso le fosse di spoliazione praticate in età tardoantica finalizzate al recupero del materiale litico, evidenti soprattutto sul lato orientale. Il rilievo sistematico delle strutture ha consentito di cogliere leggere asimmetrie degli spazi porticati con profondità di 3,35m a E e di 3,85m a W, mentre la minore ampiezza (circa 2m) del portico meridionale potrebbe essere legato alla presenza di un probabile accesso situato a S e attualmente in corso di scavo (Figura 4).

L'ulteriore connessione tra le strutture individuate e la necessità di ottimizzare le risorse idriche è confermata dalla presenza su tutti i lati di un pavimento in cocciopesto di ottima fattura realizzato, almeno nell'ultima fase di frequentazione, entro il IV secolo, una soluzione sostenibile, questa, finalizzata a sfruttare meglio le materie prime disponibili in loco anche sul piano economico. La grande quantità di chiodi, negli strati di crollo riutilizzati come strati di livellamento e di preparazione dei pavimenti del periodo tardoantico, inducono a pensare a coperture a spiovente verso l'interno, che favorivano la raccolta dell'acqua piovana nell'invaso centrale e da questo nella grande canalizzazione.

Lo spazio porticato di per sé non si giustifica appieno solo in relazione alla raccolta della risorsa idrica mediante la grande canalizzazione. Non si può escludere che i portici possano aver accolto anche dispositivi di utilizzo, come lavatoi pubblici o fontane, di cui lo scavo in corso sta cercando di verificare l'esistenza, nonostante il carattere molto invasivo con cui questo spazio è stato riconvertito in età tardoantica, come si vedrà. Al momento verso questa interpretazione orientano numerosi frammenti architettonici di piccole dimensioni realizzati in calcare 'duro' a grana fine, per la maggior parte riferibili a capitelli corinzi e figurati, con cornici angolari dell'abaco decorate da *kyma* ionico o da dentelli stretti, nonché a frammenti di trabeazione liscia rivestita in stucco e ad un capitello di lesena o a sofà in stile corinzio.

Il complesso di nuova scoperta non viveva isolato, ma era strettamente collegato alla galleria ipogea a quattro bracci nota tradizionalmente come 'criptoportico' (Figura 1, 3). L'ultimo ampliamento dell'area di scavo, sulla base di un aggiornamento delle prospezioni magnetometriche condotto da Laura Cerri, ha confermato che il condotto sotterraneo in uscita dalla canalizzazione dello spazio porticato convogliava la risorsa idrica in un vano collegato direttamente al 'criptoportico'.

Rispetto ad ipotesi precedenti che lo hanno interpretato con minori elementi come deposito di derrate o come spazio di servizio di un monumento in superficie, di cui manca qualunque attestazione, le nuove acquisizioni permettono di rileggere questo spazio semi-ipogeo, realizzato nella calcarenite, con volte in *opus incertum* e rivestito di malta idraulica, come il più grande impianto di approvvigionamento idrico noto ad oggi in città (Figura 5). Indicativo in tal senso era stato anche l'aggiornamento del rilievo che, per gli estradossi delle volte, ha evidenziato pendenze verso l'interno significative e poco compatibili con strutture in elevato soprastanti. Questa pendenza poteva favorire, invece, il deflusso delle acque meteoriche verso una canalizzazione in calcarenite posta in superficie, meno consistente di quella del quadriportico e collegata a imboccature sistemate a distanza regolare da cui l'acqua confluiva nel collettore sotterraneo con una pendenza più accentuata (circa 70%).

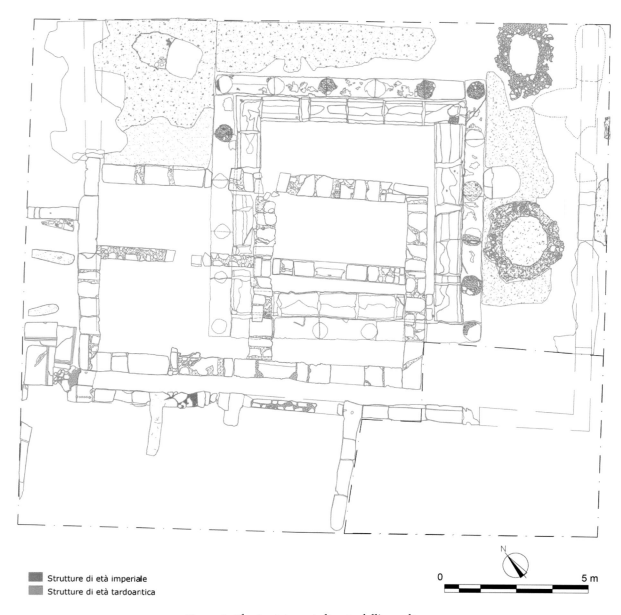

Struttura di età imperiale
Struttura di età tardoantica

0   5 m

Figura 4 - Planimetria periodizzata dell'area di scavo.

Questo settore si configura, dunque, con sempre maggiore chiarezza come una periferia funzionale alla gestione idrica, assicurata dai due complessi vicini e favorita dalla loro posizione strategica a ridosso del decumano massimo. La ridefinizione del tessuto urbano avviata in età augustea comprende anche una serie di cambiamenti all'interno della gestione idrica cittadina, dovuti ad alcuni mutamenti ambientali che hanno interessato l'area in questa fase[5]. La diminuzione delle precipitazioni, infatti, se da un lato permette, grazie all'assenza di depositi sedimentari e quindi del rischio di insabbiamento, la costruzione del porto di Egnazia, dall'altro lato è causa dell'abbassamento della superficie piezometrica della falda[6], a seguito della quale nello stesso arco cronologico, noto grazie all'analisi dei materiali ceramici provenienti dagli strati di riempimento, vengono defunzionalizzati i vari dispositivi di

---

[5] Cassano 2019.
[6] Milella et al. 2006.

captazione. La realizzazione del 'criptoportico' si pone, dunque, in stretta relazione cronologica con quella del porto: si tratta delle uniche infrastrutture note finora ad Egnazia ad essere realizzate in *opus reticulatum*, indice della presenza di maestranze specializzate di committenza legata al potere centrale[7], forse per via dell'interesse strategico di Agrippa, patrono della città, sia per un porto capace di supportare quello brindisino negli anni decisivi della guerra civile, sia per accaparrarsi il sostegno del ceto dirigente egnatino di probabile impronta filoantoniana[8].

Pertanto, sulla base dei dati raccolti e del riesame della documentazione pregressa, dal punto di vista strutturale e topografico, il criptoportico non sembra riconducibile ad ambienti di rappresentanza o a destinazione religiosa. In tal senso sono piuttosto indicativi la scarsa illuminazione degli ambienti e il rivestimento in semplice intonaco idraulico, che confermano la funzione di servizio delle gallerie. Questa ipotesi è avvalorata dalla posizione periferica dell'edificio, ben distante dal fulcro della vita politica e religiosa cittadina e più vicino, oltre che ben collegato, al settore residenziale e produttivo a S della via *Minucia*. In questo settore l'arteria non è stata ancora archeologicamente individuata, ma è segnalata chiaramente a poca distanza attraverso la lettura integrata dei risultati del *remote sensing*, dell'aerofotointepretazione e delle indagini geofisiche[9]. Alla luce di queste considerazioni quella di Egnazia sembra una nuova attestazione nel repertorio dei criptoportici di età imperiale che perdono progressivamente il loro carattere sostruttivo, grazie sia all'innovazione delle tecniche costruttive sia all'attenuazione dell'atteggiamento aggressivo dell'architettura romana sull'ambiente circostante, mantenendo però quello funzionale, modellato in base alle esigenze[10].

L'utilizzo di criptoportici come sistemi di raccolta dell'acqua trova confronto anche in ambito pugliese a *Herdonia*, interessata da lavori di terrazzamento per la realizzazione del foro cittadino che prevedono la costruzione di un criptoportico a tre bracci, coevo rispetto all'impianto di Egnazia[11]. La presenza di canalizzazioni di scolo perimetrali al foro e di un rivestimento in intonaco idraulico, suggeriscono lo sfruttamento di questa sostruzione, almeno in una fase del suo utilizzo, come cisterna per la raccolta dell'acqua. Altri confronti, sempre riferibili a *cryptoporticus triplices* in qualità di cisterne, sono riscontrabili in area campana, nello specifico nel caso di *Allifae*[12] e di Santa Giulianeta[13], nei pressi di *Teanum Sidicinum*.

[M.C.]

---

[7] Torelli 1980.

[8] Chelotti 2010: 155.

[9] Cassano, Mastrocinque *et alii* 2020.

[10] Giuliani 1973: 89-90.

[11] Mertens and De Ruyt 1995: 186-188.

[12] Stanco 2008.

[13] Balasco *et alii* 1997. Per i confronti con criptoportici con funzioni di cisterna, avviati con lo studio dei risultati delle indagini in corso nell'ambito del Laboratorio di Archeologia dei paesaggi dell'Università di Bari, v. anche Fenicia 2020-2021.

Figura 5 - Galleria meridionale del 'criptoportico' dall'angolo SE.

Il sistema di gestione idrica nella città e nel territorio in età romana

Il sistema di immagazzinamento e con ogni probabilità di distribuzione dell'acqua, evidenziato nella periferia della città e appena analizzato, potrebbe essere anche più articolato, a giudicare da un'altra ampia cisterna che ricade ancora più nelle vicinanze del circuito murario e che è segnalata da un alto canneto, inusuale per la vegetazione del Parco archeologico di Egnazia.

Questo 'distretto idrico' non resta isolato, ma rientra in una rete che si capillarizza in diverse zone del tessuto urbano, in periferia come al centro, con impianti che uniscono sempre la raccolta alla distribuzione.

Ancora in periferia, infatti, ma nel settore NE, è stata individuata un'area occupata da pozzi e cisterne, impiantati in stretta contiguità con polle di risalita dalla falda. La dismissione anche di questi pozzi entro la prima età imperiale, a giudicare dai materiali ceramici provenienti dagli strati di obliterazione, si allinea ai dati sulla defunzionalizzazione di numerosi pozzi e cisterne interni all'abitato[14] e sembra confermare che all'abbandono del sistema puntuale di dispositivi di captazione della falda il nuovo municipio risponda con grandi e articolati impianti di approvvigionamento, messi a disposizione della comunità.

Oltre al sistema legato al 'criptoportico', con valenza complementare e sempre nell'ambito della riorganizzazione della prima età imperiale, un altro impianto idrico complesso viene attivato in

---

[14] Sassaroli 2016-2017.

posizione ben più centrale, nello spazio tra la piazza del mercato porticata e il decumano massimo, al tempo già della *via Minucia* e poi con un potenziamento in concomitanza con la realizzazione della *via Traiana* sul tracciato dell'arteria precedente (Figura 1, 1). Si tratta di un ampio collettore a sezione trapezoidale (profondità media 2,80m), destinato anch'esso alla raccolta delle acque meteoriche e articolato in due bracci collegati che si sviluppano seguendo l'andamento del perimetro della piazza, per una lunghezza complessiva di circa 25m. La disposizione, oltre che la sequenza stratigrafica, indica che l'impianto è pensato in relazione specifica con l'area del mercato. Oltre all'approvvigionamento, infatti, la distribuzione era assicurata da un sistema di pozzi disposti in asse a distanze abbastanza regolari, di cui sono state evidenziate tre vere, ma che potrebbe aver compreso anche altri dispositivi lungo lo stesso allineamento, situati oltre il limite dell'area ad oggi scavata. La posizione riflette la valenza particolare che questo impianto assume nel sistema urbano di gestione idrica, a ridosso del decumano massimo in corrispondenza dell'ingresso carrabile alla piazza del mercato e in prossimità di alcune *insulae* densamente occupate da abitazioni e da impianti produttivi sul lato opposto dell'arteria principale.

Sempre a ridosso del decumano, in posizione frontale rispetto alla basilica civile e a ridosso della deviazione con cui la strada costeggia il foro senza entrarvi e immette alle terme pubbliche, è attestato un altro dispositivo di raccolta, evidenziato nel corso delle indagini della metà del XX secolo (Figura 1, 2). Si tratta di un invaso di forma rettangolare allungata, esteso in superficie per circa 90mq e caratterizzato dall'ottimo stato di conservazione della copertura a botte in conci di calcarenite, al centro della quale è impostata la vera di un pozzo di forma circolare. Non è stata finora esplorata l'apertura per verificare la profondità dell'invaso, per il quale sembra ipotizzabile ancora una volta una destinazione pubblica, a giudicare dalla posizione strategica rispetto alla viabilità principale e dall'assenza di collegamenti con gli edifici limitrofi, almeno per quanto è visibile ad oggi.

La coerenza funzionale e cronologica di queste infrastrutture suggerisce che, nel disegno dato alla *forma urbis* dal nuovo municipio, il tema della gestione idrica abbia un risalto particolare e trovi risposte attente a valorizzare al massimo da un lato le risorse naturali del sottosuolo e dall'altro le acque meteoriche, esito di un regime di precipitazioni senz'altro diverso da quello attuale, come testimoniano anche i risultati delle indagini archeobotaniche[15]. Tali risorse devono aver assicurato autonomia idrica alla comunità fino all'abbandono della maggior parte dell'abitato sul finire del VI secolo[16], se Egnazia non ha mai fatto ricorso ad un acquedotto pur avendone chiaramente la capacità economica, a giudicare dal sistema di infrastrutture urbane (porto, viabilità) e di monumenti di cui si dota, peraltro nel volgere di meno di un secolo[17]. D'altro canto, occorre sottolineare che la costruzione di un acquedotto avrebbe richiesto una spesa particolarmente ingente, sia perché l'assenza di una consistente idrografia nel breve raggio avrebbe comportato la necessità di trasferire l'acqua su distanze molto estese, sia per via del profilo altimetrico basso e sostanzialmente uniforme del territorio, che avrebbe impedito la costruzione di uno speco sotterraneo e avrebbe richiesto un imponente sistema di arcate. Infatti, l'unico corso d'acqua noto a distanze compatibili con un acquedotto è situato nei pressi dell'attuale frazione di Torre Canne a circa 10km dal centro egnatino ed è peraltro caratterizzato da un regime torrentizio e da una portata ridotta. Rispetto ai grandi invasi di raccolta come alternativa all'acquedotto, numerosi sono gli interrogativi aperti, ad esempio sulle modalità del sollevamento dell'acqua in impianti che ne avevano particolare necessità come le terme del foro e sul trasporto dell'acqua dai grandi punti di raccolta urbani – l'equivalente dei *castella aquae* nelle città con acquedotto – agli spazi di utilizzo del secondo e del terzo livello della rete di distribuzione, vale a dire agli isolati e alle singole unità architettoniche. A questo

---

[15] Mastrocinque 2017; Stellati 2012-2013.
[16] Sull'abbandono dell'abitato ad eccezione della penisola sul mare, Cassano 2008-2009; Cassano 2017: 217-218.
[17] Cassano 2017; Cassano 2019.

riguardo non si può escludere l'impiego di macchine per il sollevamento dagli invasi più capienti, del tipo della ruota idraulica ben attestato in diversi esemplari ad Ostia in ambito sia pubblico che privato[18]. Per il cosiddetto 'criptoportico' questo tipo di dispositivi poteva essere sistemato nell'ampio spazio aperto centrale, definito dagli estradossi affioranti delle volte delle gallerie e dalla canaletta collegata all'estradosso su ogni angolo. La verifica di queste installazioni è resa però molto difficoltosa dal fatto che lo spazio che sovrasta il 'criptoportico' è stato ricoperto dalla terra di risulta dello svuotamento delle gallerie, praticato nei primi anni Ottanta del secolo scorso.

Alla valutazione del sistema di gestione idrica concorre anche la disamina dei dispositivi di smaltimento delle acque reflue, per il quale ad Egnazia i primi dati vengono dall'*insula* che chiude l'area del foro sul lato meridionale, indagata in forma sistematica negli ultimi anni. Lo studio della distribuzione e dell'orientamento delle strutture di smaltimento, unito alla verifica sistematica delle pendenze, mostra anche a questo riguardo una pianificazione coerente, attraverso condutture messe in opera, sempre tra I secolo a.C. e I d.C., nella *latrina* delle terme, nella casa a peristilio e nella *domus* ad atrio, in modo da convogliare tutti i reflui a N dell'isolato, dove si può con buoni elementi localizzare un grande collettore tra l'*insula* e la piazza del foro[19]. Il carattere sistematico che sembra connotare Egnazia nella gestione capillare delle infrastrutture permette di ipotizzare che questa soluzione fosse replicata anche in altri isolati e non solo in quello più vicino al centro monumentale, come lascia pensare anche la canalizzazione individuata al margine dell'*insula* su cui nel IV secolo si imposta la basilica episcopale. Per il prosieguo della ricerca occorreranno indagini orientate ad individuare i collettori a cui queste canalizzazioni si collegavano e dunque rivolte ai percorsi stradali per verificarne i sottoservizi.

Le scelte di gestione all'insegna della sostenibilità sembrano rispettate durante tutta l'età imperiale e si esprimono con modalità differenti al tempo della diocesi, dal V secolo, quando si riattiva l'uso dei pozzi nelle singole unità architettoniche a discapito degli spazi idrici comunitari. Particolare attenzione alla disponibilità di acqua è riservata agli impianti artigianali che si moltiplicano in città, anche occupando antichi edifici monumentali. È il caso, ad esempio, nell'isolato a S del foro, della fabbrica di calce e di materiale per l'edilizia che rifunzionalizza le terme pubbliche ormai dismesse e la casa a peristilio, riutilizzando in parte le cisterne del *balneum* e aprendo nuovi pozzi nell'area dell'antica dimora[20]. Significative sono anche le novità dal complesso porticato ubicato nella periferia della città, dove avviene una incisiva riconversione per adattare gli spazi ad una fabbrica di metalli. Della manifattura è stato finora evidenziato soprattutto il settore delle strutture piroclastiche che si imposta nello spazio dell'antico portico orientale e prevede una grande forgia per la fusione dei minerali e la vasca di raffreddamento (Figura 6). L'area dell'invaso centrale accoglie, inoltre, quattro ambienti costruiti quasi integralmente con elementi architettonici di reimpiego verosimilmente provenienti dal complesso porticato. Il repertorio dei materiali provenienti dagli strati di vita e di distruzione indica per questi vani una funzione residenziale, con ogni probabilità per l'alloggio degli stessi artigiani, secondo la modalità mista, abitativa e produttiva, che caratterizza le forme dell'abitare ad Egnazia in questo periodo, al pari dei centri più vitali della Puglia tardoantica[21].

---

[18] Calvigioni 2018, in particolare 822-829.
[19] Mastrocinque 2016: 92-93, 107-108; Mastrocinque 2022: 21-23.
[20] Mastrocinque 2016: 111-124.
[21] Cassano, Mastrocinque, Scardino 2023: 281-287. Per le forme dell'abitare ad Egnazia in età tardoantica, Mastrocinque 2014; per la Puglia, Giuliani 2014, con bibliografia.

Figura 6 - L'opificio per la lavorazione dei metalli ripreso da NW, in primo piano la forgia (a sinistra) e la vasca di raffreddamento (a destra).

Molti aspetti di questa trasformazione denotano attenzione al rispetto dell'ambiente. La manifattura, infatti, ottimizza la risorsa idrica ancora raccolta dal sistema: anche se è ormai dismesso l'invaso centrale che raccoglieva l'acqua dal compluvio dei portici distrutti, un nuovo collettore riprende l'andamento della canalizzazione più antica, sovrapponendosi ad una delle spallette ad una quota di circa m 0,50, pari alla sopraelevazione di tutti i nuovi piani di frequentazione di questo settore, dovuta con ogni probabilità anche ad esigenze di drenaggio. Nella scelta del sito potrebbe aver influito anche la posizione decentrata, utile a ridurre l'impatto dei fumi, a differenza delle fabbriche di calce che, sempre nel V secolo, si addentrano nell'abitato per avvicinarsi al bacino di approvvigionamento di marmi e materiale architettonico da monumenti dismessi come le terme.

Nel segno della sostenibilità si pongono anche altri aspetti specifici della riconversione in senso produttivo di questo complesso. Le strutture dei vani che occupano l'invaso centrale utilizzano quasi integralmente elementi architettonici di reimpiego (Figura 6), provenienti in primo luogo dal complesso porticato di età imperiale. Inoltre, rispetto alla tecnica costruttiva maggiormente attestata per questo periodo ad Egnazia, spicca l'assenza quasi completa di tagli di fondazione dei muri perimetrali, che, ad eccezione della parete W, sono impostati direttamente su accumuli di terra argillosa rossastra e depurata, verosimilmente proveniente dai depositi alluvionali che avevano occupato canali e condutture dopo la loro dismissione. Per alloggiare la forgia e la fossa di raffreddamento si riutilizza anche il pavimento in tenace cocciopesto del portico, in modo da sfruttarne le proprietà isolanti. La materia prima per le nuove forgiature proviene poi, almeno in gran parte, dal riciclo degli elementi in metallo applicati ai blocchi da costruzione ormai dismessi, di questa e senz'altro di altre aree urbane, chiodi, staffe e grappe in particolare, depositati in attesa di essere rifusi, secondo modalità ben documentate in altri contesti coevi, ad esempio nelle officine che nel V secolo si affiancano al polo ecclesiatico di *Amiternum*[22].

Anche il territorio presenta elementi di interesse utili a ricostruire in maniera più organica il quadro della gestione delle risorse idriche naturali. Il comparto di Egnazia si caratterizza per le lame, profondi solchi erosivi distribuiti in una rete capillare, che in antico sono stati a lungo utilizzati come riserve e come vie d'acqua e hanno svolto un ruolo catalizzatore per l'insediamento di impianti agricoli e produttivi. Altro tratto distintivo riguarda il suburbio dove, subito all'esterno delle mura, si concentrano le aree umide ricostruibili sulla base della disamina della cartografia storica e dei toponimi, incrociata con i risultati di indagini e carotaggi recenti[23]. La 'Mappa topografica del predio di Anazzo, Masseria seminatoriale ed olivata nella città di Monopoli', cabreo del 1749 dei Beni posseduti dalla Commenda dell'ordine di San Giovanni Gerosolimitano, presenta un simbolo illustrato come 'Laghetti' in più punti e in particolare proprio nell'area urbana alla periferia NE, che ha restituito pozzi, cisterne e polle, come si è visto, nonché nel settore situato subito fuori le mura, sul versante NW, dove può essere localizzato uno degli specchi d'acqua ferma più ampi a servizio dell'agricoltura[24]. Questa zona è stata sottoposta negli ultimi anni ad approfondite indagini archeologiche preventive, in concomitanza con la realizzazione di un parco acquatico. Le ricerche hanno rivelato l'assenza di evidenze archeologiche specifiche, di contro alla presenza abbastanza uniforme di deposito limo-sabbioso, che potrebbe essere l'esito del prosciugamento di zone umide antiche. Una conferma sembra venire dalla toponomastica: questo settore porta, infatti, ancora oggi il nome di 'i Pantanelli' ed è seguito, a poca distanza a NW, dalla zona chiamata in modo significativo 'lumo', dal greco λίμνη, specchio d'acqua ferma, ovvero dal latino *limus*, fango, che caratterizza in modo uniforme la matrice pedologica[25]. In questo ampio settore le acque di colluvio che dalle alture interne raggiungevano il mare, soprattutto attraverso i solchi delle lame, formavano con facilità doline e specchi d'acqua, che si fermavano anche per l'effetto barriera esercitato dalle dune sabbiose litoranee. Tali aree umide erano mantenute stabilmente perché particolarmente utili alle esigenze delle colture intensive, che i risultati della ricognizione sistematica inducono ad ubicare nello stesso settore[26]. Queste aree a carattere di acquitrino rappresentano il corrispettivo extraurbano dei settori destinati all'acqua ai margini e al centro della città, come confermano i risultati dello studio degli antracoresti dai depositi archeologici, che rimandano in maniera chiara alla presenza di aree umide, con particolare riferimento al periodo tardoantico, quando sembra però che si espandano bacini già in uso in precedenza. Significativa a questo riguardo è la possibilità di ricostruire un variegato bosco ripariale, articolato su tre fasce: la prima è composta da piante dal fusto flessibile, come la canna comune (*Arundo donax*), nelle immediate vicinanze degli specchi d'acqua ferma e delle lame. A questa segue una fascia più interna, non lontana, caratterizzata da essenze che necessitano di forte umidità come il pioppo (*Populus*). Ad una distanza ancora maggiore, nell'interno, si possono localizzare formazioni boschive più complesse con farnia, frassino e carpino, tutti alberi anch'essi legati a forte umidità dei suoli e utilizzati, soprattutto il frassino, anche come combustibile per le attività produttive urbane[27].

A proposito della gestione della risorsa idrica, che più di altri tratti sembra connotare il rapporto tra l'insediamento di Egnazia e il suo habitat, il quadro che si inizia a ricostruire denota, dunque, una capacità di irreggimentazione e comunque di organizzazione che rende autonoma la città e impedisce

---

[22] Cassano and Mastrocinque 2023: 523-526. Per *Amiternum*, Forgione *et alii* 2021 con bibliografia.
[23] Mastrocinque 2017.
[24] Mastrocinque 2017: 232 con bibliografia.
[25] Cuccovillo 2010: 417; Fioriello 2010: 18.
[26] Mastrocinque 2017: 227-228.
[27] Stellati *et alii* 2012.

almeno fino alla fine del VI secolo l'impaludamento, tra le principali cause del successivo restringimento dell'abitato sulla penisola protesa nell'Adriatico. Questo scenario induce a ritornare sulla questione a lungo dibattuta del significato dell'epiteto che Orazio (*Satyrae* I, 5, vv. 97-98) conia per *Gnatia*, definendola *'lymphis iratis exstructa'* nel resoconto del suo viaggio a Brindisi al seguito di Mecenate nel 37 a.C. Diversi interpreti hanno collegato questa espressione alle opere di irreggimentazione necessarie allo sviluppo dell'impianto urbano di età romana che avrebbero reso adirate le ninfe delle acque naturali abbondanti nel territorio[28]. Seguendo questa linea interpretativa si potrebbe considerare però anche che per Orazio le ninfe sarebbero adirate perché, al tempo della sua breve visita, la città poteva avere un aspetto ancora poco salubre, in quanto ancora priva del sistema capillare di infrastrutture idriche, di smaltimento dei reflui e di rifornimento stabile, che le ricerche recenti permettono ora di considerare completo nel pieno I secolo d.C. Il carattere del componimento rende difficile individuare una soluzione interpretativa privilegiata e lascia pensare anche che l'espressione poetica, tutta giocata sul contrasto, serva a richiamare il mare, come hanno proposto con argomenti di sicuro interesse F. D'Andria e K. Mannino[29]. Orazio potrebbe dunque alludere giocosamente al mare in tempesta nei giorni di maestrale, forse perché in uno di questi si era trovato ad attraversare la città e l'aveva vista priva di riparo dai flutti che, ieri come oggi, la sferzano e resistono a qualunque opera di contenimento, per via della particolare conformazione del litorale su cui Egnazia gravita.

[G. M.]

Bibliografia

Bianchi, V. 1992-1993. Il "criptoportico" di Egnazia. Tesi di Laurea, Facoltà di Lettere e Filosofia, Università degli Studi di Bari.

Biancofiore, F. 1969. Nuovi dati sulla storia dell'antica Egnazia, in M. Sansone (ed.) *Studi storici in onore di G. Pepe*: 59-75. Bari: Dedalo libri.

Caggiani M.C., M. Ciminale, D. Gallo, M. Noviello and F. Salvemini 2012. Online non destructive archaeology; the archaeological park of Egnazia (Souther Italy) study case. *Journal of Archaeological Science* 36: 67-75. Amsterdam: Elsevier.

Calvigioni, S. 2018. Latrine pubbliche nel mondo romano: alcune osservazioni sulla terminologia e sul caso di Ostia antica. *Archeologia classica* 69, 8: 811-834. Roma: L'Erma di Bretschneider.

Cassano, R. 2008-2009. Egnazia tardoantica: il vescovo protagonista della città. *Rendiconti della Pontificia Accademia Romana di Archeologia* 81: 15-37.

Cassano, R. 2017. Il paesaggio urbano di Egnazia, in G. Mastrocinque (ed.) *Paesaggi mediterranei di età romana. Archeologia, tutela, comunicazione*, Atti del Convegno internazionale (Bari-Egnazia, 5-6 maggio 2016): 201-221. Bari: Edipuglia.

Cassano, R. 2019. *Gnatia / Egnatia*, in R. Cassano, M. Chelotti, G. Mastrocinque (eds.) *Paesaggi urbani della puglia in età romana: dalla società indigena alle comunità tardoantiche*: 401-436. Bari: Edipuglia.

---

[28] Biancofiore 1969: 71-72; Heurgon 1976: 29, sui quali v. anche le considerazioni di K. Mannino in D'Andria and Mannino 1997: 282; Stazio 1965: 177-179.
[29] D'Andria and Mannino 1997.

Cassano, R. and G. Mastrocinque 2023. La *nova urbs* di Egnazia al tempo della diocesi, in M. Braconi, V. Fiocchi Nicolai, D. Nuzzo, L. Spera, F.R. Stasolla (eds) *Archeologia cristiana in Italia. Ricerche, metodi e prospettive. Atti del XII Convegno Nazionale di Archeologia Cristiana (Roma, 20-23 settembre 2022)*: 519-528. Mantona: SAP Società Archeologica.

Cassano, R., G. Mastrocinque, M. Cozzolino, V. Gentile and P. Merola 2020. La viabilità di Egnazia attraverso l'approccio integrato di remote sensing, aerofotointerpretazione ed indagini geofisiche. *Archeologia aerea* 12, 18: 56-66. Foggia: Grenzi.

Cassano, R., G. Mastrocinque and I. Scardino 2023. Egnazia (Brindisi). *Notizie dagli scavi di antichità* 1, 3: 217-294. Roma: Bardi Edizioni.

Chelotti, M. 2010. *GNATHIA* tra Agrippa e (Iullo) Antonio. *Studi Classici e Orientali* 56: 149-162. Pisa: Pisa University Press.

Cocchiaro, A. 1982. I pozzi, le vasche, le cisterne, in *Mare d'Egnazia. Dalla protostoria ad oggi: ricerche e problemi*. Catalogo della mostra (Egnazia, 12 luglio 1982-30 ottobre 1983), Fasano: 93-106. Fasano: Schena Editore.

Cuccovillo, M. 2010. Archeologia della Puglia centrale in età romana. Lo sfruttamento delle aree incolte, in L. Todisco (ed.) *La Puglia centrale dall'Età del Bronzo all'alto Medioevo. Archeologia e storia*, Atti del Convegno (Bari,15-16 giugno 2009): 415-419. Roma: Giorgio Bretschneider.

D'Andria, F. and K. Mannino 1997. *Gnathia lymphis iratis exstructa*. L'acqua negli insediamenti della Messapia, in S. Quilici Gigli, L. Quilici (eds) *Uomo, acqua e paesaggio*: 269-279. Roma: L'Erma di Bretschneider.

Fenicia, C. 2020-2021. La gestione della risorsa idrica negli spazi pubblici urbani di età romana. Tesi di Laurea Triennale in Archeologia e Storia dell'Arte Romana, Università degli Studi di Bari 'Aldo Moro'

Filoni, L. 2017-2018. Il criptoportico di Egnazia: elementi per l'interpretazione funzionale e urbanistica. Tesi di Laurea Triennale in Archeologia e Storia dell'Arte Greca e Romana, Università degli Studi di Bari 'Aldo Moro'.

Fioriello, C. S. 2010. La Puglia centrale in età antica: note di cartografia storica, in L. Todisco (ed.) *La Puglia centrale dall'Età del Bronzo all'alto Medioevo. Archeologia e storia*, Atti del Convegno (Bari,15-16 giugno 2009): 13-18. Roma: Giorgio Bretschneider.

Forgione, A., R. Campanella and E. Siena 2021. Gli impianti metallurgici di Campo Santa Maria ad *Amiternum*: indicatori della destrutturazione della città antica e dei suoi spazi tra V e VI secolo d.C. www.fastionline.org/docs/FOLDER-it-2021-502.pdf.

Gentile, V. 2017. Integrazione di indagini geofisiche, dati satellitari e tecniche di rilievo 3D presso il sito archeologico di Egnazia. Tesi di Dottorato in Innovazione e gestione delle risorse pubbliche, Università degli Studi del Molise.

Giuliani Cairoli, F. 1973. Contributi allo studio della tipologia dei criptoportici, in *Les Cryptoportiques dans l'architecture romaine*. Actes du Colloque de Rome (19-23 aprile 1972): 79-115. Roma: École Française de Rome.

Giuliani, R. 2014. Edilizia residenziale e spazi del lavoro e della produzione nelle città di Puglia e Basilicata tra Tardoantico e Altomedioevo: riflessioni a partire da alcuni casi di studio, in P. Pensabene and C. Sfameni (eds), *La Villa restaurata e i nuovi studi sull'edilizia residenziale tardoantica*, Atti del Convegno

Internazionale del CISEM - Centro Interuniversitario di Studi sull'Edilizia abitativa tardoantica nel Mediterraneo (Piazza Armerina, 7-10 novembre 2012): 349-366. Bari: Edipuglia.

Heurgon, J. 1976. Viaggi dei Romani nella Magna Grecia, in *Atti del XV Convegno di Studi sulla Magna Grecia* (Taranto 1975): 9-30. Napoli: Arte tipografica.

Hodge, A.T. 1992. *Roman Aqueducts and Water Supply*. Londra: Bloomsbury Academic.

Mastrocinque, G. 2014. Spazio residenziale e spazio produttivo ad Egnazia in età tardoantica, P. Pensabene and C. Sfameni (eds), *La Villa restaurata e i nuovi studi sull'edilizia residenziale tardoantica*, Atti del Convegno Internazionale del CISEM - Centro Interuniversitario di Studi sull'Edilizia abitativa tardoantica nel Mediterraneo (Piazza Armerina, 7-10 novembre 2012): 415-426. Bari: Edipuglia.

Mastrocinque, G. 2016. Le terme del foro, La *domus* a peristilio, La riconversione come manifattura in età tardoantica, in R. Cassano and G. Mastrocinque. Ricerche archeologiche nella città di Egnazia. Scavi 2007-2015, in M. Chelotti and M. Silvestrini (eds) *Epigrafia e territorio. Politica e società. Temi di antichità romane*, X: 67-124. Bari: Edipuglia.

Mastrocinque, G. 2017. Egnazia in età romana: un approccio multidisciplinare allo studio del paesaggio rurale, in G. Mastrocinque (ed.) *Paesaggi mediterranei di età romana. Archeologia, tutela, comunicazione*, Atti del Convegno internazionale (Bari-Egnazia, 5-6 maggio 2016): 223-239. Bari: Edipuglia.

Mertens, J. and C. De Ruyt 1995. La piazza forense in età imperiale, in J. Mertens (ed.) *Herdonia. Scoperta di una città*: 185-203. Bari: Edipuglia.

Milella, M., C. Pignatelli, M. Donnaloia and G. Mastronuzzi 2006. Past sea-level in Egnatia (Italy) from archaeological and hydrogeological data. *Il Quaternario, Italian Journal of Quaternary Sciences* 19 (2): 251-258.

Sassaroli, G. 2016- 2017. Per un'archeologia dell'acqua ad Egnazia. Spazi e strutture di gestione della risorsa idrica. Tesi di Laurea Magistrale in Topografia dell'Italia Antica, Università degli Studi di Bari 'Aldo Moro'.

Stanco, E.A. 2018. Il complesso del criptoportico di *Alifae* in F. Marazzi and D. Olivieri (eds) *Il criptoportico romano di Alifae. Il monumento e la sua esplorazione*: 10-11. Piedimonte Matese: Arti Grafiche srl.

Stazio, A. 1965. La documentazione archeologica in Puglia, in *Atti del IV Convegno di Studi sulla Magna Grecia* (Taranto-Reggio Calabria 1964): 153-180. Napoli: Arte tipografica.

Stellati, A. 2012-2013. Le dinamiche di gestione delle risorse vegetali ad Egnazia (BR) tra età romana e Medioevo: un approccio integrato. Tesi di dottorato in Storia antica, archeologia classica, diritto romano, Università degli Studi di Bari Aldo Moro.

Stellati, A., G. Fiorentino, R. Cassano and C.S. Fioriello 2012. The last firewood of a late ancient limekiln in *Egnatia* (SE Italy). *Saguntum extra*, 13: 193-198.

Torelli, M. 1980. Innovazioni nelle tecniche edilizie romane tra il I secolo a.C. e il I secolo d.C., in *Tecnologia, economia e società nel mondo romano*, Atti del Convegno di Como (27-29 settembre 1979): 139-161. Como: Banca Popolare Commercio e Industria.

Dinamiche insediative e uso del territorio in alta Val d'Agri (Basilicata) tra passato e presente.

Francesco Tarlano
(SABAP Basilicata)

Priscilla Sofia Dastoli
(Università degli Studi della Basilicata)

Abstract: the paper analyses the settlement dynamics in the upper Agri Valley territory (Basilicata) from ancient to modern times. The focus is mainly based on the relationship between man and environment. Comparative analysis of spatial development and land use patterns have been used to stand out evident continuity features, such as richness of soil and water resources and agro-forestry potential. These landmarks were remarkable both in the Roman period, whose urbanism was polarised in the *Grumentum* colony, and in the post-economic boom phase of the last century. The current configuration is the result of uncontrolled urbanism, forced industrialisation and energy resource exploitation. However, they are not always combined with policies for cultural landscape protection and enhancement.

Keywords: *Grumentum*, Val d'Agri, paesaggio, pianificazione sostenibile.

Introduzione

L'alta Val d'Agri è un bacino vallivo intermontano collocato nel sud ovest della Basilicata e rappresenta la piana più estesa e fertile del settore lucano interno. Originatasi per motivi tettonici e modellata dalle azioni fluviali, rappresenta, per caratteristiche morfologiche, una delle principali direttrici tra le coste tirrenica e ionica. Oggi l'alta Val d'Agri è uno dei comparti strategici della regione, per via della ricchezza delle sue risorse idriche e fossili, nonché delle produzioni agro-alimentari di pregio. Il suo territorio, per alcuni aspetti sottoposto a tutela per via delle sue peculiarità storico-culturali, naturalistiche e paesaggistiche, rientra in gran parte nel perimetro del Parco Nazionale dell'Appennino Lucano – Val d'Agri – Lagonegrese, con diversi siti d'interesse comunitario della rete Natura 2000 (ZSC e ZPS). Nel comparto dell'alta Val d'Agri ricadono in sinistra idrografica, esposti a sud-est, gli abitati di Marsico Nuovo, Marsicovetere, Viggiano e Montemurro, tutti collocati in altura, su vette o lungo i versanti; in destra idrografica, gli abitati di Paterno e Tramutola in area pedemontana, Grumento Nova, Moliterno e Spinoso su alture, Sarconi in pianura (Figura 1).

In questo territorio è stato condotto dagli atenei *Alma Mater Studiorum* di Bologna e Sapienza Università di Roma, un progetto di "Lettura integrata del paesaggio antico dell'Alta Val d'Agri" (coordinato da F. Tarlano), con la finalità di ricostruire le dinamiche insediative in rapporto alla trasformazione del paesaggio. Le attività di ricerca hanno previsto indagini secondo la metodologia tradizionale di topografia antica (analisi delle fonti letterarie antiche e d'archivio, studio della cartografia storica e recente, aerofotointerpretazione, analisi della toponomastica, ricognizioni archeologiche sistematiche)

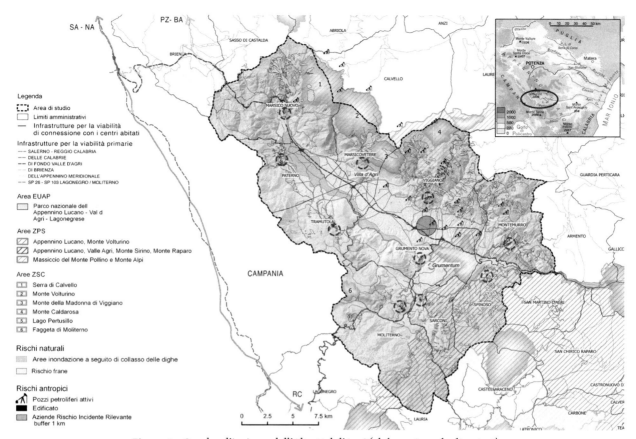

Figura 1 – Quadro d'insieme dell'Alta Val d'Agri (elaborazione degli autori).

ma anche studi di carattere geoarcheologico, finalizzati a ricostruire l'evoluzione morfologica e paleoambientale del territorio in epoca storica[1].

Inoltre, nello stesso territorio, è stato condotto uno studio sui fattori cha hanno determinato l'assetto attuale del territorio dell'alta Val d'Agri – da un punto di vista geomorfologico, naturalistico, storico, insediativo-infrastrutturale ed economico – al fine di proporre un quadro strategico progettuale, composto da linee strategiche e obiettivi specifici, per rispondere alle principali carenze e criticità che interessano l'area. Tra le problematiche più rilevanti emergono l'abbandono dei centri storici – che genera un degrado diffuso del patrimonio architettonico e paesaggistico – e le questioni legate a fattori sociali ed economici, quali ad esempio la disoccupazione, il decremento della popolazione e la senilizzazione della stessa. Tale studio è stato proposto nel progetto di tesi dal titolo "Indirizzi strategici per la sicurezza del territorio e la valorizzazione dei centri storici minori delle aree interne. Il caso dell'alta Val d'Agri"[2].

Il presente contributo, sulla scorta dei dati raccolti, focalizza l'attenzione sul delicato rapporto uomo-ambiente dall'antichità ai giorni nostri, attraverso un'analisi comparata delle dinamiche insediative e di uso del territorio, che presenta evidenti caratteri di continuità ma anche numerosi elementi di innovazione.

---

[1] Tarlano, Bogdani and Priore 2016: 1-12.
[2] Discussa da P.S. Dastoli; cfr. Dastoli and Pontrandolfi 2021a; Dastoli and Pontrandolfi 2021b.

Il paesaggio antico nell'Alta Val d'Agri: un quadro diacronico delle modalità insediative e di uso del territorio

I primi insediamenti stabili del Neolitico antico sono connessi a una embrionale forma di agricoltura avviata nelle aree più fertili e meglio esposte, lungo le conoidi dell'Alli e del Molinara, affluenti di sinistra dell'Agri, nei versanti pedecollinari. In particolare, per questo periodo, si registrano scoperte sporadiche a opera di storici locali – quali ad esempio "asce neolitiche" sull'altura di Il Monte – a Grumento Nova[3], mentre in località Molinara, Marsicovetere, presso due fosse di combustione, sono stati recuperati frammenti sparsi di intonaco e di Ceramica Impressa Meridionale, ascrivibile al VI millennio a.C.[4]. Tra le attestazioni neolitiche successive, relative alla cultura di Serra d'Alto, sono registrate fosse con materiali in località Valle – Marsicovetere e Masseria Piccinini – Paterno, mentre materiali sporadici sono attestati anche in contesti d'altura, come Civita – Paterno e Murgia Sant'Angelo – Moliterno[5]. Fosse di combustione e tracce di capanne con materiali del Neolitico recente (facies Diana – Bellavista) sono state individuate in località Molinara, ma anche in località Porcili – Viggiano. La frequentazione della piana di fondovalle è testimoniata ancora nell'Eneolitico, presso Masseria Piccinini, in territorio di Paterno, e in località Valloni a Viggiano[6].

Nell'età del Bronzo, la valle si configura come direttrice fondamentale nei percorsi di transumanza; di conseguenza, il popolamento si intensifica, specialmente sulle alture. Nel Bronzo antico, alcuni siti dell'Eneolitico presentano una certa continuità insediativa, tuttavia l'evidenza più importante si colloca in località Porcili – Viggiano, sulla conoide dell'Alli, dove è stata indagata una necropoli con undici sepolture a tumulo di forma circolare[7]. A poche centinaia di metri, in località Masseria Maglianese, è ascrivibile alla stessa fase la presenza di fondi di capanna con un palo di sostegno centrale, pali perimetrali e pali di rinforzo esterni. Nel Bronzo medio, con lo sviluppo della cultura appenninica, frutto di una certa "koinè culturale" manifestata dalla caratteristica ceramica con motivi a bande puntinate, molto diffuse specialmente in ambito tirrenico, sono evidenti alcune forme insediative connesse a un primo controllo capillare: alla presenza di siti lungo il fondovalle (Masseria Piccinini – Paterno, Finaita – Viggiano, Molinara – Marsicovetere, Pagliarone – Marsico Nuovo), si affianca l'occupazione di vette e di versanti con insediamenti stagionali, a controllo dei percorsi della transumanza intervallivi, quali ad esempio i siti di Civita – Paterno e Murgia Sant'Angelo – Moliterno[8], ma anche il sito di Circiello – Marsicovetere. Di particolare importanza anche alcune necropoli, come quella di Croce, anch'essa in agro di Marsicovetere.

Per il primo ferro e per la fase enotria i dati, abbastanza scarni, sembrerebbero in un certo senso presentare aspetti in continuità con l'assetto del popolamento del Bronzo medio-recente e finale, con un'occupazione di siti d'altura e colline presso le quali si collocano alcuni borghi ancora a continuità di vita – quali ad esempio l'abitato di Marsico Nuovo, attorno al quale sono state individuate diverse necropoli che coprirebbero un arco cronologico dall'VIII al V sec. a.C.[9], caratterizzate dalla deposizione supina tipica dell'area tirrenica. Solo indiziate sono le frequentazioni di altri siti d'altura (Civita – Marsicovetere, Madonna del Vetere – Moliterno, Castelli – Tramutola) che hanno evidenti segni di insediamenti successivi.

[3] Caputi 1902: 69.
[4] Bianco, Preite and Natali 2010: 27.
[5] Bianco, Preite and Natali 2010: 24.
[6] Bianco, Preite and Natali 2010: 30-31.
[7] Bianco, Preite and Natali 2010: 36-38.
[8] Bottini 1997: 41-61.
[9] Bottini 1997; 65-75.

A partire dall'età ellenistico lucana si attesta un importante incremento delle evidenze. L'area viene insediata capillarmente: sulle alture attraverso centri fortificati, sui versanti e in area pedecollinare tramite piccoli villaggi e fattorie isolate legate a un cambiamento nelle modalità di sfruttamento della terra, con l'introduzione di colture specializzate[10]. Lungo la sponda sinistra dell'Agri sono presenti le maggiori evidenze, probabilmente per via dell'esposizione a sud. Da un punto di vista geomorfologico, sono prevalentemente occupate le conoidi alluvionali degli affluenti di sinistra nel settore occidentale della valle e i terrazzi in quello orientale, per via delle caratteristiche di aree sopraelevate, non inondabili, fertili e facilmente lavorabili. La straordinaria ricchezza delle evidenze databili a questa fase è connessa a una graduale affermazione di gruppi dominanti lucani all'interno di una struttura sociale già esistente, con uno sviluppo del ceto medio e una fitta occupazione del territorio, prevalentemente coltivato con vite e olivo, tramite fattorie monofamiliari e piccole proprietà. Del resto, le genti lucane, che avevano acquisito costumi e tecniche dalle comunità greche delle coste, imitarono anche il sistema insediativo delle *chorai*. Le importanti ricerche connesse all'attività di tutela della Soprintendenza hanno messo in luce un sistema di villaggi, piccole fattorie e residenze, tra le quali ricordiamo i siti di Masseria Nigro, Serrone e San Giovanni a Viggiano, il villaggio di Matinelle e la fattoria di Valdemanna a Marsicovetere, il complesso di Valloni a Grumento Nova[11]. Le necropoli di questa fase hanno restituito corredi straordinari, che attestano gli strettissimi contatti non solo con il mondo italiota ma anche con quello etrusco tirrenico: particolarmente esemplificativi sono i contesti sepolcrali di Pagliarone a Marsico Nuovo, di Valloni e Catacombelle a Viggiano (Figura 2).

A partire dalla fine del IV sec. a.C., in una vallata abitata con un modello insediativo diffuso, emerge gradualmente come polo di attrazione del popolamento circostante l'abitato di *Grumentum*, che, generatosi sul modello di altri nuclei insediativi lucani, divenne il centro politico-amministrativo attorno al quale venne riorganizzata la campagna e di conseguenza la produzione del territorio. Il centro si colloca in destra idrografica, presso uno dei principali guadi dell'Agri, con un affaccio diretto sulla piana, in una posizione chiave nel sistema viario, a controllo delle direttrici di fondovalle e intervallive. Fin dalla sua prima occupazione, l'organizzazione funzionale degli spazi si disponeva attorno a un asse stradale principale, che attraversava il terrazzo da nord est a sud ovest e a strade minori ortogonali. Tuttavia, di questo primo abitato non conosciamo a fondo l'assetto.

Fin dalla sua prima fase, *Grumentum* fu certamente centro di controllo del territorio circostante. La campagna, che aveva ancora una parcellizzazione generata dalle piccole proprietà, fu trasformata e riorganizzata a seguito della guerra annibalica, quando le confische romane a Lucani che avevano parteggiato per Annibale generarono lo sviluppo di vaste porzioni di *ager publicus*. Queste furono poi redistribuite nel periodo graccano a veterani che contribuirono a ripopolare e pacificare l'area; la piana fu regolarizzata e suddivisa in lotti tramite l'impianto di una centuriazione organizzata su due differenti orientamenti, chiaramente legati alla morfologia del territorio. Le tracce centuriali sono ben visibili nelle persistenze viarie e poderali. La presenza di limiti centuriali rappresenta un'importante traccia per l'utilizzo antico del territorio in termini di uso agricolo: la piana fu ridisegnata in maniera regolare e la stessa distribuzione dei nuclei rurali caratterizzò il paesaggio agrario romano[12]. Infatti, all'interno delle centurie sono state individuate fattorie e ville che rappresentarono il cuore del sistema produttivo latifondistico romano, ancora una volta distribuite lungo i versanti e nella zona pedemontana, prevalentemente in sinistra idrografica. Una seconda razionalizzazione della campagna è attestata all'epoca della deduzione coloniaria di metà I sec. a.C., probabilmente sotto Cesare. In questa fase, il centro fu dotato di mura che delimitavano l'area urbana all'intero terrazzo che, in aderenza

---

[10] Tarlano 2017: 902-903.
[11] Russo 2006: 19-57.
[12] Tarlano 2010: 77-90.

all'orientamento della *Grumentum* repubblicana, fu dotato di un impianto stradale regolare con tre *plateiai* (di cui quello centrale perfettamente sovrapposto all'asse stradale precedente) e numerosi *stenopoi*. Tra l'età cesariana e quella augustea e giulio-claudia, la colonia si dotò dei maggiori monumenti tipici dei centri romani (edifici per spettacolo, impianti termali, un foro monumentale...).

Per tutta l'età imperiale lo sviluppo del suburbio grumentino fu direttamente connesso all'espansione e alla monumentalizzazione di *Grumentum*, vera e propria città a "imitazione di Roma", secondo lo schema di adesione da parte delle élites locali a modelli edilizi e urbani condivisi in tutta la penisola. Anche le infrastrutture nel territorio caratterizzano la campagna con una chiara connotazione "romana" del paesaggio. La naturale vocazione di direttrice di collegamento è testimoniata dal

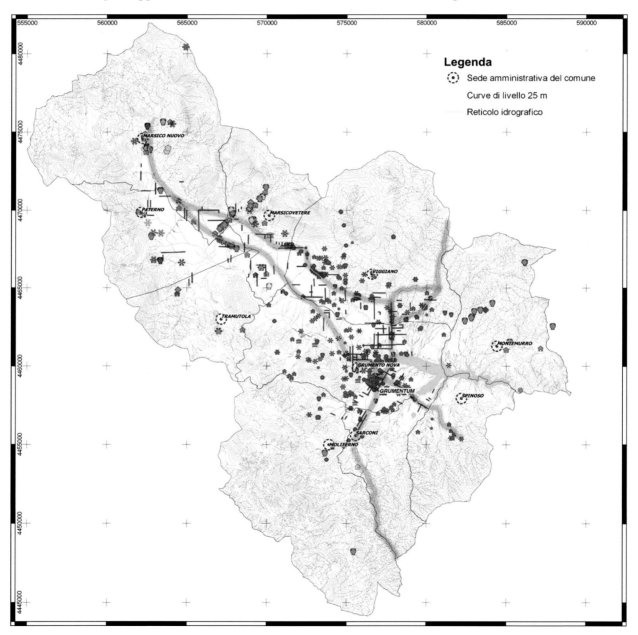

Figura 2 – Distribuzione delle evidenze archeologiche in Alta Val d'Agri; sono riportati le ipotesi di tracciati viari e di divisioni centuriali di età romana (elaborazione degli autori).

passaggio della *via Herculia*[13], strada consolare realizzata sotto Diocleziano lungo tracciati già esistenti per agevolare la riscossione di tasse in natura, che connetteva *Grumentum*, alle grandi strade consolari (l'*Appia* a nord e la *Popilia* a sud), e quindi ai grandi traffici interregionali, in quanto la colonia era ormai uno dei maggiori centri della *Regio III: Lucania et Bruttii*.

La campagna era caratterizzata dalla presenza di alcune grandi ville, inizialmente poli produttivi del *latifundium*, successivamente anche residenze di lusso dove molti proprietari terrieri si ritirarono a vivere, lasciando la città: questa tendenza a risiedere in aree rurali causò uno spopolamento della città tra tarda antichità e alto medioevo, ma non l'abbandono definitivo. Infatti, *Grumentum* mantenne intatta la sua posizione di rilievo in ambito regionale, divenendo sede vescovile. Tuttavia, nell'alto medioevo, l'ambito urbano si contrasse, dando spazio alle aree coltivate e alla macchia. A partire dal IX-X sec. cambiarono le modalità insediative: la perdita di centralità e il graduale abbandono del sito di fondovalle favorirono lo sviluppo dei borghi medievali fortificati e di aggregati connessi alla presenza di monasteri, che riorganizzarono l'assetto insediativo e produttivo dell'alta Val d'Agri su un modello policentrico. Dall'abbandono di *Grumentum*, che comunque mantenne una frequentazione per tutto il Medioevo e anche oltre (si pensi ad esempio al culto presso la cattedrale di Santa Maria Assunta, dentro le mura della città romana), nacquero in seguito al fenomeno dell'incastellamento Saponara (poi Grumento Nova), Viggiano, Moliterno, Marsico Nuovo, Marsicovetere, Montemurro e, in un secondo momento, Tramutola, Spinoso, Sarconi.

Nel Medioevo si consolida il rapporto tra spazi urbani e aree rurali, attraverso lo sviluppo di diversi centri catalizzatori[14] (Figura 3). Successivamente, con l'abolizione della feudalità, lo smembramento dei grandi latifondi appartenenti all'antica nobiltà feudale causò una parcellizzazione della proprietà rurale. Tuttavia, nel XIX sec. sopravvive il modello della masseria, caratterizzato da un'attività produttiva basata prevalentemente sulla cerealicoltura e sull'allevamento. Si sono conservati alcuni esempi di masserie fortificate di particolare pregio architettonico e storico-culturale.

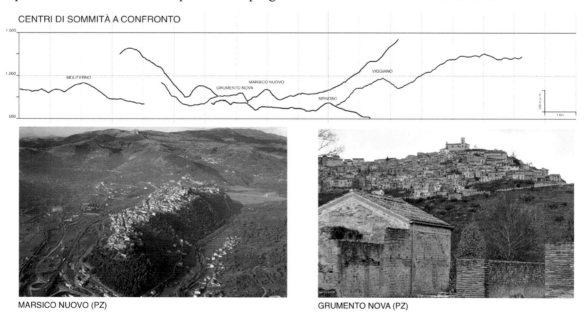

Figura 3 – Il sistema insediativo sulle alture a partire dal IX-X sec, un modello policentrico che è rimasto pressoché immutato nel corso dei secoli (elaborazione degli autori).

---

[13] Tarlano 2019: 103-120.
[14] Caniggia 1976.

Panoramica dell'assetto attuale del territorio dell'alta Val d'Agri

Uno spaccato di come doveva apparire l'alta Val d'Agri prima delle trasformazioni del XX sec. si può notare nella cartografia storica 1:50.000 del 1870, da cui si evince che l'area era già collegata alle grandi vie di comunicazione, quale ad esempio la S.S. delle Calabrie. Un altro aspetto rilevante riguarda l'uso del suolo, da cui emergono alcuni elementi di interesse: le aree pianeggianti lungo il corso superiore del fiume Agri sono oggetto, già all'epoca, di un'intensa attività agricola, praticata su lotti di forma più o meno regolare, strutturati da una fitta rete di strade rurali; parte dei principali rilievi e dei relativi versanti sono ricoperti da superfici boscate, tuttavia ampi settori del territorio risultano privi di qualsiasi copertura vegetale; le aree limitrofe ad alcuni centri urbani o nuclei rurali, quali Montemurro e Spinoso, sono luogo privilegiato delle colture arboree come oliveti, vigneti e frutteti[15].

L'assetto territoriale attuale è stato fortemente influenzato e, in parte determinato, dalle trasformazioni che l'hanno investito nella seconda metà del Novecento e che sono andate a innestarsi sul tessuto insediativo antecedente. La realizzazione del nuovo sistema della viabilità primaria regionale e l'irrigazione delle aree pianeggianti hanno modificato l'assetto territoriale della Val d'Agri e ne hanno preparato l'immagine attuale. Il nuovo sistema viario, che ha depotenziato il sistema preesistente e ha trasformato l'assetto planimetrico delle proprietà fondiarie e il reticolo idrografico, è la S.S. 585 (Strada di Fondovalle Agri) che, traendo origine dallo svincolo autostradale di Atena Lucana, attraversa la valle e sfocia sullo Ionio, collegandosi alla SS 106 ionica. Lo schema idrico regionale, finalizzato all'irrigazione dei seminativi asciutti di fondovalle, e anche alla fornitura di acqua per la vicina Puglia, ha previsto in Val d'Agri, la realizzazione, fra il '57 ed il '62, dell'invaso artificiale del Pertusillo. Lo sbarramento ha modificato il naturale deflusso delle acque di scorrimento superficiale e ha reso successivamente necessaria la realizzazione di argini artificiali lungo il settore dell'Agri a monte della diga.

L'insediamento urbano attuale, che ruota attorno ai centri minori dell'alta Val d'Agri, è composto, oltre che dai nuclei d'altura, anche da agglomerati ai margini di aree coltivabili e assi viari principali. In tali frazioni diffuse sul territorio e nelle cosiddette zone di espansione si verifica il fenomeno del consumo di suolo e della relativa impermeabilizzazione, che rappresenta una delle prime cause di degrado del suolo nell'Unione Europea. L'impermeabilizzazione del suolo comporta un incremento del rischio di inondazioni e di scarsità di risorse idrica, contribuisce al riscaldamento globale, minaccia la biodiversità e suscita particolare preoccupazione quando vengono ad essere ricoperti terreni agricoli fertili.

L'impermeabilizzazione di vaste porzioni di suolo è in larga misura determinata dalle decisioni in materia di pianificazione territoriale. Nel 1999 la Regione Basilicata ha approvato la propria legge urbanistica sull'uso e il governo del territorio (LUR 23/1999); lo strumento di piano di interesse è il Regolamento Urbanistico (RU), cioè il documento che regola la normativa urbanistica comunale. Non tutti i comuni dell'alta Val d'Agri hanno redatto e approvato il RU, anzi, per la metà di essi è ancora vigente lo strumento elaborato secondo la Legge Urbanistica Nazionale 1150/42, a indicare la scarsa predisposizione a considerare i cambiamenti e le future trasformazioni, possibili con uno strumento adeguato e aggiornato. La lacuna è tanto più grave se si considera che i comuni che non hanno redatto il RU - o l'hanno fatto solo di recente - sono proprio quelli che hanno una dimensione demografica maggiore e in cui, negli ultimi anni, sono avvenute le trasformazioni ed espansioni più ingenti.

I comuni che registrano un incremento nel consumo di suolo sono: Marsicovetere, nelle frazioni di Villa d'Agri e Barricelle; Marsico Nuovo, nella frazione di Galaino e nei pressi dell'asse stradale (SP 80 di Galaino) che conduce a Villa d'Agri; Sarconi, a ridosso del centro abitato lungo la viabilità di accesso; Paterno che - sviluppatosi negli anni '80 lungo la SS 276 - prosegue la sua espansione verso valle.

---

[15] Pontrandolfi 2012.

Nell'assetto insediativo, il fenomeno più rilevante è lo sviluppo di fondovalle della frazione di Villa d'Agri divenuta il vero centro del terziario pubblico e privato. Infatti, se da un lato l'alta Val d'Agri si caratterizza, dal punto di vista demografico, per la costante riduzione della popolazione residente a partire dagli anni '50 del secolo scorso, Villa d'Agri fa registrare un sensibile andamento demografico positivo, che si traduce in una significativa espansione urbana, talvolta incontrollata a causa dell'assenza di uno strumento urbanistico aggiornato.

Si rimarca l'importanza della pianificazione urbanistica che non ha l'obiettivo di bloccare lo sviluppo territoriale o congelare per sempre gli attuali usi del suolo, piuttosto rendere compatibili le scelte di sviluppo del territorio con una gestione più efficiente e sostenibile delle risorse naturali, di cui il suolo è uno dei componenti principali.

Con le dovute differenze del caso, emergono numerosi punti di contatto tra *Grumentum* in età romana e Villa d'Agri in epoca contemporanea quali centri politici-amministrativi e commerciali di riferimento del territorio; tuttavia, è evidente l'assenza di pianificazione nell'evoluzione del centro odierno. Un modello organizzativo ragionato era invece alla base dell'assetto urbano e delle funzioni di controllo del territorio nelle dinamiche di sviluppo della città romana e dell'*Ager* di riferimento (Figura 4).

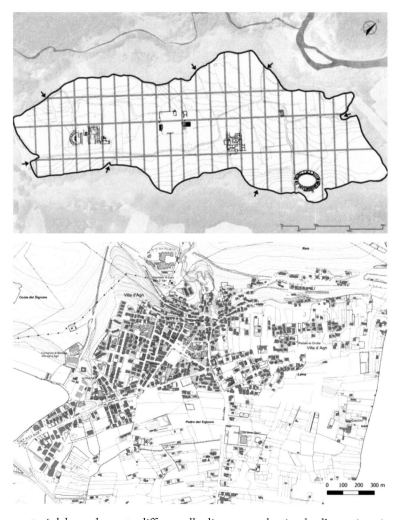

Figura 4 – I poli aggregatori del popolamento diffuso nelle diverse epoche: in alto l'organizzazione urbana della città romana di Grumentum e in basso quella dell'odierno centro di Villa d'Agri (Marsicovetere).

Caratteri di analogie ma anche di dissomiglianze sono evidenti poi nell'assetto della parcellizzazione agraria, nella distribuzione dei nuclei rurali e più in generale nell'organizzazione della campagna romana centuriata, quindi regolarizzata e pianificata, in continuità con la razionalizzazione degli spazi urbani di *Grumentum*, in rapporto all'aspetto della campagna odierna, caratterizzata dalla presenza di microproprietà, da una distribuzione puntiforme delle masserie e delle piccole fattorie, spesso abbandonate.

Nel 2007 è stato istituito il Parco Nazionale dell'Appennino lucano Val d'Agri-Lagonegrese che testimonia la ricchezza del patrimonio naturale nell'area: dalle risorse forestali che coprono una larga parte della superficie della valle alle diversità delle specie esistenti; dalla morfologia imponente dei rilievi ai solchi vallivi che ne consentono l'accessibilità.

Il Parco costituisce un importante anello di giunzione non solo tra i diversi tipi di paesaggio da cui è caratterizzato il sito, ma in modo particolare per la strategia di raccordo ambientale con i due parchi nazionali posti ai due estremi: il Parco Nazionale del Cilento e Vallo di Diano a nord e il Parco Nazionale del Pollino a sud. Questi tre parchi possono essere considerati idealmente un unico sistema e insieme costituiscono il territorio protetto più grande d'Europa. La perimetrazione comprende tutte le vette più imponenti dell'Appennino Lucano, Siti di Interesse Comunitario (SIC) - come la Faggeta di Moliterno e il lago del Pertusillo - Zone di Protezione Speciale (ZPS) e diversi borghi storici, luoghi ricchi di patrimonio storico e culturale.

Nella parte settentrionale del Parco Nazionale, precisamente nell'area ZPS Appennino lucano-Monte Volturino, per le bellezze naturali ivi comprese, sono state individuate quattro aree SIC: Serra di Calvello, Monte Volturino, Monte della Madonna di Viggiano e Monte Caldarosa. Nella parte meridionale, invece, i tre SIC - Monte Sirino, Monte Raparo e Lago Pertusillo - sono rappresentativi della biodiversità presente in Basilicata, custodiscono infatti diversi habitat e numerose specie vegetali di notevole interesse naturalistico.

In un'ottica propriamente urbana, l'ambiente naturale, visto fino a poco tempo fa come principale vincolo allo sviluppo, è oggi principalmente inteso come una risorsa su cui far leva per la trasformazione qualitativa del territorio.

Per ciò che attiene all'utilizzo del suolo nell'assetto odierno, nella Carta delle Risorse Naturali e Ambientali della Val d'Agri, è possibile notare che nella piana della valle si concentrano colture di pregio; una frammentazione dell'uso agricolo riguarda invece le aree montane e la media Val d'Agri. Il fondovalle, tra Paterno e Marsicovetere fino a Grumento Nova, è caratterizzato da superfici agricole utilizzate a seminativi, frutteti, oliveti, vigneti e prati stabili. La vocazione agricola e pastorale si esprime interamente nella ricchezza della gastronomia locale che rappresenta un patrimonio di identità che lega le caratteristiche geoclimatiche territoriali a pratiche e saperi della tradizione. La maggior parte del restante territorio si presenta coperta da boschi; è presente una notevole varietà di ambienti ben conservati e ad elevata naturalità che forniscono habitat idonei ad un contingente di specie animali e vegetali di grande interesse scientifico.

Un altro elemento di rilievo, che ha condizionato l'attuale assetto territoriale, è costituito dallo sfruttamento del giacimento petrolifero, noto già dalla metà del XIX sec. ma produttivo da circa un trentennio. Attualmente, quello della Val d'Agri è il più grande giacimento petrolifero onshore dell'Europa continentale, dal quale si estrae l'11% circa della domanda nazionale. Sono disseminati nella vallata e sui versanti e le vette che la cingono 27 pozzi in produzione, collegati da 100 km di condotte che confluiscono nel Centro Oli Val d'Agri (COVA), punto di partenza dell'oleodotto che trasporta gli idrocarburi nella raffineria di Taranto.

Inoltre, lo sviluppo di aree produttive e la diffusione sempre maggiore di impianti da fonti rinnovabili contribuiscono ad alterare la regolare organizzazione della campagna, rischiando di minare i valori endemici di uso agro-forestale dell'area che, come anticipato, caratterizzano il paesaggio fin dall'antichità.

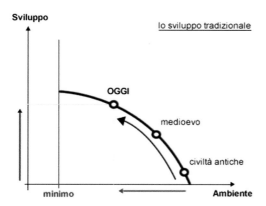 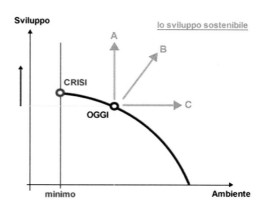

Figura 5 – A sinistra, grafico sul rapporto diacronico tra lo sviluppo tradizionale e il consumo delle risorse; a destra, grafico che rivaluta il rapporto con l'ambiente in un'ottica di sviluppo sostenibile (ecoage.it).

Considerazioni conclusive

È evidente che le trasformazioni dell'ultimo secolo hanno mutato l'aspetto e la vocazione originari dell'alta Val d'agri, un territorio pianeggiante dedito prettamente all'agricoltura, incidendo anche sul paesaggio. Solo recentemente si avverte che alcune scelte non erano perfettamente compatibili con lo sviluppo economico-produttivo del territorio. Se in passato lo spazio urbano e gli elementi dell'ambiente rurale/naturale si integravano in una composizione unitaria di un paesaggio in equilibrio evidenziando lo stretto legame culturale esistente fra due diverse modalità d'uso del territorio, da diversi lustri non solo questo equilibrio si è rotto ma ormai l'uso insediativo e industriale si è dilatato oltre misura anche al di fuori dei suoi confini fisici per invadere con tutte le sue problematiche la campagna e le aree montane.

Le cause si possono rintracciare anche nella globalizzazione e nelle dinamiche del commercio che, per la mancanza di adeguate regole, hanno consentito fenomeni distorsivi con effetti destabilizzanti sui piani sociale, politico e ambientale, andando a minare l'equilibrio che caratterizzava le epoche passate.

Si ritiene opportuno menzionare la questione della sostenibilità dell'attuale modello di sviluppo di fronte allo spettro di risorse non rinnovabili in esaurimento e di una popolazione in crescita in molte aree del mondo, nonché quella degli impatti negativi sull'ambiente e sulla biosfera planetaria. Oggi, nella complessità dei modelli economici e sociali, nessuna dimensione può essere considerata slegata ed indipendente dalle altre[16]. Tale concetto è alla base dell'Agenda 2030 delle Nazioni Unite per lo sviluppo sostenibile (Figura 5), nella quale viene espresso un chiaro giudizio sull'insostenibilità dell'attuale modello di sviluppo, non solo sul piano ambientale, ma anche su quello economico e sociale,

---

[16] Si fa riferimento all'articolo "Sviluppo sostenibile: verso una riforma della globalizzazione". Una sintesi, a cura dell'ambasciatore Giovan Battista Verderame, del Dialogo diplomatico 'Gli assetti del commercio globale e della mondializzazione nella prospettiva dell'Agenda 2030 per lo sviluppo sostenibile', svoltosi il 17 dicembre 2018 e organizzato dal Circolo di Studi diplomatici.

superando in questo modo definitivamente l'idea che la sostenibilità sia unicamente una questione ambientale e affermando una visione integrata delle diverse dimensioni dello sviluppo.

In realtà, un primo studio sulle ipotesi di sviluppo sostenibile per la Val d'Agi è stato proposto nel volume "Non solo petrolio: strategie per lo sviluppo sostenibile della Val d'Agri"[17]. Nel documento viene colta la sfida a costruire e descrivere una "visione" della Val d'Agri, a scala sovracomunale, come traguardo di un processo di trasformazione e come esito di un appropriato programma di investimenti pubblici e privati, che coinvolge gli attori interessati al futuro di questi territori.

Tra i punti trattati, è cogente quello che riguarda i riferimenti normativi per la predisposizione e l'aggiornamento degli strumenti urbanistici comunali. Sulla base delle indicazioni preliminari proposte per la pianificazione strategico-strutturale sovracomunale, è prevista un'attività più specifica tesa a definire le scelte localizzative e la disciplina per i differenti usi del territorio e a definire indirizzi e prescrizioni per la successiva pianificazione comunale in sede di redazione dei Regolamenti Urbanistici e di eventuale revisione di quelli già approvati.

La *vision* emersa si fonda sulla proposta di otto strategie partecipate e condivise che appaiono le più promettenti aree di azione, al fine di valorizzare le risorse naturali, umane ed economiche promuovendo iniziative per lo sviluppo sostenibile e duraturo della valle.

All'interno delle strategie, è descritta la proposta di un'*Infrastruttura Verde* per la Val d'Agri, col fine di garantire la tutela e la valorizzazione della diversità biologica e dei paesaggi, in una prospettiva di sviluppo urbano sostenibile. Infatti, tale infrastruttura associa allo sviluppo degli aspetti ecosistemici anche una specifica attenzione a quelli legati alla produzione agricola e forestale, alle attività ricreative, alla mobilità, estendendo l'interesse progettuale fino agli aspetti più propriamente paesaggistici. In particolare, il progetto dell'infrastruttura verde in Val d'Agri riconosce come interagenti tre temi: la protezione delle risorse ambientali, lo sviluppo delle attività economiche e la difesa del sistema sociale. Pertanto, ciò determina la proposta di cinque assi strategici su cui intervenire: Tutela e valorizzazione delle aree a forte naturalità; Valorizzazione delle aree rurali; Difesa del suolo; Fruizione dei beni culturali e paesaggistici; Potenziamento della mobilità sostenibile.

Per ciò che attiene alla tutela e alla valorizzazione delle aree a forte naturalità, si auspica che proprio l'Ente Parco possa consentire di avviare forme di sviluppo che esaltino le particolari risorse locali. È evidente che il concetto di sviluppo va assunto nel suo significato più ampio, non strettamente economicistico, come trasformazione derivante da un riuso insediativo, produttivo, turistico ecc. dello spazio geografico, di un recupero delle risorse ambientali e storico culturali. Quindi si tratta di uno sviluppo sostenibile che ha una valenza economica, ma anche ambientale e sociale. Uno sviluppo, quindi, che mobilita e aggrega verso obiettivi comuni le risorse locali e, nello stesso tempo, valorizza alcune componenti senza distruggerne altre, come per l'estrazione petrolifera che non può essere in competizione con il patrimonio ambientale e culturale locale.

In questo senso, solo un governo adeguato del territorio che contempli i caratteri storici della valle, nelle modalità insediative così come nell'uso del suolo, nonché nelle persistenze del paesaggio agrario, può agevolare uno sviluppo sostenibile attraverso la tutela del rapporto tra uomo e ambiente.

---

[17] Acierno, Las Casas and Pontrandolfi 2019.

Bibliografia

Acierno, A., G.B. Las Casas and P. Pontrandolfi 2019. *Non Solo Petrolio - FedOA*. Napoli: Federico II University Press. http://www.fedoa.unina.it/12337/.

Bianco, S., A. Preite and E. Natali 2010. Antropizzazione pre-protostorica nell'alta valle dell'Agri, in F. Tarlano (ed.) *Il territorio grumentino e la valle dell'Agri nell'antichità. Atti della Giornata di Studi Grumento Nova (Potenza), 25 aprile 2009*: 21-38. Bologna: Bradypus. I Cardini di Groma.

Bottini, P. (ed.) 1997. *Il Museo Archeologico Nazionale dell'alta Val d'Agri*. Lavello.

Caniggia, G. 1976. *Strutture dello spazio antropico*. Firenze: Alinea.

Caputi, F.P. 1902. *Tenue contributo alla storia di Grumento e Saponara*. Napoli.

Dastoli, P.S. and P. Pontrandolfi 2021a. Security and Resilience in Small Centres of Inland Areas, in *The 21st International Conference on Computational Science and Applications (ICCSA 2021)*.

Dastoli, P.S. and P. Pontrandolfi 2021b. Strategic Guidelines to Increase the Resilience of Inland Areas: The Case of the Alta Val d'Agri (Basilicata-Italy), in *The 21st International Conference on Computational Science and Applications (ICCSA 2021)*.

Pontrandolfi, P. (ed.) 2012. *Strumenti della programmazione complessa e negoziata. Sperimentazioni progettuali per lo sviluppo e la riqualificazione della città e del territorio*, Melfi: Librìa.

Russo, A. 2006. Organizzazione insediativa ed edilizia domestica indigena nell'alta valle dell'Agri tra il IV e il II secolo a.C., in A. Russo (ed.) *Con il Fuso e la conocchia. La fattoria lucana di Montemurro e l'edilizia domestica nel IV secolo a.C.*: 19-57. Lavello-Potenza: Soprintendenza per i beni archeologici della Basilicata.

Tarlano, F., J. Bogdani and A. Priore 2016. Upper Agri Valley (Basilicata) between geomorphology and ancient settlements, in *LAC 2014 Proceedings. 3rd International Landscape Archaeology Conference, Atti del Convegno di Studi, Roma, 17-20 settembre 2014*: 1-12.

Tarlano, F. 2010. La centuriazione nel territorio di Grumentum, in F. Tarlano (ed.) *Il territorio grumentino e la valle dell'Agri nell'antichità. Atti della Giornata di Studi Grumento Nova (Potenza), 25 aprile 2009*: 77-90. Bologna: Bradypus. I Cardini di Groma.

Tarlano, F. 2017. Ager Grumentinus: una nuova lettura del popolamento antico in alta Val d'Agri, in A. Portrandolfo and M. Scafuro (eds) *Dialoghi sull'Archeologia della Magna Grecia e del Mediterraneo. Atti I del Convegno Internazionale di Studi, Paestum, 7-9 settembre 2016*: 901-912. Paestum: Pandemos.

Tarlano, F. 2019. Individuare la via Herculia: un esercizio fine a se stesso? Problematiche sulla viabilità romana in alta Val d'Agri, in S. Del Lungo (ed.), *Antiche vie in Basilicata. Percorsi, ipotesi, osservazioni, note e curiosità*: 103-120. Firenze: Istituto Geografico Militare.

Il rapporto tra uomo e territorio: il caso di Moscona e Mosconcina nel basso medioevo (Grosseto).

Prospero Cirigliano
(IMT Scuola Alti Studi Lucca)

Abstract: the contribution is aimed at investigating two hills, Moscona and Mosconcino, divided by a small valley, and located at west of the ancient city of Roselle and northeast of the city of Grosseto. In this area the prevailing morphology is plain, almost entirely cultivated, alternating with small areas used for grazing and wooded areas characterized by a dense presence of vegetation typical of the Mediterranean scrub. Starting from the surveys conducted as part of the Emptyscapes project, a series of reconnaissance campaigns were organized aimed at collecting and analyzing data from the two hummocks and neighboring areas.

Keywords: Toscana, ricognizione di superficie, drone, Mobile GIS.

Introduzione

Situati nella parte sud della Toscana, a pochi chilometri di distanza dalla città di Grosseto, i due colli di Moscona e di Mosconcino fanno parte dell'*ager rusellanus*[1], e a dividerli è una piccola valle attraversata dal fosso del fiume della Salica. Le aree boschive corrispondono prevalentemente con aree collinari, tra le quali spicca il poggio di Moscona; Mosconcino invece è invece completamente adibito alla coltura di ulivi.

I due colli sono tra i primi rilievi che si incontrano provenendo dalla costa tirrenica, all'altezza di Grosseto, verso l'entro terra. La sommità di Moscona, un'altura di 320 m.s.l.m., con tale altezza domina l'intera vallata sottostante ponendosi in un'ottima posizione che le favorisce una visuale ottimale su un'ampia porzione di territorio (Figura 1).

Questa porzione di territorio rientra all'interno della regione geografica della Maremma, caratterizzata da un paesaggio naturalistico che preserva diverse specie naturali e animali. Queste aree hanno rappresentato da sempre un problema di salubrità data la forte diffusione di lagune costiere favorevoli alla proliferazione della malaria. Il tasso demografico è iniziato a salire solo dopo il termine delle bonifiche avvenuto nella metà del Novecento, anche se i lavori che erano stati iniziati fin dall'arrivo della famiglia dei Lorena al Granducato di Toscana, nel 1756.

Ma quali erano i rapporti in passato tra uomo e ambiente in questo territorio? Quali sono stati i principali centri insediativi e quali sono state le trasformazioni delle reti insediative?

Per rispondere a queste domande sono stati presi in analisi e comparati i dati provenienti dalle ricerche bibliografiche, dalle ricerche documentarie, dai dati di scavo e quelli delle ricognizioni topografiche forniti dal progetto *Emptyscapes*[2].

---

[1] Celuzza 2013: 256-259.
[2] Campana 2018: 87-107; Campana 2022: 145-159.

Figura 1 - Vista dalla parte sommitale di Moscona. Da questa prospettiva è visibile la vallata a sud-est in direzione dell'attuale città di Grosseto., mentre la porzione sinistra è dominata dal Tino di Moscona XI sec. d.C.

Metodologia della ricerca

Le indagini condotte nell'ambito del progetto *Emptyscapes*, infatti, forniscono ulteriori dati riguardanti in particolare il fondovalle che divide i due poggi. Per ampliare i dati a nostra disposizione sono state organizzate una serie campagne di ricognizioni mirate alla raccolta e all'analisi dei dati provenienti dai due poggi e dalle aree limitrofe. I risultati di queste operazioni sembrano essere particolarmente utili a comprendere come questo territorio sia stato utilizzato e abitato nel lungo periodo; in questa occasione si pone particolare attenzione alla delineazione dell'occupazione durante il Basso Medioevo. La metodologia di indagine è caratterizzata dall'integrazione tra numerosi fonti (documentarie e d'archivio), campagne di ricognizione e vari sistemi di telerilevamento. I dati sono stati gestiti e analizzati in laboratorio tramite GIS mentre l'acquisizione sul campo ha contato sullo sviluppo di un Mobile GIS.

I dati raccolti hanno permesso di ricostruire una storia molto più complicata di quella ricostruibile dalle fonti. Infatti, da un primo studio è emerso come la maggior parte della bibliografia concorda nel segnare il termine di occupazione della città di Roselle con il trasferimento nel 1138 della sede vescovile da Roselle a Grosseto. Seguendo questa ipotesi, dunque, il passaggio sembrerebbe diretto, un processo lineare e semplice. Tuttavia, prendendo in esame i dati documentari e le altre evidenze archeologiche presenti sul territorio e quelle recentemente messe in luce ci accorgiamo che il trasferimento in realtà non è così brusco e diretto. Sebbene tra Roselle e Grosseto ci sia poca distanza in termini di chilometri non è lo stesso in termini di presenze archeologiche che sono invece numerose e che vanno ad incastonarsi all'interno della ricostruzione storica restituendoci un quadro delle dinamiche insediative molto complesso.

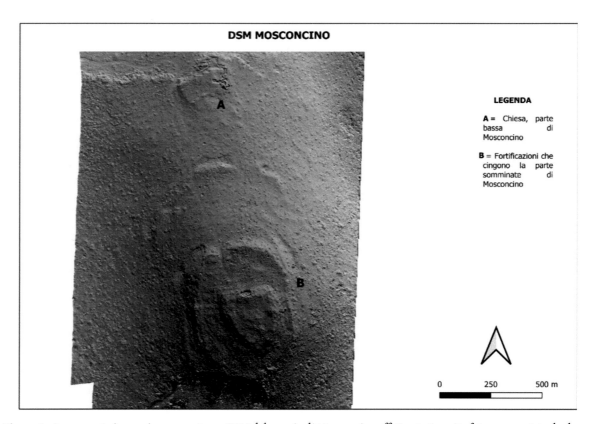

Figura 2 - La presente immagine presenta un DSM del poggio di Mosconcino effettuato tramite fotogrammetria da drone e successiva elaborazione. Grazie a questo lavoro è possibile vedere come la morfologia del colle abbia subito forti modifiche nella parte (B) dove è ipotizzabile la presenza di una residenza o piccolo abitato fortificato, e nella parte a nord (A) per la costruzione della chiesa.

Sulla parte alta di Moscona, infatti, sono ancora ben visibili mura di cinta che racchiudono al loro interno un abitato composto da diverse dimore[3]. Inoltre, la cinta muraria è legata ad una costruzione a pianta circolare, che misura 30m di diametro, e che svetta sulla parte più alta del poggio. Mentre per quanto riguarda Mosconcino, gli scavi della soprintendenza hanno messo in luce la pianta di una chiesa di imponenti dimensioni (53x20m e un transetto di 33m di lunghezza) ed evidenziato la presenza di probabili strutture insediative nella parte alta della collina[4]. A questi monumenti vanno aggiunti i nuovi dati e edifici individuati durante le attività di indagine del progetto *Emptyscapes* che hanno riguardato l'area in questione[5]. Sulla parte sommitale di Moscona sono stati individuati tratti di mura che fanno pensare ad un'ulteriore cinta muria, la quale arriva a misurare anche 2m di spessore, ed è stata complessivamente mappata per circa 600m, anche se non è interamente ben conservata. Questa imponente opera sembra essere maggiormente conservata nella parte a nord, in direzione della città di Roselle. Sempre sulla parte alta sono stati individuati muri a pianta rettangolare e altri muri in pessimo stato di conservazione. A Mosconcino il rilievo fotogrammetrico, effettuato tramite l'utilizzo di drone e la successiva analisi del DSM (modello digitale della superficie), ha permesso di individuare in dettaglio l'insediamento presente sulla sua sommità (Figura 2).

Per fare luce sulla storia di questi insediamenti è importante integrare i documenti storici d'archivio con i risultati delle nostre ricerche. Procedendo in ordine cronologico dobbiamo prendere in esame la

---

[3] Angelini and Farinelli 2013: 5-32; Mangiavacchi 2002.
[4] Nicosia and Poggesi 2011: 186-190.
[5] Campana 2018: 87-107.

chiesa presente su Mosconcino, databile tra XI e XII secolo d.C., che riteniamo plausibile identificare con l'edificio principale della diocesi di Roselle anche se esterno alla città antica. Non deve sorprendere che la sede della diocesi sia esterna alla città, infatti, in Toscana altre diocesi presentano questa caratteristica come, per esempio, Arezzo, Populonia, Chiusi e Volterra[6]. Ad avvalorare questa ipotesi ci sono i dati delle ricognizioni da drone che hanno individuato un insediamento fortificato sulla parte alta della collina interpretabile in via ancora ipotetica come la residenza vescovile e sede dei canonici; un indizio in tal senso proviene da un secondo toponimo della collina di Mosconcino: Poggio la Canonica (Figura 2). Interessante è integrare anche i dati provenienti dallo studio della piccola valle che divide i due poggi, qui infatti è stata attestata la presenza dal VI secolo a.C. di un'area umida corrispondente ad un bacino d'acqua di circa 34 ettari[7]. Tra V e VI secolo d.C. interventi di bonifica riducono il bacino d'acqua e contemporaneamente viene costruita una nuova viabilità che da Mosconcino si dirige verso la città. Certamente non possiamo ancora dire se la strada sia stata costruita per mettere in connessione la città e la sede vescovile o se la chiesa sia stata costruita in corrispondenza della viabilità, ma è ipotizzabile una connessione tra le due strutture. Questa vallata verrà bonificata completamente tra IX e X secolo d.C. tramite un sistema di canali di scolo che fungevano anche da limite di aree agrarie. In questo stesso periodo si sviluppa un insediamento tipo motta, caratterizzato da due fossati concentrici e con un'estensione di quasi due ettari[8]. Tali evidenze, sono state individuate durante le operazioni di ricognizione magnetometrica e confermate da attività di scavo[9].

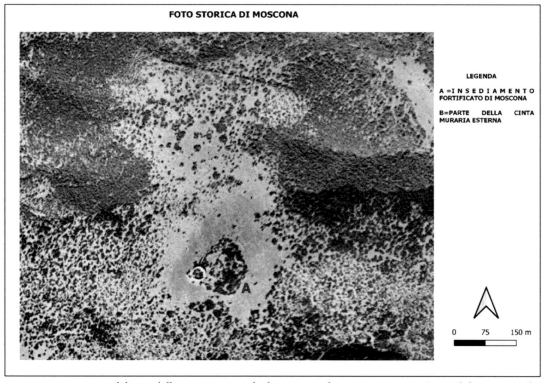

Figura 3 - *Foto area storica del 1954 della parte sommitale di Moscona, da questa immagine è possibile osservare la parte dell'insediamento fortificato (A) e un tratto della cinta muraria esterna (B). In questa area sono state eseguite ricognizioni di superficie che hanno evidenziato una presenza di ceramica sul pianoro ed elementi murari riconducibili a edifici abitativi. (Regione Toscana, Geoscopio CC-BY)*

---

[6] Burattini 1996: 59-64.
[7] Campana 2022: 145-159.
[8] Per un maggiore approfondimento si rinvia: Campana 2018: 87-107; Campana 2022: 145-159.
[9] Campana 2018: 87-107.

Altri documenti invece ci aiutano a fare luce sul poggio di Moscona. In particolare, sappiamo che nel 1179 viene redatto un atto di permuta tra il vescovo e il conte Ildebrandino VII della famiglia degli Aldobrandeschi. In questo documento viene attestato l'anno di fondazione dell'abitato presso Montecurliano, l'attuale Moscona, voluto dal conte Ildebrandino. La successiva espansione senese verso la costa porta, nel XIII secolo d.C., all'inglobamento dell'abitato di Moscona. Viene così stipulato un documento di sottomissione della comunità, che presenta differenze significative rispetto all'atto sottoscritto con la città di Grosseto, segno forse del mantenimento di una qualche forma di autonomia. Così, nel registro dei beni immobili stilato nel 1320 dal comune di Siena, troviamo citata Montecurliano come una località dove si trova la città di Moscona che, sempre stando all'elenco, è fornita di una cerchia muraria, con una porta di accesso chiamata "porta civita", capace di racchiudere un'area di 185 staia senesi che corrispondono a 24 ettari[10]. Difronte a questi dati è stato ipotizzato che in questa fase la città di Moscona possa essere identificata con la città di Roselle, specialmente perché a Moscona è ben visibile una cinta muraria che racchiude un abitato esteso poco più di un ettaro. Le recenti ricognizioni però hanno individuato un secondo circuito di mura non conservato però nella sua interezza del suo percorso (Figura 3). Proiettando le parti mancanti dei segmenti si arriva a cingere un'area su Moscona che corrisponde a circa 24 ettari, come indicato nel documento del 1320. Durante le ricognizioni di superficie sono stati individuati, all'interno della superficie racchiusa dal secondo circuito murario, un'area di 24 ettari, allineamenti di muri interpretabili come edifici. In un caso è stato anche possibile ricostruirne la pianta. Sulla base delle informazioni raccolte, l'edificio è composto da due ambienti di forma rettangolare allungata, chiusi nella parte nord, mentre la parte sud sembra aperta. Lo spessore dei muri è di ca. 70cm, il primo ambiente misura 13,80x5,50m, il secondo 15x8m. Oltre a questo edificio è stato possibile osservare anche altri piccoli tratti di muri in combinazione con spargimenti di ceramica in superficie che fanno ipotizzare come la parte alte del poggio potesse essere occupata da altre strutture racchiuse all'interno dell'area di 24 ettari protetta dalla cinta muraria.

Conclusioni

Portare a termine delle prime campagne di ricognizione ha richiesto anche degli sforzi mirati al superamento di alcuni aspetti metodologici. In quest'area, infatti, non sono presenti campi arati o lavorati stagionalmente. L'area di Moscona è quasi interamente ricoperta da una fitta vegetazione tipica della macchia mediterranea, mentre a Mosconcino l'area è interessata per interno da cultura stabile di ulivi. In questi spazi, non essendoci movimento di terreno ed essendo in gran parte difficilmente percorribili, quando non addirittura impenetrabili, il solo metodo della ricognizione di superficie è inefficace. Ed è per questo che l'integrazione di droni e di sistemi di Mobile GIS sono stati di fondamentale aiuto. È importante sottolineare, però, che nonostante alcuni limiti siano stati superati restano ancora zone dove non è stato possibile raggiungere e sottoporre ad analisi e perciò le ricerche non sono da considerarsi concluse.

Alla luce di questi risultati, sebbene preliminari, emerge chiamante uno straordinario dinamismo del paesaggio immeritamente al di fuori della città di Roselle, uno spazio testimone di un grande susseguirsi di trasformazioni delle reti insediative e delle infrastrutture. In questo quadro il paesaggio ha subito trasformazioni significative e continue ad opera delle società e dei ceti dirigenti che si sono succeduti. Importante è sottolineare l'eccezionale intensità delle modifiche avvenute a partire dalla tarda antichità con particolare riferimento all'alto medioevo maturo e ai secoli centrali e come il

---

[10] Burattini 1996: 59-64; Prisco 1989: 21-120; Ronzani 1996: 1-32.

trasferimento della sede vescovile da Roselle a Grosseto non abbia segnato il definitivo abbandono dell'*ager rusellanus*.

Bibliografia

Angelini, F. and R. Farinelli 2013. *Il Tino di Moscona. Guida archeologica al castello di Montecurliano.* Grosseto: Nuova Immagine.

Burattini, V. 1996. La sede vescovile rosellana e la traslazione a Grosseto, in C. Citter (ed.) *Grosseto, Roselle e il Prile.* Mantova: SAP Società Archeologica Srl.

Campana, S. 2018. *Mapping the Archaeological continuum. Filling 'empty' Mediterranean Landscapes.* New York: Springer.

Campana, S. 2022. Infrastrutture, gestione delle acque, insediamenti, paesaggi agrari e funerari nell'ager rusellanus nella longue durée: verso l'archeologica stratigrafica dei paesaggi. *Atlante Tematico Di Topografia Antica* 32: 145–60.

Celuzza, M. 2013. Il territorio di Roselle, in M. DE Benedetti and F. Catalli (eds) *Roselle. Le monete dagli scavi (1959-1991) e dal territorio.* Grosseto: C&P Adver Effigi.

Mangiavacchi, F. 2002. *Il tino di Moscona.* Grotte di Castro: I Portici Editore.

Nicosia, F. and G. Poggesi 2011. Rusellae. *Guida al parco archeologico.* Firenze: Nuova Immagine.

Prisco, G. 1989. *Grosseto da corte a città: la genesi e lo sviluppo urbanistico di Grosseto nel quadro dell'evoluzione dell'assetto territoriale della diocesi e del Comitato Roselliano.* Grosseto: Amministrazione di Grosseto.

Ronzani, M. 1996. Prima della 'cattedrale': le chiese del vescovato di Roselle, Grosseto dall'età tardo-antica all'inizio del secolo XIV, in *La cattedrale di Grosseto e il suo popolo 1295-1995. Atti del Convegno di studi storici Grosseto 3-4 novembre 1995.* Grosseto: I Portici Editore.

Sezione II

Vie di comunicazione

Le vie d'acqua nell'Italia settentrionale. Il paesaggio della navigazione interna e le imbarcazioni, tra antichità e tradizione.

Stefano Medas
(Università di Bologna)

Abstract: waterways in Northern Italy. Inland navigation landscape and boats, between antiquity and ethnography. The Northern Italy rivers, canals, lakes, lagoons and deltas network always favoured the development of inland navigation and the connection of cities and towns located in the Po Valley with ports on the Adriatic coast. This inland navigation system was well developed already in Roman Times. Specialised flat-bottomed boats were used in these environments, as well as rafts, dugouts, skin boats and other types of vessels. Historical sources, archaeology and ethnography aid in defining the past inland navigation landscape.

Keywords: Inland navigation, Northern Italy, Po River, riverscapes, Roman Age, boats, nautical archaeology, ethnography, seamanship.

Un paesaggio nautico scomparso e riscoperto

Bomporto, Pescantina, Barchetta, Barcaccia, Navetta, Pontonara, per ricordarne solo alcuni. Sono curiosi toponimi "nautici" della Pianura Padana, relitti di un paesaggio quasi completamente scomparso, che richiama un tempo in cui era normale vedere barche e barconi avanzare lenti in mezzo alle campagne, tra borghi e paesi, muoversi attraverso una fitta rete di vie d'acqua, naturali e artificiali, che aveva nel Po il suo asse portante e che collegava le città del Nord Italia tra loro e con i porti dell'Adriatico, principalmente con Ravenna e Venezia. Inoltre, possiamo incontrare una toponomastica parlante anche lungo le strade e nelle nostre città: Via del Porto, Via Barche, Via Naviglio, Via del Traghetto, Via o Strada Alzaia, in modo puntuale Alzaia Naviglio Pavese (a Milano), Contrà dei Burci (a Vicenza), Strada Attiraglio (a Modena), Lungadige Attiraglio (a Verona), Piazza Barche (a Mestre), Quartiere Navile (a Bologna), anche in questo caso solo per fare alcuni esempi. Naturalmente, nel territorio, tanto nei paesi come nelle città, non mancano tracce monumentali, come sono le chiuse storiche e gli stessi canali[1], aree portuali ormai interrate[2], più raramente conche e porti storici tuttora attivi[3] o trasformati in testimoni di un antico paesaggio idraulico ormai avulso dalla sua originaria vocazione, ma con notevoli potenzialità ai fini dello sviluppo di un turismo sostenibile, dell'identità culturale e territoriale.

È ben noto che fino al XIX secolo la navigazione nelle acque interne costituì il principale sistema di trasporto sia per i grandi carichi di merci e materie prime sia per le persone, risultando superiore a quello sulle strade, la cui praticabilità, soprattutto nei mesi invernali, poteva presentare non pochi problemi. Rispetto a quello via terra, infatti, il trasporto via acqua è sempre stato vantaggioso, per capacità di carico di un singolo vettore (una grossa barca fluviale poteva trasportare un carico

---

[1] Celli 1999; Comincini 2012.
[2] Baracchi, Manicardi 1985: 159-162; Brusò 2000.
[3] Per esempio, Sarzi 2005 (Porto Catena, Mantova); Manfrin 2013 (conca dei Moranzani, che collega il Naviglio di Brenta con la laguna di Venezia).

equivalente a quello di diversi carri), per velocità e sicurezza. In definitiva, è sempre stato il sistema economicamente più efficace; motivo per cui è sempre stato sfruttato al massimo ovunque la geografia del territorio lo consentisse. Ogni fiume, grande o piccolo che fosse, ogni lago, laguna, delta o palude, insomma qualunque superficie acquea è stata sfruttata fin dai tempi più remoti per navigare. In questo senso il sistema idrografico della Pianura Padana, nella sua massima estensione, è sempre risultato particolarmente favorevole per lo sviluppo di una fittissima rete di collegamenti idroviari, tanto che la navigazione interna può essere considerata uno dei principali fattori di sviluppo dell'Italia settentrionale dall'antichità a tutto il XIX secolo. I trasporti idroviari mantennero la loro importanza fino alla metà del XX secolo, proseguendo ancora fino agli anni '50 e '60 (in alcuni casi, come sul Sile, fino agli inizi degli anni '70), ma in misura sempre più ridotta, per poi scomparire. Contestualmente, nelle città padane raggiunte dalle idrovie vennero via via dismessi i porti e gli approdi urbani[4]. A mettere progressivamente in crisi il sistema di collegamenti via acqua nell'Italia settentrionale fu, dapprima, la diffusione della rete ferroviaria nella seconda metà del XIX secolo, quindi la realizzazione delle nuove infrastrutture stradali nella prima metà del XX secolo, infine la rete autostradale realizzata tra gli anni '50 e i primi anni '70, periodo che corrisponde al definitivo declino della navigazione interna, nonostante i progetti infrastrutturali con cui, sempre nella prima metà del secolo, si cercò di sostenerla e persino di svilupparla[5]. Rispetto a quello ferroviario e a quello stradale, il trasporto lungo le idrovie ha velocità di esercizio lentissime, che, nell'immediato secondo dopoguerra, lo rendono perdente di fronte all'inarrestabile crescita dei traffici su strada. Così i navigli vengono declassati a canali per l'irrigazione, mentre i ponti con alta arcata, funzionali al passaggio delle imbarcazioni, vengono ricostruiti come ponti a raso, più funzionali al traffico stradale. Il cambiamento avvenne nel nome della velocità e della capillarità dei collegamenti, dunque in funzione del progresso economico e delle strategie politiche di quegli anni, che favorirono, appunto, il trasporto su gomma[6]. Gli aspetti ambientali, l'incremento vertiginoso dei consumi e la stessa identità culturale dei luoghi e delle comunità non erano ancora sentiti come problemi concreti, o lo erano da una parte minoritaria della popolazione. A differenza di quanto è accaduto in diversi paesi dell'Europa centro-settentrionale (pensiamo per esempio alla Francia, alla Germania, al Belgio e ai Paesi Bassi), dove la navigazione interna svolge tuttora un ruolo molto importante, in Italia si è assistito all'abbandono pressoché totale di questo sistema di trasporto.

Insieme alla navigazione interna scomparve anche il paesaggio che la caratterizzava, costituito non solo dalle imbarcazioni e dalle infrastrutture, queste ultime oggi per lo più abbandonate, demolite o interrate, ma anche dagli uomini e dai mestieri, la cui memoria, fortunatamente, è stata in vari casi salvata per mezzo di interviste, di studi etnografici, fotografie e filmati. Barcaioli o barcari (barcaro, più popolare e meno gentile rispetto a barcaiolo, rende con maggiore vivacità la durezza del lavoro di questa gente), piloti, zattieri, traghettatori, pontieri, cavallanti, maestri d'ascia, cordai, mugnai, sabbionanti, scariolanti, osti di fiume, guardiani delle chiuse; tutte categorie professionali la cui esistenza era strettamente interconnessa, dipendendo da un ambiente comune di cui si sfruttava ogni risorsa. Si generava così un indotto produttivo e commerciale di cui i trasporti, con i numerosi servizi ad essi collegati, costituivano la spina dorsale[7], secondo modalità che, come vedremo, agli inizi del XX secolo non dovevano differire molto da quelle dell'epoca medievale o romana. In questo senso la memoria degli ultimi barcari, coloro che hanno lavorato tra gli anni '40 e '50 del secolo scorso, rappresenta uno straordinario patrimonio etnografico che ci consente di ricostruire, per lo meno di immaginare, l'antico

---

[4] Si vedano, per esempio, i casi di Bologna e Modena: Baracchi, Manicardi 1985: 149-170; Rosa 1974-1975.
[5] Palena 1999.
[6] Proto 2010.
[7] Si vedano i contributi in Zanetti 1999.

Figura 1 - Due burci in navigazione a vela nel Canale di Valle, che collega i tratti di foce dell'Adige e del Brenta, anni '30 del secolo scorso (da Navigazione fluviale e vie d'acqua 2012).

paesaggio della navigazione interna. Un paesaggio in cui le distanze e le durate degli spostamenti erano dilatati rispetto a quanto siamo abituati oggi. In discesa, verso valle, procedevano alla stessa velocità dell'acqua; in risalita al passo lento degli uomini e degli animali che trainavano le imbarcazioni contro corrente, in un silenzio rotto solo dal fruscio del loro passaggio sugli argini, dal canto di un barcaiolo o da una voce che incitava a tirare. Gli uomini che svolgevano questo duro lavoro appartenevano a una speciale comunità di gente errante, proprio come i marinai, ma con la differenza di esser costretti a seguire percorsi obbligati, più sicuri e al tempo stesso più limitanti; di aver poca confidenza con le vele e molta con la corrente; di vivere a metà tra l'acqua e la terra; di avere come orizzonte, oltre la striscia del fiume, un bosco o un campo di grano; come luogo di sosta un'osteria o una cascina nei pressi della sponda a cui poter ormeggiare; come porto una banchina o un pontile, alle volte una semplice riva[8] (Figura 1).

Negli ultimi trent'anni lo studio e la valorizzazione della navigazione interna ha conosciuto un notevole sviluppo, grazie all'attenzione da parte di molti appassionati e di studiosi che hanno saputo cogliere, oltre al significato storico ed etnografico, le prospettive di sviluppo che questo straordinario patrimonio di cultura materiale e immateriale può offrire in relazione a un turismo di qualità, consapevole e sostenibile[9]. Motori della valorizzazione sono i musei dedicati alla navigazione interna, ma anche sezioni di musei del territorio. Un traguardo fondamentale in questo senso è stato rappresentato dall'istituzione, nel 1999, del Museo Civico della Navigazione Fluviale a Battaglia Terme (Padova), grazie all'instancabile attività del suo fondatore, Riccardo Cappellozza, ultimo discendente di una famiglia di barcari, rimasto in attività fino al 1962, e uno degli ultimissimi testimoni della grande parabola della navigazione interna[10]. Non certo per caso il museo è nato in un paese, Battaglia Terme, e in una terra, la pianura veneta, che per le sue caratteristiche geografiche e per la sua vocazione storica (basti pensare

[8] Interessanti testimonianze etnografiche sono Giarelli 1986-1987; Jori 2009; Mainardi 2011/2012; Pavan 2006; Prati 1968.
[9] Vallerani 2005; Vallerani 2009; Vallerani 2013.
[10] Jori 2009; https://museonavigazione.eu/it/ (visitato il 09/08/2022).

all'importanza dei collegamenti idroviari con Venezia e la laguna), ha conservato più a lungo e poi recuperato, prima di altri, cultura e tradizioni della navigazione interna, oltre che il contestuale paesaggio[11]. Interessante risulta anche il percorso culturale-naturalistico realizzato presso il cosiddetto "Cimitero dei *burci*", situato in un'ansa del fiume Sile a Casier (Treviso), dove, nella prima metà degli anni '70 del secolo scorso, vennero abbandonate una ventina di imbarcazioni fluviali costruite tra gli anni '30 e '40. Il sito, che ben documenta il paesaggio fluviale quando furono dismesse le ultime imbarcazioni da trasporto che viaggiavano sul Sile, è visitabile attraverso una passerella sospesa sull'acqua, che consente di passeggiare tra i relitti di queste vecchie barche in legno; relitti che sono in costante e inesorabile disfacimento, progressivamente assorbiti dall'ambiente naturale, motivo per cui recentemente sono stati oggetto di un accurato lavoro di documentazione e di rilievo[12].

Diversi sono i musei dislocati lungo il corso del Po in cui si conservano imbarcazioni, attrezzi da pesca e da carpenteria navale. Punto di riferimento è il Museo-Cantiere della Navigazione e del Governo del Fiume Po a Boretto (Reggio Emilia)[13], in cui si conservano una ricca collezione di barche tradizionali padane, una pirodraga del 1933, un'imbarcazione monossile altomedievale, una straordinaria quantità di materiali relativi alla cantieristica della prima metà del Novecento e una ricca biblioteca-archivio. Il Museo, infatti, fondato nel 1997 e nato ufficialmente nel 1999, si colloca in un complesso architettonico che costituisce, di per sé, un monumento della navigazione fluviale e un importante sito di archeologia industriale, trattandosi dei cantieri navali sorti negli anni '20 del secolo scorso, nonché un sito potenzialmente votato al recupero e alla valorizzazione dell'identità locale, così a lungo segnata dalle attività della cantieristica e della navigazione fluviale[14]. Negli altri casi si tratta di piccoli musei etnografici, interamente o in parte dedicati alle attività fluviali, tra cui ricordiamo il Museo del Po di Monticelli d'Ongina (Piacenza)[15], il Museo Etnografico dei Mestieri del Fiume a Rivalta sul Mincio

Figura 2 – Mulini natanti del Po presso Ficarolo (Rovigo), anni '20 del secolo scorso (da Lugaresi 2000-2001).

---

[11] Vallerani 1999.

[12] Fadda, Laureanti 2019.

[13] http://musei.provincia.re.it/Sezione.jsp?idSezione=6; https://museodelpo.wordpress.com/il-museo-del-po/ (visitati il 09/08/2022).

[14] Visentin 2010.

[15] http://www.museodelpo.it/wordpress/; https://dati.emilia-romagna.it/id/ibc/IT-ER-PC002/html (visitati il 09/08/2022).

(Mantova)[16], la sala dedicata alle imbarcazioni e ai mestieri del fiume nel Museo Civico Polironiano a San Benedetto Po (Mantova)[17], il singolare Museo "Dino Gialdini" – Casa dei Pontieri a Boretto (Reggio Emilia), dedicato al vecchio ponte di barche che, attraversando il Po, collegava Boretto con Viadana, sostituito dal ponte in cemento nel 1967[18].

Il paesaggio fluviale e i mulini natanti

La presenza dei mulini natanti ha caratterizzato il paesaggio fluviale di molte regioni europee per almeno millequattrocento anni, dal VI secolo alla prima metà del XX. Se in Francia la prima attestazione si data al 508 d.C.[19], si riferisce all'Italia la prima vera descrizione dei mulini natanti, che sono presentati da Procopio (*Bellum Gothicum*, I, 19) come un'invenzione realizzata all'epoca della guerra gotica, durante l'assedio di Roma del 537-538 d.C., quando i Goti tagliarono gli acquedotti che, oltre a garantire l'acqua potabile, servivano anche per alimentare i mulini urbani. Gli ingegneri di Belisario, allora, ebbero l'idea di sfruttare direttamente la corrente del Tevere. A questo scopo, fecero sistemare le mole e i meccanismi di macinazione su alcune coppie di barche, affiancate a due a due, con gli scafi uniti da traverse ma opportunamente distanziati tra loro, in mezzo ai quali venne montata la ruota a pale. Vennero così realizzati i primi mulini natanti, che, ormeggiati nell'alveo del fiume all'interno della cinta muraria, continuarono a garantire la produzione delle farine.

A differenza dei mulini idraulici terragni, che funzionano per caduta d'acqua appositamente canalizzata, quelli natanti erano dunque costituiti da mole montate su grandi "barconi" ormeggiati presso le sponde, che sfruttavano direttamente la corrente del fiume, seguendo le variazioni del suo fluire. In molte regioni, prima dell'introduzione dei mulini a vapore e di quelli elettrici, erano gli unici tipi utilizzabili: nei grandi fiumi in pianura e nei tratti urbani il loro impiego rispondeva a criteri di "economia" e di funzionalità più vantaggiosi rispetto a quelli offerti dagli impianti fissi.

Oggi sono completamente scomparsi, ad eccezione di rarissimi esemplari, pesantemente ristrutturati, e di alcune repliche recenti, ultimi testimoni della lunghissima tradizione molitoria di fiume. Fino a tutto il XIX e ancora nei primi decenni del XX secolo erano invece diffusissimi, caratterizzando i paesaggi fluviali di molte regioni europee, anche lungo i fiumi minori. Per citare il solo caso italiano, si è stimato che in pieno XIX secolo sull'Adige potessero trovarsi fino a un massimo di 400 mulini natanti, di cui 60 stazionanti presso Verona. Nel 1902, quando era già iniziato il loro declino, sul Po ne esistevano ancora 266, dislocati nel tratto tra le province di Pavia e di Rovigo. La loro incidenza sul piano economico, sociale e culturale fu altissima (Figura 2).

In quanto alla tipologia, i mulini natanti si dividono in due categorie principali, già ricordate da Fausto Veranzio nel suo *Machinae novae* (1615-1616): le <<*molae duobus pontonibus impositae*>>, cioè i mulini realizzati con due galleggianti o "barconi", chiamati *sandoni* sul Po, tra i quali era montata la ruota a pale, e le <<*molae uni pontoni impositae*>>, ovvero i mulini costituiti da un solo galleggiante con ruote montate sui lati. All'interno di queste due categorie generali si distinguono però diverse varianti[20]. Precisamente, per quanto riguarda i mulini costituiti da un unico galleggiante, vi erano quelli con una sola ruota laterale e quelli con due ruote, una per lato, mentre un tipo particolare, con una sola ruota

[16] http://www.parcodelmincio.it/centrivisita_dettaglio.php?id=940; https://www.comune.rodigo.mn.it/rivalta-sul-mincio/il-museo-etnografico (visitati il 09/08/2022).

[17] https://www.turismosanbenedettopo.it/servizi/menu/dinamica.aspx?ID=20913&bo=true; https://www.in-lombardia.it/it/museo-civico-polironiano (visitati il 09/08/2022).

[18] https://bbcc.ibc.regione.emilia-romagna.it/pater/loadcard.do?id_card=26697 (visitato il 09/08/2022).

[19] Peyronel 1984: 37.

[20] Peyronel 1979; Peyronel 1984.

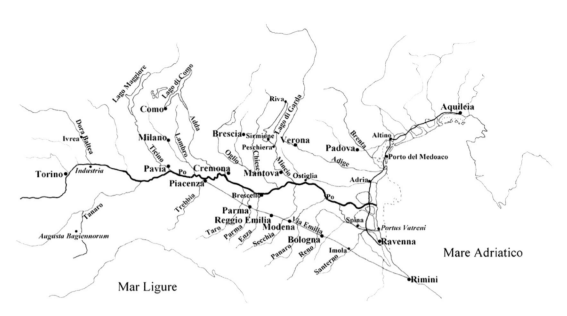

Figura 3 - Il sistema idroviario padano in epoca romana (disegno dell'autore).

montata davanti al galleggiante, nell'estremità contro corrente, fu provato nella metà del XVIII secolo sul Rodano, a Lione, nel tentativo di eliminare l'ingombro laterale dato dalle ruote. Riguardo ai mulini costituiti da due galleggianti o *sandoni*, in mezzo ai quali si trovava la ruota, vi erano i tipi con i *sandoni* uguali (come le *mulinasse* del Po, ma la prima attestazione riguarda i mulini del Tevere, *infra*); quelli con un *sandone* maggiore e uno minore (*sandon grande* e *sandoncello* nei mulini del Po), che, insieme ai mulini a singolo *sandone* e ruote laterali, è stata una delle tipologie più diffuse in tutta Europa; stesso tipo ma con una ruota di rinforzo applicata al *sandone* minore, sul lato esterno, sostenuta da tiranti; con tre *sandoni*, due dei quali, accoppiati, ospitavano il casotto con l'impianto molitorio e il magazzino, mentre il terzo serviva solo come galleggiante per sostenere la ruota (a questa tipologia appartengono i mulini dell'Adige).

Se il principio di funzionamento di questi opifici era sempre il medesimo, l'adattamento alle diverse necessità determinò una gamma di soluzioni, finalizzate, caso per caso, a incrementare la potenza e il numero delle macine, ad adattarsi a contesti fluviali specifici, seguendo tradizioni diversamente radicate nel tempo e nello spazio. In vari casi, per esempio, nei fiumi minori si realizzavano degli sbarramenti a imbuto che servivano per accelerare il flusso della corrente verso i mulini. Praticamente tutte le soluzioni possibili furono realizzate o almeno provate[21].

Nei fiumi dell'Italia settentrionale la presenza dei mulini natanti inizia ad essere documentata dalla metà dell'VIII secolo e si generalizza nei due secoli successivi. Fino a tutto il XIX e ancora agli inizi del XX secolo il loro impiego è ampiamente diffuso, come attestano i numerosi documenti di carattere amministrativo e la cartografia, soprattutto quella di XVIII-XIX secolo, in cui la posizione dei mulini lungo i fiumi è annotata con cura, trattandosi di natanti "fissi" che potevano creare problemi alla navigazione. Ben documentati sono i mulini del Po e quelli dell'Adige, ma anche quelli del Brenta, del Bacchiglione, del Ticino, dell'Oglio, del Mincio, del Secchia, del Panaro. Si distribuivano in posizione isolata o riuniti in flottiglie presso determinate zone d'ormeggio chiamate *piarde*, sia in campagna che

---

[21] Mantovani, Medas 2001; Medas 2001.

nei tratti urbani dei fiumi; è il caso dei già citati mulini dell'Adige a Verona, il cui ultimo esemplare andò perduto nel 1929[22].

In Italia i mulini natanti più noti sono certamente quelli del Po[23], protagonisti del celebre romanzo di Riccardo Bacchelli *Il Mulino del Po*, scritto tra il 1938 e il 1940, quando i grandi mulini sul fiume erano quasi completamente scomparsi[24]. Le notizie trasmesse da Bacchelli rappresentano dunque una fonte di informazioni molto preziosa, tanto più se si pensa che l'Autore, per descrivere gli aspetti tecnici dei mulini e la vita dei mugnai, raccolse informazioni dirette dagli ultimi mugnai di fiume del Po ferrarese. Sul Po i mulini scomparvero intorno al 1940, ma il loro declino era già cominciato agli inizi del secolo. Tra le principali cause che determinano la loro dismissione vi era l'intralcio che rappresentavano per la navigazione fluviale e per i lavori di sistemazione degli argini, oltre che, naturalmente, la sempre più forte concorrenza dei mulini a vapore e poi di quelli elettrici.

Il sistema idroviario padano in età romana

Almeno in parte già sfruttato in epoca preromana, il sistema idroviario padano raggiunse il suo pieno sviluppo in età imperiale, tra il I e il III secolo d.C., articolandosi lungo due direttrici principali (Figura 3). Quella paralitoranea, con andamento approssimativamente sud-nord (piegando verso nordest nel tratto superiore), si sviluppava attraverso la sequenza pressoché ininterrotta di foci e lagune dell'Alto Adriatico, che iniziava a sud di Ravenna, attraversava il delta del Po e la laguna veneta, quindi proseguiva fino ad Aquileia, sfruttando i corsi naturali a tratti collegati da canali artificiali, le *fossae*[25]. La direttrice interna est-ovest, rappresentata dal corso del Po, asse portante di un articolato sistema di idrovie (Strabone, V, 1, 5), consentiva invece di risalire dal delta fino alle regioni centrali e occidentali della pianura[26]. Questi due assi principali erano intercettati da idrovie più o meno trasversali, nel primo caso dai fiumi che nella *Venetia* consentivano di inoltrarsi nella regione interna del delta e verso i territori prealpini, nel secondo caso dagli affluenti del Po, che permettevano di risalire fino ai centri della bassa e dell'alta pianura, oltre che, in Transpadana, fino ai grandi laghi, vie privilegiate per i commerci con la Rezia e le regioni transalpine[27]. Il consolidarsi del ruolo strategico di Ravenna sotto Augusto, con la fondazione del porto di Classe e lo stanziamento della flotta preposta al controllo dell'Adriatico e del Mediterraneo orientale, diede certamente un impulso fondamentale allo sviluppo di tutta la rete idroviaria padana e, di conseguenza, dei commerci tra l'Adriatico e la Cisalpina[28]. Del resto, Plinio (*Nat. Hist.*, III, 17, 123) risulta abbastanza chiaro quando afferma che la Transpadana, pur essendo tutta circondata da terre, non avendo quindi un affaccio sul mare che desse accesso diretto ai traffici marittimi, era tuttavia rifornita di ogni cosa grazie al corso navigabile del Po.

In epoca romana tutte le principali città padane erano dotate di uno scalo portuale, che poteva trovarsi in corrispondenza del centro urbano o presso una località nelle vicinanze. Lungo il corso del Po e nelle immediate adiacenze le fonti ricordano Torino, Pavia, Piacenza, Cremona, Brescello (a servizio di Parma e Reggio Emilia), Mantova (sul collegamento idroviario tra il Po e il Lago di Garda), Ostiglia (centro

---

[22] Presso Badia Polesine sopravvisse l'ultimo mulino natante dell'Adige, e probabilmente anche l'ultimo in Italia, ancora in acqua nel 1963: Beggio 1969; Beggio 1977: 549-559.

[23] Bigi 1985; Lugaresi 2000-2001.

[24] Una breve descrizione di un mulino del Po e del suo mugnaio, presso Casalmaggiore (Cremona), compare nel romanzo *Nostalgie* di Grazia Deledda, 1906 (: 159-166. Garzanti, 9ª edizione, Milano 1940).

[25] Felici 2016: 49-80 (taglio, funzionalità, impiego e manutenzione dei canali), 203-216 (*fossae*/canali paralitoranei lungo la costa tra Ravenna e Aquileia).

[26] Per il ruolo storico del Po in età antica si veda Calzolari 2004.

[27] Medas 2013; Medas 2017; Mosca 2020; Uggeri 1998.

[28] Calzolari 1988: 24; Calzolari 2004: 28-31

nevralgico in cui la via d'acqua intercettava i collegamenti stradali tra l'Emilia e il Veneto). Lungo gli assi fluviali a nord del Po sono documentati i porti di Ivrea, di Como, di Milano, di Brescia e quelli distribuiti sulle sponde del Lago di Garda[29]. Diversa appare invece la situazione a sud del Po, fatta eccezione, ovviamente, per Ravenna e il settore meridionale del delta. Benché Plinio (*Nat. Hist.*, III, 17, 123) ricordi che nel Po confluivano fiumi navigabili anche dal versante appenninico, le attestazioni di una navigazione lungo i fiumi cispadani è decisamente scarsa, nonostante la diffusione dei materiali, dei prodotti d'importazione e di quelli d'esportazione, oltre che la toponomastica, lascino pensare che anche nella Cispadana i corsi d'acqua fossero ampiamente sfruttati per i trasporti, come sarà per l'epoca medievale e moderna[30]. È attestata la navigazione sul Santerno, l'antico *Vatrenus/Vaternus*, probabilmente da Imola alla confluenza col ramo spinetico del Po[31], ed è assolutamente verosimile che venisse risalito anche il Reno, fino a Bologna o alle sue vicinanze[32].

A confermare l'importanza rivestita dalla navigazione interna nell'area padana giunge anche il dato epigrafico, che attesta tra il I e il II sec. d.C. la presenza di *collegia nautarum* (corporazioni professionali di battellieri) in diversi centri connessi con i traffici su acqua, precisamente nel lago di Como (a Como), a Milano, a Pavia, nel lago di Garda (a Peschiera e a Riva), a Mantova, ad Adria e a Ravenna[33].

La navigazione

Le principali tecniche di navigazione antica e medievale lungo i fiumi e i canali padani, ma anche nei laghi e nelle lagune, trovano strette corrispondenze col contesto etnografico prima dell'avvento della motorizzazione, essendo direttamente condizionate dall'ambiente naturale. I sistemi di governo sono strettamente relazionati a quelli di propulsione, costituiti dalla corrente del fiume nella navigazione in discesa, dall'uso di remi e pertiche, oltre che della vela (sia in discesa che in risalita), ma soprattutto dal traino con l'alzaia per la risalita contro corrente. Si tratta di sistemi documentati nell'antichità, sia dalle fonti storiche che da quelle iconografiche[34].

La navigazione in discesa, a favore di corrente, era naturalmente quella più "economica", ma prevedeva non poche e importanti accortezze, a cominciare dalla necessità di mantenere l'imbarcazione nel filo della corrente, dunque in corrispondenza della parte più profonda dell'alveo. I bassifondi rappresentavano l'insidia maggiore, che veniva riconosciuta dal colore dell'acqua, dalle increspature e dai riverberi della superficie del fiume, ma anche da suoni particolari che produceva la corrente. Per questo era spesso necessario procedere scandagliando. L'azione di governo era svolta naturalmente dal timone, mentre per le correzioni di rotta o per spingere qualora la corrente fosse molto pigra, si usavano contestualmente dei lunghi remi, che i barcaioli utilizzavano *parando*, cioè puntandoli nel fondo del fiume e camminando in coperta per tutta la lunghezza della barca, lungo le fiancate (sui due passaggi a fianco dell'apertura di stiva, chiamati *coridóri*), non solo a forza di braccia ma premendo il remo con la spalla e col petto; oppure, quando dovevano svolgere strette virate per seguire le curve del fiume o del canale, facevano leva a prua per aiutare la barca a girarsi. Se invece il fiume era gonfio e la corrente veloce, soprattutto con gli scafi a pieno carico e in corrispondenza di passaggi difficili, poteva essere

---

[29] Calzolari 2004: 31-33 (Ostiglia); Cera 1995; Ceresa Mori 2003 (Milano); Chiesi 2013: 203-205 (Brescello); Fasoli 1978; Mosca 1991; Patitucci 1998; Sommo 2020: 146-148, 225-228 (Vercelli).

[30] Si vedano, per esempio, Calzolari 1983; Greci 2016; Patitucci Uggeri 2002; Pieroni 1999.

[31] Marziale, *Epigrammi*, III, 67. Plinio (*Nat. Hist.*, III, 16. 119-120) ricorda il *Portus Vatreni* alla foce del Po, sull'Adriatico.

[32] Bottazzi 2003: 113-119.

[33] Bargnesi 1997; Boscolo 2004-2005; Mastrocinque 1990-1991; Mosca 1991; Zoia 2014.

[34] Per l'antichità: de Izarra 1993: 157-167; Pekári 1985; tra antichità ed età moderna: Rieth 1998: 99-113; per l'etnografia, oltre alla bibliografia in nota n. 9: De Mas 1899: 135-139; *Navigazione fluviale* 2012.

Figura 4 - Traino con l'alzaia; particolare di un bassorilievo del III sec. d.C. conservato presso il Museo Lapidario di Avignone (disegno dell'autore).

necessario rallentare la velocità della barca, filando da poppa una grossa pietra che, radendo il fondo, fungeva da freno e nel contempo teneva la poppa nel filo della corrente, funzionando in modo simile a una *spiera*[35]. Questo sistema frenante era inoltre utilizzato per rallentare la velocità quando ci si avvicinava a una chiusa. L'uso di contrappesi di pietra per rallentare le barche fluviali e per tenerle nella giusta direzione, nel filo della corrente, era diffuso anche nel mondo antico, come attesta Erodoto (II, 96, 3-5) in relazione alle grosse barche che discendevano il corso del Nilo.

La navigazione sul Po è ben documentata in epoca antica. Polibio (III, 75) e Livio (XXI, 57, 5-6) ricordano che dopo la battaglia della Trebbia (218 a.C.) i Romani ritiratisi a Piacenza e Cremona ricevevano i vettovagliamenti grazie alle imbarcazioni che dalla costa adriatica risalivano il Po. Strabone (V, 1, 11) riferisce invece che il viaggio da Piacenza a Ravenna durava due giorni e due notti, mentre Plinio (*Nat. Hist.*, III, 17, 123) afferma che il Po era navigabile per tutto il suo corso da Torino all'Adriatico. Nel IV secolo d.C., la *Tabula Peutingeriana* (parte V, segmenti IV-V, ed. Miller 1887-1888) testimonia l'esistenza di un tragitto via Po tra Ostiglia e Ravenna, probabilmente una vera e propria linea di navigazione, evidenziata sulla mappa con la dicitura *ab Hostilia per Padum (Ravennam)* in corrispondenza dell'ultimo tratto del fiume. Riconduce invece al V secolo d.C. la testimonianza di Sidonio Apollinare, il quale, in una lettera del 467 d.C. (*Epistulae*, I, 5, 3-5), ricorda di aver viaggiato sul Po da Pavia a Ravenna a bordo di una *cursoria (navis)*, dunque su un'imbarcazione di linea adibita al servizio postale (*cursus publicus*) e al trasporto dei passeggeri, toccando i porti di Cremona e di Brescello. Una linea di navigazione da Pavia per Ravenna era ancora attiva nel VI secolo d.C. e richiedeva cinque giorni di viaggio (Cassiodoro, *Variae*, IV, 45).

L'impiego della vela nei fiumi era condizionato, dunque limitato, dall'orientamento dei corsi d'acqua, che potevano essere tortuosi, come nel caso del Po, per cui il vento che in un determinato tratto poteva essere favorevole diventa sfavorevole in quello successivo. In base all'iconografia antica e alle attestazioni etnografiche, soprattutto relative alla navigazione lacustre, si trattava per lo più di vele rettangolari alte e strette, funzionali a raccogliere ogni minimo alito di vento il più in alto possibile rispetto alla barca[36]. In ogni caso, come accadeva anche al tempo dell'ultima navigazione fluviale prima della motorizzazione[37], i barcaioli erano sempre pronti ad issare la vela non appena si alzava un'aria favorevole, perché ogni aiuto alla spinta, per quanto debole, era pur sempre un guadagno. L'impiego della vela era invece assai più regolare negli spazi aperti, nei laghi e nelle lagune. Vi erano poi imbarcazioni che, appena il vento lo rendeva possibile, procedevano con la doppia propulsione, come

---

[35] Per un esemplare utilizzato nel naviglio di Modena, presso la conca di Bastiglia, si veda Onofri 1985: 100.
[36] Plinio (*Nat. Hist.* XVI, 70, 178) riferisce che sul Po si utilizzavano anche vele fatte con giunchi palustri.
[37] Per esempio, Jori 2009.

accadeva per le *liburnicae* (navi leggere della classe della *liburna*) impiegate nelle operazioni militari del 69 d.C. sul Po, tra Cremona, Brescello e Piacenza (Tacito, *Hist.*, II, 35, 1; III, 14, 1), o per le citate *naves cursoriae*, definizione in cui potevano rientrare tipi appartenenti alla classe delle "galee mercantili", come il *celox*, il *lembus* o il *phaselus*[38]. Catullo (*Carm.*, 4) celebra la velocità di quest'ultimo e ne attesta la presenza sul Lago di Garda.

Ma ciò che più di ogni altro sistema di propulsione ha sempre attratto l'attenzione degli antichi e dei moderni, come metafora della dura vita dei barcaioli, è stata la pratica dell'alaggio, ovvero il traino delle imbarcazioni in risalita, contro corrente, che si eseguiva da terra per mezzo di una lunga cima tradizionalmente chiamata *alzaia* (Figura 4-5). Secondo una diffusa opinione il termine sarebbe in relazione col fatto che questa cima doveva essere alzata, cioè stare alta, dalla cima dell'albero della barca alla sommità dell'argine[39]. In realtà, è probabile che l'etimologia sia di origine antica. In latino l'alzaia era conosciuta come *remulcum*[40], mentre colui che trainava la barca per mezzo di questa cima era chiamato *helciarius*[41], trasferito nell'italiano *elciario* ed *elcione* (alzaia)[42]. Il sostantivo *helcium* indica il collare delle bestie da tiro[43] e si relaziona verosimilmente con l'imbracatura indossata dagli *helciarii*, a cui era legata la cima di traino, o semplicemente con la cima stessa passata sul petto. È quindi possibile che il nostro "alzaia" derivi proprio da *helciarius*, forse da un più preciso *helciarius (funis)* (per la cima di traino, appunto l'alzaia), così come per la "via alzaia", da *helciaria via*.

L'alzaia veniva legata a poppa e rinviata alla sommità dell'albero, quindi distesa per una buona lunghezza fino agli uomini sulla riva, in modo che, una volta iniziato il tiro, si riducesse la tendenza dello scafo a buttare la prua sotto riva, come sarebbe invece avvenuto trainandolo con una cima legata direttamente alla prua. I *nautae*, cioè i battellieri, camminavano quindi lungo la riva del fiume o del canale, dove poteva trovarsi un apposito camminamento, appunto la via alzaia, mentre il timoniere si

Figura 5 - Traino con l'alzaia sul Po, anni '30 del secolo scorso (da Giarelli 1986-1987).

---

[38] Casson 1995: 157-168.

[39] Guglielmotti 1889: 77, s.v. *alzája*.

[40] Cesare, *Gall.*, III, 40; Ausonio, *Mosella*, 41. Isidoro di Siviglia (*Etymologiae*, XIX, 4, 8) spiega precisamente che il *remulcum* è la cima con cui si trainano le imbarcazioni, usata al posto dei remi.

[41] Marziale (*Epigrammi*, IV, 64, 21-24) ricorda gli *helciarii* del Tevere.

[42] Guglielmotti 1889: 631, s.vv. *elciário* ed *elcione*.

[43] Apuleio, *Le metamorfosi*, IX, 12.

occupava di mantenere lo scafo nel filo della corrente, contrastando la tendenza della prua ad avvicinarsi alla riva.

Un brano di Luciano di Samosata (*Dell'Ambra* o *Dei Cigni*, 1-3), scrittore di lingua greca vissuto nel II secolo d.C., ricorda il duro lavoro dei battellieri del delta del Po, che passavano la vita a remare e a trainare le imbarcazioni contro corrente[44]. Per indicare l'azione del traino usa il verbo *èlko* (come farà anche Procopio, *infra*), che significa "tirare" e che richiama il nome del tipo di nave chiamato *olkàs*, letteralmente "nave a rimorchio", "nave al traino"[45], che secondo Strabone (V, 1, 8) era impiegata per raggiungere Aquileia risalendo il corso del Natisone. Cassiodoro (*Variae*, XII, 24), invece, dipinge con eleganza retorica il paesaggio della laguna veneta nella prima metà del VI secolo, delineandone l'ambiente naturale, i canali, le isole e gli insediamenti, le risorse economiche, la società umana umile e operosa, lungo l'idrovia fluvio-lagunare alternativa alla navigazione marittima, che da Ravenna conduceva ad Altino e da là ad Aquileia[46]. Le sue parole riassumono con precisione le ragioni e le condizioni della navigazione lungo questa rotta endolitoranea: '... voi avete a disposizione un altro percorso, sereno e costantemente sicuro. Infatti, se a causa dei venti infuriati il mare risultasse impraticabile, si apre per voi la via attraverso la felicissima rete dei fiumi. I vostri scafi non temono gli aspri colpi di vento: con la massima sicurezza sfiorano i fondali senza mai correre il rischio di sfasciarsi, nonostante vadano spesso ad arenarsi. Da lontano sembra quasi che si muovano attraverso i prati, perché non si riesce a vedere il canale in cui stanno navigando. Camminano trainati con le alzaie, quegli scafi che di solito sono tenuti all'ormeggio con le cime; sono infatti gli uomini, con inversione di ruolo, ad aiutare con i piedi le loro imbarcazioni: tirano i loro mezzi di trasporto senza fatica, e per timore delle vele si servono del più sicuro passo di marcia dei battellieri' (versione italiana dell'autore).

In base alla documentazione storica e iconografica, sia di epoca antica che tarda, sembra che il traino realizzato dagli uomini fosse il sistema più usato, benché non manchino attestazioni di traino con gli animali, come ricordano Orazio (*Satire*, I, 5, 1-24) e Strabone (V, 3, 6) per le barche che percorrevano il canale delle Paludi Pontine, nel Lazio, dove era utilizzata una mula, e come attesta ancora nel VI secolo Procopio (*Bellum Gothicum*, I, 26, 12-13), relativamente alle barche che venivano trainate dai buoi per risalire il Tevere da *Portus* a Roma. Risulta dunque interessante il rinvenimento di un giogo di quercia da un contesto tardoantico del Cantiere delle Navi di Pisa, che potrebbe relazionarsi proprio col traino delle barche con l'alzaia, realizzato con bovini o cavalli[47]. Ancora a livello di tradizione nautica, nella prima metà del secolo scorso, il traino veniva realizzato sia dagli uomini che dagli animali, secondo le circostanze e il tonnellaggio delle imbarcazioni. Gli uomini potevano essere dei membri dell'equipaggio o persone reclutate sul luogo; riguardo agli animali, invece, i buoi venivano spesso messi a disposizione dai contadini, naturalmente dietro compenso, mentre i cavalli erano gestiti dai *cavallanti*, professionisti del traino all'alzaia che avevano le loro postazioni dislocate lungo le rive, in modo che ciascuno coprisse un determinato numero di chilometri[48].

Imbarcazioni e natanti

Parlando delle imbarcazioni con cui i Veneti contrastarono le scorrerie di Cleonimo nella laguna veneta e nei fiumi intorno a Padova (303-302 a.C.), Livio (X, 2, 12) riferisce che queste erano *fluviatiles naves, ad*

---

[44] Mastrocinque 1990-1991.
[45] Casson 1995: 169. In origine doveva trattarsi di un normale tipo di nave oneraria, con la sola propulsione velica, che all'occasione poteva anche essere trainata.
[46] Carile 2004: 97-103; Medas 2013.
[47] Peruzzi 2014.
[48] Bovolenta 1999.

superanda vada stagnorum apte planis alveis fabricatas, ovvero imbarcazioni fluviali costruite appositamente col fondo piatto per poter navigare in acque basse e superare i bassifondi.

Una delle caratteristiche delle imbarcazioni concepite per la navigazione interna è infatti quella di avere il fondo piatto, che consente di ridurre il pescaggio dello scafo, quindi di poter navigare anche in acque molto basse e non subire troppi danni in caso di arenamento sulle secche. Nella costruzione navale il concetto di fondo piatto ha un significato preciso, che coinvolge l'impostazione strutturale dello scafo. Si tratta di scafi privi di chiglia, che venivano costruiti con un procedimento che partiva proprio dall'assemblaggio delle tavole del fondo, per poi proseguire con l'inserimento delle *piane* e dei *sanconi* (termini tradizionali della cantieristica lagunare e fluviale che indicano i madieri e gli staminali, gli elementi dell'ossatura trasversale). Diversi sono i relitti di scafi a fondo piatto o loro elementi sconnessi documentati lungo la fascia fluvio-lagunare dell'Adriatico settentrionale, datati tra la prima età imperiale e quella altomedievale, in alcuni casi reimpiegati nella costruzione di difese spondali e di altre strutture[49]. Tra i principali relitti ricordiamo quelli di Corte Cavanella di Loreo (Rovigo), databili tra la fine del I e gli inizi del II secolo d.C. e riferibili a due piccole barche (i relitti hanno rispettivamente una lunghezza di 7,45 m e di 4,13 m)[50]; il relitto del fiume Stella 1 (Udine), datato agli inizi del I secolo d.C.[51], e quello di Santa Maria in Padovetere, presso Comacchio (Ferrara), datato al V secolo d.C.[52] (Figura 6). Questi scafi sono stati costruiti col sistema "a cucitura", cioè per mezzo di cordami che serravano le tavole di fasciame l'una all'altra, taglio contro taglio, passando nello spessore delle stesse. Si tratta di un sistema costruttivo che riguardava tutti gli scafi, non solo quelli a fondo piatto ma anche quelli con chiglia, ben attestato nel Mediterraneo e diffuso soprattutto in età arcaica, che poi venne sostituito progressivamente dal sistema "a tenone e mortasa", mentre nel versante occidentale dell'alto Adriatico conobbe una singolare e lunghissima sopravvivenza, giungendo fino al VII secolo d.C.[53]

Un particolare sistema di "cucitura", realizzato non con cordami ma con particolari tipi di chiodi infissi in orizzontale nello spessore delle tavole, era impiegato a livello tradizionale nella costruzione delle imbarcazioni minori del Po, come le *barbotte*, fino agli anni '70/'80 del secolo scorso[54]. Evidentemente, non si trattava di una tradizione direttamente connessa con quella della cucitura antica, ma di un sistema concettualmente simile, comunque funzionale alla realizzazione di piccoli scafi a fondo piatto, la cui messa in opera partiva proprio dall'assemblaggio delle tavole del fondo, per proseguire con l'inserimento delle ordinate (*piane* e *sanconi*).

Figura 6 - Modello tridimensionale del relitto tardo-antico di Santa Maria in Padovetere (da Beltrame, Costa 2023).

---

[49] Beltrame 2001; Beltrame 2002; Pomey, Boetto 2019: 12-17.
[50] Beltrame 2002: 360-364.
[51] Castro, Capulli 2016.
[52] Beltrame, Costa 2023.
[53] *Supra*, nota 49; Beltrame 2019.
[54] Brizzi 1999.

Due sono i relitti riconducibili a imbarcazioni per una navigazione mista, sia marittima che nelle acque interne, che però non appartengono alla famiglia degli scafi a fondo piatto propriamente detti. Sono infatti dotati di chiglia e pur avendo sezioni centrali praticamente piatte, quelle alle estremità si presentano stellate. Ci riferiamo al ben noto relitto di Valle Ponti, presso Comacchio, riconducibile a una nave che in origine doveva avere una lunghezza intorno ai 23 m, dotato di una chiglia poco sporgente e realizzato in parte col sistema "a cucitura" in parte con quello "a tenone e mortasa". Il naufragio si data alla fine del I sec. a.C. e avvenne in basso fondale, in ambiente di spiaggia presso una foce fluviale, probabilmente la stessa in cui si accingeva ad entrare per risalire lungo le idrovie del delta[55]. Ci riporta invece al V sec. d.C. il relitto del Parco di Teodorico a Ravenna, riferibile a una barca lunga in origine intorno agli 8 m, col fasciame messo in opera per mezzo di un sistema "a tenone e mortasa" di transizione, che evidenzia una fase di passaggio dal principio costruttivo "a fasciame portante" verso quello "a scheletro portante"[56].

Oltre a quelle citate nel paragrafo precedente, le fonti scritte documentano varie tipologie di natanti e di imbarcazioni usate tra antichità e alto-medioevo nelle acque interne dell'Italia settentrionale, che trovano riscontro nella documentazione etnografica e, nel caso delle imbarcazioni monossili, anche in quella archeologica. Vengono menzionate le *rates*, ovvero le "zattere", termine che in realtà può assumere un valore generico, fino ad essere usato come sinonimo di imbarcazione o di nave in contesto poetico[57]. Livio (XXI, 47, 1-8) riferisce che in ambito militare le *rates* erano utilizzate per attraversare il Po, dunque come traghetti, e per costruire ponti galleggianti; poteva trattarsi effettivamente di zattere di tronchi e tavole, realizzate all'occasione, o eventualmente di robuste chiatte ma di struttura semplice, che potevano essere costruite in poco tempo. Vitruvio (II, 9, 14 e 16), invece, ricorda che le *rates* erano impiegate per il trasporto del legname sul Po fino a Ravenna, notizia che sembra far riferimento ai sistemi di fluitazione dalla montagna alla costa ancora utilizzati fino agli inizi del XX secolo, per mezzo

Figura 7 - *Zattera e zattieri sul Piave, in una rievocazione del 1992 (da Olivier 1999).*

---

[55] Berti 1990.
[56] Medas 2003a.
[57] Per esempio in Virgilio, *Eneide*, VI, 302; Valerio Flacco, *Le Argonautiche*, I, 216.

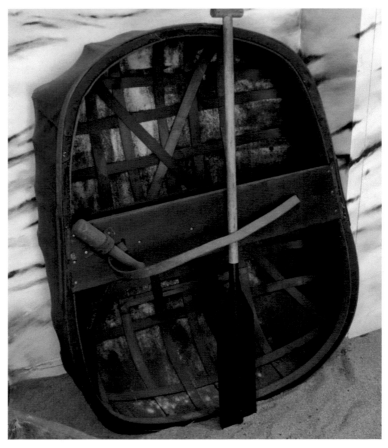

Figura 8 - Coracle tradizionale conservato presso lo Scottish Fisheries Museum di Anstruther, Scozia (fotografia dell'autore).

di convogli di zattere fatte con tronchi legati insieme, su cui spesso erano caricati altri tronchi e tavole; zattere che poi venivano smontate all'arrivo, costituendo esse stesse il materiale oggetto del commercio[58] (Figura 7).

Se le *rates* erano impiegate per attraversare il fiume, come traghetti o galleggianti di ponti, sempre in contesto militare Livio (XXI, 47, 5) ricorda l'impiego delle otri gonfiate per attraversare il Po. Venivano utilizzate dai soldati sia come galleggianti individuali sia, unite insieme, come galleggianti di zattere e pontoni, secondo sistemi di origine antichissima nel Vicino Oriente poi utilizzati anche negli eserciti romani[59], oltre che ampiamente documentati a livello etnografico in molte regioni del pianeta fino ai primi decenni del XX secolo[60].

Tra l'età romana e l'epoca altomedievale è documentato in area padana il *carabus*, barchetta realizzata con un'intelaiatura di legni flessibili e ricoperta con pelli impeciate. Lucano (*Farsaglia*, IV, 131-135) ricorda i *carabi* usati dai Veneti nelle lagune e nelle paludi del Po e dai Britanni sull'Oceano, realizzati con uno scheletro di vimini di salice intrecciati, poi ricoperto di pelli bovine. Con le stesse caratteristiche, il *carabus* viene poi menzionato da Isidoro di Siviglia (*Etymologiae*, XIX, 1, 25-26), facendo ancora riferimento al suo utilizzo nel Po e nelle paludi, quindi accennando alle sue piccole dimensioni.

---

[58] Caniato 1999; Olivier 1999.
[59] Casson 1995: 3-5; De Izarra 1993: 84-85, 185-189; Munteanu 2013.
[60] Hornell 1946: 6-34.

Nelle regioni padane la tradizione dei natanti rivestiti di pelle non sembra essere proseguita più a lungo, a differenza di quanto avvenuto nelle Isole Britanniche, dove erano ancora impiegati nella prima metà del XX secolo. Si tratta del *coracle* diffuso nelle acque interne del Galles, dell'Inghilterra e della Scozia (Figura 8), un piccolo scafo spinto con la pagaia e in grado di trasportare una o due persone, probabilmente simile al *carabus* padano, e del *curragh* irlandese, imbarcazione di una certa importanza, lunga normalmente intorno agli 8 m e spinta coi remi, in grado di trasportare anche sei uomini, utilizzata in mare dai pescatori delle coste e delle isole dell'Irlanda occidentale[61].

Ampiamente diffuso era l'impiego delle imbarcazioni monossili, in assoluto la tipologia di natanti più documentata a livello archeologico nelle acque interne dell'Italia settentrionale, ma ben attestata anche dalle fonti letterarie (gr. *monòxylon (ploion)*, lat. *linter*), per un arco di tempo lunghissimo, che dalla preistoria giunge fino all'età antica e a quella medievale, ma con attestazioni anche nei secoli successivi e in contesto etnografico[62]. Il grammatico Servio (*Comm. In Verg. Georg.*, I, 262), vissuto a cavallo tra il IV e il V sec. d.C., ricorda che le *lintres* erano barchette fluviali utilizzate nelle acque interne tra Ravenna ed Altino, dunque lungo l'asse idroviario paralitoraneo, per i traffici commerciali, per la caccia, per l'uccellagione e per la coltivazione dei campi. Nel V secolo l'uso delle *lintres* nei canali di Ravenna è ricordato da Sidonio Apollinare (*Epistulae*, I, 5, 5-6), mentre a cavallo tra il VI e il VII secolo Isidoro di Siviglia (*Etymologiae*, XIX, 1, 25) ne attesta l'impiego sul Po. La datazione tarda delle fonti scritte risulta coerente con le cronologie di gran parte delle monossili rinvenute nell'area padana (Po e affluenti, area del delta, acque interne della pianura veneta), che le analisi radiocarboniche e dendrocronologiche collocano tra l'età tardoantica e quella altomedievale[63]. In quanto all'uso, va segnalato che le monossili potevano essere impiegate non solo come singoli scafi destinati alla navigazione, ma, soprattutto in campo militare, anche per la realizzazione dei pontoni e di ponti galleggianti, utilizzando più monossili affiancate. Ce ne offrono chiara testimonianza le fonti storiche tra il IV e il X sec. d.C. e quelle etnografiche[64], oltre che particolari indizi tecnici riconoscibili in alcuni degli scafi rinvenuti[65].

Come sopra accennato, le monossili sono ampiamente documentate a livello etnografico nei fiumi e nei laghi di alcune regioni europee, come in Svizzera e Austria, Germania settentrionale e Scandinavia, Polonia, Ungheria e Albania, dove venivano ancora utilizzate agli inizi del XX secolo[66]. Non si è conservata documentazione etnografica per le acque interne dell'Italia settentrionale, dove è verosimile che gli scafi monossili continuarono ad essere utilizzati anche dopo l'epoca medievale, mentre un caso particolare è rappresentato dallo *zòpolo* o *zòppolo* del Golfo di Trieste, chiamato *čupa* in lingua slovena, un particolare tipo di imbarcazione monossile utilizzata per la pesca in mare fino ai primi decenni del XX secolo sia lungo la costa orientale della Venezia-Giulia sia lungo le coste slovene e nell'arcipelago del Quarnaro[67].

---

[61] Hornell 1938. Documentati a livello storico ed etnografico, natanti simili al *coracle* erano impiegati in diverse zone del pianeta, per esempio in Mesopotamia e nella regione indiana.

[62] Medas 1997: 271-273, 275.

[63] Martinelli, Cherkinsky 2009. In sintesi, con bibliografia precedente, Allini *et al.* 2014; Medas 2003b; Medas 2008; Medas 2014. Negli ultimi anni si sono aggiunti altri rinvenimenti, sostanzialmente ancora inediti o in fase di studio.

[64] Medas 1997: 279. Questo impiego può senza dubbio ricondursi a epoche precedenti rispetto a quanto attestano le fonti.

[65] Allini *et al.* 2014: 122-123; Medas 2014.

[66] Arnold 1995: 161-181. Sulle rive del Mondsee, piccolo lago dell'Alta Austria, le ultime monossili vennero costruite negli anni '60 del secolo scorso (Kunze 1968).

[67] Divari 2009: 135-140.

Conclusione: delineando l'evoluzione di un paesaggio nautico delle acque interne

Il sistema idrografico e, in generale, il paesaggio naturale dell'area padana hanno subito profonde modificazioni dall'epoca antica a quella medievale e moderna, dovute a fattori sia naturali che antropici, particolarmente importanti nelle aree dei delta e delle lagune lungo la fascia costiera[68]. Di conseguenza, unitamente a quello insediativo, anche il "paesaggio nautico" delle acque interne ha conosciuto importanti cambiamenti. Lo sviluppo del sistema idroviario in epoca medievale e moderna, con l'apertura dei navigli, la realizzazione delle chiuse e di nuovi impianti portuali, ha evidentemente trasformato il paesaggio antico, che pure aveva già conosciuto interventi da parte dell'uomo, con l'apertura di canali navigabili (le *fossae*), la realizzazione di approdi e banchine nei principali centri urbani. Naturalmente, i cambiamenti hanno riguardato anche le imbarcazioni, per quanto sia possibile in molti casi riscontrare tratti di continuità, per lo meno in linea generale, come accade nelle forme specializzate degli scafi, mentre differenze sostanziali riguardano i principi e i sistemi costruttivi degli stessi. Riguardo alle imbarcazioni con fasciame dotate di chiglia, come noto, tra la tarda antichità e l'alto-medioevo si assiste a un radicale cambiamento del principio costruttivo, col progressivo passaggio da quello "a fasciame portante" verso quello "a scheletro portante"[69]. Presenta invece caratteri più conservativi, non privi di riscontri etnografici, la costruzione delle imbarcazioni a fondo piatto nelle acque interne, come documentano in particolare i relitti dell'Europa centro-settentrionale[70]. Rispetto ai contesti marittimi, infatti, i fiumi e i laghi rappresentano ovunque ambienti maggiormente conservativi dal punto di vista navale e nautico, essendo aree molto condizionate a livello ambientale e meno soggette a contatti esterni. Contatti che, invece, sono attivi nei delta e nelle zone lagunari, ambienti di confine, dinamici e aperti all'incontro tra le tradizioni marittime e quelle delle acque interne, dunque alla sperimentazione e ai cambiamenti[71], da cui si sviluppano specifiche tradizioni nautiche[72].

Non possiamo certo individuare un legame diretto tra le imbarcazioni a fondo piatto tradizionali e quelle ricordate da Livio per la laguna e l'estuario veneto, le *fluviatiles naves, ad superanda vada stagnorum apte planis alveis fabricatas*. D'altro canto, i pochi relitti medievali di imbarcazioni a fondo piatto scoperti nell'Italia settentrionale, che si collocano nelle acque interne del Nordest, presentano in alcuni casi aspetti strutturali e costruttivi che sembrano richiamare sia la tradizione antica che quella recente, documentata a livello etnografico, collocandosi come tappe di un lungo processo evolutivo[73]. Similitudini con le imbarcazioni tradizionali dell'area padana e lagunare si riscontrano anche nei relitti riferibili al naviglio minore[74]. Dunque, tenendo in debito conto, da un lato, i cambiamenti intervenuti nella costruzione e verosimilmente anche nelle forme degli scafi, così come, dall'altro, i condizionamenti dettati dalla navigazione nelle acque interne e i fenomeni di lunga persistenza delle tradizioni nautiche in questi ambienti, possiamo ragionevolmente ipotizzare che, in linea generale, le imbarcazioni a fondo piatto documentate dalle fonti antiche e dall'archeologia rappresentino le più o

---

[68] Per esempio, Corrò et al. 2021.

[69] Beltrame, Bondioli 2006; Pomey, Kahanov, Rieth 2012.

[70] Boetto, Pomey, Tchernia 2011.

[71] Zwick 2013: 49-50.

[72] Emblematico è il caso della laguna veneta, per cui si vedano, per esempio, Bonifacio, Caniato 2013; Divari 2009; Penzo 1992; Pergolis, Pizzarello 1999.

[73] *Infra* per il relitto della *rascona* di San Marco in Boccalama, laguna di Venezia (XIV sec.); Capulli 2021 (relitto di Precenicco, presso il fiume Stella, XI-XIII sec.).

[74] D'Agostino, Pizzarello 1999 (relitti del Canal Grande, Venezia, XIV sec.); Medas, Lezziero 2009 (relitto del canale Passaora, laguna di Venezia, VII sec., la datazione 14C potrebbe però presentare problemi); Medas, Pizzarello 2008 (relitto di Porta Paola, Ferrara, XV sec.).

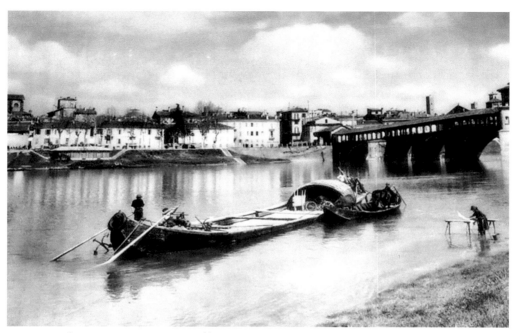

Figura 9 - Rascona sul Ticino a Pavia, 1920 circa (da Mario Veronesi, "Come si navigava sul grande fiume", in Il Giornale del Po, 10 marzo 2020).

meno lontane antenate delle *piatte* (*plate* o *plati*) e dei *burchi* medievali[75]. Come accennato, diverse caratteristiche di queste imbarcazioni medievali trovano significativi confronti a livello etnografico: la *rascona*, per esempio, nota anche come "nave di Pavia", grande imbarcazione fluvio-lagunare a fondo piatto dai caratteri arcaici, dotata di timoni laterali come le navi antiche, ha conservato caratteristiche pressoché inalterate nel corso dei secoli, per lo meno dal basso Medioevo ai primi decenni del XX secolo[76] (Figura 9).

Mantennero verosimilmente caratteristiche simili nel corso del tempo le zattere per la fluitazione del legname, secondo l'interpretazione proposta per le *rates* ricordate da Vitruvio sul Po. Altrettanto può dirsi per le imbarcazioni monossili, ancora costruite e impiegate nelle acque interne di molte regioni europee fino alla prima metà del XX secolo, che nell'Italia settentrionale trovano testimonianza etnografica nello *zoppolo* del golfo di Trieste, singolare adattamento della monossile all'attività di pesca in mare. Si è invece perduta nell'area padana la tradizione delle imbarcazioni rivestite di pelle.

Il "paesaggio nautico" delle acque interne è rimasto per molti aspetti lo stesso soprattutto dal punto di vista culturale e della pratica della navigazione. Emblematica in tal senso è l'immagine degli uomini impegnati nel traino con l'alzaia: i bassorilievi romani e la descrizione di questa pratica fatta da Cassiodoro possono perfettamente confrontarsi con le fotografie in bianco e nero dei primi decenni del XX secolo. Perfino le osterie di fiume, importanti luoghi di sosta animati dall'andirivieni dei barcari, sono un tratto caratterizzante di questo paesaggio, dall'epoca romana alla metà del secolo scorso[77]. Del resto, è ben noto come l'ambiente, inteso sia in senso fisico che culturale, costituisca un aspetto

---

[75] Jal 1848: 357, 1170; Tomasin 2002: 4, 14. I due termini, in particolare *plata* / *plato* / *piatta*, documentati almeno dal XIII secolo, assumono un significato generico, riferendosi a diversi tipi di barche a fondo piatto documentate a livello iconografico tra Medioevo ed Età Moderna (Basch 2000: 22-23; Rubin de Cervin 1985: 146-157.).

[76] Divari 2009: 184-194; Pizzarello 2002.

[77] Orazio, *Satire*, I, V, 1-24 (si riferisce però al canale che attraversava le Paludi Pontine); Jori 2009: 112; Mainardi 2011/2012: 65-69.

determinante nella conservazione delle tradizioni. Nel nostro caso, le soluzioni adottate per i trasporti e gli spostamenti nelle acque interne hanno conosciuto nel corso dei secoli gli stessi fattori condizionanti, nonostante l'evoluzione infrastrutturale del sistema idroviario. Ciò è accaduto in particolare nei laghi, nei grandi fiumi e nelle aree lagunari, per lo meno fino all'avvento dei motori, dapprima attraverso l'uso dei rimorchiatori che trainavano i convogli di barche, quindi con la motorizzazione delle imbarcazioni stesse. Nello stesso tempo, come abbiamo visto, l'affermarsi dei trasporti ferroviari e di quelli stradali tra la seconda metà del XIX e la prima metà del XX secolo ha determinato un ulteriore e ben più profondo cambiamento, che trovò il suo epilogo nelle scelte politiche degli anni '50 -'60 in favore della nascita di una rete autostradale e dello sviluppo dei trasporti su gomma, determinando la progressiva e rapida scomparsa della navigazione interna.

Bibliografia

Allini, A., A. Asta, S. Medas and M. Miari 2014. Due piroghe rinvenute nel fiume Po presso Monticelli d'Ongina (PC) e Spinadesco (CR), in A. Asta, G. Caniato, D. Gnola and S. Medas (eds) *Navis 5. Archeologia, Storia, Etnologia navale. Atti del II Convegno Nazionale (Cesenatico, Museo della Marineria, 13-14 aprile 2012).* Padova: libreriauniversitaria.it.

Arnold, B. 1995. *Pirogues monoxyles d'Europe centrale: construction, typologie, évolution, tome 1 (Archéologie Neuchâteloise,* 20). Neuchâtel: Musée Cantonal d'Archéologie.

Baracchi, O. and A. Manicardi. 1985. *Modena: quando c'erano i canali.* Modena: Artioli.

Bargnesi, R. 1997. La testimonianza dell'epigrafia sulla navigazione interna nella Cisalpina romana. *Rivista Archeologica dell'Antica Provincia e Diocesi di Como* 179: 93-108.

Basch, L. 2000. *Les navires et bateaux de la Vue de Venise de Jacopo de Barbari (1500).* Bruxelles: l'Autore.

Beggio, G. 1969. *I mulini natanti dell'Adige.* Firenze: Olschki.

Beggio, G. 1977. Navigazione, trasporto, mulini sul fiume: i tratti di una tipologia, in G. Borelli (ed.) *Una città e il suo fiume. Verona e l'Adige, vol. II*: 485-567. Verona: Banca Popolare di Verona.

Beltrame, C. 2001. Imbarcazioni lungo il litorale alto adriatico occidentale in età romana. Sistema idroviario, tecniche costruttive e tipi navali, in C. Zaccaria (ed.) *Strutture portuali e rotte marittime nell'Adriatico di Età Romana. Antichità Altoadriatiche,* 46: 431-449. Trieste-Roma: Centro di Antichità Altoadriatiche – École Française de Rome.

Beltrame, C. 2002. Le *sutiles naves* romane del litorale alto-adriatico. Nuove testimonianze e considerazioni tecnologiche. *Archeologia Subacquea. Studi, Ricerche e Documenti* 3: 353-379.

Beltrame, C. 2019. Il relitto bizantino del Savio meglio noto come "di Cervia", in C. Guarnieri (ed.) *La salina romana e il territorio di Cervia. Aspetti ambientali e infrastrutture storiche.* Bologna: Ante Quem.

Beltrame, C. and M. Bondioli 2006. A hypothesis on the development of Mediterranean ship construction from Antiquity to the Late Middle Ages, in L. Blue, F. Hocker, A. Englert (eds) *Connected by the sea. Proceedings of the Tenth International Symposium on Boat and Ship Archaeology, Roskilde 2003 (ISBSA 10)*: 89-94. Oxford: Oxbow Books.

Beltrame, C. and E. Costa 2023. *The shipwreck of Santa maria in Padovetere (Comacchio-Ferrara). Archaeology of a riverine barge of Later Roman period and other recent finds of sewn boats.* Sesto Fiorentino (FI): All'insegna del Giglio.

Berti. F. (ed.) 1990. Fortuna Maris. *La nave romana di Comacchio.* Bologna: Nuova Alfa Editoriale.

Bigi, I.S. 1985. *La mulinassa (il mulino sul Po a Torricella).* Suzzara (Mantova): Bottazzi.

Boetto, G., P. Pomey and A. Tchernia (eds) 2011. *Batellerie Gallo-Romaine. Pratiques régionales et influences maritimes méditerranénnes.* Paris: Éditions Errance.

Bonifacio, A. and G. Caniato (eds) 2013. *Barche tradizionali della laguna veneta.* Venezia-Mestre: Marco Polo System-Regione del Veneto-Comune di Venezia.

Boscolo, F. 2004-2005. I battellieri del lago di Como in età romana. *Atti e Memorie dell'Accademia Galileiana di Scienze Lettere ed Arti in Padova – Memorie della Classe di Scienze Morali Lettere ed Arti* 117, 3: 221-240.

Bottazzi, G. 2003. Maccaretolo di San Pietro in Casale (Bologna). Dall'agglomerato romano agli insediamenti medievali, in S. Cremonini (ed.) *Maccaretolo. Un* pagus *romano della pianura* (*Atti e Memorie della Deputazione di Storia Patria per le Province di Romagna*, 32): 107-179. Bologna: Deputazione di Storia Patria.

Bovolenta, M. 1999. I *cavalanti* lungo il Po, in P.G. Zanetti (ed.) *I mestieri del fiume. Uomini e mezzi della navigazione*: 193-210. Sommacampagna (VR): Cierre Grafica.

Brizzi, R. 1999. Le tecniche di costruzione dei natanti a Boretto (Reggio Emilia), in F. Foresti and M. Tozzi Fontana (eds) *Imbarcazioni e navigazione del Po. Storia, pratiche tecniche, lessico*: 91-125, 192-234. Bologna: Clueb.

Brusò, F. 2000. *Piazza Barche: Mestre (1846-1932).* Sommacampagna (Verona): Cierre.

Calzolari, M. 1983. Navigazione interna, porti e navi nella pianura reggiana e modenese (secoli IX-XII), in G. Bertuzzi (ed.) *Viabilità antica e medievale nel territorio modenese e reggiano. Contributi di studio*: 91-168. Modena: Aedes Muratoriana.

Calzolari, M. 1988. Il Po tra geografia e storia: l'età romana. *Civiltà Padana. Archeologia e storia del territorio* 1: 13-43.

Calzolari, M. 2004. *Il Po in età romana. Geografia, storia e immagine di un grande fiume europeo.* Reggio Emilia: Diabasis.

Caniato, G. 1999. La via del legno lungo la Brenta, in P.G. Zanetti (ed.) *I mestieri del fiume. Uomini e mezzi della navigazione*: 171-191. Sommacampagna (VR): Cierre Grafica.

Capulli, M. 2021. The Precenicco 11th–13th-Century AD Bottom-Based Vessel: Excavation and Preliminary Results. *The International Journal of Nautical Archaeology* 50, 1: 76-86.

Carile, A. 2004. La vita quotidiana nelle Venezie nell'Alto Medioevo, in A. Carile and S. Cosentino (eds) *Storia della marineria bizantina*: 93-121. Bologna: Lo Scarabeo.

Casson, L. 1995. *Ships and Seamanship in the Ancient World.* Baltimore, Maryland: The Johns Hopkins University Press (prima edizione, Princeton 1971).

Castro, F. and M. Capulli 2016. A preliminary report of recording the Stella 1 Roman River Barge, Italy. *The International Journal of Nautical Archaeology* 45, 1: 29-41.

Celli, B. 1999. Il sostegno di Bomporto: opera insigne e vera rarità del genere, in *Bomporto e il suo territorio. Insediamenti e acque dal Medioevo all'Ottocento. Atti del Convegno Storico (Bomporto, 17 ottobre 1998)*: 179-234. Modena: Comune di Bomporto (MO).

Cera, G. 1995. Scali portuali nel sistema idroviario padano in epoca romana, in L. Quilici, S. Quilici Gigli (eds) *Agricoltura e commerci nell'Italia antica* (*ATTA* 1, Supplemento): 179-198. Roma: <<L'Erma>> di Bretschneider.

Ceresa Mori, A. 2003. Il porto di *Mediolanum*, in G.P. Berlanga and J. Pérez Ballester (eds) *Puertos fluviales antiguos: ciudad, desarrollo e infrastructuras. Actas IV Jornadas de Arqueología Subacuática (València, 2001)*: 313-321. Valencia: Generalitat Valenciana – Universitat de València.

Chiesi, I. 2013. *Storia di Brescello. L'età romana*. Parma: Monte Università Parma.

Comincini, M. 2012. *La prima conca dei navigli milanesi (1438)*. Sant'Angelo Lodigiano (Lodi): Grafica Sant'Angelo.

Corrò, E., S. Piovan, S. Primon and P. Mozzi 2021. Dinamiche fluviali e condizionamenti insediativi nel paesaggio di pianura tra la Laguna di Venezia e il fiume Po, in E. Corrò and G. Vinci (eds) *Palinsesti programmati nell'Alto Adriatico? Decifrare, conservare, pianificare e comunicare il paesaggio*: 73-108. Venezia: Edizioni Ca' Foscari – Digital Publishing.

D'Agostino, M. and U. Pizzarello 1999. Venezia. Relitti nel Canal Grande. Nota preliminare. *Archeologia delle Acque* 2: 118-129.

de Izarra, F. 1993. *Hommes et fleuves en Gaule romaine*. Paris: Editions Errance.

De Mas, F.B. 1899. *Cours de navigation intérieure. Rivières a courant libre*. Paris: Baudry.

Divari, L. 2009. *Barche del Golfo di Venezia*. Sottomarina (VE): Il Leggio Libreria Editrice.

Fadda, C. and M. Laureanti 2019. Comunità del paesaggio culturale del fiume Sile: il caso di studio del 'Cimitero dei burci', in A. Asta, G. Caniato, D. Gnola and S. Medas (eds) *Navis 6. Atti del III Convegno Nazionale dell'Istituto Italiano di Archeologia e Etnologia Navale (Cesenatico, Museo della Marineria, 15-16 aprile 2016)*: 249-255. Padova: libreriauniversitaria.it.

Fasoli, G. 1978. Navigazione fluviale. Porti e navi sul Po, in *La navigazione mediterranea nell'Altomedioevo* (*Settimane di Studi del Centro Italiano di Studi sull'Altomedioevo*, 25, vol. 2): 565-620. Spoleto: CISAM.

Felici, E. 2016. Nos flumina arcemus, derigimus, avertimus. *Canali, lagune, spiagge e porti nel Mediterraneo antico*. Bari: Edipuglia.

Giarelli, G. 1986-1987. La cultura del fiume: i barcari del Po, in *Il Po mantovano: storia, antropologia, ambiente* (*Studi di Cultura Materiale del Museo Civico Polironiano*, 3): 77-122. San Benedetto Po (Mantova): Museo Civico Polironiano.

Greci, R. 2016. Porti fluviali e ponti in età medievale. Il Po e l'area padana. *Hortus Artium Medievalium*, 22: 238-248.

Guglielmotti, A. 1889. *Vocabolario marino e militare*. Roma: Casa Editrice Voghera.

Hornell, J. 1938. *British coracles and Irish curraghs*. London: Quaritch.

Hornell, J. 1946. *Water Transport. Origins and early evolution*. Cambridge: University Press.

Kunze, W. 1968. Der Mondseer Einbaum. *Jahrbuch des Oberösterreichischen Musealvereines* 113: 173-202.

Jal, A. 1848. *Glossaire nautique. Répertoire polyglotte de termes de marine anciens et modernes*. Paris: Firmin Didot Freres.

Jori, F. 2009. *L'ultimo dei barcari. Riccardo Cappellozza, una vita sul fiume*. Pordenone: Edizioni Biblioteca dell'Immagine.

Lugaresi, L. 2000-2001. *I mulini natanti del Po: archetipo, memoria, mito, I-II*. Revere (Mantova): Pro Loco Revere.

Mainardi, M. 2011/2012. Zingari d'acqua L'epopea dei barcari della bassa pianura Padana nella vicenda di un vecchio navigante. Tesi di laurea magistrale in Antropologia Culturale, Etnologia, Etnolinguistica, Università Ca' Foscari Venezia, relatore Prof. Glauco Sanga.

Manfrin, M. 2013. La sosta al Moranzan. *Rive. Uomini, arte, natura* (Comune di Mira, Venezia) 9: 18-33.

Mantovani, D. and S. Medas 2001, I mulini natanti di Concordia sulla Secchia, in B. Andreolli (ed.) *"La ruina dei Modenesi". I mulini natanti di Concordia sulla Secchia. Storia di una civiltà idraulica. Atti della Giornata di Studio, Concordia (MO), sabato 28 ottobre 2000*: 199-219. Finale Emilia (MO): Baraldini Editore.

Martinelli, N. and A. Cherkinsky 2009. Absolute dating of monoxylous boats from Northern Italy. *Radiocarbon* 51, 2: 413-421.

Mastrocinque, A. 1990-1991. Vie d'acqua e battellieri nel Polesine romano. *Padusa* 26-27 n.s.: 327-330.

Medas, S. 1997. Le imbarcazioni monossili: letteratura antica e archeologia, in *Atti del Convegno Nazionale di Archeologia Subacquea, Anzio 30-31 maggio e 1° giugno 1996*: 271-285. Bari: Edipuglia.

Medas, S. 2001. I mulini natanti italiani nel contesto europeo: aspetti tecnici a confronto, in B. Andreolli (ed.) *"La ruina dei Modenesi". I mulini natanti di Concordia sulla Secchia. Storia di una civiltà idraulica. Atti della Giornata di Studio, Concordia (MO), sabato 28 ottobre 2000*: 59-94. Finale Emilia (MO): Baraldini Editore.

Medas, S. 2003a. The Late-Roman Parco di Teodorico Wreck, Ravenna, Italy: Preliminary Remarks on the Hull and the Shipbuilding, in C. Beltrame (ed.) *Boats, Ships and Shipyards. Proceedings of the Ninth International Symposium on Boat and Ship Archaeology (Venice 2000)*: 42-48. Oxford: Oxbow Books.

Medas, S. 2003b. Le imbarcazioni monossili ritrovate nei laghi e nei fiumi italiani, in M.A. Binaghi Leva (ed.) *Le palafitte del lago di Monate. Ricerche archeologiche e ambientali nell'insediamento preistorico del Sabbione*: 30-38. Gavirate (VA): Nicolini Editore.

Medas, S. 2008. Rinvenimento di una piroga monossile altomedievale dal fiume Piave, in territorio di Ponte di Piave (Treviso). *Archeologia Veneta* 31: 123-137.

Medas, S. 2013. La navigazione interna lungo l'arco fluvio-lagunare dell'alto Adriatico in età antica: tra Ravenna, Altino e Aquileia, in A. Bonifacio and G. Caniato (eds) 2013. *Barche tradizionali della laguna veneta*: 106-129. Venezia-Mestre: Marco Polo System-Regione del Veneto-Comune di Venezia.

Medas, S. 2014. La piroga rinvenuta nel fiume Po presso Boretto (Reggio Emilia), in A. Asta, G. Caniato, D. Gnola and S. Medas (eds) *Navis 5. Archeologia, Storia, Etnologia navale. Atti del II Convegno Nazionale (Cesenatico, Museo della Marineria, 13-14 aprile 2012)*: 141-147. Padova: libreriauniversitaria.it.

Medas, S. 2017. La navigazione lungo le idrovie padane in epoca romana, in G. Cantoni and A. Capurso (eds) *On the road. Via Emilia 187 a.C. >> 2017*: 146-161. Parma: Grafiche Step.

Medas, S. and U. Pizzarello 2008. Il relitto tardomedievale di Porta Paola: analisi archeologico-navale, in C. Guarnieri (ed.) *Un approdo a Ferrara tra Medioevo ed Età Moderna: la barca di Porta Paola*: 65-74. Bologna: AnteQuem.

Medas, S. and A. Lezziero 2009. Relitto altomedievale di barca a fondo piatto rinvenuto nel canale Passaora, isola di Sant'Erasmo, laguna nord di Venezia. *Archeologia Veneta* 32: 236-247.

Mosca, A. 1991. Caratteri della navigazione nell'area benacense in età romana. *Latomus* 50, 2: 269-284.

Mosca, A. 2020. Vie d'acqua dalle Alpi centro-orientali all'Adriatico in età romana: dati archeologici e topografici. *Journal of Ancient Topography* 30: 127-174.

Munteanu, C. 2013. Roman military pontoons sustained on inflated animal skins. *Archäologisches Korrespondenzblatt* 43, 4: 545-552.

Navigazione fluviale e vie d'acqua. Il Museo della Navigazione Fluviale di Battaglia Terme: un patrimonio da riscoprire, a cura del Centro Internazionale Civiltà dell'Acqua Onlus. Faenza: Faenza Editrice, 2012.

Olivier, U. 1999. Zattere, zattieri e *menadàs* del Piave, in P.G. Zanetti (ed.) *I mestieri del fiume. Uomini e mezzi della navigazione*: 161-169. Sommacampagna (VR): Cierre Grafica.

Onofri, A. (ed.) 1985. *La navigazione e il mulino di Bastiglia*. Carpi: Nuovagrafica.

Palena, R. 1999. Il Po: navigazione e navigabilità nel XX secolo, in F. Foresti and M. Tozzi Fontana (eds) *Imbarcazioni e navigazione del Po. Storia, pratiche tecniche, lessico*: 47-89. Bologna: Clueb.

Patitucci, S. 1998. I porti fluviali nell'Italia padana tra antichità e alto medioevo, in *Porti, approdi e linee di rotta nel Mediterraneo antico. Atti del seminario di Studi (Lecce, 1996)*: 239-266. Galatina (Lecce): Congedo.

Patitucci Uggeri, S. 2002. *Carta archeologica medievale del territorio ferrarese, II. Le vie d'acqua in rapporto al nodo idroviario di Ferrara*. Firenze: All'Insegna del Giglio.

Pavan, C. 2006. *Navigare sul Po. Storia di una famiglia di barcari*. S. Lucia di Piave (TV): Cooperativa Servizi Culturali – Pavan Editore.

Pekári, I. 1985. Vorarbeiten zum Corpus der hellenistisch-römischen Schiffsdarstellungen II. Die Schiffstypen der Römer. Teil B: die Flußschiffe. *Boreas* 8: 111-126.

Penzo, G. 1992. *Il bragosso*. Sottomarina (VE): Il Leggio Libreria Editrice.

Pergolis, R. and U. Pizzarello 1999. *Le barche di Venezia/The boats of Venice*. Sottomarina (VE): Il Leggio Libreria Editrice.

Peruzzi, L. 2014. Un giogo dai contesti tardo-antichi del Cantiere delle Navi di Pisa, in A. Asta, G. Caniato, D. Gnola and S. Medas (eds) *Navis 5. Archeologia, Storia, Etnologia navale. Atti del II Convegno Nazionale (Cesenatico, Museo della Marineria, 13-14 aprile 2012)*: 377-379. Padova: libreriauniversitaria.it.

Peyronel, A. 1979. *Moulins bateaux* (*Les moulins de France. Revue des Associations protectrices des moulins, numéro spécial*, 7-8), Paris.

Peyronel, A. 1984. Les moulins-bateaux. Des bateliers immobles sur les fleuves d'Europe. *Le Chasse-marée*, 11 (avril): 36-54.

Pieroni, P. 1999. Navigazione ed economia tra Panaro e Naviglio nel Medioevo, in *Bomporto e il suo territorio. Insediamenti e acque dal Medioevo all'Ottocento. Atti del Convegno Storico (Bomporto, 17 ottobre 1998)*: 137-177. Modena: Comune di Bomporto (MO).

Pizzarello, U. 2002. La rascona, in C. Romanelli and L. Fozzati (eds) *La galea ritrovata. Origine delle cose di Venezia*: 44-47. Venezia: Consorzio Venezia Nuova – Marsilio Editori.

Pomey, P. and G. Boetto 2019. Ancient Mediterranean Sewn-Boat Traditions. *The International Journal of Nautical Archaeology* 48, 1: 5-51.

Pomey, P., Y. Kahanov and E. Rieth 2012. Transition from Shell to Skeleton in Ancient Mediterranean Ship-Construction: analysis, problems, and future research. *The International Journal of Nautical Archaeology* 42, 2: 235-314.

Prati, S. 1968. *I barcaioli del Po*. Parma: Editrice la Nazionale.

Proto, M. 2010. La questione idroviaria: politiche territoriali e trasporti nell'Italia del boom economico. *Meridiana. Rivista di Storia e Scienze Sociali* 67: 201-222.

Rieth, É. 1998. *Des bateaux et des fleuves. Archéologie de la batellerie du Néolithique aux Temps modernes en France*. Paris: Editions Errance.

Rubin de Cervin, G.B. 1985. *La flotta di Venezia. Navi e barche della Serenissima*. Milano: Automobilia.

Rosa, E. 1974-1975. L'ultimo porto di Bologna. Appunti per una storia della navigazione interna bolognese dal secolo XVI al secolo XIX. *Atti e Memorie della Deputazione di Storia Patria per le Province di Romagna* 25/26: 137-186.

Sarzi, R. 2005. *Porto Catena in Mantova*. Mantova: Editoriale Sometti.

Sommo, G. 2020. Vercellae *storia e archeologia. Una città della Cisalpina e il suo territorio*. Vercelli: Edizioni del Cardo.

Tomasin, L. 2002. Schede di lessico marinaresco militare medievale. *Studi di Lessicografia Italiana* 19: 11-33.

Uggeri, G. 1998. Le vie d'acqua nella Cisalpina romana, in G. Sena Chiesa and E.A. Arslan (eds) *Optima via: Postumia, storia e archeologia di una grande strada romana alle radici dell'Europa. Atti del Convegno Internazionale di Studi (Cremona, 1996)*: 73-84. Cremona: Associazione Promozione Iniziative Culturali.

Vallerani, F. 1999. Dal Museo della Navigazione Fluviale al riequilibrio territoriale, in P.G. Zanetti (ed.) *I mestieri del fiume. Uomini e mezzi della navigazione*: 21-26. Sommacampagna (VR): Cierre Grafica.

Vallerani, F. 2005. Le barche, i giochi, i ricordi: culture fluviali e recupero ambientale. *La Ricerca Folklorica* 51 (aprile): 103-109.

Vallerani, F. 2009. Tra lagune e entroterra: alla ricerca di piccole barche e storie d'acqua. *La Ricerca Folklorica* 59 (aprile): 3-13.

Vallerani, F. 2013. *Tra Colli Euganei e Laguna Veneta. Dal Museo della Navigazione al turismo sostenibile*. Crocetta del Montello (TV): Grafiche Antiga.

Visentin, C. 2010. Young users for the wetlands retraining and the industrial/port archaeology of Boretto Po, in *International Workshop "European big waterways for sustainable growth of regional and local system, Parma, October, 29th-30th 2009*: 317-326. Cesena: Il Ponte Vecchio.

Zanetti, P.G. (ed.) 1999. *I mestieri del fiume. Uomini e mezzi della navigazione*. Sommacampagna (VR): Cierre Grafica.

Zoia, S. 2014. Una datazione consolare dipinta da *Mediolanum. Zeitschrift für Papyrologie und Epigraphik* 190: 279-284.

Zwick, D. 2013. Conceptual Evolution in Ancient Shipbuilding: An Attempt to Reinvigorate a Shunned Theoretical Framework, in J. Adams and J. Rönnby (eds) *Interpreting Shipwrecks. Maritime Archaeological Approaches*: 46-71. Southampton: Highfield Press.

Alpibus Italiam transire. Il nodo viario di *Tridentum* (Trento) e il sistema di collegamenti tra *Decima Regio, Raetia* e *Noricum* in epoca romana.

Michele Matteazzi
(Università degli Studi di Trento)

Francesca Francesconi
(Università degli Studi di Trento)

Alessandro Tognotti
(Università degli Studi di Trento)

Jessica Tomasi
(Università degli Studi di Trento)

Abstract: the study is aimed at the analysis of the routes that characterized the Alpine sector known as *Tridentinae Alpes* during Roman times, trying to highlight the role played by the urban center of *Tridentum* as an important junction within the road network connecting the opposite sides of the Alps; in particular, *Decima Regio Italiae* with the neighboring provinces of *Raetia* and *Noricum*. The attention is particularly focused on the geomorphological features of the Alpine territory and their relationship with the ancient routes, with the will to detect economic and social reasons and technical skills that both implied and determined design, construction, and evolution of the road network.

Keywords: Alpine Landscape History; *Tridentinae Alpes*; Roman Roads; Roman Road Network; *Tridentum*.

Introduzione

Il particolare ruolo viario svolto da *Tridentum* all'interno del sistema stradale definito dai Romani in area alpina, è ben testimoniato dall'essere l'antico centro urbano ricordato nelle principali fonti itinerarie di epoca romana giunte fino a noi. Se, infatti, l'*Itinerarium Antonini* menziona per ben due volte *Tridentum*, ricordandolo come tappa obbligata lungo l'*iter ab Augusta Vindelicum Verona*[1] e come capolinea finale dell'*iter ab Opitergio Tridento*[2], la *Tabula Peutingeriana* contrassegna *Tredente*, situato anche in questo caso lungo l'itinerario tra *Augusta Vindelicum* (Augsburg) e Verona, con una vignetta caratterizzata con una doppia torre a suggerirne il particolare rilievo a livello logistico[3].

---

[1] Cuntz 1929: 41, 275.
[2] Cuntz 1929: 42, 280-281.
[3] Miller 1962, *seg. IV*, 3.

Figura 1 - Panoramica della Valsugana (Trento) in prossimità dei laghi di Levico e Caldonazzo.

Il contesto geomorfologico

Per comprendere appieno le origini di questa importanza, dobbiamo innanzitutto considerare la conformazione geomorfologica della regione alpina entro cui sorse e si sviluppò il centro romano (Fig. 1). Appare piuttosto evidente che in un comprensorio montano, dove ampio spazio hanno i rilievi, fattore condizionante e determinante al fine dei collegamenti sia la presenza di vallate che possano essere sfruttate come vie di comunicazione e, soprattutto, di valichi facilmente accessibili e percorribili: ma l'accessibilità di un valico non dipende tanto dalla quota alla quale esso si trova, quanto dal dispendio energetico necessario per raggiungerlo e che sarà tanto più basso quanto più ampia sarà la valle che ad esso conduce. Pertanto, pur costituendo ogni valle una potenziale direttrice viaria, l'importanza della stessa varierà, anche notevolmente, a seconda della sua ampiezza e dell'accessibilità del valico ad essa collegato.

E da questo punto di vista è facile osservare, per quanto riguarda il territorio trentino (Fig. 2), come la valle più ampia sia quella che, orientata N-S, è oggi percorsa dal fiume Adige: questo corso d'acqua, originatosi al passo di Resia (m 1507), scende infatti lungo la Val Venosta fino a Bolzano, dove in esso confluisce il fiume Isarco, continuando poi per la Val d'Adige fino a Trento e quindi lungo la Val Lagarina, al termine della quale sbocca in pianura. L'orientamento e la notevole ampiezza della valle, determinata dalla sua origine glaciale, la rendono un importante asse di comunicazione naturale attraverso il quale sono particolarmente favoriti i collegamenti tra i due versanti della Alpi: questi possono avvenire sia attraverso la val Venosta e il passo di Resia sia, soprattutto, attraverso la valle fluviale dell'Isarco che, pur essendo più difficilmente transitabile perché stretta e caratterizzata da versanti scoscesi, conduce tuttavia al passo del Brennero, più basso (m 1370) e di facile accesso rispetto a quello di Resia. Non è quindi un caso che, proprio per il passo del Brennero, sia da sempre transitata la principale viabilità di collegamento tra gli opposti versanti alpini: come attestano l'*Itinerarium Antonini* e la *Tabula Peutingeriana*, che di qui fanno passare l'itinerario da Verona ad *Augusta Vindelicum*

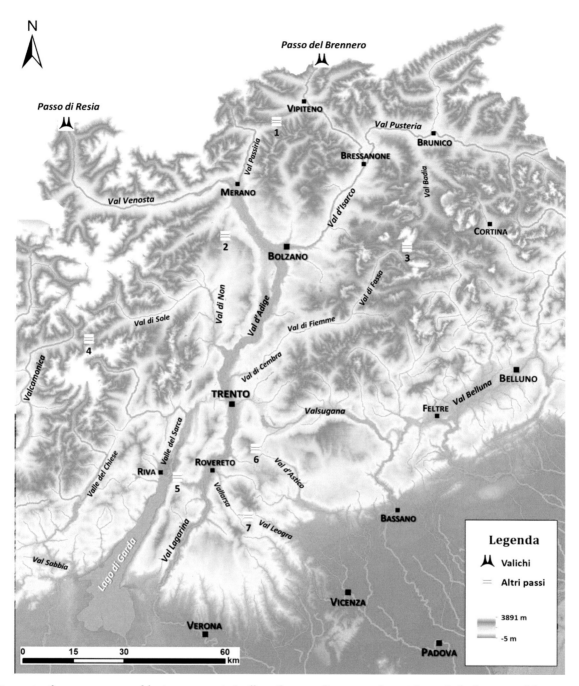

Figura 2 - Il contesto geomorfologico entro cui si colloca il centro di Trento. Oltre ai due valichi di Resia e del Brennero sono indicati i principali passi che facilitano la mobilità nelle Alpi Tridentine: 1- Giovo; 2- Palade; 3- Pordoi; 4- Tonale; 5- San Giovanni; 6- Fricca; 7- Pian delle Fugazze.

e il fatto che ancora oggi il valico è sfruttato dall'importante tratta autostradale dell'A22. È d'altra parte anche piuttosto probabile che sia questo il passo nel territorio dei Reti che Polibio, verso la metà del II sec. a.C., ricorda come uno dei quattro valichi principali che permettevano l'accesso in Italia[4].

---

[4] Ripreso da Strabone (IV, 6, 12).

Una seconda importante vallata è poi la Valsugana, collegata alla Val d'Adige attraverso la stretta valle del torrente Fèrsina: oggi percorsa dal fiume Brenta, che si origina a partire dal lago di Caldonazzo, presenta anch'essa una conformazione glaciale (ben evidenziata dalla sua particolare ampiezza) e un orientamento E-O, che facilita i collegamenti tra le valli dell'Adige e del Piave, oltre che direttamente con la pianura veneta attraverso il Canale di Brenta. La particolare rilevanza della Valsugana, a livello itinerario, è indiziata dal suo inserimento nell'*Itnerarium Antonini* come parte dell'*iter ab Opitergio Tridento* per quanto riguarda la tratta *Feltria-Tridentum*: come propriamente suggerisce la segnalazione, tra i due centri, della tappa di *Ausucum*, da riconoscere quale centro eponimo della valle (l'attuale Valsugana deriverebbe infatti da un originario *vallis Ausucana*) e collocabile, sulla base delle distanze fornite, nella zona dell'attuale Borgo Valsugana.

La valle dell'Adige e la Valsugana si configurano quindi come due importanti direttrici naturali che, da sempre, costituiscono gli assi portanti della viabilità in questo settore delle Alpi. Tanto da non apparire casuale che, proprio alla loro convergenza, nel punto in cui la valle dell'Adige si apre in un breve pianoro allargato al conoide del Fèrsina, venne fondato il centro di *Tridentum*: la sua stessa esistenza si giustifica, dunque, innanzitutto con la necessità di un controllo territoriale, rendendo perfettamente comprensibile la sua crescente importanza quale nodo primario della rete viaria che, a partire dall'epoca romana, venne a definirsi nel settore centro orientale della Alpi.

Nella conca di Trento, tuttavia, converge anche tutta una serie di altre direttrici naturali che seguono lo sviluppo delle vallate minori che confluiscono nella valle dell'Adige: tra queste un certo rilievo, soprattutto dal punto di vista insediativo, riveste la Val di Non che, percorsa dal torrente Noce, consente i collegamenti con la val Venosta a NE e con la Valle Camonica a NO (attraverso i passi Palade e del Tonale). Quindi, le valli di Cembra, di Fiemme e di Fassa, percorse dal torrente Avisio, mettono in comunicazione la Val d'Adige (attraverso il passo Pordoi) con la Val Badia e la zona di Brunico in Val Pusteria; il Bus de Vela e le valli del Sarca e del Chiese permettono di raggiungere da Trento il settore settentrionale del lago di Garda, Brescia e la pianura lombarda; mentre attraverso l'altopiano della Vigolana e la Val d'Astico si può facilmente raggiungere Vicenza superando il passo della Fricca. Quest'ultima è peraltro raggiungibile anche a partire da Rovereto, seguendo un itinerario che si snoda tra Vallarsa, Pian delle Fugazze e Val Leogra; così come a Riva del Garda si giunge facilmente anche dalla Val d'Adige, attraverso la valle di Loppio e il passo di San Giovanni.

Tecniche costruttive romane in ambito alpino

Se, dunque, la viabilità in area alpina è necessariamente obbligata ad adattarsi alla particolare morfologia montana per evitare inutili dispendi energetici, non è però costretta a rispettare la conformazione naturale delle vallate: come, d'altra parte, avviene anche oggi, con la costruzione di ponti, viadotti e sostruzioni varie che permettono di attraversare valli e superare valichi con pendenze non eccessive e minimi salti di quota. Questo accadeva anche con i Romani che, pur trovandosi in un contesto sconosciuto e per la maggior parte a loro ostile, seppero leggere con attenzione la geomorfologia dei luoghi attraversati per individuare il punto più adatto e la soluzione migliore per l'impostazione di una sede stradale. La regola generale dell'ingegneria stradale romana, infatti, prevedeva sempre di rispettare la *natura loci*, cercando il più possibile di adattarsi ad essa ma anche di modificarla laddove si presentasse inadeguata e risultasse particolarmente utile (soprattutto da un punto di vista economico) intervenire per diminuire i tempi di percorrenza.

Figura 3 - *Differenti tipologie stradali di epoca romana riscontrabili in area alpina: a) tratto della "via del Piave" presso Lozzo di Cadore (Belluno); b) tratto stradale nei pressi di Elvas (Bolzano).*

Pertanto, i tracciati viari che in epoca romana risalivano le valli alpine si impostavano preferibilmente su terrazzi di fondovalle (se sufficientemente ampi) o, in alternativa, su posizioni di versante: in questo caso si prediligevano i versanti che si mostravano più facilmente accessibili, non troppo instabili e maggiormente soleggiati, lungo i quali si cercava di seguire per quanto possibile l'andamento del rilievo rispettando una pendenza ottimale che non doveva superare l'8% (ma che nei tratti più difficoltosi poteva comunque tranquillamente arrivare fino al 15-20%). In genere il fondo stradale veniva sempre realizzato con gettate di ghiaia di varia pezzatura mescolata a sabbia o terra sciolta, spesso contenute entro muretti o cordoli di pietre, mentre in tratti di maggiore pendenza si impiegavano anche blocchi o lastre di pietra di grandi dimensioni posti in piano a mo' di basoli per agevolare l'ascesa e la discesa. In altri casi, dove affiorava la roccia naturale, la strada poteva sfruttare tale presenza impostandosi direttamente al di sopra di essa (Fig. 3).

In aree di fondovalle, caratterizzate da zone umide con abbondanti acque di superficie, la presenza di un terreno instabile e cedevole non in grado di sostenere fisicamente il peso di un manufatto stradale, suggerì spesso agli ingegneri romani l'utilizzo di una sottostruttura lignea che, quasi galleggiando sul terreno acquitrinoso, potesse essere utilizzata come base per la sistemazione di una sede stradale. Di questa particolare tecnica, nota in letteratura come *pontes longi*[5], possediamo per l'area alpina un bellissimo esempio indagato nella piana di Lermoos in Austria: qui, l'itinerario seguito dalla *via Claudia Augusta* previde l'attraversamento di una vasta torbiera, che venne efficacemente superata attraverso la sistemazione di una struttura formata da tronchi di abete sovrapposti e incrociati sopra cui venne collocato un terrapieno (*agger*) formato da vari strati di ghiaia grossolana funzionale alla stesura del piano stradale vero e proprio costituito da uno strato di ghiaia fine ben battuta[6].

Poiché comunque difficilmente nelle vallate alpine si trova lo spazio sufficiente ad impostare un'adeguata sede stradale, una soluzione spesso praticata fu la costruzione delle cosiddette *substructiones contra labem montis*: ovvero si realizzavano dei viadotti, lunghi talvolta anche centinaia di metri, incidendo la roccia sul lato a monte e completando il piano stradale sul lato a valle attraverso la sistemazione di inerti lapidei contenuti entro una struttura di terrazzamento in muratura che non di

---

[5] Matteazzi 2013: 23-24.
[6] Di Stefano 2002a: 212-213.

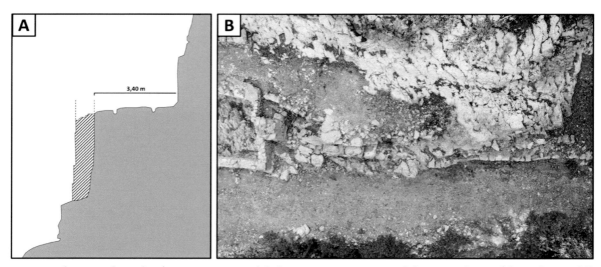

Figura 4 - Alcune tipologie di substructiones *stradali di epoca romana riscontrabili in area alpina: a) lungo la "via delle Gallie" a Runaz (Aosta); b) presso l'insediamento d'altura del Doss Penede a Nago (Trento).*

rado si rivelava un imponente muraglia alta anche una decina di metri. Gli esempi migliori, soprattutto per la loro monumentalità, si trovano in Valle d'Aosta e appartengono alla via che da *Augusta Praetoria* per i passi del Piccolo e del Gran San Bernardo conduceva in Gallia (Fig. 4a)[7]. In ambito Trentino, invece, un esempio dell'applicazione di tale tecnica si è riscontrata all'interno dell'insediamento romano (probabilmente un *castellum*) che l'Università di Trento sta indagando alle pendici del Doss Penede a Nago (Fig. 4b)[8]: qui, la realizzazione della sede stradale del principale tracciato viario che attraversa il sito previde, infatti, il taglio del versante roccioso sul lato a monte e, sul lato a valle, il completamento della carreggiata attraverso la stesura di livelli sovrapposti di pietrame contenuti da *substructiones* costruite con grossi blocchi di pietra squadrati e legati con malta; il piano viario vero e proprio era invece costituito da uno strato di ghiaia molto fine mescolata a malta di colore giallastro ben battuto in superficie.

Un'altra soluzione che venne adottata, in mancanza di spazio a disposizione per la presenza di una cengia o di un dirupo, fu quella di approntare una sede stradale parzialmente o totalmente artificiale mediante una pavimentazione a tavolati e supporti di sostegno a mensola (*ancones*), creando una sorta di piattaforma aerea, come del resto si usa fare ancor oggi in alcuni difficili passaggi di montagna[9].

In altri casi, invece, si preferì tagliare interamente la sede viaria nella roccia, soprattutto quando si potevano sfruttare eventuali emersioni rocciose, come avvenne a Donnaz (Aosta – Fig. 5a e b) e al passo del Gran San Bernardo (Fig. 5c). Per facilitare il passaggio dei carri nei punti ritenuti più pericolosi, si incidevano spesso nella roccia dei solchi paralleli che venivano a costituire delle vere e proprie rotaie entro cui si incanalavano le ruote dei veicoli, aumentandone l'aderenza e impedendone pericolosi slittamenti[10] (Fig. 5c). In molti casi, soprattutto nei tratti di maggiore pendenza, sul fondo stradale si intagliarono anche dei veri e propri gradini che servivano a favorire l'ascesa e la discesa degli animali, permettendo una maggiore aderenza agli zoccoli ed impedendo in tal modo rischiosi scivolamenti (Fig. 5d).

[7] Matteazzi 2013: 27-29.
[8] Vaccaro 2022.
[9] Matteazzi 2009: 26.
[10] Si tratta delle cosiddette "Geleisenstrassen" o "strade a binario", vedi Matteazzi 2013: 29.

Figura 5 - Esempi di strade romane di ambito alpino ricavate interamente nella roccia: a-b) la "via delle Gallie" a Donnaz (Aosta); c) la "via delle Gallie" presso il passo del Gran San Bernardo; d) tratto della "via salina" nei pressi di Vuiteboeuf (Cantone di Vaud, Svizzera).

Gli itinerari

I dati archeologici indicano che tutte le direttrici naturali che seguivano le principali vallate trentine, così come avviene oggi, furono ampiamente sfruttate in età romana formando parte di una complessa rete viaria che metteva capo a *Tridentum* (fig. 6). Da questo punto di vista possiamo distinguere i vari itinerari che la costituivano in due gruppi: quelli diretti a S verso la pianura veneto-lombarda e quelli diretti a N verso i territori della Rezia e del Norico.

[M.M.]

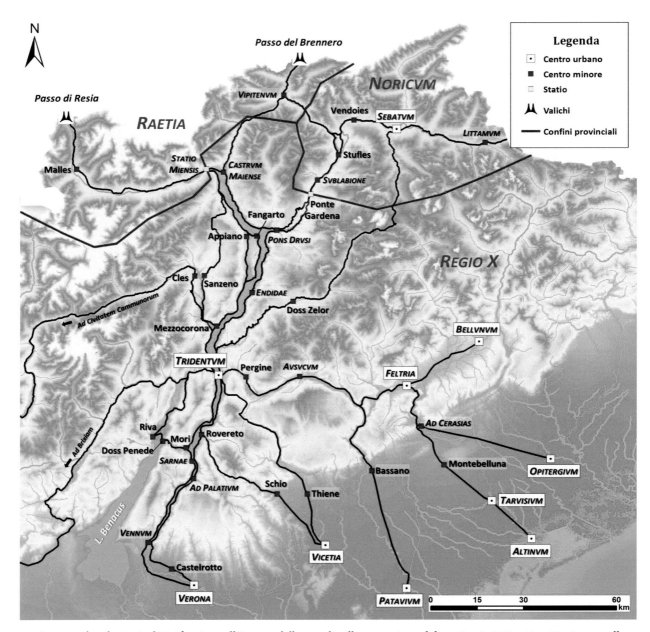

Figura 6 - Il nodo viario di Tridentum *all'interno della rete di collegamenti stradali tra* Regio X, Raetia *e* Noricum *nelle* Tridentinae Alpes.

Itinerari da Tridentum *verso la pianura veneta e lombarda*

Da Tridentum *a Verona*

Questo itinerario formava parte dell'importante *iter* collegante Verona con *Augusta Vindelicum* (Augsburg), capitale della provincia *Raetia*, ricordato nell'*Itinerarium Antonini* e nella *Tabula Peutingeriana*. L'ampiezza del fondovalle e, soprattutto, i ritrovamenti archeologici (tra cui numerosi miliari recanti dediche ad imperatori del IV sec. d.C.), suggeriscono che in epoca romana esistessero due differenti tracciati che, da Trento, raggiungevano Verona seguendo entrambi i versanti della valle dell'Adige. Questo sarebbe peraltro suggerito anche dagli stessi *Itineraria*, che sembrerebbero fare riferimento a due percorsi distinti, differenziati sia per il numero di miglia totali (60 quelle indicate dall'*Itinerarium Antonini* e 62 quelle riportate sulla *Tabula*) sia per le tappe intermedie ai due centri urbani.

Il percorso in sinistra Adige sarebbe quindi uscito da *Tridentum* da S, attraverso la monumentale *Porta Veronensis*[11], passando per le località di Mattarello, Besenello, Volano (da cui proviene un miliare con dedica a Giuliano)[12] fino a Rovereto: questo centro, che i numerosi ritrovamenti suggeriscono essere stato in epoca romana un importante *vicus*, è forse il possibile erede della *civitas* altomedievale di *Lagare*, eponima della Val Lagarina e ricordata dall'Anonimo Ravennate (VII sec. d.C.) e da Paolo Diacono (VIII d.C.), che ci dice essere stata sede di un *comitatus* longobardo[13]. Quindi, avrebbe proseguito per Serravalle ed Ala, zona che ha restituito numerose evidenze di una presenza insediativa di epoca romana e da cui provengono ben due miliari[14]: da qui sarebbe poi sceso per Dolcè e Domegliara portandosi poi a Verona da NO, attraverso al Valpolicella e lungo un tracciato segnalato da numerosi miliari e dal rinvenimento, per vari tratti, dell'antica sede stradale *glareata*[15]. Questo percorso sembrerebbe corrispondere a quello indicato dall'*Itinerarium Antonini*, giuste le 60 miglia (90 km) in esso segnalate: stando alle distanze in esso riportate, pertanto, l'insediamento di *ad Palatium*, ricordato a 24 miglia da *Tridentum* e a 36 da Verona, potrebbe essersi collocato nella zona di Ala[16].

Il percorso in destra Adige, invece, sarebbe uscito da *Tridentum* da N o da O, passando ai piedi del Doss Trento per poi scendere a S per Ravina, Romagnano, Aldeno fino a Nomi, dove si sarebbero rinvenuti i resti dell'antica sede stradale[17]. Quindi, per Isera, dove sorse un'importante villa che potrebbe aver attuato anche come *mansio*[18], avrebbe raggiunto la zona di Mori; da qui avrebbe continuato verso S per Chizzola, Avio (da cui proviene un miliare con dedica a Massenzio)[19], Belluno e Brentino, dove in località Servasa si segnala la presenza di un insediamento frequentato tra la fine del V sec. a.C. e il VI sec. d.C. e che in epoca romana avrebbe forse svolto la funzione di *mansio*[20]. Infine, per Rivoli, Cavaion Veronese, Pastrengo e Bussolengo, zone di ritrovamenti romani[21], avrebbe raggiunto Verona da SO, percorrendo esattamente le 62 miglia (93 km) indicate sulla *Tabula Peutingeriana*. In questo caso, stando alle distanze indicate, l'insediamento di *Sarnae*, ricordato a 24 miglia da Verona, potrebbe essersi collocato nella zona a N di Chizzola, ovvero allo sbocco in Val d'Adige del torrente Sorna, il cui idronimo ricorderebbe forse non casualmente proprio quello del centro antico[22]; *Vennum*, posto a 18 miglia da Verona, sarebbe invece da ubicare nei pressi di Rivoli.

[F.F.]

---

[11] Baggio Bernardoni 2000.
[12] Basso 1987: 77-78 n. 35.
[13] Matteazzi, Francesconi and Tognotti 2022: 144.
[14] Basso 1987: 6-77 nn. 33-34.
[15] Grossi 2019: 42-43; Bruno and Fresco 2019.
[16] Come già suggerito da Bosio 1991: 89.
[17] Caviglioli 1996.
[18] De Vos and Maurina 2011.
[19] Basso 1987: 74 n. 32.
[20] Zaccaria Ruggiu 2016.
[21] CAVe 1988: 84 nn. 37-39, 40.2; 50 n. 47; 51 nn. 52-53; 80 nn. 207, 209-210; 81 nn. 213-214; 84 nn. 234-235.
[22] Pasavento Mattioli 2000: 21.

Da Tridentum *a* Feltria *(Feltre) e possibili proseguimenti*

Il collegamento con *Feltria*, oltre ad essere ricordato dall'*Itinerium Antonini* come parte dell'*iter ab Opitergio Tridento*, è testimoniato da una pietra miliare ritrovata a Tenna e riportante l'indicazione XXXXI, ovvero il numero di miglia che separano tale località da Feltre[23]. Il percorso, in uscita da *Tridentum* da S attraverso la *Porta Veronensis*, doveva seguire l'attuale tracciato di via Pilati (dove si rinvenne un tratto dell'originaria sede stradale *glareata*)[24] per risalire la valle del Fèrsina, passando ai piedi del Doss S. Agata, fino alla zona di Pergine (dove i cospicui ritrovamenti riferibili a contesti insediativi e necropolari di epoca romana suggerirebbero la possibile esistenza di un *vicus*)[25]. Di qui, per Tenna, Levico e Novaledo (zone che si segnalano per la presenza di materiale romano e tracce di necropoli)[26] si sarebbe portato a Marter, dove si rinvennero tracce di strutture murarie e pavimentazioni di epoca romana, oltre ad un'iscrizione votiva che sembrerebbe suggerire l'esistenza nella zona di un luogo di culto dedicato ad Ercole[27]. Quindi, dopo avere toccato il centro di Borgo Valsugana, che si caratterizza per i numerosi ritrovamenti di epoca romana e che deve essere riconosciuto come il probabile erede dell'insediamento di *Ausucum* ricordato nell'*Itinerarium Antonini*, e le località di Ospedaletto (dove si rinvenne una necropoli romana), Grigno e Primolano, sarebbe risalito per Arsiè e Arten fino a raggiungere *Feltria*[28].

Da Feltre, l'itinerario avrebbe potuto proseguire sia verso NE, continuando lungo la Val Belluna in direzione di *Bellunum* (Belluno), che verso S, lungo il corso del Piave in direzione della pianura veneta. Per le località di Quero e Fener (da cui proviene un miliare)[29] avrebbe quindi raggiunto la zona di Valdobbiadene, sede dell'antico centro di *Duplabilis,* nei cui pressi è forse possibile collocare l'insediamento di *ad Cerasias* menzionato dall'*Itinerarium Antonini*[30]. Qui si sarebbe suddiviso in due distinte diramazioni, proseguendo con la prima lungo il corso del Piave fino ad *Opitergium* (Oderzo) e scendendo con la seconda per il *vicus* di Montebelluna e il centro urbano di *Tarvisium* (Treviso) fino ad *Altinum*[31].

Da Tridentum *a* Patavium *(Padova)*

All'altezza di Primolano, dall'itinerario diretto a *Feltria* si doveva staccare un percorso che avrebbe continuato verso S attraverso il Canal di Brenta fino a raggiungere la zona di Bassano (dove la grande quantità di ritrovamenti di epoca romana indizierebbe anche qui l'esistenza di un probabile *vicus*); quindi, sempre mantenendosi sulla sinistra idrografica del fiume Brenta, si sarebbe portato a *Patavium* passando per Rosà e Cittadella[32].

[J.T.]

---

[23] Basso 1987: 91 n. 37.
[24] Bassi 2021: 74-75.
[25] Toldo 2022.
[26] Cavada 2000: 413-414.
[27] Migliario 1994.
[28] Luchetta and Matteazzi 2023.
[29] Basso 1987: 91 n. 38.
[30] Bosio 1991: 143.
[31] Rosada 2002: 54-55.
[32] Per un maggiore dettaglio sul percorso di tale itinerario, si veda Bonetto 1997: 87-107.

Da Tridentum *a* Vicetia *(Vicenza)*

Il principale percorso diretto a *Vicetia* si sarebbe staccato dall'itinerario *Tridentum*-Verona in sinistra Adige poco a S di Trento e, passando a O del Doss S. Rocco, per Valsorda, Vigolo Vattaro (dove si segnalano ritrovamenti di un lacerto stradale e alcune tombe romane)[33], Vattaro e Centa sarebbe risalito fino al Passo della Fricca. Da qui sarebbe poi sceso, per Lastebasse, lungo la Valdastico fino a Piovene Rochette e quindi, per Thiene (sede di un possibile *vicus* in età romana), fino a Vicenza[34].

Un percorso alternativo avrebbe invece avuto inizio nel *vicus* di Rovereto, a partire dal quale avrebbe risalito la Vallarsa (segnata da svariati ritrovamenti di epoca romana)[35] fino al Pian delle Fugazze e di qui, per la Val Leogra, avrebbe raggiunto Schio (dove pure è piuttosto probabile che in epoca romana sorgesse un *vicus*) per poi dirigersi a Vicenza seguendo il pedemonte lessineo[36].

Da Tridentum *a* Brixia *(Brescia)*

L'itinerario per *Brixia* sarebbe uscito da *Tridentum* da O e per Càdine, Vezzano, Toblino e Stenico (zone che si segnalano per l'alto numero di ritrovamenti romani)[37] avrebbe raggiunto Tione di Trento. Da qui si sarebbe inoltrato lungo la valle del Chiese e la Val Sabbia (sedi di numerosi ritrovamenti spazianti tra età del Ferro ed età romana)[38], raggiungendo Brescia dopo aver affiancato il sito di una probabile *mansio* nella zona di Gavardo[39].

Da Tridentum *a Riva del Garda*

Due erano i possibili percorsi che avrebbero consentito di raggiungere Riva del Garda, sede in epoca romana di un importante *vicus* dotato di un porto sul *lacus Benacus*[40]. Il primo si sarebbe staccato dall'itinerario *Tridentum*-Brixia all'altezza di Padergnone e, per Madruzzo (dove si sono rinvenute tracce dell'antica sede stradale)[41], Cavèdine, Drena, Dro e Arco (zone caratterizzate da vari ritrovamenti di epoca romana)[42] avrebbe raggiunto l'attuale abitato di Riva, presso cui si sono documentati alcuni tratti dell'antica sede *glareata*[43].

Il secondo si sarebbe invece staccato dall'itinerario *Tridentum*-Verona in destra Adige all'altezza di Mori (che la quantità di ritrovamenti riferibili ad epoca romana suggerirebbe essere stato la possibile sede di un *vicus*)[44] e, per la valle di Loppio, costeggiando il lago dove in epoca tardoantica sorse l'insediamento fortificato di S. Andrea[45], sarebbe salito a Nago attraverso il passo di San Giovanni: qui avrebbe affiancato il Doss Penede, dove in epoca romana sorse un importante insediamento identificabile come

---

[33] Tabarelli 1994: 170-172.
[34] Matteazzi 2022: 198-200.
[35] Tabarelli 1994: 170.
[36] Matteazzi 2022: 198.
[37] Tabarelli 1994: 163-165, 168.
[38] Brogiolo 2018.
[39] Zentilini 2016.
[40] Bassi 2022.
[41] Mosca 2004: 374.
[42] Tabarelli 1994: 162-163.
[43] Bassi 2021: 67-69.
[44] Tognotti 2020: 49-51.
[45] Maurina 2016.

un *castellum*[46] e, dopo essere sceso a Torbole lungo l'antica via di S. Lucia e aggirato a N il monte Brione, avrebbe raggiunto Riva[47].

[A.T.]

Itinerari da **Tridentum** *verso la* Raetia *e il* Noricum

Da Tridentum *ad* Augusta Vindelicum *(Augsburg) per il Passo del Brennero*

Questo percorso è ricordato dall'*Itinerarium Antonini* e dalla *Tabula* come parte dell'itinerario collegante Verona ed *Augusta Vindelicum*. Sarebbe uscito da *Tridentum* da E e, seguendo la sinistra idrografica dell'Adige, si sarebbe portato, per Lavìs, fino a S. Michele all'Adige, che i numerosi ritrovamenti archeologici suggerirebbero essere stato uno snodo viario particolarmente importante[48]. Per Salorno (località che ha restituito numerose testimonianze di epoca romana e preromana)[49] e San Floriano (dove si rinvenne un particolare complesso insediativo forse interpretabile come *mansio*)[50] avrebbe quindi raggiunto Egna: qui, in località Kahn, si sono messi in luce i resti di un edificio che si vuole riconoscere come evidenza della *statio* di *Endidae*, che l'*Itinerarium Antonini* colloca a 23 miglia da *Tridentum*[51]. Per Castelfeder (da cui provengono due miliari con dediche a Crispo e a Valente e Graziano)[52], Ora e Laives (dove un'altra possibile *mansio* potrebbe essere sorta in località San Giacomo)[53], si portava poi nella conca di Bolzano per inoltrarsi nella Val d'Isarco: tra Rencio e Cardano potrebbe essere possibile collocare, stando alle distanze indicate nella *Tabula*, l'insediamento di *Pons Drusi*, dal quale si sarebbe potuto facilmente accedere alla Val d'Ega e alla Val di Fassa e attraverso cui si sarebbe potuto passare l'Isarco per salire sull'altopiano del Renon. Qui è peraltro testimoniata l'esistenza di un tracciato stradale (già verosimilmente in uso in epoca protostorica) alternativo a quello del fondovalle che, per Auna e Longostagno, avrebbe permesso di aggirare la strettoia tra Cardano e Colma, di non sempre facile accesso: tale tracciato venne ad essere particolarmente utilizzato in epoca medievale, quando la bassa valle dell'Isarco non poteva più essere percorsa, e fino al 1314, anno in cui si riaprì il tratto tra Bolzano e Ponte Gardena[54].

Da Cardano il percorso principale avrebbe invece risalito il fondovalle dell'Isarco passando per Prato Isarco (presso cui furono trovati un miliare dedicato a Massenzio, i resti di un ponte romano e tracce dell'originaria massicciata stradale)[55] e Campodazzo (dove è stata messa in luce la sede stradale antica)[56] fino a Ponte Gardena, all'imbocco della Val Gardena: in diverse occasioni si sono messi in luce in questa località un ampio tratto di una strada *glareata* e i resti di un insediamento sviluppatosi lungo di essa, che potrebbe identificarsi con la *statio* (stazione doganale) che segnalava il confine tra Italia e *Noricum* nota da alcune iscrizioni[57].

Quindi avrebbe raggiunto la zona di Sabiona, dove è forse da collocare l'insediamento di *Sublabione/Sublavione* ricordato nella *Tabula* e nell'*Itinerarium Antonini*, come sembrerebbe suggerire un

---

[46] Vaccaro 2022: 287-289.
[47] Sul percorso di questo itinerario, si veda più in dettaglio Tognotti 2020.
[48] Cfr. Pesavento Mattioli 2000: 24.
[49] Mosca 2020: 211-213.
[50] Mosca 2020: 183-184.
[51] Di Stefano 2002b.
[52] Basso 1987: 97-98 nn. 39-40.
[53] Marzoli and Rizzi 2005.
[54] Allavena, Silverio, and Rizzi 2002: 516.
[55] Basso 1987: 104 n. 42; Dal Ri 1990: 621; Dal Ri and Rizzi 2005: 48-49.
[56] Dal Ri and Rizzi 2005: 47.
[57] Maurina 2015; Mosca 2020: 189-190.

documento del 1027 che menziona una *clausa sub Savione* (attuale Chiusa)[58]: il nome di tale insediamento, pertanto, avrebbe fatto preciso riferimento alla sua collocazione, posta verosimilmente ai piedi (*sub*) dell'altura su cui sorgeva e sorge tuttora l'antico monastero di *Sabio*, che fu sede di Diocesi tra VI e XI secolo. Di qui, l'itinerario sarebbe proseguito per Bressanone, nei cui pressi, a Stufles, alla confluenza della Rienza nell'Isarco, sorse un importante insediamento occupato già durante l'età del Ferro e si rinvennero vari tratti dell'antica sede stradale *glareata* oltre ad un frammento di miliare attribuibile a Settimio Severo[59]. Quindi, dopo essere passato per le località di Aica (dove sarebbe confluito l'itinerario proveniente da *Aguntum* per la Val Pusteria), Fortezza e Mules (dove si rinvennero a più riprese i resti della sede stradale antica)[60], avrebbe infine raggiunto l'insediamento di *Vipitenum* (attuale Vipiteno, località da cui provengono ben due miliari)[61] e il passo del Brennero.

[F.F.]

Da Tridentum *ad* Augusta Vindelicum *per il Passo di Resia*

A differenza del precedente, questo percorso non compare negli itinerari antichi, ma la sua esistenza è testimoniata dai ritrovamenti archeologici e, in particolare, dal miliare di Rablà, che attesta come la Val Venosta fosse seguita da una direttrice stradale nota in epoca imperiale come *via Claudia Augusta*[62].

L'itinerario sarebbe uscito da *Tridentum* da N, passando ai piedi del Doss Trento e seguendo la destra idrografica dell'Adige fino a Mezzocorona, dove si sono messe in luce evidenze riferibili ad un *vicus* sorto nel corso del I sec. d.C. all'imbocco della Val di Non[63]. Quindi, per Magrè e Termeno (località interessate de diversi rinvenimenti di epoca romana)[64], si sarebbe portato a Caldaro e, per Appiano, Andriano e Nalles (località ricche di rinvenimenti di epoca romana)[65] avrebbe raggiunto la zona di Merano, all'imbocco della val Passiria: qui, dove sarebbero giunti pure un percorso proveniente da Vipiteno per il passo di Giovo e uno da Bolzano lungo la sponda sinistra dell'Adige per Settequerce e Terlano, è attestata l'esistenza dell'altomedievale *castrum Maiense*[66]. Per Lagundo (dove si rinvennero i resti di un insediamento retico e romano)[67], si sarebbe poi inoltrato nella Val Venosta passando per Rablà: nella zona, come suggerisce un'iscrizione votiva, doveva collocarsi la *statio Miensis*, una stazione doganale in cui si attendeva all'esazione della *quadragesima Galliarum* e che segnava il confine tra Italia e *Raetia*[68]. Infine, per Naturno, Lasa e Oris (località in cui in varie occasioni si rinvenne traccia della sede stradale antica e una probabile pietra miliare) e Malles (dove tra le altre cose si rinvenne una testa di statua raffigurante Venere), avrebbe raggiunto il Passo di Resia[69].

---

[58] Bosio 1991: 92.
[59] Allavena, Silverio and Rizzi 2002: 520-521 (tratti stradali); 523-526 (miliare). Si veda anche Mosca 2020: 191-195.
[60] Dal Ri and Rizzi 2005: 44-46.
[61] Allavena, Silverio and Rizzi 2002: 545.
[62] Basso 1987: 101-102 n. 41.
[63] Cavada 2000: 380-381.
[64] Mosca 2020: 211.
[65] Mosca 2020: 198-199.
[66] Pesavento Mattioli 2000: 29; Mosca 2020: 197, 202.
[67] Mosca 2020: 199.
[68] Mosca 2020: 199-201
[69] Di Stefano 2002a: 208.

Un percorso alternativo, anche se più lungo, avrebbe collegato Termeno e Andriano seguendo il versante occidentale della Val d'Adige per Vadena (dove si rinvennero tracce di un insediamento romano e un tratto di strada *glareata*)[70] e Fangarto.

[A.T.]

Da Tridentum *in* Anaunia *(Val di Non)*

Da Mezzocorona e da Mezzolombardo si sarebbero staccati dall'itinerario per il Passo di Resia due percorsi che avrebbero risalito il corso del torrente Noce (sulla sinistra e sulla destra del corso d'acqua) diretti rispettivamente verso Merano e verso *Civitas Cammunorum* (Cividate Camuno)[71]. Quello sulla sinistra, da Mezzocorona per Castelletto, Taio, Sanzeno (zona in cui doveva situarsi uno dei principali insediamenti della Val di Non di epoca preromana e romana)[72], Cavareno e Senale, sarebbe giunto a Tèsimo, attraverso il passo Palade, per poi confluire nei presi di Lana nell'itinerario diretto al passo di Resia. Quello sulla destra, invece, da Mezzolombardo per Denno e Flavon avrebbe attraversato le località di Mechel-Valemporga e Cles-Campi Neri (caratterizzate da siti con una forte valenza religiosa)[73] per inoltrarsi poi lungo la Val di Sole verso il Passo del Tonale e l'alta Valle Camonica.

Da Tridentum *a* Sebatum *(San Lorenzo di Sebato)*

A partire da Lavìs, un percorso si sarebbe staccato dall'itinerario per il Passo del Brennero risalendo il corso del torrente Avisio attraverso le valli di Cembra, Fiemme (dove un importante insediamento sorgeva sul Doss Zelor nei pressi di Castello di Fiemme) e Fassa, come suggeriscono i vari ritrovamenti romani qui effettuati[74]. Giunto a Canazei, avrebbe poi potuto valicare il passo Pordoi portandosi ad Arabba e, di qui, continuando lungo la Val Badia (interessata da ritrovamenti piuttosto modesti)[75] fino alla zona di San Lorenzo, poco a sud di Brunico, dove in epoca imperiale sorse la *civitas* di *Sebatum*. Il centro urbano si sviluppò lungo il tracciato dell'itinerario che collegava *Aguntum* (Lienz) a *Vipitenum*, nel punto in cui in esso confluiva il percorso proveniente dalla Val Badia (come hanno puntualmente accertato indagini archeologiche condotte negli anni Ottanta del XX secolo)[76].

[J.T.]

Genesi ed evoluzione della rete itineraria romana nelle *Tridentinae Alpes*

Osservando la morfologia della rete viaria di epoca romana così ricostruita, possiamo facilmente comprendere come la rilevanza assunta nel tempo da Trento sia fondamentalmente motivata dalla sua stessa posizione, lungo un antico quanto importante itinerario transalpino che portava al passo del Brennero e nel punto in cui confluisce in esso tutta una serie di direttrici naturali provenienti, in particolare, dalla pianura veneta. Tale posizione venne deliberatamente scelta dai Romani quando, nel corso del I sec. a.C., decisero di fondare *Tridentum*[77], rendendola il polo urbano più avanzato della loro penetrazione verso settentrione e segnando, così, un importante passo nella realizzazione di un preciso

---

[70] Dal Ri and Rizzi 2005: 50; Mosca 2021: 150.
[71] Dal Ri 1990: 617.
[72] Cavada 2000: 391-396.
[73] Cavada 2000: 391; Ciurletti, Degasperi and Endrizzi 2004.
[74] Marzatico 1994: 53-55 (Val di Cembra); Cavada and Lanzinger 1995 (Val di Fassa); Cavada 2000: 400-404 (Val di Fiemme).
[75] Cavada 1993.
[76] Constantini 2002: 66-67 sito 40.
[77] Cfr. Bassi 2017.

programma di conquista dell'arco alpino centro-orientale[78]. Tale interesse era infatti maturato già all'inizio del II sec. a.C., quando varie incursioni galliche dai territori posti *trans Alpes*, che portarono alla fondazione della colonia di Aquileia (181 a.C.), resero i Romani consapevoli che le Alpi avrebbero potuto costituire un *inexsuperabilem finem*, un confine naturale pressoché insuperabile posto a difesa dei propri interessi in Cisalpina[79]: un confine che, tuttavia, non avrebbe potuto essere tale senza il pieno controllo dei principali valichi che permettevano i collegamenti da e verso l'Italia.

In questo senso, i dati archeologici e le fonti storiche sono concordi nell'indicare, a partire dalla seconda metà del II sec. a.C., una sempre maggiore presenza militare romana nei territori prealpini centro orientali[80], che dovette culminare nella vittoriosa spedizione condotta nel 117 a.C. dal console *Q. Marcius Rex* contro gli *Stoni* o *Stoeni,* popolazione che gli autori classici sono concordi nel collocare nelle *Tridentinae Alpes*[81]. Questa presenza, che venne necessariamente ad intensificarsi a seguito della calata dei Cimbri del 102/101 a.C. condusse, verosimilmente entro la metà del I sec. a.C., all'occupazione stabile dell'intero settore alpino sudorientale compreso tra la zona di *Brixia* e di *Tergeste*.

Strenuo sostenitore del programma alpino fu Giulio Cesare che, ben conscio dell'importanza di controllare le principali vie di collegamento con il Regno del Norico e l'Illirico, oltre a dare avvio ad una massiccia fortificazione dell'arco alpino centro orientale[82], promosse la fondazione di importanti insediamenti di cittadini romani in posizioni strategiche dal punto di vista tanto commerciale quanto, soprattutto, militare[83]: tra questi rientra, molto probabilmente, anche la fondazione, nella valle dell'Adige a controllo degli itinerari che scendevano dai Passi di Resia e del Brennero, di *Iulium Tridentum*, che assumerà poi il rango di *municipium* con Augusto[84]. Alla seconda metà del I sec. a.C. possiamo quindi far verosimilmente risalire la prima definizione, nelle Alpi Tridentine, di una serie di percorsi viari volti a collegare la nuova fondazione con i principali centri della pianura veneta: innanzitutto, gli itinerari lungo la valle dell'Adige diretti verso la roccaforte di Verona; quindi quelli lungo la Valsugana verso Padova, Feltre e, soprattutto, il porto di Altino; oltre a quelli attraverso la Val d'Astico e la valle di Loppio diretti a Vicenza e all'area portuale di Riva del Garda, da cui si poteva facilmente raggiungere via lago anche la zona di Brescia.

Prosecutore della politica alpina di Cesare sarà Augusto quando, alcuni decenni più tardi, la crescente necessità di creare collegamenti diretti e rapidi con le basi militari lungo il Reno e procedere più velocemente alla conquista del territorio transalpino porrà come sempre più impellente il problema del controllo dei principali valichi alpini: problema che portò il *princeps* a promuovere, tra il 25 e il 7-6 a.C., una serie di interventi militari contro le bellicose *gentes alpinae* che occupavano gli opposti versanti delle Alpi. Per quanto riguarda le *Tridentinae Alpes*, esse furono la base di partenza per una campagna militare che, condotta congiuntamente dai fratelli Druso e Tiberio, portò tra il 16 e il 15 a.C. alla completa sottomissione delle popolazioni di Reti e Vindelici. Compiuta la conquista, una volta che l'occupazione divenne stabile e i territori sottomessi furono ricompresi parte all'interno del distretto amministrato dal *municipium Iulium Tridentum* (e quindi della *Decima Regio Italiae*) e parte entro i confini della futura provincia di *Raetia et Vindelicia*, Augusto dette avvio al processo di sistemazione degli

---

[78] Conta 1990: 223.
[79] Giorcelli Bersani 2019: 38.
[80] Bigliardi 2004: 319-320.
[81] Matteazzi 2022: 195.
[82] Bigliardi 2004: 322-325.
[83] Si tratterebbe dei centri di *Tergeste, Forum Iulii, Iulia Concordia, Iulium Carnicum, Bellunum* e, molto probabilmente, *Feltria.* Cfr. Tarpin 2018: 39-41; Giorcelli Bersani 2019: 42-44.
[84] Sull'appellativo di *Iulium* associato a *Tridentum* e sulla sua probabile datazione in epoca augustea, si veda Faoro 2021.

itinerari protostorici utilizzati dalle legioni romane come principali assi di penetrazione in area retica, dotandoli delle infrastrutture necessarie a renderli delle *viae publicae*. Il primo di questi percorsi ad essere stabilizzato fu molto probabilmente quello lungo la valle dell'Isarco per il Brennero, itinerario senz'altro considerato preferenziale, soprattutto da un punto di vista militare, per raggiungere dalla pianura veneta l'importante presidio sul *limes* danubiano di *Augusta Vindelicum*, in quanto più agevole e, soprattutto, più breve (118 km in meno rispetto al percorso per il passo di Resia)[85].

Successivamente fu Claudio, a seguito della creazione delle province di *Raetia* e *Noricum*, a mettere in atto un preciso programma di interventi tesi a ridefinire l'intera rete di collegamenti terrestri tra le due province e l'Italia, che interessarono anche la *Regio X* e che dovette molto probabilmente prevedere la riorganizzazione amministrativa dei territori municipali italici in vario modo gravitanti sull'area alpina[86]. Per quanto riguarda le *Tridentinae Alpes*, questo programma interessò molto da vicino l'*ager Tridentinum*, attraverso la definizione ultima delle *viae publicae* che mettevano capo a *Tridentum* e l'attribuzione della piena cittadinanza romana ad alcune *gentes alpinae* precedentemente *adtributae* al *municipium*[87]. Soprattutto, previde la sistemazione del collegamento con *Augusta Vindelicum* attraverso il passo di Resia, già utilizzato dall'esercito di Druso ma verosimilmente non ancora "munito" come una vera e propria strada romana, con la chiara volontà di creare un'alternativa (commerciale più che militare) al percorso principale per il Brennero. Tale intervento ci è noto unicamente dal testo di due miliari – rinvenuti rispettivamente a Rablà presso Parcines (non lontano da Merano) nel 1552 e a Cesiomaggiore (poco distante da Feltre), reimpiegato nell'altare della chiesa del paese, nel 1786[88] – i quali attestano come, tra il 46 e il 47 d.C., Claudio provvide all'apertura di una strada di collegamento tra la *Venetia* e la *Raetia*, che da lui prese il nome di *via Claudia Augusta*, rendendo di uso pubblico un precedente tracciato militare realizzato dal padre Druso.

Riguardo al percorso di tale strada, gli studiosi si dividono essenzialmente su due differenti posizioni[89]: 1- la strada aveva due percorsi distinti che, in partenza rispettivamente da Altino e da Ostiglia si sarebbero riuniti a Trento (uno attraverso la Valsugana e l'altro attraverso la valle dell'Adige) per poi proseguire congiuntamente verso Augsburg attraverso la Val Venosta e il Passo di Resia (per tale motivo le due diramazioni sono anche note come "Claudia Augusta Altinate" e "Claudia Augusta Padana"); 2- un unico percorso in partenza da Altino. La motivazione di tali contrastanti opinioni è dovuta al fatto che i due miliari recano informazioni apparentemente differenti: mentre quello di Rablà riporta, infatti, un'indicazione alquanto generica tra i due capilinea (*a flumine Pado ad flumen Danuvium*), quello di Cesiomaggiore si mostra più specifico e pone l'inizio della strada propriamente ad Altino (*ab Altino usque ad flumen Danuvium*). I sostenitori della prima ipotesi, tuttavia, fondano le loro certezze anche su altri due miliari, trovati nel Veronese lungo l'itinerario in sinistra Adige tra Verona e Trento, in cui compare l'indicazione della distanza accanto alle lettere AP: poiché tali lettere vengono solitamente sciolte in "*a Pado*", intendendo un riferimento al porto fluviale di *Hostilia* (Ostiglia), tali studiosi ritengono di leggere l'indicazione *a flumine Pado* del miliare di Rablà come un riferimento a tale *vicus*.

Come già suggerito in passato[90], questa differenza potrebbe però ben giustificarsi anche con motivi propagandistici, in cui Claudio esalta sé stesso attraverso le imprese del padre Druso: questo avrebbe particolarmente senso se si pensa che il miliare di Rablà (che non sarebbe peraltro del tutto corretto

---

[85] Cfr. Basso 2002: 343.
[86] Buchi 2002.
[87] Come attesta la *Tabula Clesiana*. Cfr. Giorcelli Bersani 2019: 57-59.
[88] Basso 1987: 89 n. 36 (Cesiomaggiore); 101 n. 41 (Rablà).
[89] Per una sintesi sull'annosa questione, si veda Rosada 2002.
[90] Bosio 1991: 136-137; Rosada 1992a.

definire tale)[91] sarebbe stato collocato in prossimità del confine tra Italia e *Raetia*, non lontano dalla *statio Miensis*. Non avrebbe quindi voluto fornire informazioni precise circa i due *capites viae*, bensì esaltare l'opera di Claudio menzionando i due importanti corsi d'acqua che essa avrebbe permesso di collegare (ricordando in questo, come suggerisce Rosada, i celebri versi del "5 Maggio" di Manzoni "Dall'Alpi alle Piramidi, dal Manzanarre al Reno, di quel securo il fulmine tenea dietro al baleno; scoppiò da Scilla al Tanai, dall'uno all'altro mar")[92]. Il miliare di Cesiomaggiore esplicita invece l'esatto luogo di partenza, riprendendo peraltro una consuetudine utilizzata anche da Augusto quando, nel 2 a.C., restaurò il percorso della *via Aemilia* e fece incidere sui miliari che l'intervento aveva interessato l'intero tracciato *ab Arimino ad flumen Trebiam*[93]: se nel caso emiliano Augusto intese esaltare la monumentalità dell'opera compiuta ricordando che aveva risistemato l'antica consolare dal *caput viae* di Rimini fino al confine occidentale della *regio octava*, Claudio parimenti celebra la propria impresa, che aveva permesso di collegare Altino, uno dei principali porti dell'alto adriatico, con quello che allora costituiva il limite più settentrionale dell'Impero. Sappiamo inoltre da Plinio che la città di *Altinum* in epoca romana si trovava effettivamente sul Po, in quanto l'ampio delta del fiume, noto come *Septem Maria*, si estendeva allora *in flumina et fossas* per 120 miglia tra Ravenna e, appunto, Altino[94]. In questo senso, quindi, i riferimenti ad *Altinum* e al *Padus* dei due miliari sarebbero in realtà perfettamente coerenti tra loro, con la differenza che risiederebbe unicamente nella loro collocazione (presso il *finis Italiae* e all'interno della *Decima regio*) e nel diverso livello propagandistico che questa avrebbe comportato.

A seguito della sistemazione dei due importanti itinerari transalpini per i passi del Brennero e di Resia e della conseguente riorganizzazione della viabilità che in essi confluiva, *Tridentum* divenne uno snodo viario di primaria rilevanza all'interno del sistema di collegamenti tra i due versanti delle Alpi e, in particolare, per i percorsi diretti da e verso il lago di Garda e i principali centri urbani della pianura veneta. Ancor più a partire dalla seconda metà del II sec. d.C., quando la città ottenne il titolo onorifico di *colonia*, divenendo anche un importante centro logistico militare (in quanto sede di un distaccamento della *Legio III italica*)[95].

Proprio tale importanza rende comprensibile la lunga durata della rete viaria definita in età giulio-claudia, che continuò a vivere per tutta l'età imperiale e tardoantica (almeno fino al VI sec. d.C.), come testimoniano i dati archeologici e, per l'itinerario Verona-Augsburg lungo le valli dell'Adige e dell'Isarco, i numerosi miliari databili al III e IV sec. d.C.[96] e il suo inserimento, assieme a quello Trento-Feltre-Oderzo lungo la Valsugana, all'interno dei principali *Itineraria* antichi giunti fino a noi. Non solo, per molti tratti essa verrà percorsa e mantenuta ancora in età longobarda e per tutta l'epoca medievale, continuando ad essere utilizzata fino ai nostri giorni.

[M.M.]

---

[91] Czysz 2007: 7.
[92] Rosada 2002: 53.
[93] Mansuelli 1942: 37.
[94] Plin., *Nat. Hist.*, III, 119.
[95] Buchi 2000b: 81-83.
[96] Basso 2002: 343-347.

Bibliografia

Allavena S., L. Rizzi and G. Rizzi 2002. La strada romana di Elvas nella viabilità antica della Valle Isarco, in L. Dal Ri and S. Di Stefano (eds), *Archeologia romana in Alto Adige. Studi e contributi* I: 511-551. Bolzano/Wien: Folio.

Baggio Bernardoni, E. 2000. La porta Veronensis, in E. Buchi (ed.) *Storia del Trentino*, II, *L'età romana*: 347-361. Bologna: Il Mulino.

Bassi, C. 2017. *Tridentum* città romana. Osservazioni cronologiche sulla fondazione, in S. Solano (ed.) *Da Camunni a Romani. Archeologia e storia della romanizzazione alpina*: 175-195. Roma: Quasar.

Bassi, C. 2021. Viabilità minore nel Trentino: *municipium Brixiae et municipium Tridenti*. *Atlante Tematico di Topografia Antica* 31: 59-77.

Bassi, C. 2022. Il centro abitato di Riva del Garda (Trentino) in epoca romana. *Atlante Tematico di Topografia Antica* 32: 69-85.

Basso, P. 1987. *I miliari della* Venetia *romana*. Padova: SAV.

Basso, P. 2002. La direttrice lungo le valli dell'Adige e dell'Isarco: dalla strada romana all'autostrada, in V. Galliazzo (ed.) *Via Claudia Augusta. Un'arteria elle origini dell'Europa: ipotesi, problemi, prospettive*: 340-359. Feltre (BL): Comune di Feltre.

Bigliardi, G. 2004. Alpes, id est claustra italiae. *La trasformazione dei complessi fortificati romani dell'arco alpino centro-orientale tra l'età tardo-repubblicana e l'età tardo-antica. Aquileia Nostra* 75: 317-372.

Bonetto, J. 1997. *Le vie armentarie tra* Patavium *e la montagna*. Dosson (TV): Assessorato ai Beni Culturali.

Bosio, L. 1991. *Le strade romane della* Venetia *e dell'*Istria. Piazzola sul Brenta (PD): Editoriale Programma.

Brogiolo, G.P. 2018. La romanizzazione tra la Valle Sabbia e il Garda, in F. Nicolis and R. Oberosler (eds) *Archeologia delle Alpi. Studi in onore di Gianni Ciurletti*: 133-144. Trento: Provincia Autonoma di Trento.

Bruno, B. and P. Fresco 2019. Indagini recenti sulle strade della Valpolicella romana, in P. Basso, B. Bruno, C. Cenci and P. Grossi (eds) *Verona e le sue strade. Archeologia e valorizzazione*: 115-128. Sommacampagna (VR): Cierre Edizioni.

Buchi, E. 2000. Dalla colonizzazione della Cisalpina alla colonia di *Tridentum*, in E. Buchi (ed.) *Storia del Trentino*, II, *L'età romana*: 47-131. Bologna: Il Mulino.

Buchi, E. 2002. L'imperatore Claudio nella *X Regio*, in V. Galliazzo (ed.) *Via Claudia Augusta. Un'arteria elle origini dell'Europa: ipotesi, problemi, prospettive*: 83-107. Feltre (BL): Comune di Feltre.

Cavada, E. 1993. Forme e testimonianze archeologiche della presenza umana nell'area ladino-dolomitica durante il primo millennio d.C., in *Archeologia nelle Dolomiti. Ricerche e ritrovamenti nelle Valli del Sella dall'età della pietra alla romanità,* 71-83. Bolzano: Istituto Culturale Ladino.

Cavada, E. 2000. Il territorio: popolamento, abitati, necropoli, in E. Buchi (ed.) *Storia del Trentino*, II, *L'età romana*: 363-437. Bologna: Il Mulino.

Cavada, E. and M. Lanzinger 1995. Il popolamento della valle dell'Avisio: dalle origini alle comunità medievali, in *La vallata dell'Avisio: Fiemme, Fassa, Cembra, Altopiano di Pinè*, 74-108. Trento: Cromopress.

CAVe. 1988. *Carta Archeologica del Veneto, II,* edited by L. Capuis, G. Leonardi, S. Pesavento Mattioli and G. Rosada. Modena: Panini.

Caviglioli, R. 1996. Introduzione alla romanizzazione dell'area: le testimonianze archeologiche sul territorio, in U. Tecchiati (ed.) *Dalle radici della storia. Archeologia del Comun Comunale lagarino. Storie e forme dell'insediamento dalla preistoria al Medio Evo*: 151-158. Rovereto (TN): Stella.

Ciurletti, G., N. Degasperi and L. Endrizzi 2004. I Campi Neri di Cles: un luogo di culto dalla protostoria alla tarda romanità. Le ricerche in corso, in M. De Vos (ed.) *Archeologia del territorio. Metodi materiali prospettive. Medjerda e Adige: due territori a confronto*: 453-466. Trento: Dipartimento di scienze Filosofiche e Storiche.

Conta, G. 1990. Romanizzazione e viabilità nella regione altoatesina, in *La Venetia nell'area padano-danubiana. Le vie di comunicazione*, 223-251. Padova: CEDAM.

Constantini, R. 2002. *Sebatum*. Roma: L'Erma di Bretschneider.

Cuntz, O. 1929. *Itineraria romana. Itineraria Antonini Augusti et Burdigalense*. Leipzig: B.G. Teubner.

Czysz, W. 2002. *Via Claudia Augusta*: der bayerische Streckenabschnitt zwischen *Foetibus*-Füssen und *Submontorium* an der Donau. Neue Entdeckungen, Ausgrabungen, Forschungen, in V. Galliazzo (ed.) *Via Claudia Augusta. Un'arteria elle origini dell'Europa: ipotesi, problemi, prospettive*: 242-264. Feltre (BL): Comune di Feltre.

Czysz, W. 2007. 350 miglia dal Po al Danubio. La strada romana *via Claudia Augusta. Quaderni Friulani di Archeologia* 17: 7-22.

Dal Ri, L. 1990. Tracce di manufatti stradali di epoca romana in provincia di Bolzano, in *La Venetia nell'area padano-danubiana. Le vie di comunicazione*, 611-625. Padova: CEDAM.

Dal Ri, L and G. Rizzi 2005. Evidenze di viabilità antica in Alto Adige, in L. De Finis (ed.) *Itinerari e Itineranti attraverso le Alpi dall'Antichità all'Alto Medioevo*: 801-818. Trento: Temi Editrice.

De Bon, A. 1938. Rilievi di campagna, in *La via Claudia Augusta Altinate*, 13-68. Venezia: Istituto Veneto di Lettere, Scienze ed Arti.

De Vos, M. and B. Maurina. 2011 (eds) *La villa romana d'Isera: Ricerche e scavi (1973-2004)*. Rovereto (TN): Fondazione Museo Civico di Rovereto.

Di Stefano, S. 2002a. La via Claudia Augusta attraverso le Alpi: ricostruzione degli itinerari attraverso l'Alto Adige e il Tirolo sulla base delle evidenze archeologiche, in V. Galliazzo (ed.) *Via Claudia Augusta. Un'arteria elle origini dell'Europa: ipotesi, problemi, prospettive*: 194-218. Feltre (BL): Comune di Feltre.

Di Stefano, S. 2002b. La mansio di *Endidae*/Egna. Lo scavo di una stazione stradale lungo la *via Claudia Augusta*, in V. Galliazzo (ed.) *Via Claudia Augusta. Un'arteria elle origini dell'Europa: ipotesi, problemi, prospettive*: 312-335. Feltre (BL): Comune di Feltre.

Faoro, D. 2021. *Municipium Iulium Tridentum*: osservazioni attorno alla genesi di un centro alpino, in G.L. Gregori and R. Dell'Era (eds) *I Romani nelle Alpi. Storia, epigrafia e archeologia di una presenza*: 409-422. Roma: Sapienza Università Editrice.

Giorcelli Bersani, S. 2019. *L'impero in quota. I Romani e le Alpi*. Torino: Einaudi.

Grossi, P. 2019. I miliari dell'agro veronese: ipotesi e spunti di riflessione per un inquadramento topografico, in P. Basso, B. Bruno, C. Cenci and P. Grossi (eds) *Verona e le sue strade. Archeologia e valorizzazione*: 35-58. Sommacampagna (VR): Cierre Edizioni.

Luchetta, C. and M. Matteazzi 2023. Tra *Feltria* e *Tridentum*. Viabilità e confini tra le valli del Piave e del Brenta in epoca romana. *Archeologia Veneta* 45 (2022): 22-35.

Mansuelli, G. 1942. La rete stradale e i cippi miliari della regione ottava. *Atti e Memorie della Regia Deputazione di Storia Patria dell'Emilia* 7 (1941-42): 33-69.

Marzatico, F. 1994. I ritrovamenti archeologici di Cembra nel quadro dell'antico popolamento della valle, in *Storia di Cembra*, 37-68. Trento: Casa Editrice Panorama.

Marzoli, C. and G. Rizzi 2005. Una probabile stazione stradale a Laives-S. Giacomo lungo la strada romana, in G. Ciurletti and N. Pisu (eds) *I territori della via Claudia Augusta: incontri di archeologia*: 211-222. Trento: Provincia Autonoma di Trento.

Matteazzi, M. 2009. Costruire strade in epoca romana: tecniche e morfologie. Il caso dell'Italia settentrionale. *Exedra. Revista Digital de Historia y Humanidades* 1 (Diciembre 2009): 17-38.

Matteazzi, M. 2013. Ne nutent sola. Strade e tecniche costruttive in Cisalpina. *Agri Centuriati* 9 (2012): 21-41.

Matteazzi, M. 2022. Verso le montagne e oltre: alcune considerazioni sulla viabilità di epoca romana nella pianura a nord-ovest di Vicenza. *Archeologia Veneta* 44 (2021): 190-205.

Matteazzi, M., F. Francesconi and A. Tognotti, 2023. Leggere le forme del paesaggio alpino contemporaneo per comprenderne genesi ed evoluzione: il caso dell'alta Val Lagarina (Trento), in A. Cristilli et alii (eds) *Experiencing the Landscape in Antiquity 2*: 141-149. Oxford: BAR International Series 3107.

Maurina, B. 2015. Una *mansio* romana a Ponte Gardena?, in B. Callegher (ed.) *Studia archaeologica Monika Verzár Bass dicata*: 117-130. Trieste: EUT.

Maurina, B. 2016. *Ricerche Archeologiche a Sant'Andrea di Loppio (Trento, Italia). Il* castrum *tardoantico-altomedievale*. Oxford: BAR.

Migliario, E. 1994. Ercole in Valsugana (CIL V 5049), in A. Mastrocinque (ed.) *Culti pagani nell'Italia settentrionale*: 119-130. Trento: Editrice Università degli Studi di Trento.

Miller, K. 1962. *Die Peutingersche Tafel*. Stuttgart: Brockhaus.

Mosca, A. 2004. Direttrici viarie nel Trentino Alto Adige: problematicità di una ricerca, in M. De Vos (ed.) *Archeologia del territorio. Metodi materiali prospettive. Medjerda e Adige: due territori a confronto*: 367-391. Trento: Dipartimento di scienze Filosofiche e Storiche.

Mosca, A. 2020. Il complesso sistema stradale alla base delle Alpi centro-orientali. *Journal of Ancient Topography* 29 (2019): 173-232.

Mosca, A. 2021. Vie d'acqua dalle Alpi centro-orientali all'Adriatico in età romana: dati archeologici e topografici. *Journal of Ancient Topography* 30 (2020): 127-174.

Pesavento Mattioli, S. 2000. Il sistema stradale nel quadro della viabilità dell'Italia nord-orientale, in E. Buchi (ed.) *Storia del Trentino*, II, *L'età romana*: 11-46. Bologna: Il Mulino.

Rosada, G. 1992a. Ancora sulla *Claudia Augusta* e sul 'miliare' di Cesiomaggiore, in *Itinera. Studi in onore di Luciano Bosio*, 131-138. Padova: SAV.

Rosada, G. 1992b. Tecnica stradale e paesaggio nella *decima regio*, in L. Quilici, S. Quilici Gigli (eds) *Tecnica stradale romana*: 39-50. Roma: L'Erma di Bretschneider.

Rosada, G. 2002. *...viam Claudiam Augustam quam Drusus pater...derexerat*, in V. Galliazzo (ed.) *Via Claudia Augusta. Un'arteria elle origini dell'Europa: ipotesi, problemi, prospettive*: 38-68. Feltre (BL): Comune di Feltre.

Rosada, G. 2004. La tecnica stradale romana nell'Italia settentrionale: questioni di metodo per uno studio sistematico, in R. Frei Stolba (ed.) *Siedlung und Verkehr im romischen Reich*: 41-78. Bern: Peter Lang.

Tabarelli, G.M. 1994. *Strade romane nel Trentino e nell'Alto Adige*. Trento: Temi Editrice.

Tarpin, M. 2018. Penetrazione romana nelle Alpi prima di Augusto: geopolitica della non-conquista. *Geographia Antiqua* 27: 25-46.

Tognotti, A. 2020. Tra Riva e Rovereto: appunti per la ricostruzione di una viabilità antica tra Sommolago e valle dell'Adige, Tesi di Laurea Triennale (rel. Prof. Emanuele Vaccaro). Trento: Università degli Studi di Trento.

Toldo, M. 2022. Per una Carta Archeologica del Comune di Pergine (TN), Tesi di Laurea Triennale (rel. Prof. Emanuele Vaccaro). Trento: Università degli Studi di Trento.

Vaccaro, E. (ed.) 2022. *Progetto Doss Penede, Archeologia di un insediamento di altura nell'area altogardesana (Nago-Torbole, TN) tra Protostoria ed età romana (scavi e ricerche 2019-2021)*. Roma: Quasar Edizioni.

Zaccaria Ruggiu, A. 2016. Una villa rustica-mansio a Brentino Belluno (VR) in Valdadige, in P. Basso and E. Zanini (eds) Statio amoena. *Sostare e vivere lungo le strade romane*: 131-146. Oxford: Archaeopress Archaeology.

Zentilini, E. 2016. In viaggio verso la Valle Sabbia. Una stazione di sosta a Gavardo (BS)? I dati archeologici, in P. Basso and E. Zanini (eds) Statio amoena. *Sostare e vivere lungo le strade romane*: 159-163. Oxford: Archaeopress Archaeology.

Economia e viabilità secondaria nella Sicilia centro-meridionale: il comprensorio di Agrigento tra i fiumi Platani e Naro.

Giuseppe Guarino
(Università di Bologna)

Abstract: the paper introduces hypotheses concerning the road system of the Agrigento hinterland, focusing especially on service routes for the transit of people, resources, and commercial products. Employing an integrated methodology that combines direct observation of cartographic sources and with the application of GIS algorithms for Least Cost Path (LCPs) determination, the analysis of the landscape is conducted across multiple scales of representation, fostering the emergence of both scientific and methodological questions.

Keywords: Sicilia, Agrigento, *Least Cost Path*, viabilità antica, viabilità secondaria, viabilità economica.

Introduzione

La ricerca qui presentata è parte di un lavoro più ampio condotto nel corso di una tesi per la Scuola di Specializzazione in Archeologia dell'Università di Bologna[1]. L'analisi mira all'individuazione dei luoghi dediti allo sfruttamento delle risorse economiche sul territorio agrigentino compreso tra i fiumi Naro a Est e Platani a Ovest. In particolare, ci si è focalizzati sulle risorse minerarie come il sale e lo zolfo, di cui il territorio agrigentino è ricco[2]; sul rivestimento boschivo, riconoscibile in alcuni casi attraverso le testimonianze toponomastiche[3]; sulla capacità di sfruttamento agricolo e pastorale del terreno. Il focus si è poi rivolto all'individuazione delle direttrici "economiche", ossia di quelle vie di servizio che in varie epoche, hanno permesso il transito di persone, risorse e prodotti commerciali.

È stato fatto ampiamente uso dei sistemi GIS e degli algoritmi in esso presenti, soprattutto per la determinazione dei percorsi a basso costo (*Least Cost Path*), con l'obiettivo di scorgere possibili tracciati antichi, ma anche per mettere in luce le dicotomie esistenti tra il metodo di ricostruzione frutto dell'osservazione diretta delle fonti e quello informatizzato, evitando così il "riempimento dei vuoti" attraverso il semplice tracciamento di itinerari stradali che non conosciamo[4].

Un tentativo di ricostruzione della viabilità secondaria dell'hinterland agrigentino

Il settore indagato coincide nella sua parte più interna con la *Sikania* ricordata dalle fonti storiche[5], e si caratterizza per il vasto territorio geomorfologicamente articolato grazie alla presenza di alture, più o meno elevate, poste a controllo di fertili vallate solcate da piccoli corsi d'acqua. Si tratta di un paesaggio complesso, caratterizzato da una straordinaria potenzialità di risorse economiche che ci permette di

---

[1] Guarino 2021.
[2] L'area è la parte più occidentale di un vasto territorio che geologicamente è noto come Bacino di Caltanissetta, noto per i sedimenti della Serie Gessoso Solfifera (Mezzadri 1989).
[3] A Est di Agrigento si riscontra il geotoponimo Ràgabo di origine araba, da *Rahab*, che significa appunto bosco.
[4] Güimil and Fariña e Parcero and Oubiña 2015.
[5] Erodoto definì la Sikania, "la regione nei pressi di Akragas".

passare da un paesaggio agro-pastorale a un paesaggio minerario, quest'ultimo ancora scarsamente indagato dal punto di vista archeologico.

L'hinterland agrigentino era abitato dal sostrato indigeno sicano che dovette entrare fin da subito in contatto con la colonia[6] attraverso rapporti politici (alleanze o forme di controllo militare) e socio-economici relativi allo sfruttamento agrario e minerario[7]. La *survey* condotta da Johannes Bergemann nella zona dei Monti Sicani ha permesso di individuare una gerarchia di siti indigeni, che mostrano un particolare interesse per le materie prime come il sale e lo zolfo[8]. È questo un periodo, quello tra il VI e V sec. a.C., abbastanza dinamico dal punto di vista dei rapporti commerciali. Possiamo immaginare la presenza di una viabilità centralizzata diretta verso i principali centri, indigeni e greci, e la ramificazione di una viabilità minore che si innerva nel territorio per lo sfruttamento delle risorse agricole e minerarie. Come sottolineato da Aurelio Burgio, i caratteri del sistema viario greco saranno stati vicini a quelli di una viabilità "naturale", valorizzando i percorsi di crinale e quelli fluviali, e non doveva discostarsi molto dal sistema delle attuali trazzere[9]. Si tratta di tracciati, più che di strade, che si adattano alla morfologia del territorio. Alcune di queste direttrici verosimilmente scomparvero a seguito degli squilibri prodotti dalle lotte tra punici e greci alla fine del V sec. a.C., e ancor più gravemente nel corso delle guerre puniche nel III sec. a.C.; tuttavia, nonostante la profonda crisi causata dalle guerre che comportò un ridimensionamento della presenza di siti nel territorio[10], ad Agrigento, divenuta *civitas decumana* dopo la conquista romana, la situazione è segnata da una prospera attività economica basata sulla produzione granaria e vitivinicola, sull'industria tessile[11] e dello zolfo, peraltro documentato dal ritrovamento delle *Tegulae mancipum sulfuris*[12]. Nelle campagne dei comuni di Grotte, Racalmuto, Favara e Milena, da cui provengono i principali rinvenimenti di *tegulae sulphuris*, la presenza di alcuni insediamenti di epoca romana e bizantina potrebbe in qualche modo avere avuto un legame con le miniere e con la produzione di zolfo. Agrigento fu probabilmente il centro fiscale di questa intensa attività mineraria per tutto il periodo compreso tra il I sec. a.C. fino almeno al VI d.C.[13].

Oltre allo zolfo anche il sale e il gesso furono certamente i principali attrattori economici dell'agrigentino[14], poiché si trova in grandi quantità sia lungo il corso del fiume Platani che lungo la costa. Le fonti storiche a partire da Plinio[15] ricordano la presenza di un lago salato nei pressi di Agrigento, il lago Cocanico, e riferiscono della qualità del sale agrigentino "...resistente al fuoco e salta dall'acqua"[16]. Il sale potrebbe avere svolto un ruolo fondamentale nella creazione delle direttrici legate alle attività pastorali. Come hanno osservato Edoardo Vanni e Franco Cambi in uno studio sulle zone dell'Etruria costiera tra il Bronzo Finale e il Medioevo[17], le due attività economiche, ossia sale e pastorizia, possono assumere una particolare importanza se correlate tra loro. Il sale, infatti, è un

---

[6] Testimoniato dalla ceramica indigena nelle necropoli di Maddalusa e di c.da Pezzino (Albanese Procelli et al. 2020; Gallo 1983; Vassallo 2020).

[7] Vassallo 2019.

[8] Bergemann 2021.

[9] Burgio 1996.

[10] Come accade per l'area dei Monti Sicani (Bergemann 2021: 11).

[11] Cicerone, Verre II, 124. Per un approfondimento cfr. (Coarelli e Torelli 1992: 119).

[12] Uno studio sulla produzione dello zolfo ad Agrigento cfr. (Nicolet 1994: 218–22; Zambito 2014).

[13] Zambito 2014: 150–52.

[14] Si veda (Gullì, Lugli, and Ruggieri 2018) per le più recenti ricerche sulle cave di gesso di Grotta Inferno presso Eraclea Minoa, utilizzate in età romana.

[15] Plinio *Nat. Hist.* XXXI, 73-85.

[16] Gullì 2021.

[17] Cambi e Vanni 2015. Nello stesso volume sui giacimenti di sale e sulle pratiche della transumanza nell'Isola d'Elba v. (Pagliantini 2015: 93–105).

elemento fondamentale per la caseificazione del latte e come integratore necessario per la dieta animale. Riteniamo infatti che alcune delle direttrici che da Agrigento si dirigono verso il Platani e i Monti Sicani, siano molto antiche, frutto di una viabilità pastorale riconoscibile nei percorsi che ricadono lungo le grotte ripariali e cultuali (es. Grotta Palombara), talvolta caratterizzati dalla presenza degli insediamenti di epoca preistorica[18]. Allo stesso modo, notevole importanza per il suo trasporto dovette rivestire la viabilità fluviale lungo il corso del Platani, dove si trovano le aree di raccolta[19].

La viabilità antica in Sicilia: breve sguardo sullo stato dell'arte

La viabilità antica in Sicilia, com'è noto, mostra parecchie difficoltà ricostruttive, soprattutto quando si tratta di viabilità secondaria, ossia di quei percorsi che nel periodo romano non rientravano nel sistema statale e per questo non erano oggetto di monumentalizzazione[20].

Prendendo in analisi le fonti, sia scritte che archeologiche, le notizie che possiamo trarre sono molto esigue: Tucidide e Diodoro, ad esempio, fanno poco riferimento alla viabilità siciliana e difficilmente ne descrivono il loro percorso. Altri scrittori, come Plinio[21], Strabone[22] e Stefano Bizantino[23], riportano nelle loro opere i nomi di alcune località che potrebbero agevolare la conoscenza di taluni percorsi, ma per la maggior parte di esse è ancora ignota la localizzazione geografica.

Qualche informazione in più è possibile ricavarla dagli *Itineraria* e in particolare dalla *Tabula Peutingeriana*, malgrado presentino frequenti errori nella traduzione delle distanze e la comprensione sia resa spesso difficile dalla resa schematica di rappresentazione della viabilità. Per il periodo medioevale, invece, un'opera di riferimento è costituita dall'itinerario descritto dal geografo Al-Idrisi nel Libro di Ruggiero, corredato da una carta del mondo e in cui per la Sicilia si elencano 134 località e i nomi dei fiumi e dei monti[24].

Anche le fonti archeologiche sono molto esigue per tentare una ricostruzione esaustiva della rete viaria siciliana. L'intervento dei romani, infatti, dovette limitarsi alla risistemazione del precedente sistema viario greco e, in alcuni casi, all'edificazione di nuove costruzioni o variazioni di percorso, per necessità militari[25]. Non è un caso, infatti, se il miliario di Corleone, in provincia di Palermo, è stato scoperto *in situ* a 827m s.l.m.[26], al confine con il territorio da sempre posto sotto il controllo dell'eparchia punica. Il miliario testimonia la presenza di una strada militare costruita dal console Aurelio Cotta intorno al 241 a.C.[27]. Al miliario di Corleone si affiancano due nuove scoperte epigrafiche, il miliario di Pistunina di età costantiniana[28], e l'iscrizione proveniente da Lilibeo (Silvestrini 2014), riferibile alla costruzione o restauro di *stationes* sulla via Lilibeo-Siracusa, ma comunque pertinenti al *cursus publicus*. Infine, la

---

[18] Una di queste vie potrebbe passare nei pressi di Grotta Palombara, nelle cui vicinanze sorge Masseria Osteri, uno stanziamento romano imperiale e medievale.

[19] Gullì 2021.

[20] Uggeri 2004.

[21] Plinio elenca 69 città di cui 5 colonie, 13 oppida, 3 latine e 48 tributarie.

[22] Strabone ne riporta 16.

[23] Stefano Bizantino riporta il nome di 122 città.

[24] Sulla Sicilia v. Santagati 2010.

[25] Uggeri 2004.

[26] Di Vita 1955.

[27] Di Vita 1955; Prag 2006; Salmeri 1992; Uggeri 2002. Wilson propone una datazione più bassa, alla fine del III sec. a.C. (Wilson 1990: 11).

[28] Di Paola 2016.

recente scoperta di un tratto di strada romana glareata, databile tra II e III sec. d.C., è attribuibile alla via *Catina-Therme Himeraeae*[29].

Al di là della tradizione riportata dalle fonti scritte e dai resti archeologici, dobbiamo intendere la viabilità come un organismo mutabile nel tempo che cambia al variare dell'importanza politica ed economica dei centri predominanti su cui gravitava il territorio circostante[30]. Con il modificarsi della *facies* politica, sociale, ed economica di una regione, infatti, i percorsi viari vengono modificati, soprattutto quando questi non sono più mantenuti da un'autorità statale o dalle comunità in grado di apportare la necessaria manutenzione o crearne *ex novo*. Inoltre, un peso enorme è rivestito dalle caratteristiche geomorfologiche del territorio e dal clima, soprattutto nelle zone dell'entroterra siciliano, dove i suoli argillosi e le fiumare, tipiche del mezzogiorno, rendono tutt'ora i percorsi impraticabili nelle stagioni più piovose.

La viabilità secondaria. Dall'analisi cartografica alla determinazione di un "modello di movimento" informatizzato

Tramite la digitalizzazione sul GIS delle informazioni cartografiche (topografiche, numeriche e tematiche) e archeologiche, è stato possibile creare la base informativa su cui ancorare le ipotesi di viabilità secondaria. I GIS, oltre che a permettere la gestione, l'integrazione e la visualizzazione di un ampio set di dati, trovano sempre più largo impiego per l'analisi interpretativa, ponendosi in una fase intermedia del processo di ricerca sul paesaggio antico. In questo processo assume un'importanza rilevante la qualità dei dati, che è fondamentalmente legata all'obiettivo di ricerca[31]. Alcune informazioni utilizzate in questo studio, non presentano infatti lo stesso livello qualitativo né di dettaglio. Si è cercato dunque di utilizzare al meglio le fonti a disposizione, avendo cura di basare le analisi spaziali sui dati che presentavano un'accuratezza maggiore, ed affiancando alle procedure metodologiche implicite, ottenute dalle operazioni e dall'utilizzo degli algoritmi predefiniti in GIS, un processo di ragionamento critico, poiché si è consapevoli del fatto che le sole metodologie e tecnologie spaziali necessitano della verifica diretta sul campo.

L'analisi autoptica e le ipotesi di viabilità secondaria: fonti e metodi

Le prime analisi per la ricostruzione della viabilità nascono dall'osservazione autoptica delle fonti cartografiche e toponomastiche integrate con l'analisi delle Regie trazzere siciliane (le antiche strade usate, come i tratturi pugliesi, per la transumanza dei greggi). Fondamentale è stato il supporto delle fonti archeologiche per la comprensione del tessuto insediativo (insediamenti, *mansiones*, luoghi di culto), e delle carte tematiche (geomorfologiche e geologiche).

Nello specifico sono stati digitalizzati e georiferiti i fogli IGM in scala 1:25.000 (anni 1929, 1931, 1945)[32] e le Carte Tecniche Regionali in scala 1:10.000[33]. Particolarmente utile è stata l'analisi dello sviluppo

---

[29] Belvedere 2021.

[30] Pace 1958.

[31] Gupta 2020.

[32] Capita frequentemente che nei fogli dell'IGM il percorso della trazzera si perda nel nulla, per cui si è reso necessario integrare con le immagini satellitari. Nei casi più fortunati ad essa si sostituisce il percorso di una strada moderna o di una ferrovia.

[33] Le CTR sono state recuperate nella sezione Cartografia e Tematismi del SITR siciliano: https://www.sitr.regione.sicilia.it/download-cartografia/

della rete trazzerale siciliana[34], basandosi su un metodo messo a punto da Dinu Adamesteanu[35], e della toponomastica[36]. Informazioni aggiuntive provengono poi da fonti cartografiche come il Catasto Borbonico del 1780, dalle Carte d'Italia in scala 1:100.000 del Touring Club Italiano (1901)[37] e dalle evidenze archeologiche recuperate dalla bibliografia e dal Piano Territoriale Paesaggistico Regionale (PTPR)[38]. Per il riconoscimento di tracce archeologiche sul terreno, non disponendo purtroppo di fotografie aeree digitalizzate e ad alta risoluzione, si è fatto ricorso all'uso delle immagini satellitari messe a disposizione dai servizi di mappe virtuali come Bing[39], Google Satellite[40] ed Esri Satellite[41], e ai servizi WMS messi a disposizione dal SITR della Regione Sicilia[42]. Infine, le Carte Tematiche[43], si sono rese utili per le informazioni riguardanti la geomorfologia del territorio, ma soprattutto per il posizionamento puntuale dei giacimenti minerari di sale e zolfo, indispensabili per ancorare l'ipotesi di alcune direttrici allo sfruttamento di queste risorse minerarie.

L'analisi informatizzata attraverso la Least Cost Path

Si è cercato di ricostruire la viabilità attraverso metodologie implicite, come dicevamo, grazie all'applicazione dei metodi di analisi spaziale in GIS, e in particolare attraverso il calcolo dei percorsi a basso costo o *Least Cost Paths* (LCPs). Si tratta di un approccio quantitativo che calcola i percorsi con il minor costo di percorrenza da un punto di partenza a uno di destinazione. Il metodo, oltre che ai punti di destinazione, richiede come input un raster cumulativo di costo, ossia un raster che riporti per ogni cella le difficoltà per il suo attraversamento. Quest'ultimo si ottiene dalla somma pesata di dati normalizzati, attraverso l'applicazione degli operatori logico-matematici della Map Algebra. Per il tipo di analisi condotte, sono state prese in considerazione alcune variabili di attrito (*friction*), ossia la resistenza che il terreno crea al passaggio di persone o cose, che dipendono da diversi fattori.

Nel nostro caso sono stati considerati come variabili di attrito:

- la geomorfometria[44], estratte da un DEM con risoluzione a 10m[45];

- le pendenze[46], anch'esse estratte dal DEM;

---

[34] I documenti sono stati consultati presso l'ufficio competente in materia di Demanio Trazzerale della Regione Sicilia.

[35] Ad ogni modo, come ha notato lo studioso, le trazzere siciliane hanno subìto nel tempo parecchie modifiche, e ciò crea non poche difficoltà nella loro ricostruzione (Adamesteanu 1963a: p. 40).

[36] Le informazioni toponomastiche sono state recuperate nella sezione Cartografia e Tematismi del SITR siciliano: https://www.sitr.regione.sicilia.it/download-cartografia/.

[37] Le Carte del Touring Club Italiano, del Catasto Borbonico e le carte IGM 25.000 sono recuperate nella Biblioteca di Geografia del Dipartimento di Storia Cultura e Civiltà dell'Università di Bologna.

[38] Bisogna annotare che le informazioni archeologiche recuperate dal PTPR 2013, pur presentando un buon grado di certezza topografica, non riportano spesso le informazioni cronologiche e funzionali del sito.

[39] https://www.bing.com/maps

[40] https://www.google.it/intl/it/earth/

[41] https://www.esri.com/en-us/maps-we-love/gallery/satellite-map

[42] https://www.sitr.regione.sicilia.it/geoportale/it/Home/ServiceCatalog

[43] Carte di Analisi. Sistema naturale. Geologia, tav. 1.a e 1.b, 2003; Carte di Analisi. Sistema naturale. Morfologia di Base, tav. 2.a e 2b, 2003.

[44] L'algoritmo *r.geomorphon* presente tra le funzionalità di GRASS GIS https://grass.osgeo.org/grass82/manuals/r.geomorphon.html

[45] È stato utilizzato un DEM con risoluzione a 10 m recuperato dal sito dell'Ist. Nazionale di Geofisica e Vulcanologia https://data.ingv.it/dataset/185#additional-metadata

[46] Per le pendenze è stato utilizzato l'algoritmo *slope* presente in GDAL https://docs.qgis.org/testing/en/docs/user_manual/processing_algs/gdal/rasteranalysis.html#gdalslope

GEOMORFOLOGIA   PENDENZE   IDROGRAFIA

ASSETTO IDRO-GEOLOGICO   RASTER DI COSTO

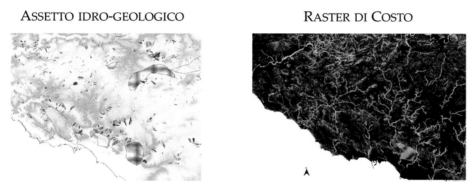

Figura 1 - Raster di "attrito" riclassificati e raster di costo (Accumulated Cost).

- l'idrografia, sotto forma di file vettoriale, costituita da rivoli a carattere stagionale e dalle aste fluviali principali[47];

- i dissesti idro-morfologici[48], contenenti le informazioni legate ai dissesti come i crolli, le frane, i calanchi, le erosioni e così via[49].

Tutti i raster di "attrito" sono stati riclassificati assegnando ad ogni cella un valore pesato da 1 a 10, dove il valore 1 si riferisce alla cella più facilmente percorribile, mentre con i valori prossimi al 10 quelle meno o non percorribili. Ad esempio, il valore 1 è stato assegnato alle pianure, mentre ai fiumi è stato assegnato il valore 10. A questo punto si passa alle operazioni di Map Algebra, per ottenere un raster di "attrito cumulativo"[50]. Infine, è stato calcolato il raster cumulativo di costo tramite l'algoritmo *r.walk.points,* presente nelle funzionalità di GRASS GIS[51]. La Figura 1 mostra i risultati dei raster di attrito riclassificati e il raster di costo finale su cui è stato calcolato il percorso con gli algoritmi di *Least Cost Path* (Figura 1).

---

[47] Il file vettoriale è stato trasformato in raster assegnando il valore 10 alle celle caratterizzanti i fiumi e il valore 0 alle altre celle

[48] http://www.sitr.regione.sicilia.it/pai/bac067.htm

[49] Il file in formato vettoriale è stato trasformato in formato raster.

[50] Per sommare i raster di attrito, è necessario che tutti i raster abbiano la stessa risoluzione in pixel.

[51] https://grass.osgeo.org/grass82/manuals/r.walk.html

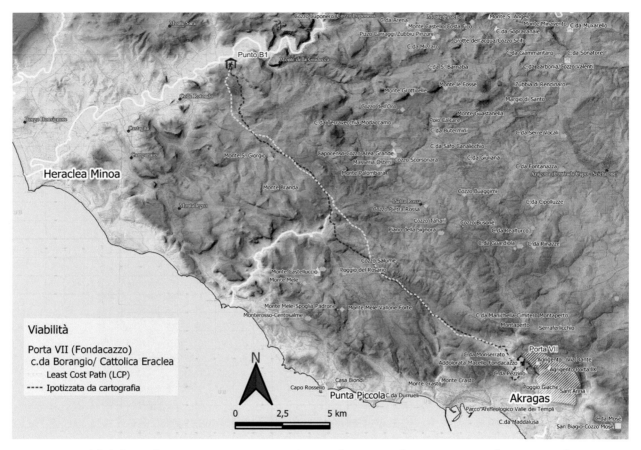

Figura 2 - Viabilità da Fondacazzo-Porta VII verso Cattolica Eraclea. In rosso la via ipotizzata su base cartografica, in giallo la via ottenuta dall'algoritmo di Least Cost Path.

Le direttrici stradali di Porta VII verso il fiume Platani

Si riportano di seguito le direttrici ipotizzate. Si tratta di vie percorribili in una giornata di cammino, quindi, di lunghezze comprese tra i 20 e i 25km. Il punto di partenza è Porta VII, dove gli scavi archeologici hanno messo in luce il tratto stradale che uscendo dalla porta, si ricongiunge alla direttrice passante per la necropoli di Contrada Pezzino[52]. Si tratta di una strada greca arcaica in uso almeno fino alla distruzione delle mura ad opera dei Cartaginesi verso la fine del V sec. a.C. Alcuni elementi ci portano però a credere che la via venisse percorsa già in epoche precedenti. L'antichità della strada potrebbe essere confermata dai cospicui frammenti di età Eneolitica che hanno dato credito all'ipotesi della presenza di un insediamento[53], nato grazie all'instaurarsi di un'economia silvo-pastorale e agricola, che richiese la presenza di ampi spazi da mettere a coltura e da adibire al pascolo[54]. Inoltre, la presenza del toponimo Fondacazzo, di cui ricordiamo l'importanza per la viabilità antica in quanto indicativo della presenza di luoghi di sosta, ci consente di sostenere l'ipotesi di una frequentazione

---

[52] Fiorentini, Calì, and Trombi 2010.

[53] Gullì 2013.

[54] Il processo ebbe inizio nel Neolitico e si marcò profondamente nell'Eneolitico e nell'Età del Bronzo, quando nei luoghi scelti per impiantarvi gli insediamenti, che erano destinati a crescere proprio in ragione dell'aumento demografico dovuto ad un *surplus* alimentare, grazie soprattutto al miglioramento delle attività produttive e dell'allevamento, si cominciarono a creare le prime vie di collegamento con il territorio circostante, per mettere in comunicazione i vari insediamenti con il le campagne, con le necropoli e i luoghi di culto.

anche in epoca tardoantica, anche se, in età Flavia, Porta VII e il circuito murario erano stati completamente obliterati e nell'area prese posto una necropoli.

Da qui, dunque, si diramano verso Ovest in direzione del Platani, due direttrici che percorrono grossomodo il tracciato di Regie trazzere: la SS. 118 Corleonese – Agrigentina, e la SPR 24 in direzione di Cattolica Eraclea.

La via verso Cattolica Eraclea.

La via più meridionale che da Porta VII si dirige verso Cattolica Eraclea, si immette inizialmente nella Piana di Cavallo e poi nella Piana di Luna, seguendo grossomodo l'ex strada Regionale Agrigento – Cattolica Eraclea (SPR 24) (Figura 2). Si tratta di un percorso piuttosto lineare che segue il regolare andamento nord-ovest sud-est delle valli. Lungo l'asse stradale ricadono diversi siti, tra cui quello preistorico di Cozzo Salume (anche se quest'ultimo doveva essere più facilmente raggiungibile da un percorso ricadente a mezzacosta), il pluristratificato Monte Castelluccio, un insediamento frequentato dal periodo greco arcaico e fino ad epoca tardoantica, l'insediamento romano imperiale di Poggio del Rosario e la necropoli romano imperiale e tardoantica di Monte S. Giorgio. Prima di giungere a destinazione, la strada attraversa il fiume Salito e passa per c.da Borangio, quest'ultima menzionata da Tommaso Fazello nel XVI secolo per la presenza di miniere di sale[55]. Oltrepassando il Platani è probabile che la strada proseguisse attraverso il valico di Fosso Cavaliere e che da qui raggiungesse la parte più meridionale dei Monti Sicani.

È interessante notare la presenza di alcuni toponimi legati alla viabilità, come Portella Milione in località c.da Agnone, a circa 10km di distanza da Fondacazzo-Porta VII. Troviamo anche una serie di masserie e abbeveratoi, come le masserie Pitacciolo e Zuppardo, oltre al fitotoponimo Ragabo termine di origine araba, da *rahab*, che significa bosco.

I risultati ottenuti dalle analisi delle fonti cartografiche e dagli algoritmi informatici sono stati messi a confronto, mostrando interessanti elementi che potrebbero essere oggetto di ulteriori approfondimenti. Si nota, infatti, la corrispondenza delle direttrici fino a Porta Milione, dopo la quale, per un breve tratto, i due percorsi si discostano per ricongiungersi più avanti a circa 5 km di distanza in linea d'aria. È interessante notare come la direttrice tracciata dall'algoritmo di LCP, subito dopo Portella Milione, svolti a destra evitando di passare dal Vallone Agnone, ma ancor più interessante è il fatto che questa ricalchi in parte il tracciato di una Regia Trazzera (Figura 3). Tuttavia, risulta ancora poco chiaro il motivo di questo cambiamento, dal momento che la valle sarebbe stata più facilmente percorribile. È molto probabile che l'algoritmo di LCP sia stato fortemente condizionato dalla presenza del fiume (attrito con il più alto valore) e dalle strette e ripide scarpate della valle, preferendo così di percorrere l'area a monte, la quale si presenta più pianeggiante.

Qualche considerazione potrebbe essere avanzata sulla presenza degli insediamenti romani di Poggio del Rosario e della necropoli di Monte San Giorgio, nelle cui vicinanze doveva sorgere un insediamento romano. I siti ricadono a distanza regolare di 8-10 km, equivalenti alle 5-7 miglia romane, ossia la distanza media a cui potevano sorgere luoghi per il ristoro e il cambio dei cavalli (*mutationes*).

---

[55] Gullì 2021.

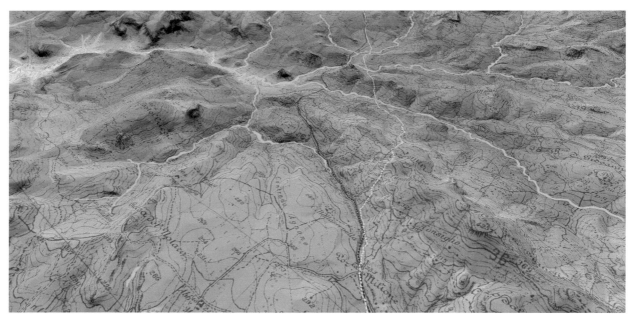

Figura 3 - Restituzione 3D del tratto lungo Vallone Agnone.

La via verso Cozzo Luponero

Un'altra via più a nord della precedente, sembra dirigersi verso il sito di Cozzo Luponero. Questa via probabilmente si immetteva, oltrepassando il fiume, verso Alessandria della Rocca procedendo per Montagna dei Cavalli e da lì verso Cozzo Spolentino o Montagna Vecchia nei pressi di Corleone, dove è stato rinvenuto il miliario di Aurelio Cotta (Figura 4).

Lungo il tracciato ricadono siti di varie epoche, tra cui Cozzo Busonè che si trova in una posizione privilegiata in quanto posto lungo l'attuale SS. 118 detta Corleonese-Agrigentina[56], che insiste parzialmente su un'antica Regia Trazzera riportata dalle mappe del Catasto Borbonico e che collegava, e collega anche oggi, la città di Agrigento con Corleone attraverso i Monti Sicani. L'importanza di quest'asse stradale è confermata, inoltre, dalla presenza di altri due siti posti all'estremità sud-orientale, il più noto Serraferlicchio, e quello di Cozzo Luponero nel comune di Sant'Angelo Muxaro, a ridosso del ramo sinistro del fiume Platani. Non sfugge la posizione di privilegio di Cozzo Luponero e di altri colli sulla sponda opposta al fiume, come Serra di Galera, che assumono certamente un ruolo strategico in relazione al controllo del territorio. Cozzo Luponero deve aver svolto una funzione importante come *phrourion* per il controllo della cosiddetta *via del sale*, crocevia importante per il controllo della viabilità fluviale verso l'area tirrenica e per quella terrestre diretta verso i Monti Sicani e Agrigento. Il fiume Platani ha sempre costituito una via di penetrazione e di collegamento di grandissima rilevanza tra l'entroterra e le rispettive coste meridionali e settentrionali dell'isola. Da Cozzo Luponero si biforcano due vie importantissime per i collegamenti con l'area dei Monti Sicani, il cui territorio è ricchissimo di aree boschive, e con la costa settentrionale attraverso il fiume Torto verso la colonia calcidese di *Himera*[57]. La via dunque potrebbe rappresentare un'alternativa alla Via Aurelia [58], riconosciuta in parte nel percorso della SS. 189 Palermo-Agrigento, per raggiungere la parte più settentrionale dell'isola verso le coste del Tirreno.

---

[56] PTPR 2003, Percorsi storici della Provincia di Agrigento, scheda n. 77.
[57] Vedi in generale (Burgio 2014; Vassallo 2000).
[58] Uggeri 2004. Per il tracciato descritto nell'It. Ant. 96,5-97,2.

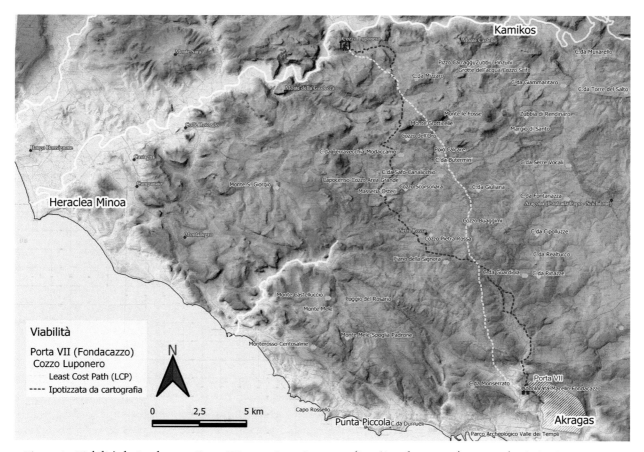

Figura 4 - *Viabilità da Fondacazzo-Porta VII verso Cozzo Luponero (Sant'Angelo Muxaro). In rosso la via ipotizzata su base cartografica, in giallo la via ottenuta dall'algoritmo di* Least Cost Path.

Anche in questo caso sono stati confrontati il tracciato ricavato dall'osservazione cartografica con quello ottenuto dagli algoritmi di LCP. Tuttavia, le differenze tra i due tracciati sono significative e di notevole interesse. Partendo da Fondacazzo-Porta VII, per il tracciato ipotizzato si è deciso di seguire la Regia Trazzera corrispondente oggi alla SS 118. Questa trazzera attraversa la pianura alluvionale alla sinistra del fiume San Leone, che assume per la scarsa pendenza il tipico andamento meandriforme (segno di instabilità idrogeologica), e si discosta dalla SS 118 nel crocevia a sud di Cozzo Busonè, per dirigersi verso Grotta Palombara e Masseria Osteri (Figura 4). Ai piedi di Grotta Palombara, grazie a un sopralluogo effettuato nel 2018, è stata riscontrata una strada carraia distinguibile facilmente dai profondi solchi incisi nel piano calcareo. Un altro elemento che ha condizionato la scelta del tracciato è la presenza, in c.da Terravecchia di Modaccamo, di un grosso insediamento tardo imperiale identificato come *statio*[59]. Lungo il percorso ricadono poi diversi siti, tutti con una lunga frequentazione che va dalla pre e protostoria al tardoantico. Alcuni di essi svolsero anche un'importante funzione cultuale, come il sito preistorico di Cozzo Busonè. La presenza di un luogo sacro è certamente uno dei requisiti fondamentali per permettere la formazione di una viabilità "costruita", come l'ha definita Domenico Amoroso[60], in grado di mobilitare un'intera collettività alla sua realizzazione e frequentazione, e di conseguenza anche alla necessità di mantenere in funzione la viabilità circostante.

---

[59] Rizzo 1999.
[60] Amoroso 1991.

Figura 5 - Restituzione 3D del tratto che attraversa il fondovalle o Ovest di Porta VII.

Osservando invece il percorso calcolato dall'algoritmo di LCP, la via, superando il fiume Drago nei pressi di Piano Gatta, evita la pianura alluvionale del San Leone e risale il terrazzo dove oggi si trova il centro abitato di Montaperto e da qui prosegue ricalcando la SP 17. Giunti a sud di Cozzo Busonè, esattamente nel crocevia dove precedentemente si è fatto svoltare la direttrice verso Grotta Palombara-Masseria Osteri, l'algoritmo al contrario prosegue verso nord ripercorrendo la Regia Trazzera (SS 118), per poi entrare nel centro abitato di Raffadali attraverso Porta Agrigento. A questo punto la via attraversa il corso principale di Raffadali ed esce a nord per dirigersi a verso Cozzo Luponero.

Le significative differenze tra i due tracciati permettono di formulare alcune osservazioni interessanti. Nella Figura 5, il modello 3D del paesaggio evidenzia le difficoltà e i potenziali rischi associati al percorso lungo la sinistra idrografica del San Leone (Figura 5). Questa situazione è complicata ulteriormente dalla presenza di numerosi spartiacque che richiedono attraversamenti tramite guadi o ponti. Il percorso della LCP seguendo l'altipiano sulla destra del San Leone, al contrario, evita tali difficoltà, emergendo come la scelta preferibile per il percorso diretto verso Cozzo Luponero o in uno dei centri intermedi. Non escludiamo che potessero esistere uno o più tracciati sulla sinistra del fiume, ad uso stagionale, essenziali per collegare gli insediamenti posizionati su quel lato del fiume. Tuttavia, preferendo i percorsi lungo i crinali perché più stabili del fondo valle e dei versanti collinari.

Conclusione

L'obiettivo di questo studio era la ricostruzione della viabilità secondaria attraverso un approccio metodologico integrato e basato su due principali metodologie: la prima si focalizzava sull'interpretazione autoptica della cartografia, del paesaggio e delle evidenze archeologiche; la seconda sulla determinazione in GIS di percorsi a basso costo tramite gli algoritmi di *Least Cost Path*. La scelta di utilizzare entrambi i metodi è motivata dall'interesse di comprendere le ragioni che guidano la preferenza di un percorso rispetto a un altro. Gli algoritmi di LCP offrono nuove prospettive e possono mettere in discussione le decisioni prese in fase di ricostruzione. Nel delineare percorsi attraverso vie secondarie si è puntato a raggiungere luoghi cruciali per lo sfruttamento delle risorse agricole e minerarie, nonché per il controllo del territorio e delle vie di comunicazione terrestri e fluviali.

Per raggiungere gli obiettivi di questa ricerca, è stata presa la decisione di non limitarsi alle zone limitrofe raggiungibili in poche ore di cammino dalla città di Agrigento, poiché ciò avrebbe limitato la possibilità di osservazioni più dettagliate. Sono stati scelti infatti luoghi distanti, compresi tra i 20 e i 25km, corrispondenti all'incirca ad una giornata di cammino. Le aree prescelte includono c.da Borangio/Cattolica Eraclea e Cozzo Luponero.

Alcuni luoghi e siti, per la loro posizione strategica all'interno del paesaggio, per la continuità di vita, e per il fatto che vengono attraversati sia dalla via ipotizzata che da quella calcolata dall'algoritmo di LCP, suggeriscono l'importanza che hanno rivestito come punti nodali in termini di mobilità territoriale, la quale affonda le proprie origini in percorsi preesistenti già in epoca preistorica.

Le discrepanze di tracciato generati dai due metodi, specialmente nella pianura alluvionale del San Leone lungo la direttrice verso Cozzo Luponero, sono notevoli e suscitano interesse poiché mettono in discussione la scelta di seguire il tracciato della Regia Trazzera. Il percorso della LCP effettivamente evita una zona a elevato rischio idrogeologico, aspetto che non è stato preso in considerazione durante la fase di ricostruzione, ma che gli algoritmi hanno tenuto in considerazione grazie all'utilizzo del raster d'attrito contenente informazioni sugli assetti idrogeologici.

È importante considerare che questa ricerca si basa su una scala regionale. L'aggiunta di alcuni "vincoli", come la presenza di un ponte romano o medievale, o la sicura esistenza di un tratto stradale antico, insieme a considerazioni su luoghi "tabù", potrebbe consentirci di scendere ancor più nel dettaglio e a fornirci la possibilità di migliorare la ricostruzione della viabilità, sfruttando appieno le potenzialità degli algoritmi presenti nei sistemi GIS.

Come menzionato inizialmente, si è consapevoli della necessità di una verifica diretta sul campo per validare la ricerca. Tuttavia, da un punto di vista strettamente metodologico, l'approccio qui presentato costituisce un ottimo punto di partenza, che offre la possibilità di equiparare fonti e informazioni provenienti da diversa origine, contribuendo così a una più completa comprensione del contesto e dei percorsi ipotizzati.

Bibliografia

Albanese Procelli, R.M., N. Allegro, X. Aquilué, Z.H. Archibald, D. Asensio, A. Baralis, M. Bats, et al. 2020. *Grecs et indigènes de la Catalogne à la mer Noire: actes des rencontres du programme européen Ramses (2006-2008)*.

Amoroso, D. 1991. La viabilità della Sicilia negli Itineraria romani, in *Viabilità antica in Sicilia*. Atti del terzo. Convegno di studi: Riposto 30-31 maggio 1987.

Belvedere, O. 2021. Strade secondarie in Basilicata, Calabria e Sicilia tra esperienze e prospettive, in *Atlante tematico di topografia antica*: 31, 2021. https://doi.org/10.48255/ATTA202131028.

Bergemann, J. 2021. L'hinterland di Agrigento nei Monti Sicani. Nuovi dati dal survey della Georg-August-Universität di Göttingen, in *Archaeology and economy in the Ancient World: The role of the city. Agrigento: archaeology of an ancient city*. 41 (8). https://doi.org/10.11588/PROPYLAEUM.606.C9847.

Burgio, A. 2014. Thermae Himeraeae (Sicilia) e il suo hinterland: dalla documentazione ceramica alle dinamiche del popolamento in età imperiale, in *Congressus vicesimus octavus Rei Cretariae Romanae Fautorum catinae habitus MMXII*, 509–17. https://iris.unipa.it/handle/10447/96815#.XgIleEdKi00.

Burgio, A. 1996. La viabilità greca, in *Nuove Effemeridi. Rassegna trimestrale di cultura*, 1996.

Cambi, F., and E. Vanni 2015. Sale e transumanza. Approvvigionamento e mobilità in Etruria costiera tra Bronzo Finale e Medioevo, in *Storia e archeologia globale 2. I pascoli, i campo, il mare. Paesaggi d'altura e di pianura in Italia dall'Età del Bronzo al Medioevo*, 107–28. Insulae Diomedeae. Bari: Edipuglia.

Coarelli, F., and M. Torelli 1992. *La Sicilia*. Roma-Bari.

Di Paola, L. 2016. Il Cursus Publicus in Età Tardoantica: Storia Di Un Servizio Di Stato Tra Conservazione e Mutamento. *Antiquité Tardive* 24 (gennaio): 57–80. https://doi.org/10.1484/J.AT.5.112613.

Di Vita, A. 1955. Un milliarium del 252 a.C. e l'antica via Agrigento – Panormo, in *Κωκαλος. Studi pubblicati dall'Istituto di storia antica dell'Università di Palermo, 1.1956*, I:10–21. Kokalos. Palermo.

Fiorentini, G., V. Calì, and C. Trombi. 2010. *Agrigento. V: Le fortificazioni: con catalogo dei materiali*. Roma: Gangemi.

Gallo, L. 1983. Colonizzazione, demografia e strutture di parentela: Actes du colloque de Cortone (24-30 mai 1981), in *Publications de l'École Française de Rome*, 67:703–28. https://www.persee.fr/doc/efr_0000-0000_1983_act_67_1_2484.

Guarino, G. 2021. Archeologia dei Paesaggi e geografia economica antica sul territorio di Agrigento: aspetti preliminari. Relatore Enrico Giorgi. Tesi di Scuola di Specializzazione in Beni Archeologici, Università degli Studi di Bologna.

Güimil-Fariña, A., and C. Parcero-Oubiña 2015. Dotting the joins: a non-reconstructive use of Least Cost Paths to approach ancient roads. The case of the Roman roads in the NW Iberian Peninsula. *Journal of Archaeological Science* 54: 31–44. https://doi.org/10.1016/j.jas.2014.11.030.

Gullì, D. 2013. L'occupazione delle grotte in età preistorica nel territorio agrigentino, in F. Cucchi and P. Guidi (eds) *Diffusione delle conoscenze: Atti del XXI Congresso Nazionale di Speleologia, Trieste, 2-5 giugno 2011*, Trieste, EUT Edizioni Università di Trieste, pp. 258-267

Gullì, D. 2021. Nihil esse utilius sale et sole (Plinio, Nat. Hist. XXXI, 102). Il "sale agrigentino", tra fonti storiche ed evidenze moderne. *Sicilia antiqua: International Journal of Archaeology : XVIII, 2021*

Gullì, D., S. Lugli, and R. Ruggieri 2018. Archeologia del gesso in Sicilia. Il comprensorio di Grotte Inferno a Cattolica Eraclea, in D. Gullì, S. Luglio, R. Ruggieri and R. Ferlisi (eds) *GeoArcheoGypsum2019: geologia e archeologia del gesso: dal lapis specularis alla scagliola*: 159–81. Palermo: Regione siciliana, Assessorato dei beni culturali e dell'identità siciliana, Dipartimento dei beni culturali e dell'identità siciliana.

Gupta, N. 2020. Preparing data for spatial analysis, in M. Gillings, P. Hacigüzeller and G.R. Lock (eds) *Archaeological spatial analysis: a methodological guide*: 17–40. New York: Routledge.

Mezzadri, P. 1989. *La serie gessoso solfifera della Sicilia ed altre memorie geo-minerarie*. S. l.: Roberto Denicola Ed.

Nicolet, C. 1994. Dîmes de Sicile, d'Asie et d'ailleurs, in *Le ravitaillment en blé de Rome et des centres urbains des débuts de la Republique jusqu'au Haut Empire (Actes du colloque international de Naples, 1991), Naples-Rome*, 215–29.

Pace, B. 1958. *Arte e civiltà della Sicilia antica.* Dante Alighieri. Vol. I. 3 voll. Roma.

Pagliantini, L. 2015. Paesaggi dell'Isola d'Elba. Sale, greggi e insediamenti in un'economia integrata, in G. Volpe, F. Cambi, R. Goffredo (eds) *Storia e archeologia globale. I pascoli, i campi, il mare. Paesaggi d'altura e di pianura in Italia dall'Età del Bronzo al Medioevo*: 93–105. Insulae Diomedeae 25–26. Bari: Edipuglia.

Prag, J. R. W. 2006. Il miliario di Aurelius Cotta (ILLRP 1277): una lapide in contesto, in *Guerra e pace in Sicilia nel Mediterraneo antico (VIII-III sec. a.C.). Arte, prassi e teoria della pace e della guerra*, 2:733–44. Pisa: Edizioni della Normale.

Rizzo, M.S. 1999. Un modello di insediamento rurale nell'Agrigentino. Raffadali e il suo territorio nel basso Medioevo. *Quaderni Medievali*, 1999.

Salmeri, G. 1992. Strade greche e romane. Il caso della Sicilia, in *Sicilia romana. Storia e storiografia*, 9–28.

Silvestrini, M. 2014. Una nuova attestazione del cursus publicus dalla Sicilia tardoantica, in *Se déplacer dans l'Empire romain: approches épigraphiques : XVIIIe rencontre franco-italienne d'épigraphie du monde romain, Bordeaux, 7-8 octobre 2011*, 123–33.

Uggeri, G. 2002. Dalla Sicilia all'Adriatico. Rotte marittime e vie terrestri nell'età dei due Dionigi (405 – 344), in *La Sicilia dei due Dionisî. Atti della settimana di studio, Agrigento 24 - 28 febbraio 1999*, 295–320.

Uggeri, G. 2004. La viabilità della Sicilia in età romana. *Journal of ancient topography = Rivista di topografia antica.* Suppl 2. Galatina (Lecce): M. Congedo.

Vassallo, S. 2000. Abitati indigeni ellenizzati della Sicilia centro-occidentale. Dalla vitalità tardo-arcaica alla crisi del V sec. a.C., in *Atti delle Terze Giornate Internazionali di Studi sull'Area Elima(Gibellina-Erice-Contessa Entellina, 23-26 ottobre 1997)*, Pisa-Gibellina: 983-1008.

Vassallo, S. 2019. Dinamiche e trasformazione dell'insediamento nella Sicilia centro-occidentale tra VI e IV sec. a.C. *Pallas. Revue d'études antiques, 109 (2019)*, 215–27. Toulouse: Presses Universitaire du Midi.

Vassallo, S. 2020. L'incontro tra indigeni e Greci di Himera nella Sicilia centro-settentrionale (VII – V sec. a.C.), in H. Tréziny (ed.) *Grecs et indigènes de la Catalogne à la mer Noire : Actes des rencontres du programme européen Ramses2 (2006-2008)*: 41–54. Bibliothèque d'archéologie méditerranéenne et africaine. Publications du Centre Camille Jullian. http://books.openedition.org/pccj/227.

Wilson, R.J.A. 1990. *Sicily under the Roman Empire: the archaeology of a Roman province, 36 BC-AD 535.* Warminster: Aris and Phillips.

Zambito, L. 2014. Nuovi dati sulle tegulae sulphuris A proposito di due nuovi esemplari da Racalmuto (Ag). *Zeitpapyepig Zeitschrift für Papyrologie und Epigraphik* 188: 261–64.

Sezione III

Confronto e 'contaminazione' metodologica

Crossing methods and approaches in Italian landscape archaeology.

Frank Vermeulen
(Ghent University)

During the past decades an increasingly multidisciplinary way of doing landscape archaeology has allowed for the intense crossing and even 'cross-pollination' of approaches and methods from the earth sciences and from archaeo-topographical studies for the reconstruction of the ancient landscape. An ever-growing number of studies has seen the involvement of specialists from different disciplines (archaeology, ancient topography, computer sciences, geomorphology, geology, geophysics, remote sensing, etc.), who have combined their skills to study the landscape in its entirety and diachrony. This win/win situation for all the players involved helps to accelerate progress in fundamental ancient landscape studies, and is at the same time of crucial importance for the present and future management of the cultural-historical landscape we all value so much.

In section III of the 2022 Bologna/Ravenna conference on landscape archaeology, rightly called 'Confronto e contaminazione metodologica' four papers have been presented relating to different geographical areas of Italy. They show the diversity of landscape archaeology not only by the many different methods that can be combined, but also by the very diverse contexts, urban and rural, where landscape archaeology can be applied and where further progress can be made.

With a collective paper discussing the *Hyblaean Archaelogical Landscapes Survey Project* we observe a fine integration of the use of preventive archaeology and a wide set of non-invasive investigation methods for research on ancient landscapes of in southeastern Sicily. The strategically positioned area, the mountainous region in the hinterland of ancient *Hybla*, forms a good case for research on settlement dynamics and routes networks in a diachronic perspective. During the project's first stage a spectrum of multi-disciplinary field methods was applied all framed within preventive archaeology activities, integrating more 'traditional' field surveys with remote and proximal sensing and micro- to large-scale geophysical prospections. The latter include seismic refraction techniques (used mainly for soil studies), geomagnetic prospections, ground penetrating radar and electrical resistivity tomography. The paper presents a good overview of the prospection techniques used on these landscapes and pleads quite rightly for a full integration of a series of different techniques. In order to obtain a better understanding of the Hyblaean territory the project has moved from an essentially site-based approach to a landscape-scale perspective. During this first part of the project (2019-2021) over a hundred sites have already been mapped and studied in the field, while important observations were made about differentiation of land use and settlement densities in the studied landscape over time. When further importance will be given to problems of archaeological visibility, essential conclusions will be obtained concerning fluctuations in settlement density/character and road connections over all considered time periods. The project will also contribute in the near future to the completion of the archaeological map for the entire territory with the aim of digitally returning, in the information system, a part of the palimpsest of transformations that over the millennia have affected the landscape of this sector of south-eastern Sicily.

The paper by Clementi and Fornasari presents the preliminary results of a multi-method approach by the University of Ferrara at the site of Bocca delle Menate, a Roman villa site at Comacchio, in the northeastern part of the Po-plain. The investigations integrate different tools and different methodologies according to a holistic approach, in order to reconstruct the dynamics and relationships between the Roman villa, the road network and the rural and environmental context. The graphic documentation created in the 1950s by the famous archaeologist Nereo Alfieri and his collaborators did not allow the investigated structures to be positioned in an absolute manner. The villa, situated on an elevated and well drained dune site, was in the new project studied through multi-method geophysical prospections, combined with archival research and an array of other archaeological and remote sensing surveys. This allowed important observations regarding the recent erosion of the site by agricultural activity, but also pertaining to a series of structures of the villa not detected by earlier research. The final objective of this promising research is to complete the study of the site by capturing every aspect of the historical landscape and to recreate a fine picture of the invisible landscape of the ancient delta in the time period considered.

The paper by Mete and Storchi focuses on ancient land divisions in northwestern Italy and in particular within the territories of the towns of *Bergomum* (Bergamo) and *Laus Pompeia* (Lodi Vecchio). The authors demonstrate how essential it is to re-analyse earlier land division studies and to verify the data through the use of GIS technology and by focused fieldwork including geophysical prospection methods. Crucially important is to identify these regular ancient land divisions through a multi-method approach including archaeological methods, geomorphological observations and more traditional historical contextualisation, also involving the detailed study of toponymy. Additional methods such as corings and certain other geophysical techniques, not employed here, could also be of great value in this endeavour. However, with their case studies the authors show well that studies of this type must keep a keen eye on diachronic evolutions, investigate all essential historical and past social phenomena, to disentangle the complexity of these seemingly simple regular rural landscapes.

Finally, in the paper by Vagnuzzi, called '*The Regio II Caelimontium in Rome in the Imperial and Late Antique age: a potential 'fringe belt' between complexity and innovation*' we are presented a diachronic analysis of the settlement pattern on the western Caelian hill in Rome during Imperial times and Late Antiquity. The multidisciplinary approach by the author involves a set of topographical methods and the refined study of the urban morphology. In particular, the so-called 'fringe belt model' is suggested to be fundamental to highlight the dynamics underlying the area's urban development. This model, as part of a complex theory of interactions between formative and transformative processes of the urban space, is very suited to apply to the study of ancient town areas at the fringe of the city centre and the suburban spaces. Although an experiment, this paper shows the potential of an innovative approach to investigate the dynamic and changing nature of the urban settlement, which can best be done in urban landscape contexts that are identifiable and visible thanks to good (old and new) excavation data.

Metodi archeologici e geofisici a confronto: il sito romano di Bocca delle Menate a Comacchio (FE).

Jessica Clementi
(Dipartimento di Scienze della Terra, Sapienza Università di Roma)

Giacomo Fornasari
(Dipartimento di Fisica e Scienze della Terra, Università degli Studi di Ferrara)

Abstract: this paper presents some preliminary results of the University of Ferrara activities within the VALUE project in the area of the Roman villa of Bocca delle Menate, Comacchio (FE). Such investigations integrate different tools and different methodologies according to an holistic approach, in order to reconstruct the dynamics and relationships between the roman villa, the viability and the rural context in relation to the environment. A particular focus is given to the new data obtained through geophysical prospections combined with archival research and archaeological surveys.

Keywords: archeologia del paesaggio, Geofisica applicate all'archeologia, villa romana, Delta del Po, *survey*.

Introduzione

Il contributo illustra una parte dei risultati preliminari delle indagini condotte a partire dal 2021 dall'Università di Ferrara, inquadrate nel progetto VALUE *Environmental and Cultural Heritage Development*, nel sito di Bocca delle Menate, Comacchio (FE). Nell'ultimo trentennio l'applicazione di un approccio globale all'archeologia ha reso abituale il confronto tra le scienze della terra e gli studi topografici nella ricostruzione del paesaggio antico[1]. Le metodologie adottate dal gruppo di lavoro, all'avanguardia per quanto riguarda il *field survey* intensivo[2], sono quelle della topografia antica affiancate all'applicazione di tecnologie avanzate di *remote sensing*[3]. L'approccio multidisciplinare e interdisciplinare della ricerca ha visto il coinvolgimento di specialisti di diverse discipline (topografia antica, geologia, geofisica e archeologia), che hanno unito le proprie competenze per studiare il paesaggio nella sua interezza e integrità, partendo dal presupposto che uno degli strumenti più efficaci per la salvaguardia del territorio e la pianificazione futura sia la conoscenza dell'evoluzione storica e ambientale del paesaggio attuale, che "altro non è che il risultato del continuo rapporto tra uomo e ambiente"[4].

Risultato dell'azione di fattori naturali e/o umani e delle loro interrelazioni[5], il paesaggio si compone di elementi invisibili, sepolti nel sottosuolo, che le tecnologie connesse alla geoarcheologia sono in grado

---

[1] Dall'Aglio and Pellegrini 2019.
[2] Attema et al. 2020.
[3] Hadjimitsis et al. 2020; Masini and Soldovieri 2017.
[4] Marchi et al. 2019: 398. Per una prospettiva d'insieme su teorie e pratiche nel campo dell'archeologia del paesaggio contemporanea si rimanda Vanni, Saccocci and Cambi 2021.
[5] Così come definito dalla Convenzione Europea del Paesaggio, stipulata dagli Stati membri del Consiglio d'Europa a Firenze il 20 ottobre 2000 e ratificata dall'Italia con la legge 9 gennaio 2006, n. 14, in particolare art. 1, lett. a.

di rendere nuovamente visibili. L'applicazione delle metodologie geofisiche (geomagnetiche e elettromagnetiche) in campo archeologico è dunque indispensabile per acquisire informazioni dirette sulle caratteristiche metriche, geometriche e chimico-fisiche delle evidenze ipogee, sia durante le fasi preliminari delle attività archeologiche, sia per quei siti archeologici scavati in passato, ma per i quali non è stato possibile sviluppare progetti di conservazione.

[J.C.]

Il caso studio: una villa romana nel Delta del Po

Nell'aprile 2021 l'Università di Ferrara ha condotto la prima campagna di indagini in regime di autorizzazione alle ricerche non invasive da parte della Soprintendenza ABAP di Bologna presso il sito di Bocca delle Menate, nell'ambito del progetto VALUE *Environmental and Cultural Heritage Development* (Programma di Cooperazione territoriale Europea "Interreg IPA CBC ITALIA-CROAZIA")[6] promosso dal Comune di Comacchio, cui hanno preso parte tutti gli enti e le istituzioni preposti alla ricerca, alla tutela e alla valorizzazione del territorio del delta[7].

Coerentemente con gli obiettivi del progetto, la ricerca scientifica è stata integrata nei processi di valorizzazione del territorio: in particolare, il gruppo di lavoro ferrarese intendeva chiarire il potenziale archeologico del sito della villa romana in relazione all'opportunità di renderlo accessibile al pubblico. La villa, edificata intorno al I sec. a.C. su un dosso, detto poi delle Menate, sulla sponda orientale del *Padus* – nota già nel Settecento per il rinvenimento di un pavimento in *opus sectile*[8] – fu oggetto di ricognizioni nel 1955[9] e di parziale sterro nel 1959, quando venne intercettata in occasione della realizzazione del grande canale dell'idrovora provvisoria Lepri per la bonifica della Valle del Mezzano. La documentazione grafica realizzata all'epoca da Nereo Alfieri e dai suoi collaboratori, raccolta nei quaderni conservati presso l'Archivio del Museo Nazionale Archeologico di Ferrara, non permetteva di posizionare le strutture indagate in maniera assoluta. Nei settanta anni intercorsi dallo scavo il sito non è stato oggetto di ulteriori indagini, mentre i vari proprietari succedutisi nel tempo, incuranti delle disposizioni ministeriali, hanno livellato il dosso naturale per assecondare le esigenze produttive. Le nuove indagini promosse dall'Università di Ferrara hanno cercato, così, di rispondere a diverse questioni rimaste aperte, come il posizionamento e lo stato di conservazione delle strutture rinvenute durante le attività di scavo degli anni Cinquanta, l'articolazione planimetrica dell'impianto e lo sviluppo del complesso oltre l'area già indagata, anche in relazione al paesaggio antico.

Inquadramento storico-topografico del sito

Come è noto, per tutta l'età del Ferro e gran parte dell'età romana erano attivi due grandi tracciati del fiume Po: il Po di Adria, a N, e il Po di Spina, a S. Quest'ultimo, a partire dal VI/IV sec. a.C. si suddivise in due rami: l'*Olane/Volane*, a NE, e l'*Eridano/Padus*, a SE, i cui detriti deltizi in età imperiale formarono la cuspide su cui nel VI sec. sorse Comacchio. Fra tarda antichità e medioevo importanti mutamenti climatici determinarono la migrazione del *Padus Maior* a N, verso Codigoro (Po di Volano), mentre l'*Eridano* giunse a senescenza e un terzo ramo meridionale (Po di Primaro) giungeva a foce a metà strada

[6] Sul progetto si rimanda al sito: https://www.deltaduemila.net/chi-siamo/cte/cooperazione-2014-2020/value-environmental-and-cultural-heritage-development/
[7] Il Comune di Comacchio, capofila del progetto, ha collaborato con le regioni Veneto ed Emilia-Romagna, il Ministero della Cultura e le Università di Ferrara, Bologna, Venezia Ca' Foscari e Zurigo, si vd. Dubbini in Dubbini et al. 2022: 482-483, in part. nota 12.
[8] Bonaveri 1761: 130-132.
[9] Bergamini et al. 1997: 69.

tra Comacchio e Ravenna[10]. Il paesaggio antico era, così, dominato da alvei e foci fluviali, cordoni litoranei e spiagge alternate ad aree vallive distribuite sulla frangia paralitoranea e si contraddistingueva per diffusi fenomeni di instabilità idrografica e dinamicità connessi all'attivazione di nuove diramazioni fluviali.

Il complesso di Bocca delle Menate rientra in una tipologia edilizia abbastanza diffusa nel territorio deltizio, in cui l'insediamento di età romana si concentrava in corrispondenza degli alti morfologici degli assi fluviali antichi e delle direttrici della viabilità terrestre e fluviale, come la *fossa Augusta* e la *via Popillia*, che collegava Rimini ad Adria e attraversava il delta seguendo i cordoni sabbiosi[11]. La prossimità di tali assi di viabilità endolagunare attrasse, infatti, alcuni stanziamenti di elevato pregio edilizio, le cd. ville rustiche, come quelle dislocate lungo l'argine della *fossa Augusta*, la villa di Agosta[12] e di Salto del Lupo[13]. In particolare, la villa in esame si sviluppò su un sito dunare sopraelevato e ben drenato[14] presso la sponda orientale del *Padus*, prossima al tracciato *ab Hostilia per Padum*, noto dalla Tabula Peutingeriana[15], e alla *via Popillia*. A partire dal basso medioevo la subsidenza fece sprofondare l'area sotto il livello delle acque lagunari: l'azione congiunta della sedimentazione fluviale e della subsidenza naturale generò le valli, specchi di acqua che definivano un "paesaggio anfibio" eccezionale nel panorama adriatico e mediterraneo[16].

Tale peculiare ecosistema condizionò l'insediamento umano, l'organizzazione territoriale, il popolamento e tutti i settori della vita economica delle Valli di Comacchio dall'antichità all'età moderna. In questa situazione, la bonifica ha giocato un ruolo fondamentale nell'evoluzione antica e recente del territorio, da un lato generando una vera e propria "patria artificiale"[17], dall'altro portando alla luce le reliquie di un passato perduto. È proprio in occasione delle bonifiche di Valle Trebba che emersero, nel marzo 1922, le prime tracce delle necropoli spinetiche e nel secondo dopoguerra, quando nuovi lavori di prosciugamento meccanico si concentrarono nelle Valli Meridionali e nella Valle del Mezzano, la realizzazione del grande canale dell'idrovora provvisoria Lepri – orientato secondo l'andamento degli antichi cordoni costieri, poi interrato nel corso degli anni Settanta – portò alla luce la villa di Bocca delle Menate, poco più a est del sito in cui emerse l'abitato di Spina[18].

[J.C.]

La lettura del paesaggio fra cartografia storica e fotointerpretazione

La metodologia adottata per lo svolgimento dell'indagine ha previsto la progressiva messa a sistema in ambiente QGis di una serie di informazioni provenienti da differenti ambiti di ricerca, creando un geodatabase, un progetto aperto e implementabile che raccogliesse tutti i dati archeologici, cartografici, ortofotografici, satellitari e i modelli ottenuti dai voli. Nel *dataset* sono confluite le carte tecniche, gli

---

[10] Veggiani 1970; sull'evoluzione idrografica del Po si vd. Cazzola 2021: 25-33 e, per l'area in esame, Rucco 2021. Sugli idronimi relativi al fiume Po si vd. Bruni 2020.
[11] Per una rilettura aggiornata del modello insediativo ferrarese si vd. Gelichi 2021: 641-644 (con bibl. prec.). Sulla *fossa Augusta* si vd. Uggeri 1986: 157-166; sulla via *Popillia* nel territorio in esame si vd. Calzolari 2007: 170; Uggeri 1986, 164; Uggeri 1989: 113-114.
[12] Uggeri 1973: 174-176.
[13] Corti 2007.
[14] Sulla conformazione geologica e geomorfologica del sito si vd. Stefani in Dubbini et al. 2022: 487-489.
[15] Sulla raffigurazione del delta del Po nella Tabula Peutingeriana si vd. Andreoli 2020.
[16] Piastra 2011: 15.
[17] Secondo la celebre definizione della pianura padana di Carlo Cattaneo, vd. Cattaneo 1884.
[18] Per una sintesi sul ruolo delle bonifiche nella scoperta del passato ferrarese si vd. Clementi cds.

stralci catastali, le carte geomorfologiche, geolitologiche e idrografiche disponibili sul Geoportale della Regione Emilia Romagna[19], al fine di ottenere una visione complessiva dell'articolazione attuale dell'area, progettare al meglio le attività di analisi e ricognizione e, infine, sistematizzare le informazioni territoriali da acquisire con le nuove indagini.

Nello studio preliminare del sito la ricerca si è focalizzata, in particolare, sulla raccolta e la lettura comparata della cartografia storica, strumento di lavoro essenziale in tutte le fasi di una ricerca storico-topografica territoriale. Georeferendo le principali carte, tra cui il *Transunto della Pianta delle Valli di Comacchio* (1657) di Pietro Azzoni o la Carta di Matteo Tieghi (1769) – basata sulla precedente – , la *Carta del Basso Po* (1812-1814) e la carta IGM primo impianto (1893) – documenti delle fasi di vita precedenti agli interventi antropici di bonifica e urbanizzazione che hanno fortemente compromesso il territorio nel secolo scorso – è stato possibile orientarsi scientemente nel paesaggio stratificato del delta padano e avvicinarsi alla situazione antica[20].

La lettura e l'interpretazione dalla documentazione telerilevata hanno costituito, poi, un passaggio imprescindibile per individuare la presenza di elementi archeologici non visibili, o difficilmente rintracciabili nell'indagine sul terreno. Le coperture aeree disponibili nell'area in esame sono state messe a confronto per verificare il livello di leggibilità delle tracce nel corso del tempo, permettendo l'acquisizione di informazioni sulle trasformazioni ambientali e di dati geomorfologici, archeologici e paesaggistici. Le ortofoto I.G.M. realizzate negli anni Quaranta e Cinquanta (in particolare i voli IGM 1931 e 1937, RAF 1944 e IGMI-GAI 1954) mostrano, per esempio, l'area prima del completamento delle bonifiche idrauliche e la messa a coltura dei terreni che hanno alterato l'assetto territoriale. La fotointerpretazione di immagini satellitari attraverso il *software* Googe Earth™, l'archivio storico del Geoportale dell'Emilia-Romagna e le immagini da telerilevamento LiDAR ha consentito l'identificazione di anomalie corrispondenti a tracce di attività antropiche, quali il tracciato del canale provvisorio di bonifica e, in corrispondenza dell'argine ovest di questo, una vera e propria cicatrice lasciata dall'ampliamento per lo sterro della villa negli anni Cinquanta.

Lo studio del *dataset* multitemporale di immagini aeree e satellitari, integrato con i dati cartografici e bibliografici disponibili, ha permesso il recupero di dati utili alla comprensione dell'evoluzione delle linee di costa dall'età del Bronzo in poi, ben leggibili nel susseguirsi di dossi sabbiosi alternati ai riempimenti alluvionali nei corridoi di interdosso. Le immagini aeree permettono, inoltre, l'individuazione in Valle Pega di infrastrutture antropiche interpretabili come canalizzazioni artificiali che si diramano a raggiera a partire dal sito di Bocca delle Menate in direzione di Motta della Girata, per complessivamente 1,3kmq[21].

[J.C.]

La ricerca d'archivio

Dalla lettura dei quaderni di scavo è emerso che le indagini svolte sotto la supervisione di Nereo Alfieri fra settembre e ottobre 1959, con metodi sostanzialmente non stratigrafici, portarono alla luce un impianto composto da spazi abitativi piuttosto raffinati, decorati da tappeti musivi e in *opus sectile*,

---

[19] https://geoportale.regione.emilia-romagna.it/catalogo/dati-cartografici
[20] Per una sintesi della cartografia del territorio ferrarese nei secoli si vd. Bondesan and Astolfi 2019; con particolare riguardo all'area deltizia si vd. Rucco 2015: 52-65.
[21] In particolare si vd. Rucco 2015: 49 traccia 23; Rucco 2021: 593-594. Schmiedt 1984: 214 interpreta tali canalizzazioni come evidenze di un sistema di peschiere gestito dalla villa romana in esame.

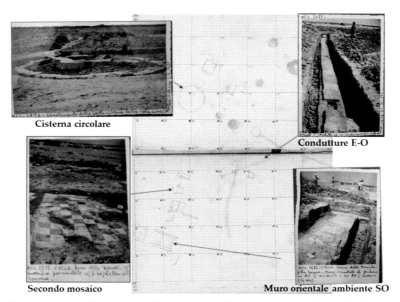

Figura 1 - Bocca delle Menate, Comacchio. Schizzo planimetrico dell'area di scavo e fotografie di scavo. (AMNAF, Giornale di scavo, 16-IX-1959, 116-117; Archivio fotografico, neg. nn. 3612; 3689; 3712; 3893; su concessione del Ministero della Cultura – Archivio Museo Archeologico Nazionale di Ferrara, Direzione regionale Musei dell'Emilia-Romagna, con divieto di ulteriore riproduzione o duplicazione con qualsiasi mezzo).

collocati nel settore centrale e meridionale dell'area indagata, e da spazi destinati ad attività produttive, come la poderosa cisterna circolare (diametro 9m) a N e l'articolato sistema di canalette per l'adduzione dell'acqua realizzate con embrici, collegate a tre diversi pozzetti a E[22] (Figura 1).

Le ricerche d'archivio hanno offerto dati essenziali per la definizione già in via preliminare dello stato di conservazione delle strutture, oltre a scorci sul complesso rapporto fra la Soprintendenza ed enti privati, a partire dall'Ente per la colonizzazione del Delta Padano che nel 1955 si era avvicendato al Genio Civile imprimendo un ritmo più serrato alle attività di bonificazione spesso a scapito della tutela. Mentre l'esecuzione del 3° sub-lotto della bonifica in Valle Pega venne temporaneamente sospesa, su istanza del Soprintendente Paolo Enrico Arias e del Ministero della Pubblica Istruzione-Direzione Generale delle Antichità e Belle Arti, ottenendo lo spostamento dell'argine occidentale sul margine esterno dei dossi, al fine poter esplorare la zona di Baro Zavalea[23], tale collaborazione già in fase progettuale non si replicò nel caso di Bocca delle Menate, dove l'Ente Delta Padano comunicò l'esecuzione dell'impianto idrovoro provvisorio di Valle Lepri a lavori ormai avviati[24]. Ciò spinse Alfieri ad accelerare le operazioni di scavo e documentazione della villa, circoscritte esclusivamente al tracciato del canale. Dai diari di scavo si apprende il tentativo di preservare quanto possibile delle strutture antiche, rimuovendo le tre canalette che caratterizzavano l'area orientale del complesso scavato, in parte già compromesse a S dall'escavatrice durante i lavori di realizzazione del canale di bonifica, e le vasche/pozzetti realizzati in tegole: tali strutture si trovavano, infatti, in corrispondenza del tracciato del canale mentre il pozzetto terminale della canaletta settentrionale, opportunamente riempito di sabbia, ricadeva in banchina o interrato nell'argine. I ritmi serrati di indagine e la concomitante esplorazione del sepolcreto etrusco sul dosso B non permisero un aggiornamento costante della documentazione grafica: dal confronto con i giornali di scavo è emersa, infatti, l'incompletezza dell'unico schizzo planimetrico della villa pervenuto, elaborato in data 15 settembre

---

[22] Per una dettagliata descrizione si vd. Clementi in Dubbini et al. 2022: 493-496.
[23] Guzzon 2017: 25.
[24] Desantis 2017: 86-87.

1959 e solo parzialmente aggiornato con i progressivi rinvenimenti, lacunoso e mancante di diverse strutture murarie elencate e documentate fotograficamente (Figura 1).

Le carte d'archivio informano, infine, su ripetuti interventi effettuati nell'area correlati alle attività agricole, a partire dai lavori di regolarizzazione della superficie con due trattori apripista svolti nel giugno 1974 per conto dell'Amministrazione provinciale di Ferrara[25], che intaccarono le murature antiche e, successivamente, i vari interventi di asportazione del terreno, livellamento e sbancamento negli anni Ottanta e Novanta che non tennero conto dei vincoli cui l'area era sottoposta già a partire dal 1957 ai sensi della L.1089/1939 dal 1957 (D.M. 18-IX-1957), intercettando e devastando lo strato archeologico, inclusa quell'unica area risparmiata nel 1987 da spianamenti e livellamenti in cui si ipotizzava potesse essere ubicata la porzione della villa scavata nel 1959[26].

L'attività sul campo: il rilevamento da drone e il fieldsurvey

La seconda fase del progetto è rappresentata dalle indagini non invasive, a partire da specifiche prospezioni aree da drone: gli aeromobili a Pilotaggio Remoto (APR) o *Unmanned Aerial Veichles* (UAV) sono fra gli strumenti di telerilevamento oggi indispensabili agli studi topografici e, più in generale, all'individuazione, documentazione e monitoraggio dei resti archeologici, in virtù della vantaggiosità in termini di tempi, costi e molteplicità di intervento[27]. I rilievi aerei sono stati effettuati con il duplice obiettivo di ottenere una base cartografica per la documentazione e georeferenziazione delle indagini archeologiche e geofisiche e individuare eventuali tracce microtopografiche e su suolo nudo (*soilmarks*) riconducibili a resti archeologici interrati. L'area è stata rilevata attraverso l'impiego di un drone multi-rotore modello Phantom 4-RTK DJI con una fotocamera ad alta risoluzione (20 MPixel) installata a bordo. Per le prime due missioni di volo è stata programmata una quota pari a 70m agl, per l'ultima, volta a rilevare nel dettaglio la porzione di terreno con evidenti *soilmarks* a quota pari a 40m agl[28].

La lettura fotointerpretativa delle tracce nell'area ha guidato – sulla base della distribuzione di anomalie e nuclei di materiali antropici – il cronoprogramma delle attività di ricognizione archeologica e di indagine geofisica. All'interno dell'ambiente GIS si è provveduto, ancora in fase preliminare, a pianificare le attività sul campo adottando il metodo infrasito, impostando dunque una griglia sul terreno, suddivisa in quadrati di 3m x 3m, 5m x 5m e 10m x 10m che rappresentano le unità minime di raccolta e di registrazione dei reperti[29]. Le dimensioni della griglia sono state adattate all'ampiezza della concentrazione dei manufatti visibili sul terreno, al fine di stabilire l'accurata collocazione dei reperti ed evidenziando l'estensione dei singoli areali. Il *survey* intensivo ha interessato un'area di circa 15 ettari, coinvolgendo 15 ricognitori che hanno percorso in quattro giorni il terreno recentemente fresato. La distanza di 3m osservata nei primi due giorni è stata aumentata a 5m nel terzo giorno, in cui l'indagine si è focalizzata su un'area caratterizzata dall'assenza di materiale in superficie e 1m nell'ultimo giorno, in corrispondenza di elevate concentrazioni di manufatti.

---

[25] AMNAF, Lettera del Direttore del Centro Vallivo Mezzano Sud-Est trasmessa con prot. N. 1739, B/3, 24-VI-1974. Per una disamina completa della documentazione d'archivio si vd. il contributo della scrivente in Dubbini et al. 2022: 496-498.

[26] AMNAF, Relazione di scavo trasmessa con prot. N. 1939, S/3B, 7-XI-1987.

[27] Campana 2020.

[28] L'attività è stata curata dalla dott.ssa Elena Zambello, dalla cui relazione finale sono stati estratti i dati tecnici.

[29] Sulle attività di ricognizione sul campo e gli aspetti metodologici si vd. Lombardi in Dubbini et al. 2022.

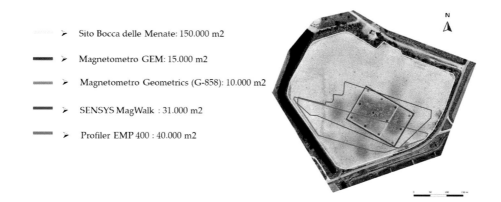

Figura 2 - *Bocca delle Menate, Comacchio. Sul rilievo fotogrammetrico dell'area la localizzazione dei reperti raccolti durante le ricognizioni, analisi* kernel density *estimate per la realizzazione della* Heat Map *con raggio di m 30 da ogni record (autore A. Cantarini) e indicazione degli areali interessati dalle indagini geofisiche.*

I dati raccolti sono stati gestiti e analizzati in laboratorio tramite il software QGis mentre l'acquisizione sul campo ha previsto l'utilizzo di *Input*, un'applicazione mobile e *opensource* per la raccolta dei dati geografici[30].

Le attività di ricognizione hanno documentato un'estesa area di frammenti fittili e altri materiali archeologici localizzata nella porzione centro-orientale del campo[31] (Figura 2). Il materiale archeologico riportato in superficie dalle attività di fresatura del terreno – le ultime, in ordine cronologico, di una serie di operazioni di spianamento e livellamento che hanno interessato l'area negli ultimi settanta anni – è stato raccolto in maniera selettiva nel corso della ricognizione, con un totale di 1156 ffrr. diagnostici[32]. Si tratta prevalentemente di materiale fittile, in particolare materiale da costruzione per alzati o coperture e ceramiche d'uso (707 ffrr.) per lo più di epoca romana, seguiti da frammenti lapidei pertinenti alla decorazione pavimentale e parietale (220 ffrr.) e frammenti d'intonaco dipinto (104 ffrr.). Sporadica l'attestazione di nuclei di cocciopesto e frammenti di soglie, rara, infine, quella di vetri (13 ffrr.), scorie di produzione (10 ffrr.) e resti faunistici. Il nucleo dei materiali raccolti, attualmente in corso di studio, non pare – in via preliminare – differenziarsi per tipologia e cronologia da quello noto dagli scavi del 1959 e parzialmente edito nel 1997[33]. Ulteriori informazioni saranno offerte dalle analisi archeometriche di caratterizzazione minero-petrografica e chimica sui corpi ceramici e litici[34].

[J.C.]

---

[30] Sul metodo di raccolta dei dati si vd. Lombardi in Dubbini et al. 2022.

[31] Sull'areale di maggior concentrazione dei frammenti e, in generale, sui materiali archeologici di superficie, tipologie e quantità si vd. Fiano in Dubbini et al. 2022.

[32] Sui criteri di selezione si vd. Fiano in Dubbini et al. 2022: 504 nota 74.

[33] Bergamini et al. 1997. Per uno studio dei contenitori da trasporto e dei laterizi bollati provenienti dalle attività di ricognizione si vd. Fiano et al. 2022.

[34] Le analisi composizionali, mineralogiche, petrografiche e degli isotopi per le ricostruzioni paleoclimatiche sono condotte dall'*équipe* guidata da Carmela Vaccaro.

L'attività sul campo: le indagini geofisiche

L'Università di Ferrara in collaborazione con l'Istituto di Metodologie per l'Analisi Ambientale (IMAA) del Consiglio Nazionale delle Ricerche (CNR) ha condotto una campagna di indagini geofisiche sul sito in esame con il duplice obiettivo di determinare l'ubicazione delle strutture indagate negli anni Cinquanta e verificarne lo stato di conservazione[35].

Strumentazione impiegata e le modalità di acquisizione

Le prospezioni geofisiche condotte sul sito di Bocca delle Menate hanno visto l'impego di metodologie di indagine magnetica ed elettromagnetica. La prima, rientrante nelle tecniche di indagine geofisica passiva, si basa sulla misura delle variazioni del campo magnetico terrestre (nT). Le variazioni magnetiche sono causate dal contrasto della suscettività magnetica (proprietà intrinseca della materia) che caratterizza l'oggetto della ricerca e il substrato in cui esso è contenuto.

La seconda tecnica utilizzata è di tipo elettromagnetico a induzione, rientrante nelle tecniche di indagine geofisica attive, dalla quale si ottiene la conducibilità elettrica del sottosuolo investigato a diverse frequenze quindi a diverse profondità.

Per le misure magnetiche sono state utilizzate tre strumentazioni differenti. La prima è il magnetometro Overhauser GSM-19 (della GEM System), il cui apparato strumentale è costituito da due sensori magnetici disposti a m 1 di distanza e un'antenna GPS, che permette di acquisire nell'area di indagine i dati magnetici con la loro posizione geografica. La modalità gradiometrica permette di ottenere contemporaneamente tre mappe, due per i singoli sensori ed una terza relativa al gradiente verticale. Il secondo magnetometro utilizzato è il Geometrics G-858, a pompaggio ottico ai vapori di cesio. Per entrambi, i dati sono stati acquisiti con un sistema di tracciamento GPS in *Continuous Survey Mode* da un operatore che segue a piedi dei profili paralleli e distanti tra loro m 1 all'interno dell'area di indagine, preventivamente squadrata a maglie di 50m x 50m.

Infine, con il Mag Walk della Sensys, magnetometro fluxgate con tasso di campionamento a 200 Hz, si è sperimentata un'acquisizione mediante trascinamento con il quad. Il magnetometro è stato installato su una slitta di materiale diamagnetico trainata mantenendo una distanza tale che l'effetto del quad sui sensori fosse trascurabile. Anche in questo caso, il sistema, dotato di GPS ha permesso l'acquisizione di dati magnetometrici georeferenziati. La superfice indagata è di 31.000mq, con un risparmio notevole di tempo.

Le indagini elettromagnetiche, infine, sono state condotte con il Profiler EMP - 400 che permette di rilevare contemporaneamente a tre diverse frequenze, 2000Hz, 9000Hz e 15000Hz, ottenendo la conducibilità elettrica a tre differenti profondità. I dati, georeferenziati con un tasso di campionamento di cinque dati al secondo, sono stati acquisiti per trascinamento, installando la strumentazione al centro della slitta costruita in materiale diamagnetico. Con il quad si sono effettuati profili paralleli con risoluzione spaziale di 1m tra i profili acquisiti.

---

[35] Si vd. anche Rizzo *et alii* 2021; Rizzo, Fornasari in Dubbini et al. 2022.

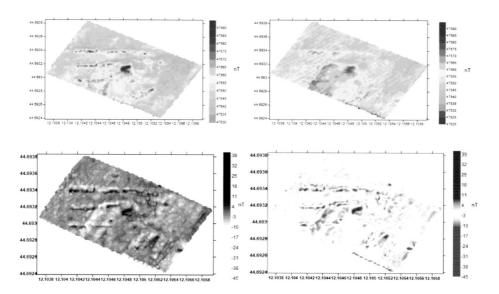

Figura 3 - Bocca delle Menate, Comacchio. Mappe magnetiche ottenute con magnetometro Overhauser GSM-19 (GEM System). In alto, le mappe dei due sensori, rispettivamente, quello più in alto e quello più vicino alla superficie topografica. In basso, le mappe gradiometriche, in scala di grigi e in scala rosso – blue.

Aree indagate

Sulla mappa (Figura 2) sono stati posizionati i vertici (punti in nero) delle sei mappe acquisite con maglie di 50m x 50m con il magnetometro Overhauser GSM-19 (della GEM System). Con tale configurazione sono stati acquisiti circa 70.000 dati magnetici con una risoluzione temporale di 5Hz; tutte le misure magnetiche si riferiscono a misure di campo magnetico per ciascun sensore e di gradiente magnetico che non necessitano delle consuete correzioni di variazione diurna, di latitudine e di quota necessarie nelle prospezioni magnetiche con singolo sensore. Parte di questa area di indagine, ovvero quattro mappe di 50m x 50m, è stata indagata anche con il Geometrics G858. Un'area più vasta è stata indagata con il magnetometro MagWalk a trascinamento, ricoprendo più di tre ettari di terreno, mentre l'area indagata con il Profiler EMP 400 si estende per 40.000mq. Le prospezioni geofisiche si sono, dunque, concentrate nell'areale con più alta densità di frammenti e materiali archeologici restituiti dalla ricognizione, come evidente dalla sovrapposizione delle aree indagate con metodi geofisici alla mappa di densità dei ritrovamenti (Figura 3)

Risultati ottenuti

Dalla mappa gradiometrica – data dalla differenza delle due mappe definite dai due sensori – ottenuta con il magnetometro Overhauser GSM-19 (della GEM System) si evidenziano diverse anomalie magnetiche di potenziale interesse archeologico (Figura 3), in particolare:

- tre allineamenti paralleli con direzione E-O, aventi dimensioni differenti, quella più in alto circa 75m e quella più in basso di 40m, distanti 25m;

- un'anomalia di forma circolare nella parte centrale della mappa magnetica con diametro di circa 8-10m;

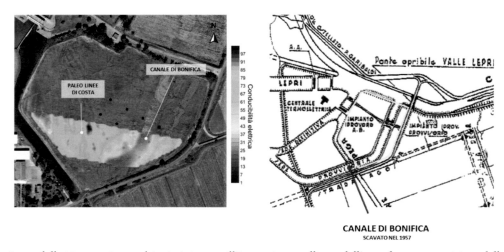

Figura 4 - Bocca delle Menate, Comacchio. A sinistra, sull'immagine satellitare dell'area, la sovrapposizione della mappa di conducibilità elettrica ottenuta con Profiler EMP-400. A destra, particolare della Corografia del comprensorio di Bonifica delle Valli Pega, Rillo, Zavalea e Cona (1956) con indicazione del tracciato del canale di bonifica.

- una serie di anomalie isolate che interessano l'area nella zona a SE della mappa magnetica.

I risultati ottenuti con metodo elettromagnetico restituiscono la variazione della conducibilità elettrica dei terreni indagati, fornendo informazioni di carattere geomorfologico, in relazione alle variazioni laterali della tessitura dei sedimenti indagati. Sedimenti con conducibilità elettrica bassa sono qualificabili come sabbie o sabbie fini - limose, nella mappa identificabili dalle zone arancioni e gialle. Sedimenti argillosi e con contenuto di sostanza organica, con conducibilità elettrica maggiore, corrispondono invece alle aree evidenziate in azzurro e blue.

Sovrapponendo la mappa di variazione della conducibilità elettrica all'immagine satellitare è evidente la perfetta coincidenza del corpo a resistività maggiore con la traccia del canale di bonifica scavato nel 1957 e interrato con materiali di riporto nel corso degli anni Settanta (Figura 4). Nell'area centro-occidentale un corpo a maggior conducibilità elettrica è posto in corrispondenza delle tracce delle paleolinee di costa, mentre la resistività va diminuendo verso O, in coincidenza con il tracciato del paleoalveo dell'Eridano nella sua sponda orientale.

[G.F.]

Conclusioni

Il confronto fra le metodologie della topografia antica (*survey*, fonti d'archivio, bibliografia, cartografia storica e dati telerilevati) con tecnologie connesse alla geoarcheologia ha permesso di analizzare le varie componenti del paesaggio antico di Bocca delle Menate e ricostruirne, in parte, il paleoambiente morfologico e antropico. Le prospezioni elettromagnetiche, infatti, consentono analisi dettagliate della complessa evoluzione paleogeomorfologica del sito, con l'identificazione delle variazioni litologiche dei terreni riconducibili alle paleolinee di costa, fino all'evoluzione recente del paesaggio con la localizzazione del canale di bonifica, poi tombato.

Figura 5 - Bocca delle Menate, Comacchio. Sull'immagine satellitare dell'area, la sovrapposizione della mappa gradiometrica e dello schizzo planimetrico della villa; in tratteggiato il canale di bonifica. Si osservino la coincidenza dell'anomalia circolare con la cisterna a NO dell'area scavata.

Le indagini geofisiche hanno individuato diverse anomalie magnetiche di interesse potenziale di tipo archeologico che non sembrano associabili agli ambienti della villa scavati negli anni Cinquanta, almeno in relazione alla planimetria prodotta all'epoca, la quale – oltre a non presentare dati che ne permettono un posizionamento assoluto – già risultava manchevole di alcuni elementi documentati invece fotograficamente. Tali risultati, confermati dai dati d'archivio, sono determinati sia dalla rimozione di parte delle strutture intercettate durante gli scavi, in particolare il sistema di canalette e pozzetti in laterizio a E dell'area indagata, sia dalle successive attività agricole, non sempre autorizzate, che con sbancamenti e arature profonde hanno a più riprese distrutto i resti della villa, portando a una ridistribuzione dei materiali archeologici in superficie, per lo più in corrispondenza del margine orientale della porzione indagata della villa. D'altro canto, il confronto fra la documentazione grafica e fotografica e una anomalia circolare ben visibile dalla mappa magnetometrica permettono il riconoscimento della monumentale struttura circolare a NO dell'area scavata, identificata come cisterna nei quaderni di scavo, suggerendo la parziale conservazione di alcune strutture e aprendo nuove prospettive di indagine sullo sviluppo del complesso a O dell'area scavata negli anni Cinquanta, laddove si concentrano tre anomalie allineate ed equidistanti (Figura 5).

Per quanto riguarda le prospettive future di ricerca, oltre allo studio delle classi di materiali raccolti durante le attività di ricognizione, anche in rapporto ai reperti provenienti dallo scavo del 1959, ulteriori prospezioni geofisiche con metodi magnetico ed elettromagnetico saranno estese a N e a S dell'area già indagata, mentre altre tecniche geofisiche, in particolare il Georadar, saranno applicate su quelle aree che presentano anomalie di potenziale interesse archeologico, al fine di verificarne la natura, l'estensione e gli eventuali rapporti con il paleoalveo del fiume Eridano. L'obiettivo, infatti, è completare lo studio del sito in senso globale e, cogliendo ogni aspetto del contesto – dagli elementi territoriali e paesaggistici a quelli storici, dai dati geomorfologici a quelli archeologici –, delineare un quadro conoscitivo completo ed esaustivo del paesaggio invisibile del delta antico.

[J.C. – G.F.]

Abbreviazioni

AMNAF: Archivio del Museo Nazionale Archeologico di Ferrara

Bibliografia

Andreoli, A. 2020. La raffigurazione del delta del Po nella Tabula Peutingeriana, in A. Andreoli (ed.) *Ambiente e società antica. Temi e problemi di geografia storica padano-adriatica*, Atti della Giornata internazionale di Studi in ricordo di Nereo Alfieri (Ferrara, 10 dicembre 2015): 105-134. Ferrara: Cartografica Artigiana.

Attema, P., J. Bintliff, M. Van Leusen, P. Bes, T. De Haas, D. Donev, W. Jongman, E. Kaptijn, V. Mayoral, S. Menchelli, M. Pasquinucci, S. Rosen, J. Garcia Sanchez, L. Gutierrez Soler, D. Stone, G. Tol, F. Vermeulen and A. Vionis 2020. A guide to good practice in Mediterranean surface survey project. *Journal of Greek Archaeology* 5, 1-62.

Bergamini, L., P.P. Contoli, T. Mantovani, L. Tieghi, e B. Zappaterra 1997. Un approccio all'analisi delle tipologie insediative nel Delta. Il complesso di Bocca delle Menate, in F. Berti (ed.) *Percorsi di Archeologia*: 68-135. Ostellato: Soprintendenza archeologica dell'Emilia Romagna - Comune di Ostellato.

Bonaveri, G.F. 1761. *Della citta di Comacchio, delle sue lagune, e pesche descrizione storica civile, e naturale ora ampliata, corretta e con varie note illustrate dal dott. P. Proli*. Cesena: per Gregorio Biasini impressor vescovile, e del S. Ufficio.

Bondesan, A. and N. Astolfi 2019. La cartografia del territorio ferrarese nei secoli. *Il geologo dell'Emilia Romagna* 8-9, 6-18.

Bruni, M. 2020. Note di geo-archeologia sul territorio di Spina, in M.P. Castiglioni, M. Curcio and R. Dubbini (eds) *Incontrarsi al limite. Ibridazioni mediterranee nell'Italia preromana*: 345-354. Roma-Bristol: L'Erma di Bretschneider.

Calzolari, M. 2007. Il Delta padano in Età romana: idrografia, viabilità, insediamenti, in F. Berti, M. Bollini, S. Gelichi and J. Ortalli (eds) *Genti del Delta da Spina a Comacchio. Uomini, territorio e culto dall'Antichità all'alto Medioevo*, Catalogo della Mostra (Comacchio 16/12/2006-14/10/2007): 153-172. Ferrara: Corbo.

Campana, S. 2020. Droni in Archeologia. Applicazioni e Prospettive. *Archeologia Aerea* 13, 9-24.

Cattaneo, C. 1884. *Notizie naturali e civili su la Lombardia. La città considerata come principio ideale delle istorie italiane*. Milano: Tip. G. Bernardoni.

Clementi, J. c.s. Geografia di un paesaggio culturale. Comacchio dalle bonifiche al museo del territorio, in A. Baravelli, S. Bertelli, S. Bruni, R. Dubbini and M. Provasi (eds) *Spina 22*. Atti del Convegno (Ferrara 10-11 giugno 2022. Roma-Bristol: L'Erma di Bretschneider

Corti, C. 2007. La villa di Salto del Lupo. Un insediamento nell'area del Delta padano tra Età romana e Alto Medioevo, in F. Berti, M. Bollini, S. Gelichi and J. Ortalli (eds) *Genti del Delta da Spina a Comacchio. Uomini, territorio e culto dall'Antichità all'alto Medioevo*, Catalogo della Mostra (Comacchio 16/12/2006-14/10/2007): 257-269. Ferrara: Corbo.

Dall'Aglio, P.L. and L. Pellegrini 2019. Topografia antica e Geomorfologia: le due facce della medesima medaglia. *Agri Centuriati* 16, 11-16.

Desantis, P. 2017. La necropoli di Valle Pega: note topografiche, aspetti cronologici e rituali, in C. Reusser (ed.) *Spina – Neue Perspektiven der archäologischen Erforschung. Tagung ander Universität Zürich vom 4.-5. Mai 2012*, (Zürcher Archäologische Forschungen; Bd. 4): 85-98. Rahden: VMLVerlag Marie Leidorf.

Dubbini, R., M. Stefani, J. Clementi, E. Rizzo, M. Lombardi and F.R. Fiano 2022. La villa romana di Bocca delle Menate, Comacchio. Un'esperienza di archeologia globale. *Archeologia Classica* LXXIII, n.s. II, 12, 481-517.

Fiano, F.R., F. Ciccarella and V. Venco 2022. Studio dei reperti dalla ricognizione della villa romana Bocca delle Menate (Comacchio-FE): i contenitori da trasporto e i laterizi bollati. *Annali Online Lettere XVII*.

Gelichi, S. 2021. Oltre gli empori e il 'mare corrotto': Comacchio e l'Adriatico tra VIII e XI secolo, in S. Gelichi, C. Negrelli and E. Grandi (eds) *Un emporio e la sua cattedrale. Gli scavi di piazza XX Settembre e Villaggio San Francesco a Comacchio*: 641-740. Firenze: All'Insegna del Giglio.

Guzzon, B. 2017. *Intarsi di Bonifiche* (I quaderni delle bonifiche ferraresi, 6). Ferrara: Consorzio di Bonifica Pianura di Ferrara.

Hadjimitsis, D.G., K. Themistocleous, B. Cuca, A. Agapiou, V. Lysandrou, R. Lasaponara, N. Masini and G. Schreier (eds) 2020. *Remote Sensing for Archaeology and Cultural Landscapes. Best Practices and Prospectives Across Europe and Middle East*. Cham: Springer.

Marchi, M.L., G. Forte, M. La Trofa and G. Savino 2019. Paesaggi ritrovati. Storia e archeologia dei Monti Dauni: il progetto 'AgerLucerinus', in G. Cipriani and A. Cagnolati (eds) *Scienze umane tra ricerca e didattica vol. I. Dal mondo classico alla modernità: linguaggi, percorsi, storie e luoghi. Atti del Convegno Internazionale di Studi (Foggia, 24-26 settembre 2018)*: 397-417. Campobasso: Il castello edizioni.

Masini, N. and Soldovieri, F. (ed) 2017. *Sensing the Past. From artifact to historical site*. Cham: Springer.

Patitucci, S. and G. Uggeri 2016-2017. Spina. Topografia, urbanistica, edilizia: un aggiornamento. *Atti dell'Accademia delle Scienze di Ferrara* 94, 181-219.

Piastra, S. 2011. Dall'acqua alla terra. La metamorfosi antropogenica del delta padano emiliano-romagnolo, in P. Zucca, S. Pezzoli and I. Fabbri (eds) *Terre nuove. Immagini dell'archivio fotografico dell'Ente Delta Padano*: 15-22. Bologna: Compositori.

Rizzo, E., R. Dubbini, L. Capozzoli, G. De Martino, G. Fornasari, L. Farinatti, E. Ferrari, J. Clementi, F.R. Fiano and M. Lombardi 2021. Preliminary geophysical investigation in the archaeological site of Bocca delle Menate (Comacchio, FE). *Journal of Physics: Conference Series*, 2204.

Rucco, A.A. 2015. *Comacchio nell'alto Medioevo. Il paesaggio tra topografia e geoarcheologia*. Firenze: All'Insegna del Giglio.

Rucco, A.A. 2021. L'ambiente e l'uomo nell'entroterra comacchiese fra VII e X secolo d.C., in S. Gelichi, C. Negrelli and E. Grandi (eds) *Un emporio e la sua cattedrale. Gli scavi di piazza XX Settembre e Villaggio San Francesco a Comacchio*: 583-607. Firenze: All'Insegna del Giglio.

Schmiedt, G. 1984. Cosa si vede dal cielo, in M. Marini (ed.) *I Pollia alla ricerca di Spina 1*: 195-232. Ravenna: M. Lapucci-Edizioni del Girasole.

Uggeri, G. 1973. Un insediamento a carattere industriale (relazione preliminare degli scavi sull'argine di Agosta 1971-1973. *Musei Ferraresi* III, 174-186.

Uggeri, G. 1986. La romanizzazione nel Basso Ferrarese. Itinerari ed insediamento, in *La civiltà comacchiese e pomposiana dalle origini preistoriche al tardo medioevo,* Atti Convegno (Comacchio 1984), 147-181. Bologna: Nuova Alfa.

Uggeri, G. 1989. Insediamenti, viabilità e commerci di età romana nel Ferrarese, in N. Alfieri (ed.) *Storia di Ferrara*, III, 1: 1-202. Ferrara: Corbo.

Vanni, E., F. Saccoccio and F. Cambi 2021. Il Paesaggio come strumento interpretativo. Nuove proposte per vecchi paesaggi, in D. Mastroianni, R. Oriolo, A. Vivona (eds) *Storytelling dei Paesaggi. Metodologie e tecniche per la loro narrazione*: 2-15. Lago: il Sileno Edizioni.

Veggiani, A. 1970. L'idrografia dell'antico Delta Padano tra Ravenna e Comacchio. *Bollettino economico della camera di commercio, industria, artigianato e agricoltura di Ravenna* 12, 3-12.

La *Regio II Caelimontium* a Roma in età imperiale e tardoantica: una possibile «cintura di margine» tra complessità e apporti innovativi.

Sofia Vagnuzzi
(Università di Pisa)

Abstract: this paper proposes an overall analysis of the western Caelian hill urban development from the Imperial to the Late Antique age. During this period, the urban pattern evolved in response to social and political changes, culminating in a complex coexistence of diversified land-uses. The Caelian settlement pattern is here analyzed through a multidisciplinary approach, flanking the topographical method with Urban Morphology. In particular, the fringe belt model will be fundamental to highlight the dynamics underlying the area's urban development.

Keywords: Topografia, Celio, *Regio II Caelimontium*, Roma, cintura di margine.

Introduzione

La porzione occidentale del colle Celio a Roma verrà qui analizzata nel suo assetto urbanistico imperiale e tardoantico attraverso un approccio multidisciplinare, che unisce il classico metodo topografico a concetti mutuati dalla Geografia e Morfologia urbana.

Il Celio si localizza tra Esquilino a est, Oppio a nord/est, Velia a nord, Palatino a nord/ovest e Aventino a sud/ovest ed è circondato su tre lati da valli: a nord quella percorsa attualmente da via Labicana e la vallecola in cui sorge l'Anfiteatro Flavio, a ovest la valle di San Gregorio, prolungamento della precedente, e a sud la valle della Marrana. Distaccandosi dalla pendice meridionale dell'Esquilino, il Celio si presenta come una dorsale di due chilometri, larga tra i 400 e i 500 metri e con un'altitudine media tra i 50 e i 60m slm. La porzione occidentale del colle diviene più irregolare dal punto di vista altimetrico e orografico a partire dall'area dell'attuale via della Navicella, articolandosi nelle propaggini dei Ss. Quattro Coronati, dei Ss. Giovanni e Paolo, di S. Gregorio, di Villa Celimontana e nella depressione del *Caput Africae* (46m slm circa).

Per quanto riguarda l'assetto amministrativo, il colle sarebbe stato aggregato al territorio urbano di Roma già in età regia: nonostante alcune discordanze cronologiche, le fonti concordano infatti nel considerare il processo di aggregazione urbana dei colli, compreso il Celio, già concluso prima della fine del periodo monarchico[1]. Il Celio rientrava quindi nella *Regio I Suburana* nella divisione amministrativa di Servio Tullio e, successivamente, rappresentò la *Regio II Caelimontium* nella riorganizzazione dell'*Urbs* in quattordici *regiones* attuata da Augusto nel 7 a.C. A partire dal periodo augusteo, l'area costituente in origine la *Regio I Suburana*, totalmente intramuranea, si vide aggregare realtà topografiche e insediative periferiche, sorte al di fuori delle porte repubblicane, come il versante a sud della via di S. Stefano Rotondo e l'area di Villa Celimontana, espandendosi verso l'esterno in un processo di adattamento *de facto* al continuo e irregolare sviluppo dell'abitato.

---

[1] Eutr., I, 4; Liv., 1, 30; Varro, *ling.*, V, 46; Strab., V, 3, 7; Cicero, *De rep.*, II, 18, 33; Tac. (*ann.*, IV, 65).

Infine, il Celio è una delle aree di Roma maggiormente indagate dal punto di vista archeologico: tralasciando gli sterri e i rinvenimenti ottocenteschi e precedenti, l'area è stata oggetto sin dagli anni '80 del secolo scorso di scavi sistematici[2] che ne hanno interessato buona parte, permettendo la ricostruzione del tessuto insediativo e stradale[3].

Origine, definizione e applicazioni del concetto di cintura di margine

Il concetto di "cintura di margine" fu coniato per la prima volta nel 1936 da H. Louis[4] e ripreso poi negli anni '60 da M.R.G Conzen[5], che sistematizzò il modello e, applicandolo alla moderna realtà insediativa britannica, lo inserì in una complessa teoria di interazioni tra processi formativi e trasformativi dello spazio urbano[6]. Il terzo fondamentale contributo alla teoria delle cinture di margine è stato quello di J.W.R. Whitehand, che ne ampliò il raggio di applicazione, dimostrando come queste non fossero un fenomeno storico delimitato, ma una caratteristica continua e persistente della struttura urbana[7].

Una cintura di margine è, in sintesi, un'area urbana che si caratterizza per l'eterogeneità degli usi del suolo e per il carattere periferico di questi[8], traducendosi in un tessuto insediativo nettamente più sciolto rispetto alle altre unità urbane, con lotti edificabili più ampi, una minore copertura edilizia, meno incroci stradali e più spazio verde, che contribuisce al carattere semirurale. La formulazione del modello di cintura di margine si basa sull'assunto che all'interno del tessuto urbano sia possibile distinguere, sulla base delle funzioni predominanti, tre regioni morfologiche (o funzionali) principali: il centro direzionale (*central business district*, CBD), i quartieri residenziali di vario tipo e livello e le cinture di margine (*fringe belts*)[9]. Queste categorie permettono di identificare le zone in cui lo spazio urbano è stato diviso nel suo sviluppo storico tramite la cooperazione di forze centripete e centrifughe: le prime agiscono su un'area relativamente ridotta che tende a rimanere costante nel lungo periodo[10], mentre le seconde si esprimono morfologicamente nelle cinture di margine, quali aree che circondano il centro urbano («an extensive penumbra around the built up area»[11]) e che sono costantemente spostate in avanti dalla crescita urbana. Le cinture di margine sono quindi le unità urbane più complesse da comprendere e identificare, in quanto traggono la loro unità non tanto da un'omogeneità nelle forme edilizie e nelle relative funzioni, ma piuttosto dalla loro eterogeneità e dal fatto che queste derivano da elementi che solitamente si localizzano in zone marginali e periferiche[12]. Inoltre, la loro collocazione all'interno dell'area urbana è varia, potendosi trovare sia ai suoi margini, sia all'interno dell'area densamente edificata quali residui di cinture precedenti inglobate dall'espansione urbana. Un ulteriore elemento tipico delle cinture di margine è, infine, la loro associazione con "linee di consolidamento"

---

[2] Baillie Reynolds 1923; Brandenburg and Pàl 2000; Carignani 1993; Colini 1944; Englen 2003; Englen et al. 2014; Lissi Caronna 1986; Palazzo and Pavolini 2013; Pavolini 1987; Pavolini 1993a.

[3] Pavolini 2006; Consalvi 2009.

[4] Louis 1936.

[5] Conzen 1960; Conzen 1962.

[6] Conzen 2009: 31.

[7] Barke 2019: 51.

[8] Conzen 1969: 125.

[9] Conzen 2009: 29; Whitehand 1967: 223.

[10] Il CBD riflette le forze centripete che tendono a concentrare le funzioni commerciali e di controllo nel centro urbano, quale nucleo intorno a cui si organizza il resto della città (Carter 1975: 151).

[11] Whitehand 1967: 223.

[12] Whitehand 1967: 223.

(*fixation lines*[13]), cioè elementi lineari come cinte murarie e limiti geografici o amministrativi che condizionano il circostante sviluppo urbano.

Fin dalle prime formulazioni il modello della cintura di margine è stato applicato a realtà urbane di età moderna e post-catastale, in quanto per epoche precedenti spesso non sono disponibili i dati necessari alla ricostruzione capillare del tessuto funzionale e insediativo. Tuttavia, gli studi di Whitehand hanno dimostrato come l'esistenza di cinture di margine sia una caratteristica persistente della struttura urbana non circoscrivibile solo ad alcuni periodi storici. Per questo, tenendo conto del carattere interdisciplinare e cronologicamente trasversale della Geografia Urbana, si è voluto tentare l'applicazione del modello alla *Regio II Caelimontium*, per la quale, grazie alla sistematica attività di indagine archeologica già citata, si hanno a disposizione dati quantitativamente e qualitativamente sufficienti. Va comunque sottolineata la sperimentalità di questo approccio, dal momento che, nonostante le rilevanti prospettive di ricerca, non sembra attualmente molto diffuso il tentativo di applicarlo a contesti urbani archeologici per la citata difficoltà di reperimento dei dati. Soltanto in specifici contesti sembrerebbe quindi possibile un tale approccio: si tratta di quei casi in cui le evidenze archeologiche si sono conservate in maniera eccellente, senza stratificazioni di lungo periodo sopra i resti archeologici per l'abbandono del sito stesso[14]; oppure siti che, nonostante la continuità di frequentazione, siano stati scavati in maniera estensiva, come nel caso della *Regio II* a Roma. La natura dinamica e mutevole dell'insediamento urbano è infatti maggiormente ricostruibile e visibile laddove i rapporti tra gli edifici possono essere ricostruiti dai dati di scavo[15].

La topografia del Celio occidentale

Prima di procedere con l'analisi della maglia insediativa e funzionale, è utile tracciare un quadro sintetico di due elementi che influirono notevolmente sulla sua organizzazione: il *pomerium* e il reticolo stradale.

La questione del *pomerium* sul Celio si collega a quella del circuito repubblicano, il cui tracciato sul colle è notevolmente incerto per la scarsità di rinvenimenti archeologici ad esso pertinenti. Il tratto noto più vicino all'area in esame sarebbe quello di porta Capena (rinvenuto nel 1867)[16]: da qui fino all'Esquilino (dove un tratto è noto in via Mecenate) non sono stati rinvenuti altri tratti significativi. L'unica evidenza sul Celio forse riferibile alla cinta repubblicana è l'Arco di Silano e Dolabella (Figura 3, n. 10), probabile monumentalizzazione augustea della *porta Caelemontana*[17]: osservando il piedritto di destra è visibile un piccolo tratto di muro in blocchi di tufo (alti 0,55m) analoghi a quelli del recinto repubblicano. È dunque possibile ipotizzare che da porta Capena le mura salissero con andamento sud/ovest-nord/est verso *porta Caelemontana*, costeggiando e lasciando fuori ad est la *vallis Egeriae*, per poi scendere in direzione del Laterano e dell'Esquilino costeggiando a nord il tracciato di un asse stradale antico (*via Caelemontana*) corrispondente all'incirca all'attuale via di S. Stefano Rotondo (Figura 1). Un andamento simile è ipotizzabile anche per il *pomerium*, per la cui ricostruzione sono fondamentali le attestazioni funerarie e i *peregrina sacra*, che dovevano collocarsi, come noto, in aree extra pomeriali. In riferimento al primo

---

[13] Conzen 1969: 125.

[14] Patterson 2006: 118-119.

[15] Patterson 2006: 118.

[16] Colini 1944: 32; *FUR*: f. 35. A sud dell'oratorio di S. Silvia fu rinvenuto un lacerto murario in *opus quadratum*, interpretabile secondo alcuni come un tratto della cinta repubblicana.

[17] Colini 1944: 32. L'arco fu messo in luce alla fine del XV secolo con la demolizione dell'arcata dell'acquedotto che lo aveva inglobato.

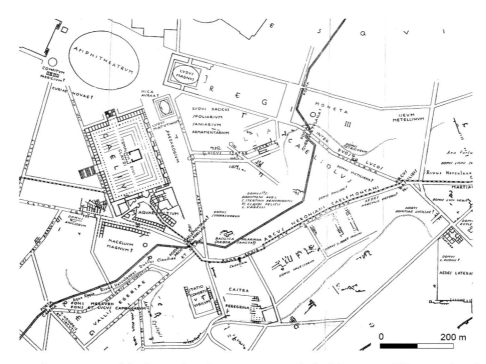

Figura 1 - Topografia e rete viaria del Celio occidentale in epoca imperiale (rielaborazione dell'autrice da Colini 1944).

elemento, nell'area dei *Castra Peregrina* sono state rinvenute tre sepolture repubblicane al di sotto di una canalizzazione pertinente alla caserma e, poco distante da queste, un sarcofago[18]. Altre notizie di rinvenimenti funerari sono note per l'area tra l'Ospedale di S. Giovanni e S. Stefano Rotondo[19], nella zona dei Ss. Quattro Coronati[20], nell'area di Villa Wolkonsky[21] e lungo via Statilia[22]. Alla localizzazione delle evidenze funerarie si aggiunge la presenza dei *peregrina sacra*, tra cui il sacello di *Minerva capta*[23], il culto di Cibele e Attis nella *Basilica Hilariana* (Ospedale Militare)[24], quello di Mitra nei *Castra Peregrina* (S. Stefano Rotondo), quello di *Iside* nell'*Iseum Metellinum* (la cui collocazione topografica non è certa, ma probabilmente da riferire alla sommità del colle, nell'area della Navicella) e infine altre attestazioni mitraiche dall'area della *Statio V Cohortis Vigilum* (Villa Celimontana)[25]. Va, infine, considerata la presenza dei *Castra Peregrina*[26] nella porzione occidentale del colle (attuale area di S. Stefano Rotondo) e, in quella orientale, dei *Castra priora* e *nova* degli *equites singulares*[27]. Questi elementi permetterebbero quindi di identificare una fascia esterna, corrispondente al versante sud-orientale dell'area in esame, che doveva risultare al di fuori del *pomerium* (e probabilmente anche *extra moenia*).

---

[18] Baillie Reynolds 1923: 161.

[19] Colini 1944: 32; Consalvi 2009: 72; Scrinari 1969: 17-24.

[20] Colini 1944: 304-305.

[21] Consalvi 2009: 123-126, nn. 84-87.

[22] Consalvi 2009: 133-135, n. 121.

[23] Ovidio (*Fast.*, III, 835-838) lo colloca su una generica via discendente dal Celio; Varrone (*!ing.*, V, 47) indica il versante rivolto verso l'Esquilino e, quindi, la *via Tusculana* o il *vicus Capitis Africae*.

[24] Pavolini 2016.

[25] Pavolini 2000: 18-19; 21-25.

[26] *LTUR* I: 249-254.

[27] *LTUR* I: 246-248; Consalvi 2009: 112-115, n. 54.

Figura 2 - Dettaglio dell'attuale Clivo di Scauro.

Per quanto riguarda il reticolo stradale (Figura 1)[28], questo era costituito da due assi viari maggiori collegati a una viabilità di portata territoriale, rappresentati da quelle che Colini definisce *via Caelemontana*[29] (con la sua prosecuzione intramuranea, il *clivus Scauri*) e *via Tusculana*[30], cui si aggiungeva una viabilità trasversale a collegamento delle aree interne delle pendici. La *via Tusculana* divideva con andamento nord/ovest-sud/est la porzione occidentale del colle da quella orientale, salendo verso il Laterano dal Colosseo e costeggiando a nord/est la propaggine dei Ss. Quattro Coronati (corrispondendo in parte all'attuale via dei Ss. Quattro)[31]. La *Caelemontana*, invece, era l'asse principale dell'area in esame: attraversava in senso est-ovest tutta la dorsale sommitale da *porta Caelemontana* fino ad arrivare a Porta Maggiore (coincidendo in linea di massima con l'attuale via di S. Stefano Rotondo) per confluire in una viabilità interregionale all'altezza dello snodo in cui le *viae Praenestina* e *Labicana* si dividevano. Nei pressi di *porta Caelemontana* dalla via omonima si diramavano il *vicus Camenarum*[32], che scendeva verso Porta Capena con un tracciato probabilmente parallelo alla cinta repubblicana; il *vicus Capitis Africae*[33],

---

[28] Pavolini 2006.

[29] *LTUR* V: 135. Il toponimo non ha attestazione documentaria: fu Colini (1944: 75-76) ad attribuirlo all'asse viario per analogia con l'acquedotto che lo fiancheggiava (noto come *Arcus Caelemontani*).

[30] Colini 1944: 76.

[31] Colini 1944: 76-77; Consalvi 2009: 65-66.

[32] *LTUR* I: 216.

[33] *LTUR* I: 235.

che scendeva verso la valle del Colosseo; la viabilità verso la valle della Ferratella e, infine, il *clivus Scauri*[34]. Quest'ultimo – probabilmente databile al II secolo a.C.[35] – fu ripreso in età medievale dalla via dei Ss. Giovanni e Paolo e risulta tuttora rispettato dai tracciati del Clivo di Scauro (Figura 2) e di via di S. Paolo della Croce. Dal *clivus* si diramavano verso sud il *vicus Trium Ararum*[36], verso l'incrocio del *Septizodium*, e il *vicus Victoriae*[37]. A nord del *clivus Scauri* correva poi la cosiddetta "via del Tempio di Claudio": databile all'età imperiale, costeggiava con andamento sud/est-nord/ovest il lato occidentale del *Templum Divi Claudii*[38] proseguendo fino all'Arco di Costantino. Altro asse viario fondamentale per il Celio occidentale era il *vicus Capitis Africae*, che con andamento tendenzialmente nord-sud univa il vertice dell'altura celimontana (zona della Navicella) alla valle del Colosseo, attraversando il quartiere del *Caput Africae* e seguendo l'avvallamento naturale che in antico solcava la parte nord del colle[39]. Il tracciato rimase in uso dall'età repubblicana fino all'età moderna con il nome di via della Navicella, eliminata poi nel XIX secolo per la costruzione del quartiere tra le attuali vie Claudia e Annia. Infine, dal *vicus Capitis Africae* si distaccava il *vicus Statae Matris*, che si dirigeva in direzione est verso i Ss. Quattro Coronati, così come la sua parallela meridionale[40]. Il reticolo viario descritto si mantenne sostanzialmente inalterato nelle sue linee fondamentali fino al V-VI secolo d.C., quando, nel contesto di destrutturazione generale del tessuto insediativo, iniziò un processo di selezione degli assi stradali che portò alla sopravvivenza solo di quelli a collegamento dei poli ecclesiastici, quali nuovi *foci* dell'insediamento altomedievale[41].

Per quanto riguarda la maglia insediativa (Figura 3), il comparto occidentale del Celio può essere diviso in tre aree principali:

- la dorsale sommitale, comprendendo in essa le aree di piazza Celimontana e dell'Ospedale Militare fino ai Ss. Quattro Coronati e, dunque, corrispondente in parte all'antico quartiere del *Caput Africae*;

- la propaggine dei Ss. Giovanni e Paolo, con complessi edilizi disposti sui due lati del *clivus Scauri* e lungo le sue diramazioni, fino a scendere verso la propaggine di San Gregorio;

- la propaggine di Villa Celimontana con l'attuale piazza della Navicella e fino a S. Stefano Rotondo.

Gli aspetti fondamentali della topografia della dorsale sommitale sono ricostruibili dai dati degli scavi effettuati dalla fine degli anni '80 del XX secolo nell'area di piazza Celimontana e dell'Ospedale Militare[42]. Il quartiere era attraversato dal *vicus Capitis Africae* in senso nord-sud e, in senso est-ovest, dal *vicus Statae Matris* e dalla sua parallela meridionale. L'area era organizzata come una sorta di *cavea* che digradava dalla parte più alta del colle in direzione della valle del Colosseo e in cui le *domus* occupavano la zona sommitale, più salubre e prestigiosa[43]. Nella parte più bassa si estendeva il quartiere del *Caput Africae*, corrispondente alla depressione localizzata tra la dorsale sommitale e l'altura dei Ss.

---

[34] Colini 1944: 78; *LTUR* I: 286.

[35] Colini 1944: 409.

[36] *LTUR* V: 195.

[37] Colini 1944: 74; 199; *LTUR* V: 199.

[38] *LTUR* I: 277-278.

[39] *LTUR* I: 235.

[40] Colini 1944: 73; 288; *LTUR* V: 191.

[41] Paroli 2004: 21.

[42] Carignani 1993; Pacetti 2004; Palazzo and Pavolini 2013; Pavolini 1987; Pavolini 1993a; Spinola 2000.

[43] Pavolini 1987: 658.

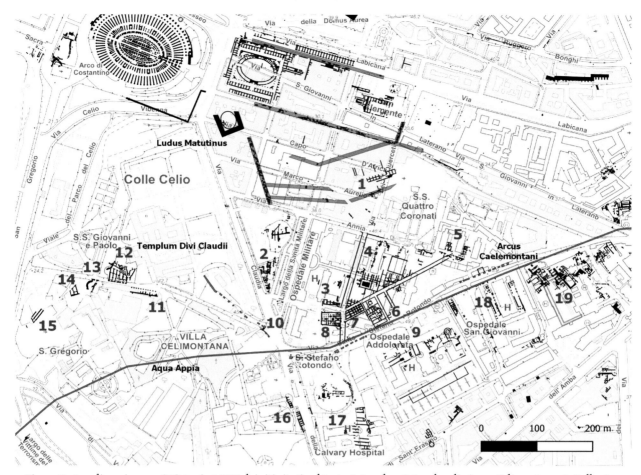

Figura 3 - Localizzazione su CTR Lazio 1:5000 dei siti citati nel testo: 1. Insulae; 2. Insulae di piazza Celimontana; 3. Fullonica; 4. Domus Symmachorum; 5. Domus di L. Vagellius; 6. Domus di Gaudentius; 7. Cd. Insula a cisterne; 8. Basilica Hilariana; 9. Domus Valeriorum; 10. Arco di Silano e Dolabella; 11. Edificio a tabernae; 12. Edifici residenziali sotto Ss. Giovanni e Paolo; 13. Aula absidata (cd. "Biblioteca di Agapito"); 14. Insula sotto S. Barbara/S. Andrea; 15. Criptoportico sotto S. Gregorio; 16. Statio V Cohortis Vigilum; 17. Castra Peregrinorum; 18-19. Domus nell'area dell'ospedale di S. Giovanni (elaborazione GIS dell'autrice da dati SITAR).

Quattro Coronati[44]. Questo quartiere ricevette un'organizzazione quasi definitiva nel corso del I secolo d.C. ed era caratterizzato dalla preponderanza di tipi edilizi "popolari" come le *insulae* a *tabernae* (Figura 3, nn. 1-2), in cui si svolgevano probabilmente attività sia commerciali di rivendita al dettaglio, sia produttive e artigianali, come testimonierebbero scorie e resti di lavorazione del bronzo rinvenuti sul pavimento di alcune di esse[45]. Per quanto riguarda la sommità della dorsale, risalgono alla prima metà del I secolo d.C. gli impianti di una serie di ricche *domus* (nell'area dell'Ospedale Militare) che conobbero un momento di cesura e netto cambiamento funzionale in senso produttivo-commerciale a seguito dell'incendio del 64 d.C. e della conseguente opera di ristrutturazione urbanistica flavia. Nel periodo flavio, infatti, il tipo edilizio predominante divenne quello della cosiddetta *insula* con appartamenti ai piani superiori e pianoterra occupato da *tabernae*, che si impostarono talvolta in spazi precedentemente occupati da una funzione residenziale di prestigio. Questa tendenza è, ad esempio, perfettamente leggibile nella parabola edilizia della *domus* di *L. Vagellius* (Figura 3, n. 5) e del complesso noto come *domus Symmachorum* (Figura 3, n. 4): entrambi i complessi furono danneggiati dall'incendio neroniano e

---

[44] *LTUR* I: 235.
[45] Pavolini 1987: 658, nota 24.

nello spazio della *domus* di *L. Vagellius* si impostò un edificio con vani al pianoterra interpretabili come *tabernae* fronte strada[46]; il secondo complesso fu invece interessato da una fase di abbandono i cui strati archeologici hanno restituito abbondanti scorie e scarti di lavorazione, permettendo di ipotizzare la presenza, almeno nelle vicinanze, di impianti artigianali attivi tra la seconda metà del I e il II secolo d.C.[47]. In età antonina si verificò un'inversione di tendenza che portò la sommità del colle a recuperare la vocazione abitativa e residenziale di alto livello con la costruzione o riedificazione di numerose *domus*. Si inserisce in questa parabola il recupero della funzione residenziale di prestigio del complesso della futura *domus Symmachorum*[48] e l'edificazione della *domus* nota come "di *Gaudentius*" (Figura 3, n. 6) tramite l'unione di due *insulae* di età flavia e dello stretto angiporto che le divideva[49].

Il secondo quartiere individuabile è quello che si sviluppò intorno al *clivus Scauri* e alle sue diramazioni, caratterizzato anch'esso dalla convivenza tra funzione residenziale e commerciale[50]. Risultano qui piuttosto scarsi i resti edilizi databili al I secolo d.C., in quanto obliterati dall'impianto di complessi successivi: a partire dal II secolo d.C., infatti, l'area fu oggetto di un'intensa attività edilizia e di risistemazione urbana, che si intensificò nel secolo successivo[51]. Dal II secolo d.C. nel quartiere si impostarono edifici residenziali, come l'*insula* e la *domus* al di sotto della basilica dei Ss. Giovanni e Paolo (Figura 3, n. 12)[52]. All'inizio del III secolo d.C. nell'area della basilica venne edificato un grande complesso edilizio (*insula* con *tabernae*) che portò alla risistemazione di tutta la zona a nord del *clivus Scauri*, inglobando parte della *domus* di II secolo d.C. sulla via del Tempio di Claudio e demolendone la porzione meridionale[53]. Infine, alla fine del III secolo d.C. il complesso subì una serie di interventi volti a unificare i nuclei edilizi precedenti in un'unica *domus* più ampia (Figura 3, n. 12)[54]. Questo quartiere sembrerebbe caratterizzato da una maglia insediativa più fitta rispetto a quella della dorsale sommitale, con una notevole presenza di *insulae* e attività artigianali e commerciali, come indicano l'edificio a *tabernae* a sud di piazza dei Ss. Giovanni e Paolo (Figura 3, n. 11)[55] e i complessi nell'area di S. Gregorio (Figura 3, n. 15)[56] e sotto S. Barbara (Figura 3, n. 14)[57]. Il settore a nord del *clivus*, invece, sembrerebbe caratterizzato da una destinazione maggiormente residenziale (basti pensare che qui si impostò sin dal II secolo d.C. una *domus* con impianto termale privato). Va sottolineato come questo settore fosse quello più vicino al *Templum Divi Claudii*, rappresentando una zona piuttosto prestigiosa adatta ad ospitare dimore di un certo livello: si confermerebbe quindi la tendenza a costruire le *domus* sulle porzioni sommitali ed emergenti delle varie propaggini.

L'ultima area da analizzare è quella corrispondente a Villa Celimontana e all'attuale piazza della Navicella fino alla basilica di S. Stefano Rotondo. Qui si localizzavano, sin dall'età augustea, la *Statio V Cohortis Vigilum* (Figura 3, n. 16)[58] e i *Castra Peregrina* (Figura 3, n.17)[59] (databili nel primo impianto al I secolo d.C., ma completamente riedificati nel II secolo d.C.), affrontati sui due lati del *vicus Capitis Africae*.

[46] Carignani 1993: 713-714.
[47] Palazzo and Pavolini 2013: 330.
[48] Colini 1944: 281-282; *LTUR* II: 183-184; Palazzo and Pavolini 2013: 325-369.
[49] Colini 1944: 277-278; *LTUR* II: 109-110; Spinola 2000: 152-155.
[50] Englen 2003; Englen et al. 2014; Pavolini 2006.
[51] Colini 1944: 415.
[52] Englen et al. 2014; *LTUR* II: 117-118.
[53] Colini 1944: 168; *LTUR* II: 118.
[54] *LTUR* II: 118.
[55] Insalaco 2003a.
[56] Colini 1944: 200-201; Insalaco 2003b.
[57] Colini 1944: 201-202.
[58] Colini 1944: 228-231; *LTUR* I: 293.
[59] Baillie Reynolds 1923; Colini 1944: 240-245; Lissi Caronna 1986; *LTUR* I: 249-254.

A ovest i *castra* erano prospicienti alla grande *domus Valeriorum* (Figura 3, n. 9)[60], mentre a nord la *via Caelemontana* li divideva dall'area dell'Ospedale Militare, in cui oltre alla *Basilica Hilariana* (Figura 3, n. 8)[61] si localizzavano le già citate *domus Symmachorum* e *domus* di *Gaudentius*. Emerge quindi una delle caratteristiche fondamentali del tessuto urbano celimontano che verrà ripresa nel dettaglio in seguito: la compresenza ravvicinata delle funzioni militare e residenziale di alto livello. Nell'area, inoltre, sono note attestazioni di vari culti stranieri, soprattutto orientali, di cui rimane un'evidenza monumentale di straordinaria rilevanza nel mitreo all'interno dei *Castra Peregrina*. Altre evidenze provengono dalla zona di Villa Celimontana, dove va probabilmente presupposta l'esistenza di un altro mitreo, forse in connessione con la *statio* dei *vigiles*[62]. Tutti questi elementi permettono di ipotizzare che quest'area fosse esterna al *pomerium*, aspetto che si tradusse in un tessuto insediativo a carattere periferico.

Per quanto riguarda gli sviluppi tardoantichi, il IV secolo d.C. sul Celio sembra caratterizzarsi ancora per una certa vitalità economica, testimoniata sia dalla tendenza al riuso in senso produttivo degli spazi (*insulae* di piazza Celimontana [Figura 3, n. 2][63], "*insula a cisterne*" [Figura 3, n. 7][64], *Basilica Hilariana*[65]), sia dalla monumentalizzazione delle *domus*. Il IV secolo d.C. segna inoltre l'apogeo della funzione residenziale di alto livello, con interventi di ampliamento, ristrutturazione e decorazione degli impianti originari di vari complessi, tra cui la *domus Symmachorum*, che arrivò ad occupare un'area di 10.000m² (come la prospiciente *domus Valeriorum*) e la *domus* di *Gaudentius*. Rientrano in questa parabola anche la definitiva conversione in residenza aristocratica della casa di III secolo d.C. sotto i Ss. Giovanni e Paolo[66] e la costruzione sul lato meridionale del *clivus Scauri* di un'aula absidata (Figura 3, n. 13), spia della probabile presenza di un'altra *domus*[67]. Va segnalata infine la continuità dei luoghi di culto pagano e dell'elemento militare, con la caserma dei *milites peregrini* che continuò a essere pienamente efficiente per gran parte del IV secolo d.C. Il V secolo d.C. segnò invece l'inizio del declino del Celio occidentale: il sacco di Alarico del 410 d.C. colpì duramente il colle, causando l'abbandono più o meno graduale di numerosi complessi, tra cui le *insulae* di piazza Celimontana, l'"*insula a cisterne*" dell'Ospedale Militare e la *domus Valeriorum*, che fu materialmente distrutta in questa occasione. Altri complessi subirono un drastico cambio di destinazione[68]: cessò ad esempio la funzione cultuale della *Basilica Hilariana* (i vani ancora frequentati vennero riadattati e vi venne impiantata una piccola *fullonica*) e la *domus* di *Gaudentius* non fu più utilizzata come residenza di lusso. Il V secolo d.C. segnò, inoltre, la cristianizzazione del colle, con le tre basiliche dei Ss. Giovanni e Paolo, dei Ss. Quattro Coronati e di S. Stefano Rotondo che sostituirono definitivamente i precedenti edifici (nello specifico, due *domus* e i *Castra Peregrina*). Nel VI secolo d.C. si ebbe una notevole accelerazione del processo di destrutturazione del tessuto urbano locale: spoliazioni, abbandoni, riusi precari di edifici pubblici e privati superarono gli interventi di riqualificazione urbana[69]. Non si registrò, inoltre, nessuna ripresa nel settore dell'edilizia privata: le *domus* distrutte non vennero riedificate, né ne vennero costruite altre *ex novo*[70]. Veniva così meno un elemento fondamentale del circuito socioeconomico che fino ad allora aveva

---

[60] *LTUR* II: 207.
[61] Carignani 1993: 714-716; Colini 1944: 278-281; *LTUR* I: 175-176; Pavolini 1993b: 61-62; Palazzo and Pavolini 2013.
[62] Pavolini 2000: 21-24.
[63] Pavolini 1987: 660; Pavolini 1993b: 53-57
[64] I contesti di questa fase hanno restituito, oltre ad abbondante materiale anforaceo, un frammento di crogiolo e un distanziatore (Palazzo and Pavolini 2013: 308).
[65] Palazzo and Pavolini 2013.
[66] Palazzo and Pavolini 2014.
[67] Pavolini 2003.
[68] Pavolini 1993b: 60.
[69] Paroli 2004: 16.
[70] Guidobaldi 1986: 230.

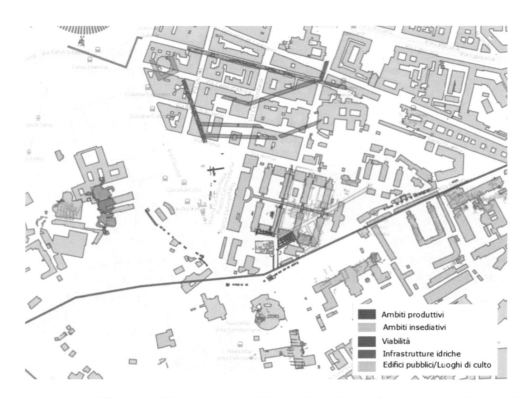

Figura 4 - Carta tematica delle principali funzioni riconoscibili nel Celio occidentale (rielaborazione dell'autrice da SITAR).

dovuto caratterizzare l'area: declinando le *domus*, sparivano lo stile di vita e i consumi dei loro proprietari, portando alla crisi dei complessi produttivi e commerciali, al conseguente abbandono di molte *insulae* e a un notevole calo demografico[71]. Infine, nel VII secolo gran parte dei complessi romani risultavano interrati e abbandonati e l'unico elemento di aggregazione del tessuto urbano era ormai rappresentato dai complessi ecclesiastici.

Riassumendo, dall'analisi delle tre zone in cui si è diviso il comparto occidentale del Celio, emerge il carattere eterogeneo della maglia insediativa (Figura 4), confermato anche dai Cataloghi Regionari, che localizzano nella *Regio II* (secondo la *lectio* della *Notitia*):

Templum Claudii, Macellum Magnum, Lupanarios, Antrum Cyclopis, Cohortem V vigilum, Castra Peregrina, Caput Africae, Arborem Sanctam, Domum Philippi, [Domum] Victiliana, Ludum Matutinum et Gallicum [Dacicum nel Curiosum], Spoliarium, Saniarium [Saniarum nel Curiosum], Armamentarium [assente nel Curiosum], Micam Auream,

Vici VII, Aediculae VII, Vicomagistri XLVIII, Curatores II, Insulae ĪĪĪ DC, Domus CXXVĪĪ, Horrea XXVĪĪ, Balnea LXXXV, Lacos LXV, Pistrina XV.

La funzione predominante sul Celio occidentale risulta quindi quella residenziale, a cui segue quella produttivo-commerciale, mentre piuttosto scarsi sono gli edifici pubblici monumentali, rappresentati in sostanza dal *Templum Divi Claudii*. La funzione cultuale si ritrova nella *Basilica Hilariana* e nel mitreo dei *Castra Peregrina*, a cui vanno aggiunte altre attestazioni di culti orientali localizzabili genericamente nella fascia più esterna del colle[72]. Infine, completa il quadro l'elemento militare.

---

[71] Pavolini 1993b: 53.
[72] Pavolini 2010.

La consistente presenza di *domus* che occupavano vaste porzioni di terreno soprattutto sulla dorsale celimontana troverebbe giustificazione anche nelle caratteristiche del reticolo viario stesso che, costituito da poche vie principali, rappresenterebbe una spia del fatto che la *Regio II* fosse con ogni probabilità scarsamente suddivisa al suo interno, con una maglia quindi ad ampi lotti. Inoltre, a prescindere dalla precisione del numero di *insulae* e *domus* riportato da *Curiosum* e *Notitia*, le cifre confermerebbero l'elevata densità insediativa delle pendici verso Oppio, Palatino e Aventino: se la dorsale sommitale risultava occupata dai grandi complessi delle *domus*, un numero così elevato di caseggiati popolari troverebbe spazio soltanto nelle pendici. All'interno della maglia urbana si possono quindi riconoscere fasce caratterizzate da un diverso livello sociale: la dorsale sommitale e le zone ad essa più prossime mostrano una preminente vocazione residenziale aristocratica (*domus*); mentre si registra un intensificarsi della funzione commerciale e abitativa di medio livello (*insulae a taberna*) scendendo progressivamente lungo le pendici nelle aree più basse del colle, che presentavano una maglia insediativa molto fitta, visibile soprattutto nella depressione del *Caput Africae*, che risulta paragonabile alla densa occupazione della *Subura* nel suo ramo tra Esquilino e Quirinale.

La *Regio II Caelimontium* come cintura di margine

Dall'analisi della maglia insediativa del Celio e del suo sviluppo dall'età imperiale a quella tardoantica emergono effettivamente caratteristiche e vicende edilizie associabili all'esistenza di una cintura di margine. Innanzitutto, il Celio si caratterizza per la varietà di funzioni e per la complessità del tessuto insediativo rispetto a quartieri prettamente residenziali, come la vicina *Regio I Porta Capena*, dove si individuano per lo più *domus* e edifici residenziali e soprattutto mancano infrastrutture militari. Proprio questa compresenza nell'area di funzioni estremamente diversificate è alla base della decisione di utilizzare il modello della cintura di margine nell'interpretazione di questa realtà urbana.

Il primo elemento tipico di una cintura di margine che si riscontra nell'area è il carattere periferico: parte del colle, infatti, si localizzava al di fuori del *pomerium*, che influenzò notevolmente le dinamiche edilizie, imponendo con i suoi divieti sacrali la localizzazione di determinate funzioni. Considerando quindi il *pomerium* come una linea di consolidamento intorno a cui si sviluppò la maglia insediativa, la cintura di margine celimontana si connota per la presenza di una fascia più interna – rappresentata dal quartiere lungo il *Clivus Scauri* e le sue diramazioni – in cui le funzioni predominanti sono quella residenziale e commerciale e in cui si ha una maglia insediativa più densa, e una fascia esterna, localizzata oltre il *pomerium*. Qui il carattere di cintura di margine si fa più evidente: il reticolo viario è più ampio e l'utilizzo del suolo più vario (culti orientali, *domus*, elemento militare). Il Celio sarebbe inoltre parte di una cintura di margine più ampia, estesa – nella porzione orientale della città – almeno fino all'area di S. Giovanni in Laterano e S. Croce in Gerusalemme e che prima del limite introdotto dalle Mura Aureliane sfumava gradualmente nel *suburbium* con schemi insediativi e funzionali via via più liberi. Questo ebbe come conseguenza la formazione di un tessuto insediativo complesso e caratterizzato da una grande varietà di funzioni (residenziale, produttiva, commerciale, cultuale e militare), come tipico appunto delle cinture di margine. Se quindi la localizzazione dei *peregrina sacra* e dell'elemento militare fu dettata dai condizionamenti pomeriali, per le *domus* possiamo ipotizzare motivi economici e pratici: qui i capitali privati avrebbero trovato ampi lotti edificabili senza i condizionamenti di una maglia insediativa più densamente occupata, portando allo sviluppo della vocazione residenziale di alto livello dell'area nonostante il suo carattere periferico e la vicinanza con l'elemento militare e innescando un processo di *gentrification* tipico delle cinture di margine. Indicativa a tal proposito è la convivenza tra *domus* e caserme, in quanto elementi che solitamente non si trovano

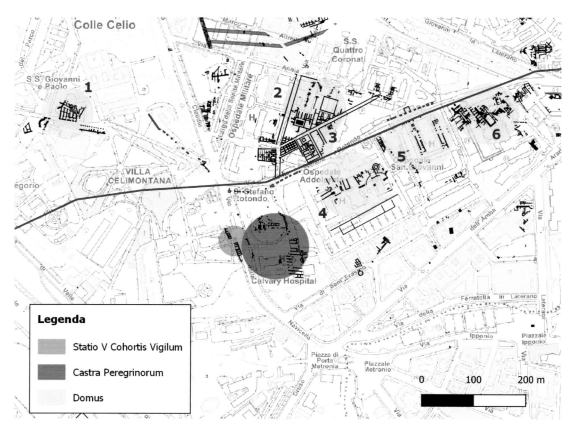

Figura 5 - Dettaglio della compresenza della funzione militare (Castra Peregrinorum) con la funzione residenziale di alto livello: 1. Domus sotto i Ss. Giovanni e Paolo; 2. Domus Symmachorum; 3. Domus di Gaudentius; 4. Domus Valeriorum; 5-6. Domus nell'area dell'Ospedale di S. Giovanni (elaborazione GIS dell'autrice da dati SITAR).

a stretto contatto in altre aree residenziali e più centrali dell'Urbe: sul Celio occidentale, infatti, tutte le principali *domus* si collocano ad una distanza tra i 100 e i 500m in linea d'aria dalle caserme (Figura 5).

Conclusioni

In sintesi, nella *Regio II* si registrano tutti gli elementi fondanti di una cintura di margine: presenza di funzioni che solitamente si impostano in aree periferiche, linee di consolidamento, ampi lotti edificabili e convivenza di funzioni e usi del suolo molto vari. Il tessuto insediativo della *Regio II* e le sue dinamiche evolutive sembrano aderire perfettamente al modello della cintura di margine, confermandone l'applicabilità a realtà archeologiche e la validità scientifica del suo utilizzo in analisi topografiche. Applicando al Celio occidentale il modello della cintura di margine si riescono a interpretare, sistematizzare e inserire in un quadro di insieme coerente le complesse parabole edilizie, creando un modello che, se esteso ad altre aree di Roma, potrebbe portare a una maggior comprensione non solo delle dinamiche urbanistiche generali, ma anche del rapporto simbiotico tra *Urbs* e *suburbium*. Il Celio si caratterizza infatti come una regione urbana complessa e dinamica, anche per il carattere di "ponte" tra suburbio e centro urbano della sua dorsale sommitale.

A conferma della possibilità di interpretare quest'area come una cintura di margine si può infine riportare, in estrema sintesi, anche la sua storia urbanistica post-antica e moderna. A partire dall'Alto Medioevo il colle andò incontro a un destino di sempre maggiore marginalizzazione, soprattutto nella sua parte occidentale (la porzione orientale ha dinamiche diverse dovute alla presenza del polo lateranense) e nei secoli centrali del Medioevo sembrerebbero sopravvivere solamente l'acquedotto e le vie principali, con quest'ultime finalizzate al servizio delle realtà ecclesiastiche[73]. La decisa presenza di enti ecclesiastici è un altro tratto tipico delle cinture di margine, riscontrato in numerosi contesti medievali. Gli unici grandi lavori edilizi di età moderna sono poi rappresentati dall'edificazione di grandi ville, come Villa Mattei-Celimontana. Nel XIX secolo il Celio, così come gli altri colli orientali, si presentava come un'area verde la cui distesa di orti e vigne era interrotta quasi solamente dai grandi complessi religiosi cristiani e rare ville di famiglie aristocratiche, secondo un'organizzazione appunto tipica delle cinture di margine moderne. Questo aspetto si conservò almeno fino alle soglie delle lottizzazioni e dei piani regolatori di XIX e XX secolo, quando orti e vigne vennero riconvertiti in spazi residenziali, nuovamente secondo una dinamica evolutiva propria delle cinture di margine[74]. Alla fine del XIX secolo vennero poi edificati i grandi complessi ospedalieri che costellano il colle e anch'essi, nella letteratura specifica, compaiono tra gli elementi tipici del tessuto insediativo di una cintura di margine[75]. Infine, inglobato nella crescita urbana del dopoguerra e superato ormai dall'estesa periferia romana, il Celio mantiene tutt'oggi un carattere di "cintura verde", ulteriore spia e conferma della sua natura di cintura di margine.

Bibliografia

Baillie Reynolds, P.K. 1923. The Castra Peregrinorum. *Journal of Roman Studies*: 152-167.

Barke, M. 1976. Land use succession: a factor in fringe belt modification. *Area* 8 4: 303-306.

Barke, M. 2019. Fringe Belts, in V. Oliveira (ed.) *J.W.R. Whitehand and the Historico-geographical Approach to Urban Morphology*: 47-66. Berlino: Springer.

Brandenburg, H. and J. Pàl (eds) 2000. *Santo Stefano Rotondo in Roma: archeologia, storia dell'arte, restauro. Atti del convegno internazionale (Roma, 10-13 ottobre 1996)*. Wiesbaden: Reichert.

Carignani, A. 1993. Cent'anni dopo. Antiche scoperte e nuove interpretazioni dagli scavi all'Ospedale militare del Celio. *Mélanges de l'École française de Rome – Antiquité* 105: 709-746.

Carter, H. 1975. *La geografia urbana: teoria e metodi*. Bologna: Zanichelli.

Colini, A.M. 1944. *Storia e topografia del Celio nell'antichità*. Roma: Tipografia poliglotta vaticana.

Consalvi, F. 2009. *Il Celio orientale: contributi alla carta archeologica di Roma. Tavola VI, settore H.* Roma:Quasar.

Conzen, M. 2009. How cities internalize their former urban fringes: a cross-cultural comparison. *Urban Morphology* 13, 1: 29-54.

Conzen, M.R.G. 1960. *Alnwick, Northumberland: a study in town plan analysis*. Londra: George Philip.

Conzen, M.R.G. 1962. The plan analysis of an English city centre, in K. Norborg (ed.) *Proceedings of the International Geographical Union Symposium in Urban Geography*: 383-414. Lund: Royal University of Lund.

---

[73] Pavolini 2004: 429.
[74] Barke 1976: 303-304.
[75] Whitehand and Morton 2006: 2048.

Conzen, M.R.G. 1969. Glossary of technical terms, in *Alnwick, Northumberland: a study in town plan analysis*, 123-131. Londra: George Philip.

Englen, A. (ed.) 2003. *Caelius I. Santa Maria in Domnica, San Tommaso in Formis e il Clivus Scauri*. Roma: L'Erma di Bretschneider.

Englen, A., R. Santolini, M.G. Filetici, P. Palazzo and C. Pavolini (ed.) 2014. *Caelius II. Pars inferior: le case romane sotto la Basilica dei SS. Giovanni e Paolo*. Roma: L'Erma di Bretschneider.

Guidobaldi, F. 1986. L'edilizia abitativa unifamiliare nella Roma tardoantica, in A. Giardina *Società romana e impero tardoantico. Roma: politica economica e paesaggio urbano*: 165-237. Roma: Laterza.

Insalaco A. 2003a. L'edificio a *tabernae* in piazza dei Ss. Giovanni e Paolo, in A. Eglen (ed.) *Caelius I. Santa Maria in Domnica, San Tommaso in Formis e il Clivus Scauri*: 91-97. Roma: L'Erma di Bretschneider.

Insalaco A. 2003b. Una nuova analisi del criptoportico di San Gregorio, in A. Eglen (ed.) *Caelius I. Santa Maria in Domnica, San Tommaso in Formis e il Clivus Scauri*: 98-107. Roma: L'Erma di Bretschneider.

Lissi Caronna, E. 1986. *Il mitreo dei Castra Peregrinorum (S. Stefano Rotondo)*. Leiden: E.J. Brill.

Louis, H. 1936. Die geographische Gliederung von Groß-Berlin, in H. Louis and W. Panzer (eds) *Länderkundliche Forschung: Festschrift zur Vollendung des sechzigsten Lebensjahres Norbert Krebs*: 146-171. Stuttgart: Engelhorn.

LTUR = Steinby, E.M. (ed.) 1993-2000, *Lexicon Topographicum Urbis Romae*, voll. 6, Roma: Quasar.

Pacetti, F. 2004. Celio. *Basilica Hilariana*: scavi 1987-1989, in L. Paroli and L. Venditelli (eds) *Roma dall'antichità al Medioevo II. Contesti tardoantichi e altomedievali*: 435-457. Roma: Electa

Palazzo, P. and C. Pavolini (ed.) 2013. *Gli dèi propizi. La Basilica Hilariana nel contesto dello scavo dell'Ospedale Militare Celio (1987-2000)*. Roma: Quasar.

Palazzo, P. and C. Pavolini 2014. La *Domus*. A) La struttura architettonica: la trasformazione dell'*insula* in *domus*, in A. Englen, R. Santolini, M.G. Filetici, P. Palazzo and C. Pavolini (eds) *Caelius II. Pars inferior: le case romane sotto la Basilica dei SS. Giovanni e Paolo*: 189-194. Roma: L'Erma di Bretschneider.

Paroli, L. 2004. Roma dal V al IX secolo: uno sguardo attraverso le stratigrafie archeologiche, in L. Paroli and L. Venditelli (eds) *Roma dall'antichità al Medioevo II. Contesti tardoantichi e altomedievali*: 11-40. Roma: Electa.

Patterson, J.R. 2006. *Landscapes and Cities. Rural Settlement and Civic Transformation in Early Imperial Italy*. Oxford: Oxford University Press.

Pavolini, C. 1987. Lo scavo di piazza Celimontana. Un'indagine nel *Caput Africae*, in *L'Urbs: espace urbain et histoire (Ier siècle av. J.-C. - IIIe siècle av. J.-C.)*, Atti del colloquio internazionale (École Française de Rome, 8-12 maggio 1985), 653-685. Roma: École française de Rome.

Pavolini C. 1993a. *Caput Africae I. Indagini archeologiche a Piazza Celimontana (1984-1988). La storia, lo scavo, l'ambiente*. Roma: Istituto Poligrafico e Zecca dello Stato.

Pavolini C. 1993b. L'area del Celio alla luce delle recenti indagini archeologiche, in L. Paroli and P. Delogu (eds) *La storia economica di Roma nell'Alto Medioevo alla luce dei recenti scavi archeologici. Atti del seminario (Roma, 2-3 aprile 1993)*: 53-70. Firenze: All'Insegna del Giglio.

Pavolini, C. 2000. La sommità del Celio in età imperiale: dai culti pagani orientali al culto cristiano, in H. Brandenburg and J. Pàl (eds) *Santo Stefano Rotondo in Roma: archeologia, storia dell'arte, restauro, Atti del convegno internazionale (Roma, 10-13 ottobre 1996)*: 17-28. Wiesbaden: Reichert.

Pavolini, C. 2003. Le metamorfosi di un'*insula*. Il complesso della 'Biblioteca di Agapito' sul Clivo di Scauro, in A. Englen (ed.) *Caelius I. Santa Maria in Domnica, San Tommaso in Formis e il Clivus Scauri*: 68-90. Roma: L'Erma di Bretschneider.

Pavolini, C. 2004. Aspetti del Celio fra il V e l'VIII-IX secolo, in L. Paroli and L. Venditelli (eds) *Roma dall'antichità al Medioevo II. Contesti tardoantichi e altomedievali*: 418-434. Roma: Electa.

Pavolini, C. 2006. *Archeologia e topografia della Regione II (Celio). Un aggiornamento sessant'anni dopo Colini. LTUR Supplementum* III. Roma: Quasar.

Pavolini, C. 2010. I culti orientali sul Celio: acquisizioni e ipotesi recenti. *Bollettino di Archeologia online*: 1-9. https://bollettinodiarcheologiaonline.beniculturali.it/wp-content/uploads/2019/05/1_PAVOLINI.pdf

Pavolini, C. 2016. Gli *hymnologi* di Cibele a Roma. *Atti della Pontificia Accademia Romana di Archeologia, Serie III, Rendiconti* 88: 221-242.

Scrinari Valnea, S.M. 1969. Tombe a camera sotto via S. Stefano Rotondo. *Bullettino della Commissione Archeologica* 81: 17-24.

Spinola, G. 2000. La *domus* di *Gaudentius*, in S. Ensoli and E. La Rocca (eds) *Aurea Roma: dalla città pagana alla città cristiana*: 152-155. Roma: L'Erma di Bretschneider.

Whitehand, J.W.R. 1967. Fringe Belts: a neglected aspect of Urban Geography. *Transactions of the Institute of British Geographers* 41: 223-233.

Whitehand, J.W.R., and N.J. Morton 2006. The Fringe-belt Phenomenon and Socioeconomic Change. *Urban Studies* 43, no. 11: 2047-2066.

Archeologia preventiva e indagini non invasive per la ricerca sui paesaggi della Sicilia: la ricognizione del settore occidentale dell'Altopiano Ibleo (Ragusa, Italia).

Rodolfo Brancato
(Università degli Studi di Napoli Federico II)

Marilena Cozzolino, Vincenzo Gentile
(Università degli Studi del Molise)

Flavia Giacoppo, Sergio Montalbano
(Università degli Studi di Catania)

Vittorio Mirto, Maria Carmela Oliva
(Università di Bologna)

Saverio Scerra
(Soprintendenza BB. CC. AA. di Ragusa)

Abstract: the paper presents the results of the Hyblaean Archaelogical Landscapes Survey Project, carried out in southeastern Sicily (Italy). Located in a focal point of the Mediterranean region, the area forms a perfect case for research on settlement and routes networks in a diachronic perspective. Project's first stage was carried out through the application of a *spectrum* of methods within preventive archaeology activities: the integrated use of the 'traditional' field survey with remote and proximal sensing and micro- to large-scale geophysical prospection (*i.e.* extensive use of seismic refraction and geomagnetic survey; intensive use of ground penetrating radar and electrical resistivity tomography) was designed for a new understanding of the Hyblaean territory, moving from an essentially site-based approach to a landscape-scale perspective.

Keywords: ancient topography, geophysics prospections, remote and proximal sensing, preventive archaeology, settlement system.

L'archeologia preventiva per la carta archeologica

Il progetto di ricognizione del settore occidentale dell'altopiano dei Monti Iblei (Sicilia sudorientale) è stato avviato nel 2019, nell'ambito di una procedura di verifica dell'interesse archeologico (VPIA) richiesta dalla Soprintendenza di Ragusa[1]. L'archeologia preventiva è stata l'occasione per avviare la redazione della carta archeologica del settore occidentale del territorio ibleo compreso nei territori dei comuni di Monterosso, Giarratana e Chiaramonte Gulfi (Fig. 1)[2]. Pur collocandosi in un settore

---

[1] Il progetto, avviato dalla cattedra di Topografia Antica dell'Università di Catania, prosegue dal 2021 nell'ambito della convenzione tra l'Università di Napoli Federico II, la detta Soprintendenza e il Parco Archeologico di Kamarina; Marchi 2014; cfr. Castagnoli 1974.

[2] IGM F 273 II NO; 273 III SE, 273 II SO.

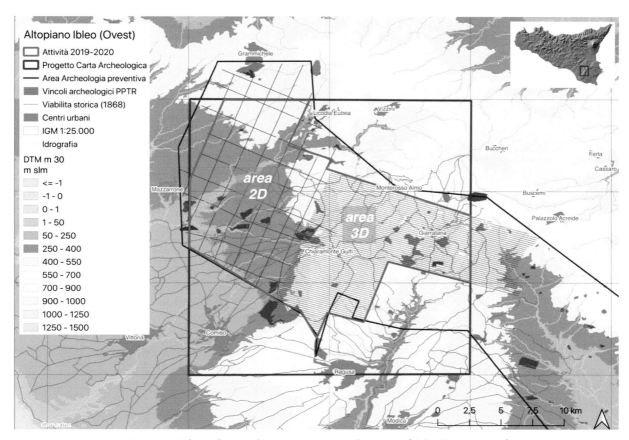

Figura 1 - Sicilia sudorientale, area compresa nel progetto (elab. di R. Brancato).

nevralgico nell'ambito della Sicilia antica, l'altopiano non è mai stato oggetto di ricognizioni sistematiche né di progetti volti allo studio diacronico dei paesaggi antichi[3]. La vocazione multidisciplinare delle prospezioni condotte, che hanno visto la partecipazione sul campo di archeologi, geologi ed esperti in geofisica, ha favorito l'avvio di una lettura dinamica e diacronica del rapporto che sussiste tra sistema insediativo e ambiente naturale[4]. Nell'impostazione del progetto, si è deciso di procedere in direzione dell'integrazione tra diverse tecniche di indagine, vale a dire la ricognizione sul terreno, il telerilevamento e la geofisica, nel tentativo di restituire su carta la complessità del territorio alla scala locale, a metà tra la micro-scala e la macro-scala[5]. Nel caso della Sicilia, questa rappresenta ancora il livello conoscitivo più problematico nella ricostruzione diacronica dei paesaggi antichi.

La rilevanza dell'altopiano ibleo nella storia dell'isola si spiega per la sua posizione nel contesto del Mediterraneo, per la funzione di ponte che da sempre ha assolto tra i versanti orientale e meridionale[6]. Di fatto, qui è possibile individuare le tracce delle culture che nell'isola si sono susseguite e che qui hanno elaborato, fin dalla preistoria, forme e modi peculiari dell'abitare[7]. L'ambiente naturale ibleo, è

---

[3] cfr. Uggeri and Patitucci 2017.
[4] Francovich, Pellicanò, and Pasquinucci 2001.
[5] Campana 2018.
[6] Pelagatti 1976-1977; 1980-1981; Buscemi and Tomasello 2008.
[7] Militello 2007, con bibliografia.

stato, infatti, plasmato e adattato alle necessità delle comunità che lo hanno abitato, il cui sviluppo è stato consentito dallo sfruttamento delle risorse che lo caratterizzano quali legname, pietra e bitume[8].

[S.S.]

L'area della ricerca

I Monti Iblei sono un altopiano montuoso, di origine tettonica, di modesta entità: il monte Lauro è la cima più alta (987m slm), seguito dai monti Casale (910m) e Arcibessi (906m). La struttura morfologica iblea è profondamente legata alle caratteristiche della litologia affiorante: l'area, per la sua natura prevalentemente carbonatica e la giacitura poco deformata dei terreni che la compongono, si distingue dagli altri settori della Sicilia orientale che, invece, sono caratterizzati da rilievi costituiti da terreni caotici a prevalente natura argilloso-arenacea: a marcare queste differenze è anche la sua ubicazione, rilievo isolato separato dagli altri elementi orografici della Sicilia da una zona depressa, nota nella letteratura geologica come Avanfossa di Gela[9] che comprende la Piana di Vittoria a Sud Ovest e la Piana di Catania a Nord Est (Figura 2, A). Le rocce sedimentarie iblee sono in prevalenza terziarie e quaternarie: esse sono distinte nei due settori, quello Est caratterizzato da una sequenza di ambiente marino poco profondo, condizionato dallo sviluppo di prodotti vulcanici, e quello Ovest segnato da sedimenti carbonatici di mare aperto[10]. L'intera sommità dell'altopiano, digradante verso Sud, è incisa da valli dette "cave", originatesi per la suddetta natura calcarea: lì dove l'incisione interessa la serie carbonatica, il risultato è rappresentato da morfologie fluviali, dovute alla disgregazione meccanica dell'acqua, sia carsiche, dovute alla corrosione chimica dei calcari da parte delle acque acide. L'alternanza di altipiani calcarei e valli fluviali dà vita a un paesaggio unico, in cui le pianure calcaree sommitali sono aride per il fenomeno carsico, alternate alle profonde "grotte" ricche di acqua e vegetazione. Lungo i margini occidentali dell'altopiano ibleo, le faglie plio-pleistoceniche formano una morfologia a gradoni che degrada verso la pianura: alla base della struttura a gradoni è spesso presente un grande accumulo di detriti e conoidi (*dejection fans*) ossia tipici coni di deiezione a ventaglio (Figura 2, B).

[S.M. - M.C.O.]

La metodologia della ricognizione: un approccio integrato

La strategia di indagine

Archeologia preventiva e indagini non invasive rappresentano un binomio di sempre più frequente assonanza: entrate nelle procedure e nella pratica della ricerca archeologica a scala territoriale, la ricognizione di superficie, la geofisica e il telerilevamento sono approcci presenti non soltanto nelle più importanti esperienze italiane di archeologia preventiva, ma anche nelle attività che capillarmente ormai investono le strutture dei paesaggi urbani e rurali[11]. I risultati finora raggiunti ne hanno dimostrato l'efficacia nell'ottica della programmazione e del *conscious planning*[12]. Come da prassi, la procedura ha previsto il censimento dei *legacy data*, in larga parte costituiti da report preliminari di

---

[8] Di Stefano 1995: 7-8.
[9] Lentini and Vezzani 1978.
[10] Lentini et al. 1994.
[11] Boschi 2020, con bibliografia; cfr. Gull 2015.
[12] Volpe 2020.

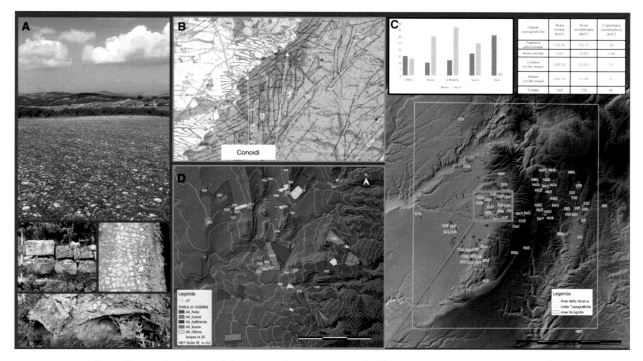

Figura 6 - Sicilia sudorientale, A) area del progetto di ricognizione, (C-D) unità topografiche rinvenute, B) stralcio della carta geologica.

ricognizioni e scavi editi solo parzialmente[13]. Pur costituendo una base preziosa per la ricerca sul territorio, i dati archeografici censiti si caratterizzano per una notevole eterogeneità, sia nella distribuzione cronologica e topografica delle testimonianze, sia nella qualità, cui soltanto l'integrazione in ambiente GIS ha posto parzialmente rimedio[14]. Il loro utilizzo, tuttavia, è stato utile non solo per elaborare una prima ricostruzione diacronica del sistema insediativo ibleo, ma anche per comprendere le variabili nella visibilità del record archeologico di superficie locale, legate principalmente a processi tafonomici naturali, ma anche al degrado ambientale. Per la ricognizione sul campo, seguita a questa prima fase, la strategia di indagine è stata calibrata sulla base delle linee del progetto di prospezione condotta dalla Società Maurel & Prom Italia per la ricerca di idrocarburi, attività cui era legata la sorveglianza degli archeologi sul campo.

Le prospezioni sismiche a rifrazione - eseguite per acquisire dati geofisici su ampia scala attraverso l'utilizzo di strumentazione a bassa vibrazione (*vibroseis*) - hanno compreso due macro-settori del territorio (2D e 3D, Figura 1 A), distinte per estensione e geomorfologia[15]. L'attività ha imposto per la ricognizione, compresa nell'attività di sorveglianza, una campionatura del territorio senz'altro significativa per il valore di causalità statistica del campione analizzato[16]. La cornice della campionatura (*sampling frame*) è stata basata, quindi, su lunghi transetti larghi m 50, intersecanti nel settore 2D Nord e paralleli nell'area 3D, battuti da un numero costante di ricognitori (5). Le sezioni del territorio toccate dal progetto erano ben rappresentative dei differenti ambienti naturali che caratterizzano il paesaggio ibleo, ossia altopiano, bassopiano e pianura alluvionale. All'interno di tale cornice, è stato possibile

---

[13] De Felice, Sibilano and Volpe 2008: 271-291, 277-278; Witcher 2008.
[14] Brancato 2019.
[15] Rilievo geofisico 2D Nord Ovest (226,30km²) 17 linee intersecanti distanti ca. 1,5km; rilievo geofisico 3D (km² 166,80) lungo n. 88 linee parallele distanti 0,2km.
[16] Campana 2018: 44-49; Carafa 2021: 208-216.

procedere con la ricognizione intensiva dell'intero transetto, poiché l'accesso a ciascuna delle Aree di Ricognizione (AR) era garantito dalla fase di *permitting* condotta nei mesi precedenti all'avvio delle attività (Figura 2). Nel caso dell'identificazione di unità topografiche di interesse archeologico, era prevista la possibilità di estendere l'area del transetto secondo parametri stabiliti a priori: la strategia di campionatura *adattiva* così stabilita ha permesso, in alcuni casi, ad esempio, di comprendere l'estensione topografica di una unità topografica individuata ai margini di un transetto o di verificare se il *vacuum* attestato dalla ricognizione di quel settore fosse o meno frutto del caso o delle condizioni di visibilità[17].

Nel tentativo di integrare quanto desumibile dalle ricognizioni di superficie, è stato, quindi, necessario vagliare la lettura possibile attraverso le altre metodologie di indagine non invasive proprie della topografia antica, quali la geofisica e il telerilevamento da remoto e di prossimità[18]. Come è noto, le indagini geofisiche estensive basate sul metodo sismico, ossia quelle in programma nell'altopiano per la ricerca di idrocarburi, non sono direttamente utili alla lettura degli strati di interesse archeologico[19]. Tuttavia, per alcuni casi selezionati, si è deciso di valutare la potenzialità delle misure sismiche a rifrazione (LVL) pee la lettura degli strati più superficiali: sulle stesse aree, è stato applicato un approccio integrato, volto a coniugare la prospezione sismica con altri metodi geofisici (EMI, ERT, GPR)[20] e telerilevamento[21].

[R.B.]

La geofisica

Metodo sismico

Tra le indagini geofisiche in programma nell'ambito delle prospezioni avviate nel 2019 dalla Società Maurel & Prom Italia, insieme alle indagini gravimetriche e magnetiche, la sismica a rifrazione (LVL - Low Velocity Layers) ha avuto un ruolo centrale. Le prospezioni sismiche studiano la propagazione nel terreno delle onde sismiche sia naturali che generate artificialmente: esse permettono di effettuare una descrizione dettagliata della geologia e della idrogeologia di un sito, la valutazione del grado di fratturazione dell'ammasso roccioso, la ricostruzione della geometria delle prime unità sottostanti la coltre superficiale e dell'andamento e della profondità del *bedrock* (fino a 5000m) (Figura 3). L'utilizzo della tecnica di sismica a rifrazione, su cui si basano le citate misure LVL, è necessaria per calibrare il rilievo di sismica a riflessione, al fine di ottenere profili sismici più precisi. Il rilievo 3d è stato condotto secondo tale metodologia: attraverso lo studio dei sismogrammi e l'individuazione dei tipi di onda è stato possibile risalire alla disposizione geometrica e alle proprietà elastiche dei litotipi presenti al di sotto della zona di indagine, incrementando notevolmente lo stato delle conoscenze sulla struttura geologica e tettonica dell'area iblea. Nel caso ibleo, la sua applicazione come metodo non invasivo, tuttavia, è stata funzionale anche a caratterizzare le velocità sismiche dei primi metri del sottosuolo, dove le rocce sono state disgregate da agenti atmosferici[22]. La procedura ha previsto la distribuzione, in maniera omogenea nell'area del progetto, di *array* di sensori sul terreno (uniformemente distanziati ogni 5m) e l'attivazione di una fonte di energia in 3 punti lungo il profilo. Il sondaggio LVL è stato

---

[17] Banning, 2002: 39-79; cfr. Casarotto et al. 2017.
[18] Boschi 2020.
[19] Soupios 2015; cfr. Henley 2003.
[20] Per i principi di funzionamento dei metodi vedi Campana and Piro 2009; Cozzolino et al. 2018; Scollar et al. 2009; Schmidt et al. 2015; Witten 2006.
[21] Guaitoli 2003.
[22] Dolphin 1981; Goulty et al. 1990; Weinsten-Evron et al. 1991; Weinsten-Evron et al. 2003; Witten et al.1995; per un'applicazione in area iblea è in Leucci and Greco 2012.

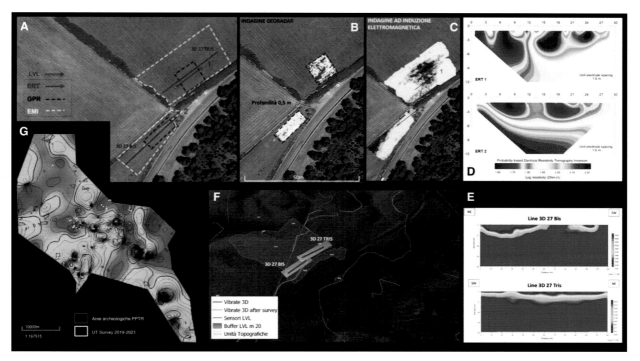

Figura 3 - Sicilia sudorientale, A) Monterosso Almo, prospezioni geofisiche eseguite in contrada Muraglie, (B-F), indagini ad induzione elettromagnetica (EMI), tratteggio giallo, circa 2800 m² a Nord e circa 1000 m² a Sud); tratteggio nero, georadar (GPR) 400 m² a nord e 300 m² a sud, frecce blu; tomografie elettriche di resistività (ERT) (elab. M. Cozzolino, V. Gentile); G) Monti Iblei, modello velocità delle onde P ottenuto mediante interpolazione velocità delle litologie affioranti (elab. S. Montalbano)

progettato per fornire un buon campionamento statico su tutta l'area, per ottenere informazioni sulle velocità e per determinare le variazioni verticali e orizzontali delle proprietà elastiche del terreno e delle rocce nel sottosuolo superficiale (500m): sono stati quindi programmati 110 spread di rifrazione per coprire le aree rilevate (36 spread nell'Area Nord 2D, 49 spread nell'Area 3D)[23]. I dati ottenuti dall'indagine LVL sono rappresentati dalle velocità delle onde P delle litologie affioranti; come è possibile desumere dalla Figura 3 G, anche se la quantità dei dati, considerata un'area così vasta, non è altissima, la disposizione di questi sondaggi è distribuita in maniera regolare, per questo è stato possibile fare un'interpolazione dei valori di velocità che vanno da 333Km/s a 2.959Km/s. Il modello ottenuto (Figura 3, G), mostra come varia la velocità delle onde P nell'area d'indagine, la scala mostra che i valori più bassi siano rappresentati in blu scuro e quelli più alti in rosso. Nella porzione occidentale si osservano valori di velocità molto bassi (blu), nella maggior parte dei casi sotto i 1000Km/s, riconducibili a terreni soffici come sabbie e terreni alluvionali. La porzione centrale e orientale, invece, mostra valori più alti (verde), tra i 1500 e 2900Km/s, circondati da valori bassi (blu), i valori alti stanno ad indicare la presenza di affioramenti rocciosi che non hanno subito degradazione.

[S.M.]

---

[23] La lunghezza di ciascun spread è stata fissata in m 47x5 = 235 e i punti sorgente (3 in totale) per ogni spread sono stati posti ai margini e al centro.

Figura 4 - Sicilia sudorientale, A) veduta aerea del paesaggio ibleo, sullo sfondo contrada Serra Muraglie (Monterosso Almo); B) modello 3D del Castello di Licodia Eubea; C) MDT ottenuto da dati LiDAR passo m 2x2; D) foto satellitare e Volo Base del 1954 (elab. V. Mirto).

Metodo ad induzione elettromagnetica (EMI), metodo geoelettrico e georadar (GPR)

La ricerca ha previsto l'integrazione a tali risultati anche di indagini ad induzione elettromagnetica, georadar e geoelettriche in casi studio selezionati, quali contrada Serra Muraglie (Monterosso Almo) e la collina del castello Santapau (Licodia Eubea) (Figura 4 A-B). Al di là delle differenze nei principi di funzionamento, nel tipo di strumentazioni implicate nelle misure, nel tipo di risposta fornita e nei campi di applicabilità delle varie tecniche di prospezione utilizzate, l'obiettivo comune è stato quello di fornire il maggior numero possibile di elementi per una valutazione generale dei casi studio campione selezionati nell'area della ricerca[24]. I metodi ad induzione elettromagnetica (EMI) vengono utilizzati in molti tipi di applicazioni nel cosiddetto ambito del *near-surface* per problemi ambientali, ingegneristici, geologici ed archeologici che riguardano gli strati superficiali del terreno. Le applicazioni più frequenti riguardano l'individuazione di cavità sotterranee, strutture antropiche sepolte o la ricerca di corpi metallici altamente conduttivi. La metodologia si basa sulla misurazione dei campi elettromagnetici associati a correnti alternate indotte nel sottosuolo da un campo primario: esso viene generato dal passaggio di una corrente elettrica attraverso una bobina trasmittente, e si diffonde nel terreno anche attraverso possibili corpi bersaglio. Le correnti indotte danno vita ad un campo elettromagnetico secondario, che generalmente differisce in intensità, fase e direzione dal campo primario, il quale viene

---

[24] Cfr. Cozzolino and Gentile 2020.

percepito dallo strumento di misura per mezzo di una bobina ricevente, consentendo così di rilevare possibili corpi bersaglio. Il campo secondario può essere scomposto in due componenti: la componente in fase (componente reale) e la componente in quadratura (componente immaginaria): la prima è maggiormente utilizzata per la ricerca di oggetti ad alta conducibilità, quali ad esempio i metalli; la seconda per la ricerca di anomalie ad elevata resistività, quali possono essere ad esempio vuoti o corpi più compatti e asciutti rispetto al terreno circostante, come nel caso di gran parte delle strutture archeologiche sepolte. La penetrazione del segnale elettromagnetico inviato nel terreno dipende da numerosi fattori ed è legato al fenomeno dell'attenuazione delle onde elettromagnetiche nei materiali. In generale, dipende dalla natura del mezzo di propagazione (maggiore è la conducibilità dei materiali, minore la penetrazione) e dalla frequenza del segnale primario: parità di materiale, a frequenze elevate corrisponde una capacità di penetrazione dell'onda più bassa. Per questo motivo utilizzando diverse frequenze, come nel caso dello strumento adoperato, è possibile avere in tempi rapidi informazioni su profondità anche diverse tra di loro. Nel rilevamento elettromagnetico è stata utilizzata la strumentazione GSSI Profiler EMP- 400: questo sistema compatto, che può essere facilmente trasportato sulle aree di indagine da un solo operatore, misura simultaneamente la fase e la quadratura di fase relativamente a tre frequenze che possono essere scelte dall'operatore nell'intervallo tra 1000Hz e 16000Hz, e che possono poi essere adoperate nella restituzione finale dei dati (Figura 3 C).

Il metodo geoelettrico consiste nella determinazione sperimentale della distribuzione di resistività caratterizzante la struttura elettrica del sottosuolo. Il metodo si basa sul principio fisico per cui, inviando una corrente elettrica nel sottosuolo, ogni disomogeneità presente, dove per disomogeneità s'intendono corpi a diversa capacità di conduzione elettrica, deflette le linee di corrente distorcendo la normale distribuzione di potenziale elettrico. La resistività elettrica del sottosuolo può essere determinata moltiplicando il rapporto tra la caduta di potenziale, misurata su una coppia di elettrodi, e la corrente inviata, per un coefficiente geometrico dipendente dalla disposizione degli elettrodi sul terreno. In questo caso le misure sono state effettuate secondo la tecnica della pseudosezione dipolare assiale (dipolo-dipolo). La procedura di acquisizione dei dati di campagna prevede che ad ogni valore di resistività misurato, venga attribuito un punto individuato dall'intersezione tra due linee che, partendo dal punto medio dei dipoli, si approfondiscono nel sottosuolo, con un'inclinazione di 45° rispetto alla superficie. Per ottenere un profilo di resistività si varia, secondo le necessità del caso, la posizione del dispositivo elettrodico sull'area da investigare, ottenendo la distribuzione delle resistività apparenti nel volume interessato dalla circolazione di corrente elettrica. In tal modo si ottiene la determinazione della distribuzione di resistività dell'intero volume interessato dalla circolazione di corrente elettrica. L'elaborazione dei dati acquisiti in campo vede una prima realizzazione, per ogni profilo, di pseudosezioni di resistività apparente, che possono sostanzialmente essere considerate delle tomografie al prim'ordine, nel senso che tali pseudosezioni rappresentano esclusivamente la distribuzione della resistività elettrica nel sottosuolo. I dati di resistività apparente sono stati elaborati con un software di inversione basato sull'algoritmo di probabilità di occorrenza di anomalia di resistività[25]. Per una semplice interpretazione dei risultati, le sezioni invertite sono state rappresentate in termini di resistività reali. La strumentazione adoperata è un resistivimetro multicanale della MAE modello A3000E.

Il funzionamento del georadar si basa sulla capacità dello strumento di emettere segnali a radiofrequenza e registrare quelli reirradiati dagli oggetti presenti nel sottosuolo, caratterizzati da dimensioni e da proprietà elettromagnetiche diverse rispetto a quelle del terreno incassante. Le quantità che vengono misurate sono il tempo necessario all'onda per compiere il percorso dall'antenna

---

[25] Mauriello and Patella 2009.

trasmittente alla discontinuità e a tornare in superficie (tempo doppio o *two way time*) e l'ampiezza dell'onda riflessa. Il tempo doppio di viaggio dipende dalla velocità con cui si propaga l'onda all'interno del materiale e fornisce informazioni sulla profondità a cui si trovano i riflettori. L'ampiezza, invece, che rappresenta quanta energia torna in superficie dopo la riflessione, dipende dall'energia iniziale dell'onda inviata, da quanta ne viene dissipata lungo il tragitto e dal contrasto delle proprietà elettromagnetiche dei materiali che determinano la superficie della riflessione. I fattori che influenzano le prestazioni del sistema, in termini di capacità di rilevabilità dei target esistenti, riguardano le proprietà elettromagnetiche del mezzo propagativo, che determinano la profondità di indagine raggiungibile; essa varia da punto a punto in quanto l'attenuazione dei mezzi è funzione della frequenza irradiata. L'impiego di antenne a bassa frequenza consente, generalmente, di estendere la profondità di penetrazione dei segnali georadar, a discapito però della risoluzione. Antenne ad alta frequenza, invece, consentono una minor profondità di penetrazione del segnale, ma una maggiore risoluzione. Dunque la scelta della frequenza dell'antenna è un fattore di primaria importanza che può compromettere il risultato di un'indagine. La strumentazione adoperata per le indagini è il georadar RIS-K2 della IDS con antenna monostatica multifrequenza TRMF (200-600MHz) (Figura 3 B).

[M.C.]

Il telerilevamento

Lo studio aerotopografico[26] del territorio ibleo è stato utile nella programmazione delle attività di sorveglianza archeologica ma anche per gli scopi della ricerca sui paesaggi antichi, grazie alle possibilità offerte dall'integrazione tra telerilevamento da remoto e di prossimità[27]. L'integrazione delle tecniche permette un'analisi del territorio a scala variabile, indispensabile quando l'obiettivo delle indagini è proprio quello di ricostruire il paesaggio antico nella sua diacronia, passando da un intero comprensorio alla singola unità topografica. Attraverso il telerilevamento da remoto (*remote sensing*) è stato possibile, infatti, esaminare ampie porzioni di territorio, acquisendo importanti dati sui processi di trasformazione del paesaggio antico. La fotointerpretazione permette di individuare tracce e anomalie sul terreno, indicative della presenza di un contesto archeologico; allo stesso modo, confrontando dataset fotografici acquisiti negli ultimi decenni è possibile valutare i cambiamenti del contesto ambientale dovuti a fenomeni naturali e antropici. Come base cartografica sono stati utilizzati i geoprodotti disponibili tramite il Geoportale della Regione Siciliana, come le foto satellitari, il DTM (*Digital Terrain Model*) con passo 2x2m ottenuto da scansione LiDAR, le carte geomorfologiche e la cartografia tecnica[28]. In merito alla fotografia aerea storica, la porzione di territorio compresa all'interno dell'area del progetto gode di un ottimo grado di copertura, con un intervallo temporale che va dal 1943 al 1955[29] (Figura 4 C). Per il sito di c.da Serra Muraglie ad esempio, è stata effettuata la restituzione fotogrammetrica della strisciata del Volo Base 1559 del 1954, ottenendo un fotopiano e un DTM[30] (Figura 4 D). Le anomalie individuate sono state quindi perimetrate e georeferite, per essere successivamente sottoposte a validazione attraverso prospezione diretta, che in questo caso ha dato esito positivo, permettendo di documentare l'andamento di diverse strutture murarie. Proprio in tali scenari, l'impiego del telerilevamento di prossimità (*proximal sensing*) si è rivelato indispensabile al fine di poter documentare i contesti rinvenuti a scala ridotta, e con un miglior grado di accuratezza. Grazie

---

[26] Ceraudo 2003a-b; Piccarreta 2003.

[27] Campana 2018.

[28] Disponibili come servizi WMS e WCS presso il catalogo S.I.T.R. della Regione Sicilia.

[29] Presso l'archivio dell'aerofototeca nazionale sono stati individuati 221 fotogrammi che coprono l'intero perimetro del permesso di ricerca, acquisiti tra il 1943 e 1955.

[30] Volo 1559 VB del 9 ottobre 1954, strisciata: 43 scala:1/33328 foglio IGM 1:100.000: 273.

ai dataset acquisiti tramite aerofotogrammetria da U.A.S. sono stati elaborati ortofotopiani, nuvole di punti, modelli tridimensionali e modelli digitali di elevazione (Figura 4 B). In determinati contesti è stato impiegato anche un drone dotato di termocamera[31], programmando le sessioni di volo ad intervalli e condizioni meteorologiche differenti, in quanto tali fattori influiscono notevolmente sulla qualità dei risultati ottenibili attraverso questo tipo di strumentazione. Se i dati ottenuti attraverso la termografia aerea sono risultati poco significativi al fine di rintracciare anomalie legate alla presenza di emergenze archeologiche, la documentazione aerofotogrammetrica si è rivelata invece di primaria importanza, in quanto ha permesso di documentare i contesti individuati con un altissimo livello di dettaglio, certamente non raggiungibile attraverso il telerilevamento da remoto.

[V.M.]

Risultati preliminari delle attività (2019-2021)

Nel corso delle attività sul campo, le ricognizioni hanno permesso di individuare 103 unità topografiche (UT), aree di frammenti, siti rupestri e strutture di interesse archeologico che per la prima volta sono stati censiti e documentati, in larga parte situati al di fuori delle aree archeologiche del Piano Paesaggistico della Soprintendenza di Ragusa (Figura 2 A, C-D). Dalle UT è stato recuperato un totale di ca. 3000 reperti diagnostici (frammenti ceramici, industria litica, vetri, metalli, etc.), testimonianze che coprono il lungo arco cronologico che va dalla preistoria all'età moderna, misura del notevole potenziale archeologico del territorio. Una parte considerevole della ricerca è stata indirizzata verso lo studio, la classificazione e la catalogazione dei reperti, tuttora in corso. Una prima fase è stata destinata alla quantificazione e alla siglatura di tutto il materiale distinto per UT[32] e ad una prima classificazione del materiale sulla base degli elementi diagnostici immediatamente riconoscibili[33], accompagnata dalla compilazione di TMA, redatte sul modello di quelle standard fornite dall'ICCD[34] e riadattate sulla base delle esigenze della ricerca. Purtroppo, gran parte della ceramica recuperata, in misura nettamente prevalente rispetto alle altre classi di materiali riscontrate (vetro, metalli, litica, ossa), presentava alcune problematiche di riconoscimento e difficoltà nell'attribuzione cronologica, dovute al cattivo stato conservativo e all'elevata frammentarietà, che, com'è noto, condizionano pesantemente l'osservazione degli attributi diagnostici morfologico-stilistici utili per la ricostruzione di forme integre e per l'associazione alle classi cronologiche di appartenenza[35]. Per tali ragioni, lo studio non è stato limitato ai soli aspetti cronologici, che hanno pur consentito di inquadrare le principali testimonianze nei periodi presi in esame, ma ha compreso anche aspetti connessi alla tecnologia di produzione, ai meccanismi di distribuzione su base regionale ed extraregionale, e alle funzioni primarie e secondarie, che hanno permesso una migliore caratterizzazione dell'intero materiale, associando, ove si è reso opportuno, dati scientifici tratti da analisi archeometriche. Questo tipo di approccio multidisciplinare allo studio della ceramica da ricognizione può consentire, infatti, di trarre considerazioni, sul piano sincronico e diacronico, di più ampia portata sulla cultura materiale, talvolta anche più esaustive rispetto a quelle che si possono desumere su un singolo scavo o un limitato periodo cronologico. Vista l'eterogeneità del materiale, sia sotto il profilo cronologico che quello tipologico-stilistico, si è deciso, quindi, di utilizzare un criterio classificatorio generale privilegiando aspetti tecnici correlati sia agli

---

[31] Si tratta di una Flir Vue Pro con FOV di 9mm, risoluzione: 640x512 - 9Hz e una banda spettrale compresa tra 7,5 e 13,5μm, montata a bordo di un esacottero modello AV6V S900; sull'integrazione tra termografia e geofisica per la ricerca archeologica si veda Carlomagno et al. 2005.

[32] Anastasio 2007; Terranato 2004: 40-42.

[33] Ceci and Santangeli Valenzani 2016.

[34] Normative - ICCD - Istituto Centrale per il Catalogo e la Documentazione (beniculturali.it).

[35] Peroni 1998

impasti utilizzati per le tecniche di fabbricazione (ceramica fine/grossolana), che alla presenza/assenza di rivestimenti superficiali e/o eventuali decorazioni. All'interno delle classi preistoriche, ad esempio, si sono distinte categorie di materiali sulla base di attributi tecnici, distinguendo tra ceramica acroma e ceramica dipinta o a vernice[36]. Per le classi riferibili alle età classiche e post-classiche, invece, si è adottata la nomenclatura convenzionale che sottolinea aspetti riconducibili alla funzione, distinguendo primariamente tra ceramiche fini (da mensa) e ceramiche comuni (d'uso domestico) (Milanese 2009). Alla classificazione per tipi, è stata associata una classificazione su base autoptica delle principali classi d'impasto associate ad alcuni tipi morfologici ben delineati sotto il profilo cronologico, che ha costituito la base per il campionamento per le analisi di tipo petrografico e chimico-fisico, finalizzate alla definizione delle ricette tecnologiche e, ove possibile, dei luoghi di provenienza delle materie prime e della presenza di elementi alloctoni[37].

[F.G.]

Le scoperte di maggiore rilevanza archeologica si concentrano, al momento, nel settore occidentale dell'area 3D, in corrispondenza delle propaggini dell'altopiano: in particolare, notevole è il potenziale archeologico di un sito archeologico individuato a contrada Serra Muraglie (Monterosso) (Figura 2, A). L'area (200ha ca) si sviluppa in senso Est Ovest lungo una dorsale collinare caratterizzata da notevoli trasformazioni che ne hanno modificato l'assetto topografico: essa, infatti, è attraversata da una ferrovia in disuso, dalla carreggiata di una strada provinciale (SP 62) di recente risistemazione e da un gasdotto ipogeo, la cui costruzione, avvenuta nel corso del XX secolo, ha pesantemente intaccato il deposito archeologico. Il toponimo richiama la presenza in superficie di affioramenti calcarei tipici della Formazione Ragusa[38] e di blocchi sbozzati, in posa ed erratici, visibili lungo le pendici settentrionali e meridionali dell'area. Nelle pareti calcaree è documentata la presenza di tagli compatibili con soluzioni residenziali di tipo rupestre tipiche dell'area iblea in età greca[39]. Il telerilevamento dell'area ha permesso anche di distinguere strutture la cui visibilità, nel corso della ricognizione, era ostacolata dalla vegetazione. Le strutture visibili nei fotopiani ottenuti dalla fotogrammetria condotta mediante SAPR sono tratti di muri a secco costruiti con conci e blocchi che, sulla base della tecnica, sono riconducibili a due macro-gruppi e, forse, ad epoche differenti[40]. Di probabile interesse archeologico sono i muri disposti a mezza costa lungo il versante settentrionale: il paramento esterno è realizzato con blocchi calcarei sbozzati di notevoli dimensioni e pezzatura abbastanza regolare; il mancato raddoppio della cortina verso l'interno potrebbe lasciare ipotizzare che il muro fosse funzionale al terrazzamento di un terrapieno. La tecnica impiegata è raffrontabile con quella di cinte murarie note in centri indigeni della Sicilia orientale attivi in età arcaica, quali Castiglione (Ragusa)[41] e Piano Casazzi (Caltagirone)[42]. In mancanza di dati stratigrafici, elemento utile per una datazione almeno relativa di queste strutture è il riconoscimento, ai piedi degli apparecchi murari, di una tomba a fossa inquadrabile ad età imperiale[43]. D'altra parte, la ricognizione di superficie dell'intera area del pianoro ha documentato la presenza

[36] Levi and Vanzetti 2009.
[37] Rice 1987; Cuomo di Caprio 2007.
[38] Cfr. Lentini and Carbone 2014: 31-98.
[39] Uggeri and Patitucci 2017: 74, figg. 115-118; cfr. Caracausi 1996.
[40] Cfr. Felici 2020: 405-425.
[41] Mercuri 2012.
[42] Belfiore 2000: 259-276; Lamagna 2005: 157-159.
[43] Di Stefano 2007.

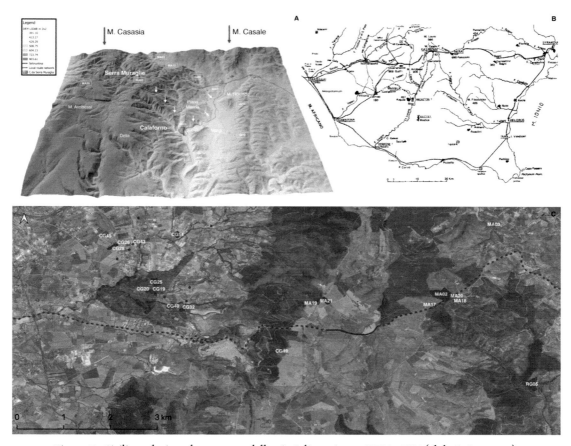

Figura 5 - Sicilia sudorientale, percorso della via Selinuntina su DTM e IGM (elab. R. Brancato).

omogenea di cultura materiale (strutture, ceramica, metalli) inquadrabile tra la metà del VI alla fine del III sec. a.C.

Tra i materiali emersi nel corso della ricognizione emerge, in particolare, un lotto di scorie di materiali metallici (ferro, ma anche bronzo e piombo), che potrebbero suggerire l'esistenza di un centro di lavorazione dei metalli in seno ad un insediamento attivo in area iblea, fino ad oggi non ancora documentato[44]. Tra i manufatti rinvenuti è possibile annoverare un frammento di bronzo che potrebbe ricondursi ad un bacino ad orlo perlato[45]. L'attività delle presunte officine di Serra Muraglie, inoltre, potrebbe essersi protratta fino al IV-III sec. a.C. quando è possibile datare uno strigile in ferro rinvenuto insieme ad una trentina di pesi da telaio in un deposito votivo rinvenuto negli strati più alti in prossimità dello *stomion* dell'Ipogeo di Calaforno[46]. Il sito di Serra Muraglie si inquadra nell'ambito del distretto idrografico dell'alto Irminio, areale entro il quale ricadono altri insediamenti di età greca di primaria importanza quali il centro indigeno di Monte Casasia e la sub-colonia siracusana di Kasmenai/Monte Casale (644 a.C.) (Figura 5, A). A favore dell'esistenza di un insediamento nell'area di Serra Muraglie, situata su una sorta di stretta sella tra l'altopiano e le valli dei torrenti San Giorgio e Amerillo, rispettivamente affluenti dell'Irminio e del Dirillo, è proprio la sua posizione facilmente difendibile ma anche ben connessa al territorio circostante (Figura 5, B). Lo stretto rapporto che lega quest'area e i fondivalle era assicurato da percorsi documentati ancora nella cartografia IGM del 1866:

---

[44] Scerra 2022.
[45] Albanese 1979.
[46] Figuera, Gianchino and Zebrowska 2014: 7-8; Militello, Sammito and Scerra 2018: 92.

questa strada, superato il corso del Fiume Irminio, risaliva la valle del torrente S. Giorgio - lambendo l'UT RG05 e l'area dell'ipogeo di Calaforno, sede di pratiche cultuali in età greca, e risaliva la collina in direzione di Muraglie. Qui, la via si ricongiungeva alla viabilità principale, vale a dire la Via Selinuntina: il tracciato ipotizzato, effettivamente, costituisce l'unico percorso possibile – e il più diretto – che da Monte Casale/Kasmenai si dirigeva verso il versante meridionale dell'isola, in direzione di Gela[47].

[R.B.]

Al di là delle strutture riconducibili ai descritti terrazzamenti individuati nell'area settentrionale di Serra Muraglie, il telerilevamento di prossimità non aveva rivelato altre anomalie riconducibili a un ipotetico impianto. Peraltro, anche la lettura di misure LVL raccolte in prossimità di aree ove la concentrazione dei reperti in superficie era assai notevole (linee 3D 27 Bis, 3D 27 Tris) non aveva permesso di evidenziare elementi di interesse, se non anomalie riconducibili alla struttura geologica iblea (Figura 3, F-G). Tuttavia, interessanti sono i risultati delle altre prospezioni geofisiche realizzate nelle aree interessate dalle suddette linee, vale a dire indagini ad induzione elettromagnetica (EMI) estensiva, georadar (GPR) e due tomografie elettriche di resistività (ERT): in Figura 3 C viene riportata la sezione orizzontale di resistività elettrica ottenuta tramite la prospezione EMI relativa alla frequenza di 8kHz: nella fase operativa l'operatore ha camminato con una velocità regolata da un timer raccogliendo dati continui lungo delle linee, seguendo una griglia regolare in cui i profili di indagine sono stati distanziati tra 50 centimetri nell'area di sovrapposizione con l'indagine GPR ed 1 metro altrove. La posizione delle misure è stata registrata punto per punto tramite il sistema GPS integrato nel dispositivo. Nella sezione orizzontale è rappresentata la distribuzione delle anomalie presenti nel sottosuolo fino ad una profondità stimata di circa 1m. La carta (Figura 3 C) riporta quindi i valori della resistività elettrica, rappresentati secondo una scala di colori che vanno dal blu (resistività più basse) al rosso (resistività più alta). Come è noto, zone più umide sono caratterizzate da valori bassi di resistività (alta conducibilità), settori più vuoti o più compatti riferibili a strutture sepolte, da resistività più alte (bassa conducibilità). Analizzata la geometria delle anomalie conduttive e verificata l'assenza di possibili disomogeneità di forma regolare, sono stati resi uniformi tutti i valori di resistività al di sotto del valore medio misurato per meglio evidenziare le anomalie resistive. Mentre la fascia resistiva individuata nell'area meridionale può essere attribuita certamente all'affioramento della roccia già visibile in superficie in alcuni punti della zona investigata, l'anomalia identificata nell'area settentrionale, caratterizzata da chiari contorni regolari, potrebbe indicare la presenza di eventuali strutture antropiche sepolte nel sottosuolo. Il nucleo, i cui limiti sono segnalati in Figura 3, presenta un ingombro di circa 25x25m. Le indagini GPR (Figura 3 B), seppur fortemente disturbate durante l'acquisizione dalla presenza cospicua di pietre di varie dimensioni sulla superficie, definiscono, con una risoluzione migliore rispetto all'indagine EMI, anomalie con una distribuzione spaziale regolare. Si suggerisce una verifica diretta per conoscerne la natura esatta. Le tomografie elettriche verticali (Figura 3 D) mostrano la stratigrafia dei suoli analizzati nelle due aree. La ERT 1 conferma, in prossimità delle anomalie sopra descritte, la presenza di difformità resistive superficiali. La ERT 2 mostra una stratigrafia abbastanza regolare con uno strato conduttivo superficiale che interessa i primi 6m del sottosuolo e uno strato resistivo profondo che affiora in superficie solo all'inizio del profilo, punto in cui l'indagine EMI ha intercettato il probabile banco di roccia emergente.

[M.C. - V.G.]

---

[47] Uggeri 2004: 185-199.

Conclusioni

Nell'analisi preliminare dei risultati emersi nel biennio 2019-2020, va certamente tenuta inconto l'ampiezza del *vacuum* tra le unità topografiche di interesse archeologico. Come è stato messo in evidenza da S. Campana (2018), molto spesso le ipotesi sull'evoluzione dei sistemi insediativi sono basate su ricostruzioni *astratte*, basate sulla lettura della distribuzione di punti (siti archeologici) privati del loro tessuto connettivo, vale a dire il network delle relazioni topografiche - e culturali - che legano tali testimonianze all'ambiente naturale (Figura 5, A). La ricerca avviata nell'area iblea, condotta in scala locale e basata su una campionatura certo significativa ma solo parzialmente rappresentativa dell'intero territorio, ha tentato di legare la distribuzione delle aree di interesse archeologico alle più aggiornate conoscenze geomorfologiche. In tale prospettiva, la lettura diacronica delle testimonianze archeologiche emerse costituisce la base sulla quale formulare le domande di tipo storico che saranno la cornice epistemologica per le future ricerche: prioritario, in tal senso, sarà il completamento della carta archeologica per l'intero territorio con l'obiettivo di restituire digitalmente, nel sistema informativo, un lembo del palinsesto delle trasformazioni che nei millenni hanno interessato il paesaggio di questo settore della Sicilia sud-orientale, tessuto connettivo costituito non solo da insediamenti e necropoli, ma anche da viabilità e sistemi agrari. D'altra parte, le indagini in programma dovranno contribuire alla comprensione delle ragioni per le quali, al momento, la preistoria e l'alto medioevo costituiscano gli orizzonti cronologici meno attestati. Nell'analisi di tale quadro, ai limiti relativi alle conoscenze attuali sulle produzioni di ceramica comune, in particolare quelle di età preistorica[48] e post-antica[49], chiaramente, vanno i noti limiti derivanti dall'analisi insediative basate sul solo record archeologico di superficie[50]. In tale prospettiva, nella prospettiva di realizzare una ricostruzione "totale" del paesaggio antico[51], non può mancare una riflessione sul problema della visibilità del record archeologico di superficie, da interpretare sulla base della conoscenza dei processi tafonomici in atto nell'area indagata[52]. Nella fattispecie, la porzione indagata del territorio ibleo è compresa nella zona di raccordo tra l'altopiano ibleo e il bassopiano occidentale, caratterizzata, per sua natura, da depositi alluvionali e detritici che si concentrano allo sbocco di valli fluviali ed ai piedi di scarpate di faglie, dove danno origine alle già citate conoidi[53]. Effettivamente, in tale contesto sono significativi i dati delle misure LVL: nella porzione occidentale dell'area è possibile osservare valori di velocità molto bassi (blu), nella maggior parte dei casi sotto i 1000Km/s, riconducibili a terreni soffici come sabbie e terreni alluvionali; invece, nella porzione centrale e orientale, i valori sono più alti (verde), tra i 1500 e 2900Km/s, a indicare la presenza di affioramenti rocciosi che non hanno subito degradazione: sovrapponendo al modello della distribuzione dei dati archeologici disponibili (Figura 3 G), si nota chiaramente un cluster nelle aree con velocità più alte (terreni quindi più consistenti) topograficamente elevate e stabili, che non hanno subito processi di degradazione cui sono state esposte le zone a valle, dove si depositano terreni meno consolidati. A tal riguardo, è interessante a lettura diacronica della dislocazione delle unità topografiche: infatti, pur considerando la notevole densità in corrispondenza di settori geomorfologicamente solidi e distinti per altimetria, è innegabile che anche le terrazze fluviali e alcuni settori delle pianure alluvionali siano caratterizzate dalla presenza di testimonianze di interesse archeologico.

---

[48] Leighton 2005.
[49] Arcifa 2010.
[50] Brancato 2019: 21.
[51] Volpe 2007.
[52] Burger, Todd and Burnett 2008; cfr. Casarotto et al. 2018.
[53] Lentini and Carbone 2014.

Quanto emerso è assai utile per riflettere sull'assetto insediativo di questo settore dell'isola, sia alla scala macro sia alla scala micro, in particolare per quanto pertiene le dinamiche di sviluppo dipanatesi nel corso del I millennio a.C.[54]. A partire dall'età del ferro (X-VIII sec. a.C.)[55], sull'area dell'altopiano, gli insediamenti di tipo urbano si concentrano su quote superiori ai m 500 slm e su luoghi facilmente difendibili[56]. L'espansione di Siracusa, avvenuta nel corso del VII sec. a.C. con la fondazione di Akrai e Kasmenai, avviene proprio in posizioni arroccate e ben difendibili, ma direttamente legate alla "via naturale di comunicazione"[57], che da Siracusa, nell'accidentata orografia iblea, conduceva in direzione di Gela attraverso il percorso più economico e diretto (Figura 5, B). Questa via, identificata con la Selinuntina, è ormai noto che fosse parte di un network viario che comprendeva numerosi collegamenti tra la costa e i centri dell'entroterra[58]. La scoperta del sito di Muraglie lungo il percorso della via, come già ipotizzato da G. Uggeri, si aggiunge agli altri elementi costitutivi di tale network, necropoli e insediamenti situati lungo la direttrice della strada anche in settori del bassopiano[59]. Seppur ancora in larga parte non indagati stratigraficamente, tale *pattern* impone di superare certi schemi volti a leggere, nel sistema insediativo, la dicotomia tra elemento indigeno e greco, a favore, invece, di un sistema culturale ed economico osmotico, del quale le linee della viabilità principale e secondaria costituiscono la più eclatante delle espressioni. Per la storia del paesaggio dell'altopiano, quindi, è da considerare prioritaria la ricostruzione del percorso della via Selinuntina e delle vie secondarie ad esse legate, contributo utile per la ricostruzione diacronica della topografia antica di questo settore della Sicilia ma anche per la promozione del territorio (Figura 5, C)[60]. Nel prossimo triennio, l'integrazione sistematica tra prospezioni di superficie (*field survey* e geofisica estensiva) e ricognizioni aeree permetterà di verificare, sul terreno, le tracce dirette e indirette della rete viaria antica, ricostruendo il rapporto che le lega ai paesaggi che si sono sovrapposti nel *palinsesto* ibleo nel corso dei millenni.

[R.B.]

Bibliografia

Albanese, R.M. 1979. *Bacini bronzei con orlo perlato del Museo Archeologico di Siracusa*. Roma: Istituto poligrafico e Zecca dello Stato, Libreria dello Stato.

Anastasio, S. 2007. Tipologia e quantificazione: introduzione alle principali metodologie, in *Introduzione allo studio della ceramica in archeologia*, 33- 46, Siena: Centro Editoriale Toscano.

Arcifa, L. 2010. Indicatori archeologici per l'Altomedioevo nella Sicilia Orientale, in P. Pensabene (ed.) *Piazza Armerina. Villa del Casale e la Sicilia tra tardoantico e medioevo,*: 105-128. Roma: L'Erma di Bretschneider.

Belfiore, R. 2000. Il centro abitato indigeno-ellenizzato di Piano Casazzi (Mineo). «*SicA*», XXXIII (98): 259-276.

Boschi, F. 2020. *Archeologia senza scavo. Geofisica e indagini non invasive*. Bologna: BUP.

---

[54] Militello 2003.
[55] Leighton 1999.
[56] Dunbabin 1948; Frasca 2015; Guzzo 2020.
[57] Di Vita 1956.
[58] Uggeri 2004: 163-198.
[59] Brancato 2023.
[60] Scerra and Cassarino 2021; Uggeri 2004.

Brancato, R. 2019. How to access ancient landscapes? Field survey and legacy data integration for research on Greek and Roman settlement patterns in Eastern Sicily. *Groma*, 4: 1-32. [DOI: 10.12977/groma27].

Brancato, R. 2020. Paesaggio rurale ed economia in età ellenistica nel territorio di Catania (Sicilia orientale). *Thiasos*, 9 (1): 45-75.

Brancato, R. 2021. Ricognizioni archeologiche e Legacy data in Sicilia orientale: l'integrazione tra metodi per la ricerca sui paesaggi rurali in età romana, in D. Gangale Risoleo and I. Raimondo (eds) *Atti del convegno internazionale Landscape. Una sintesi di elementi diacronici. Metodologie per l'analisi del territorio*: 139-156. Oxford: BAR.

Brancato, R. 2023. La *Selinuntia odòs* nella Sicilia sudorientale: sistema insediativo e viabilità in area iblea tra l'età greca e romana. *Orizzonti*, XXIV: 69-84.

Burger, O., L. Todd and P. Burnett 2008. The behavior of surface artifacts: Building a landscape taphonomy on the high plains. *Geomorphology*, 98: 285-315.

Buscemi, F. and F. Tomasello. 2008. *Paesaggi archeologici della Sicilia sud-orientale: Paesaggi archeologici della Sicilia sud-orientale: il paesaggio di Rosolini* (KASA 1). Palermo: Officina di Studi Medievali.

Campana, S. and S. Piro (eds.). 2009. *Seeing the unseen. Geophysics and landscape archaeology*. London: CRC PRESS.

Campana, S. 2018. *Mapping the Archaeological continuum. Filling 'empty' Mediterranean Landscapes*. New York: Springer.

Carlomagno, G.M., R. Di Maio, C. Meola and N. Roberti 2005. Infrared thermography and geophysical techniques in cultural heritage conservation. *Quantitative InfraRed Thermography Journal*, 2 no. 1: 5-24.

Casarotto, A., T.D. Stek, J. Pelgrom, R.H. Van Otterloo and J. Sevink 2018. Assessing visibility and geomorphological biases in regional field surveys: The case of Roman Aesernia. *Geoarchaeology*, 33: 177-192 [https://doi.org/10.1002/gea.21627].

Castagnoli, F. 1974. La Carta Archeologica d'Italia e gli studi di topografia antica. *Ricognizione archeologica e documentazione cartografica, Quaderni dell'Istituto di Topografia Antica dell'Università di Roma*, VI: 7-17.

Ceci, M. and R. Santangeli Valenzani. 2016. *La ceramica nello scavo archeologico. Analisi, quantificazione e interpretazione*. Roma: Carocci editore.

Ceraudo, G. 2003a. Elementi di fotogrammetria. *Sguardo di Icaro*: 94-96.

Ceraudo, G. 2003b. Restituzione aerofotogrammetrica e trattamento degli elementi archeologici. *Sguardo di Icaro*: 98-100.

Cozzolino, M. and V. Gentile 2020. Uso combinato di indagini ad induzione elettromagnetica, georadar e geoelettriche per la comprensione dell'estensione della fortificazione di Naxos della Media Età del Bronzo, in L.M. Caliò, G.M. Gerogiannis and M. Kopsacheili (eds) *Fortificazioni e società nel Mediterraneo occidentale* (Atti del Convegno, Catania-Siracusa 14-16 febbraio 2019): 55-58. Roma: Quasar.

Cozzolino, M., E. Di Giovanni, P. Mauriello, S. Piro and D. Zamuner 2018. *Geophysical Methods for Cultural Heritage Management*. Cham, Switzerland: Springer Geophysics.

Cuomo di Caprio, N. 2007. *Ceramica in archeologia 2. Antiche tecniche di lavorazione e moderne tecniche di analisi*. Roma: L'Erma di Bretschneider.

David, A., N. Linford, P. Linford and L. Martin 2008. *Geophysical survey in archaeological field evaluation: research and professional services guidelines*. London: English Heritage Society 1995.

De Angelis, F. 2016. *Archaic and Classical Sicily. A social and economic history*. New York: Oxford University Press.

De Felice, G., M.G. Sibilano and G. Volpe 2008. Ripensare la documentazione archeologica: nuovi percorsi per la ricerca e la comunicazione. *Archeologia e Calcolatori*, 19: 271-291.

Di Stefano, G. 1995. *Il ripostiglio di bronzi di Castelluccio*. Firenze: Giunti.

Di Stefano, G. 2007. Ragusa chiesette rurali e cimiteri cristiani nell'altopiano, in R.M. Bonacasa Carra and E. Vitale (eds) *Atti del IX Congresso Nazionale di Archeologia Cristiana (Agrigento 20-25 novembre 2004)*: 1535-1556. Palermo

Di Vita, A. 1956. La penetrazione siracusana nella Sicilia sud-orientale alla luce delle più recenti scoperte archeologiche. *Kokalos* II, 2: 177.

Dolphin, L.T. 1981. *Geophysical methods for archaeological surveys in Israel*. Menlo Park: Stanford Research International.

Dunbabin, T.J. 1948. *The Western Greeks. The history of Sicily and South Italy from the foundation of the Greek colonies to 480 B.C.*, Oxford: Clarendon Press.

Felici, E. 2020. *Lithoi logades.* Appunti sulle fortificazioni in pietra grezza (e sulla natura dell'*emplecton*), in L.M. Caliò, G.M. Gerogiannis, M. Kopsacheili (eds) *Atti del convegno Western Fortifications, Fortificazioni e società nel Mediterraneo occidentale, Albania e Grecia Settentrionale*: 405-425. Roma: Quasar.

Figuera, M., F. Gianchino and K. Zebrowska 2014. L'Ipogeo Preistorico di Calaforno. Le ricerche precedenti, in S. Scerra and A.M. Sammito (eds) *Giarratana e il suo territorio. Storie dal passato* (Catalogo della mostra Giarratana 2014): 7-10. Ragusa: Comune di Giarratana.

Francovich, R., A. Pellicanò and M. Pasquinucci (eds) 2001. *La carta archeologica fra ricerca e pianificazione territoriale*. Firenze: All'Insegna del Giglio.

Frasca, M., P. Pelagatti and F. Fouilland. 1994-1995. Monte Casasia (Ragusa). Campagne di scavo 1966, 1972–73 nella necropoli indigena. *NSc* 5-6: 323-583.

Frasca, M. 2015. *Archeologia degli Iblei. Indigeni e Greci nell'altopiano ibleo tra la prima e la seconda età del Ferro*. Scicli: Edizioni di storia.

Goulty, N., J.P.C. Gibson, J.G. Moore and H. Welfare 1990. Delineation of the vallum at Vindobala, Hadrian's Wall, by shear-wave seismic refraction survey. *Archaeometry* 32, 71-82.

Grasso, L., A. Musumeci, U. Spigo and M. Ursino (eds) 1996. *Caracausi. Un insediamento rupestre nel territorio di Lentini*. Palermo: Edizioni CNR.

Guaitoli, M. (eds) 2003. *Lo sguardo di Icaro. le collezioni dell'aerofototeca per la conoscenza del territorio (catalogo della Mostra 24 maggio- 6 luglio 2003)*. Roma: Campisano Editore.

Gull, P. 2015. *L'archeologia preventiva. Il codice appalti e la gestione del rischio archeologico.* Palermo: Dario Flaccovio Editore.

Guzzo, P.G. 2020. *Le città di Magna Grecia e di Sicilia dal VI al I secolo. II: La Sicilia.* Roma: Scienze e Lettere.

Henley, D.C. 2003. Indiana Jones and the Seismic Anomaly: The Potential of Seismic Methods. *Archaeology. Recorder* 28 (1), XX-XX.

Lamagna, G. 2005. Piano dei Casazzi, in F. Privitera and U. Spigo (eds) *Dall'Alcantara agli Iblei. La ricerca archeologica in provincia di Catania*: 157-159. Palermo: Dipartimento dei Beni Culturali, ambientali e dell'educazione permanente.

Leighton, R. 1999. *Sicily before History.* London: Cornell University Press.

Leighton, R. 2005. Later prehistoric settlement patterns in Sicily: old paradigms and new surveys. *European Journal of Archaeology*, 8(3), 261-87.

Lentini, F. and L. Vezzani 1978. Elaboration Attempts of a Structural Model of the Eastern Sicily. *Memorie della Società Geologica Italiana*, 19, 495-500.

Lentini, F. and S. Carbone 2015. *Geologia della Sicilia, Memorie descrittive della carta geologica d'Italia, XCV.* Firenze: edizioni ISPRA.

Lentini, F. and S. Carbone 2014. Geologia della Sicilia. Il dominio d'avanpaese. *Memorie descrittive della Carta Geologica d'Italia*, 95, 31-98.

Lentini, F., S. Carbone and S. Catalano 1994. Main Structural Domains of the Central Mediterranean Region and Their Neogene Tectonic Evolution. *Bollettino di Geofisica Teorica e Applicata*, 36, 103-125.

Levi, S.T. and A. Vanzetti 2009. Definizione e identificazione rapida delle classi ceramiche preistoriche e protostoriche, in B. Fabbri, G. Bandini, S. Gualtieri (eds) *Le classi ceramiche: situazione degli studi. Atti della X Giornata di Archeometria della Ceramica* (Roma, 5-7 aprile 2006): 9-15. Bari: Edipuglia.

Marchi, M.L. 2014. Carta Archeologica d'Italia-*Forma Italiae* Project: Research Method. *LAC 2014 (Proceedings of the 3rd International Landscape archaeology conference, Roma 2014)* [http://dx.doi.org/10.5463/lac.2014.42].

Mauriello, P. and D. Patella 2009. A Data-adaptive Probability-based Fast ERT Inversion Method. *Progress, in Electromagnetics Research* 97, 275-290.

Mercuri, L. 2012. Convivenze nei monti Iblei? Il caso di Castiglione di Ragusa. *Aristonothos* 7: 281-299.

Milanese, M. 2009. Le classi ceramiche nell'archeologia medievale, tra terminologie, archeometria e tecnologie, in B. Fabbri, G. Bandini, S. Gualtieri (eds) *Le classi ceramiche: situazione degli studi. Atti della X Giornata di Archeometria della Ceramica* (Roma, 5-7 aprile 2006): 47-55. Bari: Edipuglia.

Militello, P.M., A.M. Sammito and S. Scerra 2018. Calaforno (Giarratana, RG). *Notiziario di Preistoria e Protostoria*, 5(II), 90-93.

Militello, P.M. 2007. Il paesaggio archeologico, in A. Petralia (ed.) *Atti del Convegno "L'uomo negli Iblei"*: 110-160. Noto: Ente Fauna siciliana.

Pelagatti, P. 1976-1977. L'attività della Soprintendenza alle Antichità della Sicilia Orientale. *Kokalos*, 22-23, 519-550.

Pelagatti, P. 1980-1981. L'attività della Soprintendenza alle Antichità della Sicilia Orientale, Parte II. *Kokalos*, 26-27, 694-730.

Peroni, R. 1998. Classificazione tipologica, seriazione cronologica, distribuzione geografica. *Aquileia Nostra*, LXIX, 10-27.

Petralia, A. (ed.) 2007. *L'uomo negli Iblei. Atti del Convegno su "L'uomo negli Iblei"* (Sortino, 10-12 ottobre 2003), Noto: Ente Fauna siciliana.

Piccarreta, F. 2003. Aerofotogrammetria finalizzata all'archeologia, in M. Guaitoli (ed.) *Lo sguardo di Icaro*. Roma: Campisano Editore.

Rice, P.M. 1987. *Pottery analysis: a source book*. Chicago: University of Chicago Press.

Scerra, S. and S. Cassarino 2021. I porti, gli approdi e l'antica rete stradale nella zona iblea dal mare alla terraferma. *Geologia dell'ambiente* 1, 46-63.

Scerra, S. 2022. Osservazioni e considerazioni archeologiche sull'incontro tra Greci e nativi nell'area degli Iblei ragusani: presupposti ed antefatti alla fondazione di Camarina, in R. Brancato, L.M. Caliò, M. Figuera, G.M. Gerogiannis, E. Pappalardo and S. Todaro (eds.) *Schemata. La città oltre la forma. Età arcaica*: 257-274. Roma: Quasar.

Schmidt, A.L., P.N. Lindford, C. Gaffney and A. David (eds) 2015. *EAC Guidelines for the Use of Geophysics in Archaeology, EAC Guidelines 2*. Namur, Belgium: Europae Archaeologia Consilium (EAC), Association Internationale sans But Lucratif (AISBL). Scollar, Irwin, Tabbagh, A., Hesse, A, Herzog, I. 2009. *Archaeological Prospecting and Remote Sensing*. Cambridge: Cambridge University Press.

Soupios, P. 2015. Seismic geophysical methods in archaeological prospection, in A. Sarris (ed.) *Best Practices of Geoinformatics Technologies for the Mapping of Archaeolandscapes*: 35-43. Oxford: Archaeopress Archaeology.

Terrenato, N. 2004. Sample Size Matters! The Paradox of Global Trends and Local Surveys, in S.E. Alcock and J.F. Cherry (eds) *Side-by-side survey: comparative regional studies in the Mediterranean World*: 36-48. Oxford: Oxbow.

Uggeri, G. and S. Patitucci 2017. *Archeologia della Sicilia sud-orientale. Il territorio di Camarina*. Galatina: Mario Congedo Editore.

Volpe, G. 2007. L'archeologia globale per ascoltare la storia totale del paesaggio. *Sudest* 20: 20-32.

Weinstein-Evron, M., Y. Mart and A. Beck 1991. Geophysical investigations in the el-Wad Cave, Mt. Carmel, Israel. *Geoarchaeology* 6: 355–365.

Weinstein-Evron, B.M. and M.A. Ezersky 2003. Geophysical investigations in the service of Mount Carmel (Israel) prehistoric research. *Journal of Archaeological Science* 30: 1331-41.

Witcher, R.E. 2008. (Re)surveying Mediterranean Rural Landscapes: GIS and Legacy Survey Data. *Internet Archaeology* 24, 2008 [DOI 10.11141/ia.24.2].

Witten, A.J. 2006. *Handbook of Geophysics and Archaeology*, London: Routledge.

Witten, A.J., T. Levy, J. Ursic and P. White 1995. Geophysical diffraction tomography: New views on the Shiqmim prehistoric subterranean village site (Israel). *Geoarchaeology* 10 (2), 97-118.

Un approccio multidisciplinare per la ricostruzione del parcellare agrario antico. Alcuni esempi dalla Transpadana romana.

Gianluca Mete
(Direttore Museo Archeologico *Laus Pompeia*)

Paolo Storchi
(Università di Pavia)

Abstract: the ancient land divisions of a large part of northern Italy were studied in distant years and have not been analyzed since. Some examples from the territory of *Bergomum* and *Laus Pompeia* can clearly show how important it is to re-analyze these studies and verify the data through a modern gis system, which is much more precise in measurements than previous methods and also with geophysical surveys. However, we must not forget the classic multidisciplinary approach of ancient topography: in fact, it is not enough to verify a series of alignments to reconstruct an ancient land division, it must be analized through archeology, geomorphology, the analysis of toponymy and always keeping in mind the historical context in which it was created.

Keywords: paesaggio, centuriazione, topografia antica, geomorfologia, Cisalpina.

Introduzione

Il Po, il grande bisettore della pianura Padana, separa due porzioni di territorio molto diverse fra loro da tanti punti di vista; da quello storico, con una storia della conquista romana molto diversificata fra le due sponde del fiume e un Medioevo dalle forme un poco differenti, a quello geologico e geomorfologico, a quello della storia degli studi.

Difatti se il settore emiliano della pianura risulta manifestamente geomorfologicamente molto mosso, quello a nord del Po, a prima vista, risulta più regolare e stabile, costituito dalle forme più morbide di quello che è noto in letteratura come 'livello fondamentale della pianura[1]'.

Ciò è dovuto in larga parte alla litologia che caratterizza gli Appennini, costituiti da rocce molto più morbide ed erodibili rispetto a quelle delle Alpi, sensibilmente più resistenti agli agenti atmosferici; di conseguenza cambia la quantità di sedimento trasportata dai corsi d'acqua appenninici che diventano veri e instancabili motori geomorfologici, rispetto a quelli alpini che veicolano una quantità minore di ghiaie, sabbie e limi e hanno attualmente una attività prevalentemente erosiva.

Inoltre, se la porzione emiliana della pianura è stata accuratamente analizzata dalla scuola bolognese di topografia antica, anche in anni molto recenti[2], e la porzione veneta da una lunga tradizione di studi padovana[3] e più recentemente veronese, l'area lombarda ha goduto, in questi ultimi anni, di minore

---

[1] Cremaschi 1987; Castiglioni and Pellegrini 2001; Marchetti 1989.
[2] Una sintesi in Franceschelli 2015.
[3] Si rimanda agli studi rispettivamente di P.L. Dall'Aglio e di G. Rosada, es. Dall'Aglio 2000.

attenzione accademica[4]. Se analizziamo attentamente il territorio lombardo, inoltre, ci rendiamo conto che la semplicità di lettura di questo comprensorio è solo apparente e, se si vuole ricostruire in maniera credibile il suo passato, si deve tenere conto della presenza di vari meccanismi di modificazione del territorio in atto anche qui, per quanto diversamente, e in modo meno evidente, sia da quanto avviene in Emilia che in Veneto[5].

Al di là dell'apparente omogenea pendenza di tutta l'unità fisiografica del Piano fondamentale della pianura da nord ovest verso sud est, vi si riconoscono subunità legate a movimenti tettonici e a collettori fluviali che in passato hanno anche creato dossi[6] che, sebbene molto più bassi di quelli che si incontrano a sud del Po, essendo decisamente più antichi, hanno sicuramente creato problemi di deflusso delle acque di cui gli ingegneri romani non potevano non tenere conto al momento della parcellizzazione agraria; inoltre entrano qui in gioco fattori assenti a sud del Po: una maggiore erosione spondale e del letto fluviale da parte dei corsi d'acqua alpini, il ruolo delle unità geomorfologiche di origine glaciale, ma anche la presenza di depositi eolici, pressoché assenti invece a sud del collettore padano e rari nella pianura veneta[7].

Mentre, poi, a sud del Po la conquista e l'occupazione del suolo procede per tante fasi distinte (le varie fondazioni di colonie e le grandi assegnazioni viritane avvenute fra III e II a.C.), qui, a parte il caso di Cremona, colonia gemella di Piacenza, fondata nel 218 a.C. e rifondata nel 190, l'anno fondamentale è l'89 d.C.con la *lex Pompeia de Transpadanis*, che concesse ai centri alleati della Transpadana la cittadinanza latina,e portò a una organizzazione più coerente del territorio. Tuttavia questa omogeneità di genesi non conferisce anche una omogeneità di disegno al territorio lombardo. Per ogni distretto si presentano, come vedremo, difficoltà ricostruttive peculiari.

[G.M. - P.S.]

Le centuriazioni tra Adda e Oglio, il territorio di *Bergomum*

La grande complessità che caratterizza il territorio transpadano da tanti punti di vista fa sì che uno studio che voglia ricostruire le antiche centuriazioni in questa porzione di pianura non possa basarsi esclusivamente su un procedimento meccanico e/o informatizzato di riconoscimento di allineamenti; il tutto va inserito nel proprio contesto storico e geomorfologico.

Nella pianura bergamasca si identificano abbondanti sopravvivenze di sistemazioni agrarie nel territorio compreso fra Adda e Oglio. Esse sono caratterizzate da una apparente omogeneità di disegno, tutti i cardini sono orientati da NNW a SSE e i decumani da WSW a ESE[8], mentre ad est dell'Oglio, con declinazione decisamente differente, si identifica il primo dei quattro blocchi relativi all'appoderamento di Brixia[9].

---

[4]Difatti se i lavori dell'Università di Pavia e, in particolare, di P. Tozzi, e quelli della Bonora Mazzoli dell'Università di Milano, restano ricerche certamente basilari e tuttora sicuramente utili, esse non potevano sfruttare tutte le tecnologie e i mezzi oggi a disposizione, né potevano disporre dei dati più recenti offerti dall'Archeologia.

[5] Tozzi 2007: 369.

[6] Marchetti 1989: 54-55. Viviamo ancora all'interno di un ciclo erosivo che va avanti da inizio Olocene.

[7] Castiglioni 1997.

[8] Tozzi 2007: 369.

[9]Si rimanda a Schmiedt 1989, schede *Bergomum* e *Brixia*, tav. LXXXIX e LXIV.

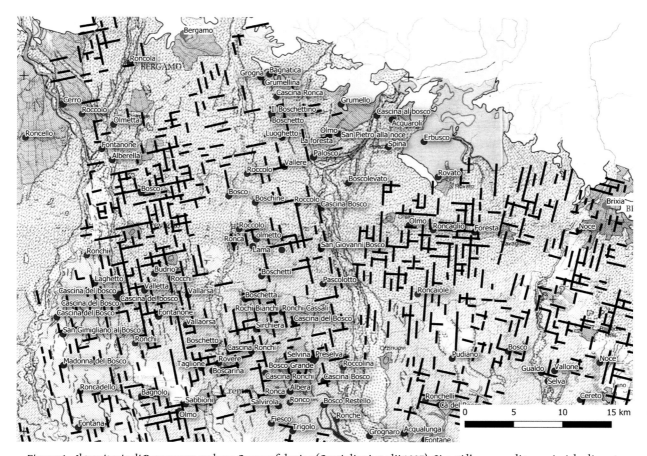

Figura 1 - Il territorio di Bergomum su base Geomorfologica (Castiglioni et alii 1997). Si noti l'assenza di toponimi da dissesto a sud di Bergamo dove si riscontra un'area in cui la centuriazione è ben conservata. Essa è circondata da aree recanti toponimi da dissesto che ben si collegano ad aree basse e instabili evidenziate dalla geomorfologia.

In questo ampio territorio di circa 700 km quadrati, il Tozzi ha individuato nel 1972[10] un'area di oltre 300km quadrati, fra l'allineamento di Bergamo e Barano e quello di Ponte San Pietro e Caravaggio, nel comprensorio fra Adda e Serio (il cui paleoalveo romano corrisponde al Serio Morto, oggi un modesto colatore) che presentava *limites* caratterizzati da una diversa inclinazione rispetto al restante territorio: essi hanno una declinazione di circa 8 gradi in questa posizione contro i circa 11 gradi del restante comprensorio bergamasco. Lo studioso nel 2007 ha attribuito questo nucleo relativamente ristretto ad una iniziale divisione agraria posteriore all'89 a.C., quando le comunità transpadane fedeli a Roma nella guerra sociale ottennero la cittadinanza di diritto latino. La parcellizzazione sarebbe stata estesa all'intero territorio fra Adda e Oglio solo in un secondo momento, forse in età augustea[11], ma, non prolungando gli assi già tracciati, bensì creando una nuova centuriazione con declinazione di poco differente, cosa che avrebbe comportato una difficile sovrapposizione e convivenza fra i due sistemi centuriali[12] (Figura 1).

Lo studioso riconosce la difficoltà nel comprendere, *in primis*, come mai un centro che in età romana aveva una importanza tutto sommato secondaria[13] potesse essere stato dotato di un territorio così ampio, ben 700km quadrati, una delle centuriazioni più vaste della Cisalpina; in secondo luogo sono

---

[10] Tozzi 1972.
[11] Tozzi 2007: 370.
[12] Tozzi 2007, in part. 369-371.
[13] Così anche Strabone (V, 1,6).

anche difficili da individuare le ragioni storiche per un raddoppiamento della centuriazione, questi infatti avanza la proposta di ragioni "non assolutamente certe e immediatamente convincenti, però probabili[14]".

Le ipotesi avanzate dallo studioso sono che questa soluzione possa essere stata resa necessaria o per recuperare e organizzare terre da affidare ad un numero consistente di nuovi coloni, nonostante non sia attestato l'invio di veterani in questo centro, oppure che si tratti di una divisione a meri fini catastali, o ancora una centuriazione che era soprattutto una bonifica, dato che l'impaludamento a valle avrebbe comportato danni anche per i possessori terrieri più a monte[15].Tozzi conclude ritenendo più probabile questa ultima possibilità.

L'area di centuriazione "ristretta" presenta abbondanti sopravvivenze di assi centuriali, il territorio risulta omogeneamente e diffusamente costellato da toponimi prediali romani e anche l'archeologia[16] ha, in più punti, confermato un denso popolamento in quest'area[17]. Se analizziamo invece la toponomastica nel comprensorio fra Serio e Oglio, integralmente compreso nella seconda centuriazione, si nota una inferiore frequenza di prediali e una vera sovrabbondanza di toponimi che descrivono un paesaggio ben diverso da quello attuale e da un agro centuriato; un paesaggio fatto integralmente, si direbbe, di foreste, boschi e terreni paludosi. Ai noti toponimi "del dissesto" di facile interpretazione come Albera, Bosco Restello, Cascina Bosco, Bosco Grande, Boschetta, Boschetti, Preselva, Selvina, Olmo, Noce, Bagnatica etc. si aggiungono quelli egualmente significativi, ma meno immediati di Grogna, verosimilmente derivante da *crognus*, che il Du Cange definisce come "*palusseu locus bituminosus*"[18]; Lama, che in latino definisce un "terreno acquitrinoso"[19] e Palosco che indica egualmente una palude di ridotte dimensioni[20] (Figura 1).

Se si analizza anche la toponomastica dell'area attorno al nucleo di 300 km quadrati inserita fra Serio e Adda, anch'essa facente parte di questa seconda centuriazione, notiamo lo stesso fenomeno, sebbene in proporzioni minori: pochi prediali e una serie di toponimi che attestano boschi e terreni paludosi; nei due territori indicati i nomi da dissesto sono però associati ad altri toponimi "da recupero del territorio" (Ronchi, Ronco, Roccolo, Roncadello), il tutto in un'area apparentemente centuriata.

Quella che avanziamo è una mera proposta di lavoro e di ricerca futura, ma ci domandiamo se questa seconda centuriazione sia quindi davvero da datarsi integralmente all'età romana.

Una seconda divisione avrebbe creato grossi problemi di tipo catastale ai vecchi proprietari terrieri e non sarebbe stata giustificata da cancellazioni dovute a fenomeni naturali, sviluppandosi la prima divisione agraria in un'area alta e stabile, cosa confermata dal fatto stesso che essa si è conservata fino ai giorni nostri. Al contrario l'estensione proposta avrebbe interessato un'area dal quadro geomorfologico estremamente complesso, costituito da antichi dossi, come quello riconoscibile a nord di Soncino e strutture morfologiche estremamente peculiari come il pianalto di Romanengo, un antico deposito di Loess formatosi nel Pleistocene medio che, per ragioni tettoniche, si trova circa 10 m più in alto rispetto al resto della pianura; soprattutto la grande maggioranza di questo territorio è caratterizzato da aree naturalmente basse, vallecole di difficile drenaggio, oltre al fatto che assi della

[14] Tozzi 2007: 370.
[15] Tozzi 2007: 371.
[16]Schmiedt 1989, commento a tav. LXXXIX.
[17] Tozzi 1972: 75. Si rimanda anche a Latiri 2021, seppur lo studio si riferisca ad un areale limitato rispetto a quello preso in considerazione in questo contributo.
[18] Vedi anche voce Grognardo nel Dizionario di Toponomastica Utet: 375.
[19] Vedi "Lama" in Dizionario di Toponomastica Utet: 401.
[20] Vedi "Palosco" nel Dizionario di Toponomastica Utet: 556.

"seconda centuriazione" interessano anche un'area di divagazione dell'Adda[21].La porzione di territorio a sud della linea Ponte San Pietro-Caravaggio vede in generale anche una geologia di tipo differente, basata su limi e argille che determina una scarsa permeabilità dei terreni che risultano relativamente poco fertili e inclini all'impaludamento[22] e comprende la fascia dei fontanili, notoriamente di drenaggio molto difficile.

La storia del territorio suggerita dalla toponomastica, e confermata da altre fonti, come vedremo, sembra quindi delineare come il disegno della porzione di territorio fra Bergamo e Caravaggio sia in perfetta continuità con la centuriazione romana, mentre nelle aree ad esso limitrofe il disegno antico sia stato messo in crisi, se v'era, da cambiamenti di corso di torrenti, dalla formazione di boschi e paludi e, ad un certo punto, si sia rimesso il tutto a coltura dopo avere drenato e disboscato la zona.

Un indizio in questo senso potrebbe provenire da alcuni documenti che ci indicano che si iniziò a organizzare la distribuzione dell'acqua a Soncino e nei campi del territorio attorno al paese soltanto nel 1233, in accordo con due monasteri della zona[23]. Il perito agrario non nasconde le difficoltà insite nell'operazione. Si trattava di un territorio "quasi a forma di cono, con elevata pendenza verso la base" e gli agrimensori si trovano a operare in fitti boschi[24]; nel secolo precedente invece vi sono accenni alla bonifica di una palude proprio fra Adda e Oglio da parte di monaci benedettini e cistercensi[25];dati che sembrano descrivere il paesaggio e la storia poi fossilizzatisi nella toponomastica.

Ci pare possibile pensare al fatto che magari effettivamente i Romani abbiano messo in posto alcune importanti opere di drenaggio dell'area, in modo da rendere il territorio salubre, cosa che spiega l'effettiva presenza di assi posti a distanza riconducibili a unità di misura romane, ma forse essi non tracciarono una vera centuriazione[26];la risistemazione generale del paesaggio potrebbe essere successiva, forse di età comunale. Difatti la misurazione dei lotti effettuata in ambiente gis mostra come vi sia un evidente rimando alla classica misura di 20 x 20 *actus* nell'area a sud di Bergamo, area geomorfologicamente stabile e corrispondente ad una fascia di alta pianura[27], come detto, mentre le centurie che la circondano, sembrino dotate di un grado inferiore di regolarità e siano caratterizzate anche da blocchi di misura anomala, solitamente più grandi dei classici circa 710 m di lato[28], forse da ricondurre a circa 300 cabezzi del comune di Bergamo (787 m), o suoi sottomultipli. Il fatto comunque che l'area non fosse necessariamente centuriata, almeno non nella sua integrità, non esclude affatto che fosse popolata e sfruttata in età romana. Ricordiamo quanto fosse importante l'economia del bosco nel mondo antico[29], sia per quel che riguarda l'allevamento suino che avveniva allo stato brado, che per il legname, combustibile e materiale da costruzione basilare, soprattutto nel nord della penisola. Ad esempio, a Ghisalba è stata rinvenuta una villa rustica in perfetta continuità con un fontanile (detto

---

[21] Si rimanda a Castiglioni et al. 1997.

[22] Chiesa and Marchetti 1992; Latiri 2021: 96; Pagani 1993.

[23] Galantino 1869: 55.

[24] Ad esempio, molti lavori interessarono le "selve di Zermignano".

[25] Loffi 2002. 8. Altri documenti dall'VIII al X secolo attestanti boschi nel territorio sono presi in esame da Latiri 2021.

[26] Si pensi, ad esempio, ad alcune porzioni del territorio cremasco, probabilmente non centuriato per intero, sebbene ricadente sotto l'*ager bergomensis* e con evidenze archeologiche di popolamento. A tal proposito, Mete 2014: 334-348.

[27] Vedi Castiglioni et al. 1997.

[28] È evidente che vanno sempre tenute presenti possibile problematiche relative a errori cartografici e all'evoluzione di un territorio centuriato, ma le misure più frequenti riscontrabili nella seconda centuriazione ci paiono fra i 750 e i 780m.

[29] Traina 2011, ma si pensi anche al valore degli appezzamenti nella tavola di Veleia.

"fontanone" in cartografia) e tale località nel IX secolo era nota come "noceto"[30], cosa che potrebbe confermare uno sfruttamento di questo territorio nonostante le difficoltà di drenaggio e, forse, una rinaturalizzazione dopo l'età romana.

Si potrebbe pensare, quindi, che non vi fosse qui una canonica centuriazione, ma un'area che i Romani preferirono drenare attraverso puntuali operazioni e sfruttare diversamente. Fenomeno che ricorda il caso di Brescello, a sud del Po. Qui i Bentivoglio, solo nel Cinquecento, ripresero i limiti romani conservati a sud e a est di Brescello, in un'area stabile dal punto di vista della geografia fisica e prolungando tali limiti "centuriarono" la porzione di territorio vicina al centro rivierasco padano. Si trattava di una zona verosimilmente mai centuriata nell'antichità, essendo un'area bassa, valliva, erede forse del paleoalveo del Po dell'età del Ferro, ma oggi vi si legge una perfetta centuriazione, di 20 x 20 *actus*, ma di età moderna.

Anche in questo territorio si può pensare, almeno come suggestione, a una divisione agraria formatasi in più fasi che vide l'operato dei Romani con una generale bonifica e regimentazione delle acque superficiali[31]; dei monasteri locali, che ebbero un ruolo un poco più oscuro; del Comune medievale e, che ipoteticamente, potrebbe essere stata portata a termine con grandi lavori dai Pallavicino che operarono similmente anche altrove nel nord Italia[32]. Un palinsesto complesso che avrebbe tuttavia certamente necessità di ulteriori prove per essere sostenuto, ad esempio una campagna di carotaggi sistematica che ci riveli e fornisca una datazione sicura ai livelli di impaludamento di varie parti di questo territorio.

[P.S.]

Laus Pompeia

Riprendendo le divisioni agrarie inizialmente analizzate, come ricorderete, soltanto quella occidentale corrisponde effettivamente al territorio di *Bergomum;* essa risulta isoorientata con una parcellizzazione ben individuabile a sud di essa, attorno al centro attuale di Lodi Vecchio, un tempo *Laus Pompeia*.

Per quanto attiene *Laus Pompeia*, originariamente forse un centro celtico, la cui fondazione Plinio attribuisce, forse da fonti poco chiare, ai Boi[33] ottenne un primo riconoscimento formale da parte romana agli inizi del I secolo a.C. Fu Gneo Pompeo Strabone, a cui la città lega il suo nome, che con l'attuazione della *lex Pompeia de Transpadanis*, nell'89 a.C. concesse ai centri alleati della Transpadana la cittadinanza latina, facendo della stessa *Laus* una colonia latina fittizia. In seguito, nel 49 a.C., *Laus Pompeia* ottenne il riconoscimento dello *status* di *municipium* con inserimento nella tribù Papinia.

L'ambito idrografico è caratterizzato dalla presenza, a sud, del fiume Po, a est del fiume Adda e a ovest dal Lambro. Oltre a tali corsi principali, importante è l'influenza, anche ai fini insediativi, del Sillaro (che confluisce nel Lambro a Borghetto Lodigiano) e di altri corsi d'acqua minori. I corsi di Adda, Lambro e Sillaro, incidono profondamente i loro letti, scorrendo entro quelle che vengono definite valli a

---

[30] Latiri 2021: 98-99.
[31] Latiri 2021: 54-55.
[32] Loffi 1990.
[33] Plin. Nat.Hist. III, 17, 124

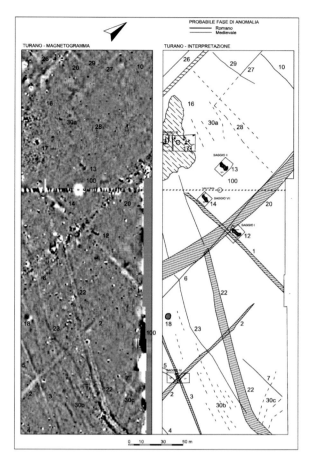

Figura 2 - Dettaglio, con magnetogramma e interpretazione, dei risultati acquisiti durante l'indagine effettuata a Turano Lodigiano, ager laudensis. Si noti evidenza dei canali sepolti, altrimenti non individuabili a causa di disordini di natura idrogeologica nel settore meridionale del lodigiano.

cassetta. Lo stesso insediamento urbano venne impostato sul tratto del livello fondamentale tra Lambro e Sillaro, su un lobo interno di meandro in corrispondenza di un terrazzamento naturale.

In tale quadro ambientale si inserisce una *limitatio* i cui caratteri sono solo recentemente stati evidenziati[34]; difatti l'unico precedente lavoro[35] risultava viziato da una errata proposta di lettura degli assi urbani come medesimi assi della divisione agraria, senza considerare dati di natura geomorfologica.

La cartografia e le fotografie aeree, nonché dati archeologici e geofisici, consentono di riconoscere, in realtà, delle maglie di dimensioni canoniche di 20 per 20 *actus* i cui cardini seguono un orientamento prevalente ESE-ONO, con una inclinazione di circa N 5° O, perfettamente coerente con l'idrografia e le linee di massima pendenza della pianura. Siamo quindi di fronte ad una centuriazione *secundum naturam loci*, come d'altra parte era lecito attendersi in una pianura caratterizzata da una forte presenza di acque superficiali.

Estremamente problematica si rivela l'individuazione del cardine e del decumano massimi della *limitatio*, data la mancata corrispondenza, non tanto con gli assi dell'impianto urbano (per la verità solitamente assai rara), quanto con le principali strade che attraversano il territorio; contrariamente a quanto accade, per esempio, con le vie Emilia e Postumia che costituivano i decumani massimi dei territori di diverse città.

L'area in cui si individua il maggior numero di persistenze dell'antica *limitatio* ipotizzata è senza dubbio quella del settore centrale, cioè la fascia di territorio che comprende il centro di *Laus Pompeia*. Il settore presenta un susseguirsi di rogge poste a distanza regolare di circa 20 *actus*.

Una serie di allineamenti è poi evidente all'altezza di Cascina Pizzafuma e di Cascina Fabia. Altrettanto evidente è la disposizione dei campi a ovest di Secugnago, dove, sovrapponendo la maglia di riferimento, si ottengono i medesimi risultati. Il quadro generale del popolamento e dell'assetto centuriale è confermato non solo dai dati archeologici, ma anche da quelli epigrafici e toponomastici[36]. Tuttavia, se per l'area centro settentrionale non si registrano evidenti e significative perdite degli allineamenti principali, relativamente ben mantenuti nel corso dei secoli, differente situazione si

[34] Mete 2011: 9-23.
[35] Caretta 1954.
[36] Mete 2011: *supra*.

registra nel settore meridionale, soprattutto a causa dell'influenza degli assetti ideografici legati ai corsi d'acqua debitori del Po.

A sud del centro abitato, infatti, si riscontrano tratti di limiti degradati a causa delle variazioni naturali dell'idrografia e per interventi antropici, come la realizzazione di canalizzazioni moderne che hanno alterato l'assetto preesistente. In quest'ottica e alla luce di fenomeni alluvionali che hanno modificato il piano di campagna romano interessanti si rivelano i risultati dell'indagine archeologica e geofisica effettuati[37]. In questa area, in cui sono evidenti lacune dell'assetto centuriale dovute a fenomeni evolutivi dell'idrografia, la prospezione geofisica con magnetometro ha messo in luce l'assetto agrario sepolto, perfettamente corrispondente all'orientamento centuriale proposto (Figura 2). L'approccio multidisciplinare e l'importanza dei dati geofisici processati con l'interpretazione integrata del paesaggio storico[38], permettono pertanto di colmare lacune documentali che, come in questo caso, non potrebbero essere colmate con gli strumenti classici dello studio del paesaggio antico, sebbene corroborato da dati di carattere geomorfologici. Quest'ultimi, infatti, alla luce dei fenomeni di dissesto e coperture alluvionali, senza l'evidenza dell'indagine in profondità, sia essa archeologica e/o geofisica, non avrebbero permesso che ipotesi *ex silentio*.

Infine, per quanto attiene ai legami tra diversi territori un elemento particolarmente interessante è l'isorientamento tra la pertica di *Laus Pompeia* e quella di *Bergomum* (con lieve slittamento di cardini e decumani), nonostante la presenza tra i due territori dell'Adda, che, evidentemente, con la sua valle a cassetta si rivelava *limes* fisico e "amministrativo" tutt'altro che labile; tale evidenza risulta preziosa nel quadro ampio delle operazioni di bonifica agraria di questi territori, probabilmente coeve o comunque contestuali nell'arco di un breve lasso di tempo.

Conclusioni

Quelli presentati rappresentano soltanto due dei molteplici esempi che si potrebbero fare, speriamo che mostrino quante siano ancora le problematiche aperte relative alle pertiche centuriali lombarde, ma soprattutto quanto utile possa essere applicare un approccio che preveda la tecnologia nelle forme dei sistemi GIS e della geofisica però in stretto dialogo con le metodologie più tradizionali. Ci pare questo l'unico modo per individuare e comprendere pienamente le pertiche antiche. Ogni studio di questo tipo deve comunque aprirsi il più possibile dal punto di vista diacronico, proporre una visione a campo largo sui fenomeni storici e sociali, un modo di fare ricerca che non veda la continuità come un paradigma e tenga presente, come ipotizzato nel caso di alcuni blocchi centuriali qui analizzati, episodi di forte discontinuità, di ripresa e imitazione a partire dalla scacchiera preesistente. Un vero palinsesto complesso, una storia incisa nel paesaggio, di lettura tanto difficile da comprendere quanto affascinante da riscoprire.

[G.M. - P.S.]

Bibliografia

Blockley P., S. Jorio and G Mete 2010. Nuove acquisizioni sull'ager Laudensis. *Agri centuriati: International Journal of Landscape Archaeology* 7: 289-294.

---

[37] Indagini effettuate con magnetometro fluxgate Geoscan Research 36, Blockley, Jorio and Mete 2010: 289-294; Blockley and Mete 2011: 136-138.
[38] Boschi 2016: 11-26

Blockley P. and G. Mete 2011. Turano Lodigiano, prospezioni geofisiche e saggi. *Notiziario della Soprintendenza archeologica della Lombardia* 2008-2009: 136-138.

Boschi F. 2016. Non-destructive field evaluation in Preventive Archaeology. Looking at the current situation in Europe, in F. Boschi (ed.) *Looking to the Future, Caring for the Past Preventive Archaeology in Theory and Practice*: 11-26. Bologna: Bononia University Press.

Castiglioni G.B. *et alii*. 1997. *Carta geomorfologia della Pianura Padana a scala 1:250.000*, Firenze.

Caretta, A. 1954. Laus Pompeia *(Lodivecchio) e il suo territorio*. Milano: Ceschina.

Castiglioni G.B. and G.B. Pellegrini 2001. Note illustrative della carta geomorfologica della Pianura Padana. *Geografia fisica dinamica quaternaria*, suppl. IV, 2001.

Chiesa, S., and M. Marchetti 1992. Lineamenti geologici e geomorfologici della Provincia di Bergamo, in R. Poggiani Keller (ed.) *Carta archeologica della Lombardia – La provincia di Bergamo*, V. 1- Saggi: 23-32. Modena: Franco Cosimo Panini

Cremaschi, M. (ed.) 1987. *Paleosols and Vetusols in the Central Po Plain (Northern Italy)*. Milano: Unicopli.

Dall'Aglio, P.L. 2000. Geografia fisica e popolamento di età romana, in M. Marini Calvani and E. Lippolis (eds) *Aemilia. La cultura romana in Emilia Romagna dal III sec. a.C. all'eta costantiniana, Catalogo della mostra (Bologna 2000)*: 51-56. Venezia: Marsilio.

Franceschelli, C. 2015. Riflessioni sulla centuriazione romana. *Agri Centuriati*, 12: 175-211.

Latiri, E. 2021. Evoluzione dell'insediamento rurale nella pianura bergamasca. Dinamiche di trasformazione tra continuità e discontinuità. (286-774 d.C.). Tesi di dottorato discussa presso l'Università di Bergamo.

Loffi, B. 1990. *Appunti per una storia delle acque cremonesi*, Cremona: Camera di commercio, industria, artigianato, agricoltura.

Loffi, B. 2002. Le risorse idriche destinate all'irrigazione del Cremonese – 2001 - BSC Ipotesi sulla formazione della Cremonella, in *La Cremonella e il Marchionis nella storia della città*, Cremona: Società Storica Cremonese (SSC)

Marchetti, M. 1989. Caratteri Geomorfologici di Acquanegra sul Chiese (Mantova, Lombardia). La paleoidrografia tardo pleistocenica ed olocenica. *Natura Bresciana* 26: 49-60.

Mete, G. 2011. *Ager Laudensis*: centuriazione e popolamento. *Agri Centuriati, an International journal of landscape archeology* 8: 9-23.

Mete, G. 2014. Il territorio cremonese in età romana: dinamiche insediative e popolamento. Considerazioni preliminari da scavi recenti. *Insula Fulcheria*, XLIV: 334-348.

Pagani, L. 1993. Il sistema dei fiumi, matrice della pianura e della sua storia, in R. Ferrari, L. Pagani, F. Ragni (eds) *Fiumi tra Alpi e Appennino*: 33-44. Brescia: Grafo

Schmiedt, G., 1989. *Atlante aerofotografico delle sedi umane in Italia. Parte III: la centuriazione romana*, Firenze: Istituto Geografico Militare.

Tozzi, P. 1972. *Storia padana antica. Il territorio tra Adda e Mincio*. Varese – Milano: Ceschina.

Tozzi, P. 2007. Il territorio di Bergamo in età romana, in M. Fortunati and R. Poggiani Keller (eds) *Storia sociale ed economica di* Bergamo: 367 – 386. Bergamo: Fondazione per la storia economica e sociale di Bergamo.

Traina, G. 2011. L'uso del bosco e degli incolti, in G. Forni and A. Marcone (eds) *Storia dell'agricoltura italiana. I. L'età antica*. Firenze: Edizioni Polistampa.

Progetto Bisignano.
Un contributo alla conoscenza della Media Valle del Crati.

Letizia Aldrovandi, Bianca Ambrogio, Francesca Bindelli,
Carlotta Borella, Federica Carbotti, Francesca D'Ambola, Davide Giubileo,
Sara Malavasi, Beatrice Pellegrini, Marina Pizzi, Matteo Rivoli,
Giacomo Sigismondo, Matteo Tempera.
(Università di Bologna)

Abstract: The *Progetto Bisignano* is a fieldwalking survey project carried out in the territory of Bisignano (CS) with the aim of drawing up the archaeological map of the municipality. During the first campaign, fieldwork included both the verification of already known evidence and the survey of geomorphological units potentially occupied in Antiquity. The purpose of this paper is to provide a preliminary analysis of the collected pottery and surveyed topographic units. The Medieval and Renaissance ages are the most attested. However, new useful data emerge on possible areas of occupation in the Protohistoric age.

Keywords: archeologia del paesaggio, topografia antica, *survey*, ceramica, archeologia pubblica, media valle del Crati, GIS.

Introduzione

Il Progetto Bisignano nasce nell'ambito delle attività della Scuola di Specializzazione in Beni Archeologici dell'Università di Bologna, la quale ha promosso un progetto autonomo di ricognizione archeologica nel territorio del Comune di Bisignano (CS), con il sostegno dell'Amministrazione Comunale e della SABAP-CS (Figura 1).

Inquadramento geomorfologico

Bisignano è situato nella Media Valle del fiume Crati, che attraversa in senso N-S la porzione occidentale del comune, raccogliendo in destra idrografica le acque di numerosi torrenti con andamento E-O (Figura 2)[1]. Il territorio si sviluppa su una fascia altimetrica che va dai 60m s.l.m. del fondovalle, nel settore occidentale, passando per i 350m s.l.m. del centro abitato, fino a una quota massima di 750m s.l.m. in corrispondenza del versante pedemontano a est. Relativamente alle forme del paesaggio si può distinguere tra una parte pianeggiante o sub-pianeggiante in corrispondenza del fiume Crati, più strettamente dipendente dall'azione di erosione e deposizione del corso d'acqua principale, e una fascia pedecollinare e collinare la cui acclività aumenta verso i limiti orientali del comune. Qui, nell'area dell'alto corso dei torrenti Duglia, Rio Siccagno e Mucone, frequenti fenomeni franosi hanno interessato

---

[1] Schiavonea Scavello 2011; Sorriso-Valvo, Tansi e Antronico 1996; Tansi *et al.* 2015.

Figura 1 - Gli allievi della scuola di specializzazione durante la ricognizione.

e continuano a interessare l'evoluzione dei versanti. Il centro storico insiste su una serie di pianori sommitali collocati in posizione di baricentro tra le zone più rilevate e quelle più basse. Conoidi di deiezione di vario ordine, formatisi allo sbocco in valle degli affluenti del Crati, caratterizzano la zona di fondovalle. In particolare, è possibile distinguere, a nord, il conoide del Duglia, tra le località Piano di Soverano e Macchia dei Monaci, e quello del vallone Squarcio; più a sud, invece, il Mucone ha dato origine allo stesso tipo di formazione, le cui notevoli dimensioni determinano una netta deviazione, verso ovest, del corso del Crati. Nella vallata principale, ma anche più a monte lungo il corso dei citati affluenti, sono presenti terrazzi individuati da superfici pianeggianti più o meno estese separate dalle alluvioni fluviali attuali da un gradino morfologico.

Inquadramento storico-archeologico

Le prime fasi di frequentazione del territorio di Bisignano datano a partire dall'età del Bronzo Finale. Infatti, le ricerche e gli scavi condotti sul posto non forniscono notizie per l'età preistorica e lacunose sono le informazioni riguardanti il periodo compreso tra Bronzo Recente e Finale[2].

---

[2] Colelli and La Marca 2017: 22; La Marca 2002; La Marca 2011; Luppino, Ferranti e Peroni 2004; Settis 1987.

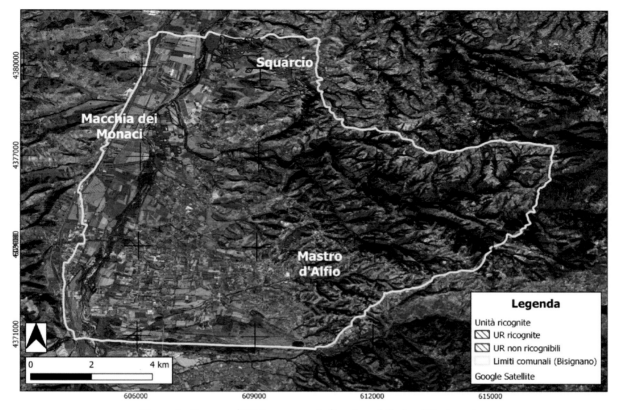

Figura 2 - Comune di Bisignano con indicazione delle località ricognite.

Maggiori testimonianze si hanno a partire dalla prima età del Ferro[3]. In questo periodo il territorio di Bisignano pare essere densamente occupato, soprattutto nella zona a S-O dell'attuale centro abitato, dove si hanno tracce di una necropoli in località Mastro d'Alfio-Pietà e di un abitato situato fra le località di Curnò San Leonardo e La Guardia[4]. Sulla scorta di quanto emerso nei territori di Amendolara e Sala Consilina, la studiosa J. de La Genière ipotizza la presenza di diverse comunità all'interno dell'area corrispondente all'attuale centro abitato di Bisignano. Tali modalità insediative, che constano di piccoli nuclei abitativi situati su pianori e terrazzi naturali, sembrano essere molto diffuse in Calabria settentrionale durante l'Età del Ferro[5].

Durante l'VIII secolo a.C., contestualmente all'arrivo in Italia meridionale di popolazioni provenienti da aree della Grecia continentale e insulare, il territorio di Bisignano e la Media Valle del Crati non furono sede di colonie ma, allo stesso tempo, non restarono immuni all'onda di cambiamento connessa alla fondazione di *Sybaris* (720-710 a.C. ca.), che in pochi decenni riuscì ad acquisire un territorio molto vasto che comprendeva anche la Valle del Crati[6]. Tuttavia, le attestazioni archeologiche riferibili all'influenza sibarita a Bisignano risultano ad oggi molto lacunose. La carenza di ricerche sistematiche non consente di disporre di adeguata documentazione archeologica per il territorio di Bisignano relativa al periodo successivo alla fondazione di Sibari. L'unica testimonianza materiale per il VI sec. a.C. è rappresentata da alcune coppe ioniche, rinvenute nelle località di Mastrodalfio e La Guardia[7] che, per quanto

---

[3] Colelli and La Marca 2017: 23.
[4] Colelli and La Marca 2017: 23.
[5] La Genière 1970: 624-625.
[6] Colelli and La Marca 2017: 25.
[7] Frasca 2002: 63.

ampiamente attestate anche nell'area urbana di Sibari, non risultano esaustive ai fini di un'adeguata comprensione di tale fenomeno. Di conseguenza, le dinamiche insediative e di penetrazione culturale, insieme con le modalità e i tempi dell'eventuale arrivo di genti greche in questo territorio, così come il rapporto che queste ebbero con le popolazioni indigene che già lo occupavano, rimangono, al momento, di difficile lettura[8]. Per il periodo, piuttosto convulso, tra la distruzione di *Sybaris* da parte di *Kroton* nel 510 a.C. e la fondazione della colonia panellenica di *Thurii* (444/43 a.C.), e ancora per tutta la seconda metà del V sec. a.C., la documentazione archeologica nel territorio di Bisignano sembra tacere. Pertanto, allo stato attuale delle ricerche, non siamo in grado di ricostruire quali eventuali conseguenze abbiano avuto l'instabilità e il disordine politico-istituzionale tra la volontà di affermazione di *Kroton* e i vari tentativi di rifondazione da parte dei Sibariti superstiti, soprattutto su questo comparto territoriale della Media Valle del Crati.

A partire dal IV sec. a.C. la documentazione archeologica torna a essere più consistente e ci parla di un'occupazione da parte dei Brettii, che, confederatisi nel 356 a.C., scelsero Cosenza come loro metropoli. Non conosciamo, per questo periodo, l'organizzazione del territorio, probabilmente sfruttato per la sua posizione strategica e per la vicinanza alle risorse di legname dalla Sila. È possibile immaginare la presenza di fattorie sparse: a un insediamento rurale è, ad esempio, ascrivibile la presenza di evidenze archeologiche in località Sellitte[9]. Le altre testimonianze di epoca brettia nell'area dell'attuale centro abitato sono, invece, principalmente riferibili a zone di necropoli. Si tratta, perlopiù, di tombe con copertura a tegoloni, del tipo a cappuccina, rinvenute lungo la strada Mastrodalfio-Pietà fino alla Fontana di Mastrodalfio, presso la cosiddetta Cittadella e il Campo Sportivo; segnalazioni di materiale sporadico, come monete, bronzi e ceramica, si riferiscono invece alle località di Collina Castello, La Guardia, Vallone dei Cimici e Rione di Santa Croce[10].

Durante il III sec a.C. lo scenario storico politico dell'attuale Calabria subì profondi cambiamenti dovuti all'intervento di Roma[11], con il coinvolgimento di numerosi centri del territorio dei *Brettii*, i quali nel corso della Seconda Guerra Punica (218-202 a. C.), e in particolare nell'ultima fase del conflitto, passarono dalla parte di Annibale a quella dei Romani[12]. Fra i centri che abbandonarono il condottiero cartaginese vi fu anche *Besidiae* (Liv. XXX, 19, 10-11), località che, a partire dal XVI secolo d.C., è stata da molti identificata proprio con Bisignano[13].

Nel 194/193 a.C. Roma fondò la colonia latina di *Copiae* che divenne *municipium* nell'89 a.C.[14] Dal 31 a.C. la Calabria verrà poi inquadrata nella *Regio III Lucania et Bruttii*. Non si riesce a determinare se il territorio di Bisignano facesse parte dell'*Ager Thurinus* o se piuttosto gravitasse intorno all'area di influenza di *Consentia*; in ogni caso anche in età romana l'area era densamente frequentata.

Nelle località di Baracano/Squarcio e di Acqua del Fico, nei pressi del Campo Sportivo, sono emerse evidenze databili all'età repubblicana e al primo periodo imperiale che testimoniano tracce di frequentazione sia nella pianura che si estende a nord di Bisignano (tra il Crati e le propaggini della Sila), sia nella zona collinare[15].

---

[8] Quondam 2015: 415-416.
[9] Colelli and La Marca 2017: 29, con relativa bibliografia.
[10] Guzzo 1978: 544; La Genière 1985: 65-66.
[11] Colelli and La Marca 2017: 30.
[12] Colelli and La Marca 2017: 19.
[13] Colelli and La Marca 2017: 20.
[14] Colelli and La Marca 2017: 31.
[15] Colelli and La Marca 2017: 33.

Per l'età imperiale e il periodo tardoantico materiali provenienti dalle località di Curnò e La Guardia testimoniano la continuità di vita nel territorio di Bisignano[16]. Tra questi, particolarmente interessanti sono i rinvenimenti di resti di strutture attribuibili a una fattoria o villa di età tardoantica sulla sinistra idrografica del torrente Rio Seccagno e resti di colonne e di strutture provenienti da località Castello.

La dominazione longobarda in Italia meridionale interessò anche l'area di Cosenza, che fu parte dei territori annessi al Ducato di Benevento a partire dalla metà del VII secolo[17]. Tale presenza ha lasciato traccia nel territorio di Bisignano in toponimi di chiara etimologia longobarda, come ad esempio nel toponimo insediativo della frazione *Sala* e in quello connesso al culto micaelico attestato a *Contrada Sant'Angelo*[18].

Bisignano divenne sede vescovile almeno a partire dal 743 a.C., anno in cui, per la prima volta, è attestata dalle fonti la partecipazione di un vescovo della città (*Auderamus Bisuntianus*) a un sinodo[19]. Ciò è indicativo dell'importanza che il centro doveva aver raggiunto in età altomedioevale e che continuò a mantenere nel corso del pieno medioevo[20].

Questo *excursus* storico-archeologico consente di osservare la sostanziale continuità insediativa dell'area attualmente occupata dal centro abitato di Bisignano, almeno a partire dall'età ellenistica e in seguito anche in età romana e medievale[21].

Il Progetto

Il Progetto intende contribuire a una più approfondita comprensione delle tante questioni ancora aperte – emerse dalla precedente sintesi storico-archeologica – relative alle dinamiche popolamento di questo territorio in antico, con l'ulteriore finalità di redigere una Carta Archeologica del comune. Preliminarmente alle ricerche sul campo, i dati ricavati dall'analisi territoriale e dalla ricerca bibliografica sono stati fatti confluire all'interno di un WebGIS gestito localmente tramite il *software open source* QGIS (v. 3.16). Successivamente, si è scelto di operare con ricognizioni intensive su differenti unità geomorfologiche che presentassero al momento dell'indagine differenti gradi di visibilità; tra queste i suddetti conoidi nelle località Macchia dei Monaci, Contrada Squarcio e i terrazzi nelle località Baracano e Serra Cervasilo. Inoltre, si è deciso di effettuare una verifica delle evidenze note tramite ricognizione sistematica o sopralluogo, per valutare lo stato dei contesti e localizzarli in maniera più puntuale tramite GPS. Sono state individuate Unità di Ricognizione e Unità Topografiche. Con il primo termine si intende quello spazio delimitato all'interno del quale muoversi per effettuare la ricognizione (che può variare al variare dell'uso del suolo o della visibilità). Con Unità Topografica, invece, si identifica la manifestazione tangibile dell'archeologia sotto forma di reperto o di struttura visibile in superficie. Allo stesso tempo, si è optato per una strategia di tipo *site/off-site*, identificando come *site* una concentrazione ≥ 5 frammenti di materiale qualitativamente omogeneo per mq. Le attività sul campo sono state condotte da 13 ricognitori, disposti a una distanza tra i 2 e i 6m, adeguata di volta in volta alle dimensioni dell'area da indagare.

---

[16] Colelli and La Marca 2017: 33-34.
[17] Roma 2010: 409.
[18] Costantino, Mastroianni and Schiavonea Scavello 2018: 246, 247.
[19] Sul sinodo e sull'attestazione di *Auderamus Bisuntianus* a Bisignano, si vedano https://www.beweb.chiesacattolica.it/diocesi/diocesi/FV5/Bisignano; https://digi.vatlib.it/view/MSS_Vat.lat.1342
[20] Colelli and La Marca 2017: 35.
[21] Colelli and La Marca 2017: 34.

L. Aldrovandi, B. Ambrogio, F. Bindelli, C. Borella, F. Carbotti, F. D'Ambola, D. Giubileo, S. Malavasi, B. Pellegrini, M. Pizzi, M. Rivoli, G. Sigismondo, M. Tempera

Le ricerche sul campo

Per l'acquisizione dei dati sul campo ci si è avvalsi di QFIELD, l'applicazione mobile di QGIS, la quale ha consentito un corretto posizionamento, su base cartografica o GPS, delle Unità di Ricognizione e delle Unità Topografiche rinvenute. L'aggiornamento dei dati in tempo reale su tutti i dispositivi è stato possibile grazie alla creazione di un WebGIS capace di connettere il progetto su QGIS a quello su QFIELD. Nei casi di mancata copertura di rete si è proceduto alla compilazione di schede cartacee e al loro successivo inserimento nel progetto QGIS.

La raccolta dei materiali è stata sistematica e ha previsto la selezione di tutti i frammenti ceramici e una loro prima quantificazione direttamente sul campo. I frammenti di laterizi sono stati invece conteggiati e raccolti solo se diagnostici. Per lo studio preliminare dei materiali raccolti, è stato allestito il laboratorio e, contestualmente, impostata una metodologia di lavoro per fasi consequenziali dal lavaggio alla quantificazione dei frammenti fino all'inventariazione dei materiali notevoli all'interno di un database tramite *software FileMaker Pro*.

I materiali

Complessivamente, i materiali ceramici rinvenuti ammontano a un totale di 803 frammenti. I materiali più antichi sono relativi a forme aperte in ceramica ad impasto (UT 032). Si tratta verosimilmente di scodelle (BIS21.116.32.1-2), databili tra l'età del Bronzo e l'età del Ferro (Figura 3).

Il panorama di età arcaica e classica è rappresentato da pochi frammenti relativi a ceramiche fini, tra i quali un fondo di una coppa di produzione coloniale di età tardoarcaica (UT 003) e un'ansa di *skyphos* a vernice nera di produzione attica genericamente databile alla prima metà del V secolo a.C. (Figura 3) (UT 006) (BIS21.19.6.1). Di produzione attica è anche un altro frammento relativo alla parete di una forma chiusa (UT 031). Ad un momento più avanzato appartengono, invece, due frammenti di ceramica a vernice nera Campana A (UT 003) di cui uno relativo all'orlo di un piatto pertinente alla serie Morel 1535, tipo c1, che può essere datato alla prima metà del III secolo a.C. (BIS21.2.3.2) (Figura 2)[22]. Tra i materiali di età romana vi sono un frammento di coppetta in ceramica a pareti sottili (UT 003) (BIS21.2.3.3) che, sulla base di confronti stringenti con individui di produzione segestana, risulta databile alla seconda metà del I secolo d.C. (Figura 3)[23] e un frammento di forma aperta in Terra Sigillata Italica (UT 006), genericamente inquadrabile nel I secolo d.C. Di produzione africana, invece, è l'orlo di un piatto che, sulla base dei confronti individuati, può essere datato alla fine del I – inizi del II secolo d.C. (UT 008) (BIS21.22.8.1) (Figura 4)[24].

Proseguendo con la disamina delle diverse classi ceramiche, vanno segnalati abbondanti materiali afferenti a produzioni di età postclassica. Accanto a ceramiche ornate a bande figurano scodelle e brocche acrome con decorazioni a pettine databili tra V e VII secolo d.C.

---

[22] Morel 1981, serie 1535, tipo c1, 122, pl. 22.
[23] Denaro 2008, tipo Sg 88, 25, tav. XI.
[24] Hayes 1972, form 5, type B, 29.

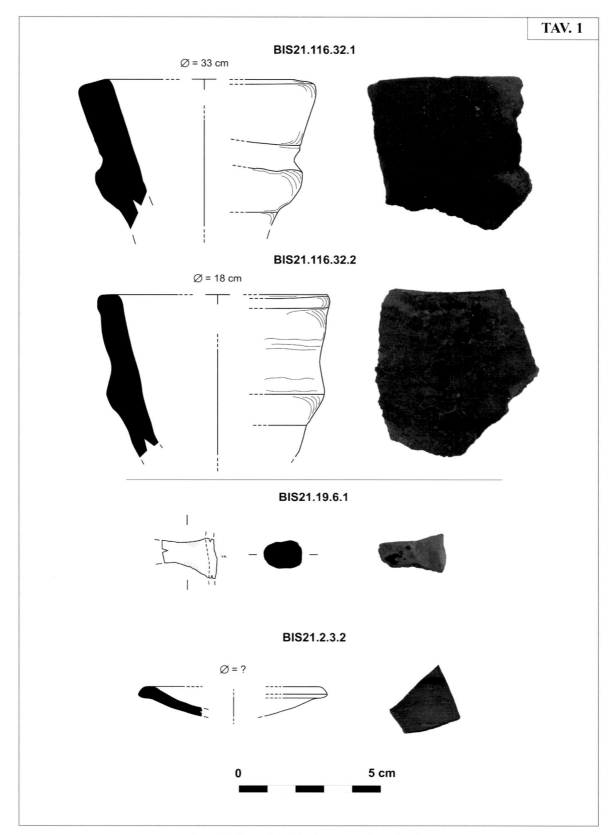

Figura 3 - Ceramiche di età protostorica e classica.

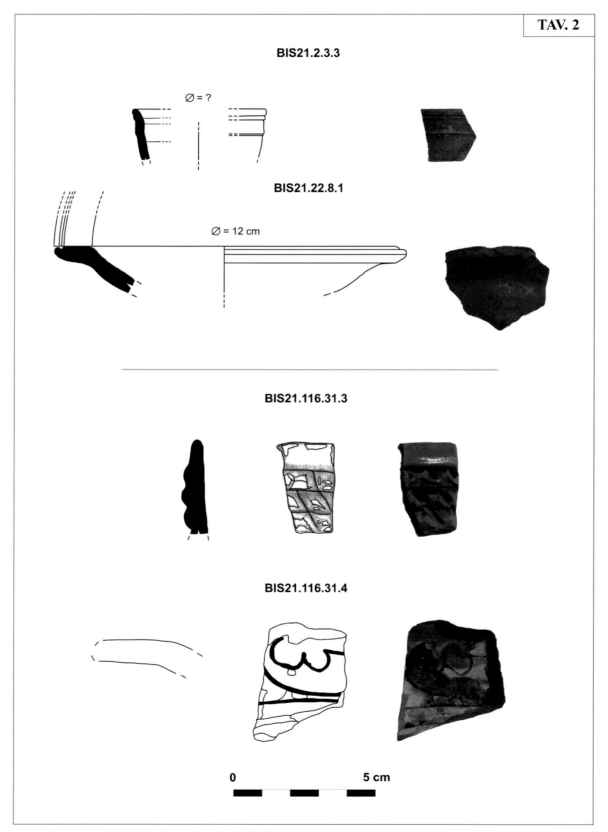

Figura 4 - Ceramiche di età classica e postclassica.

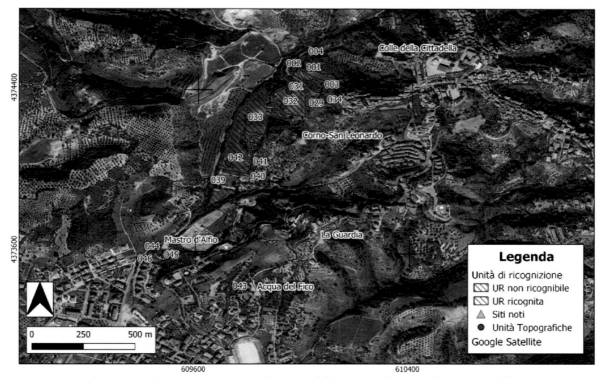

Figura 5 - Località La Guardia, Curnò-San Leonardo, Acqua del Fico con indicazione dei siti noti, delle UR e delle UT.

Inoltre, circa 100 frammenti (il 12% delle evidenze ceramiche) sono pertinenti a produzioni più tarde rivestite con invetriatura di colore verde o marrone. Tra questi figura un frammento di tazza databile al XVI secolo (BIS21.116.31.3) (Figura 4).

Un altro gruppo di materiali (95 frammenti, 12% del totale) è riferibile a produzioni decorate a smalto (coppe, piatti e scodelle) sui toni del verde ramina e del bruno manganese. All'interno della classe vi sono esemplari relativi alla produzione graffita arcaica, come una tesa di piatto (BIS21.116.31.4) con decorazione a elemento vegetale polilobato, databile, sulla base del confronto con un altro esemplare da Bisignano, al più tardi entro la fine del XVI secolo (Figura 3)[25].

Meno immediato risulta datare gli abbondanti frammenti di ceramica da fuoco rinvenuti sul territorio (122 in tutto, il 15% del totale), così come le abbondantissime evidenze di ceramica acroma (53% del totale dei materiali), per i quali saranno necessari studi più approfonditi.

I risultati preliminari

I risultati preliminari di questa prima campagna di ricognizione indicano chiaramente come le fasi cronologiche meglio rappresentate siano quelle di età medievale e rinascimentale, come testimoniato dagli abbondantissimi frammenti di ceramiche rivestite con invetriatura o smalto - ancora in corso di studio - afferenti a quest'arco temporale e rinvenuti in molte delle UT indagate (più del 30% del totale dei materiali ceramici raccolti). Tali considerazioni trovano coerenza nell'importante ruolo rivestito dal centro di Bisignano quale sede vescovile a partire dall'VIII secolo d.C.

---

[25] Cuteri, Salamida 2011: 168, 171, nota 7.

Per quanto riguarda le altre fasi cronologiche, i dati ottenuti permettono già di avanzare qualche breve riflessione in merito ad alcune unità topografiche.

L'UT 003 (Figura 5), situata in località Mastro D'Alfio-Pietà, alle pendici sud-orientali del pianoro su cui sorge il centro abitato, ha restituito testimonianze cronologicamente eterogenee. Tale situazione è da imputarsi alla forte urbanizzazione e ai fenomeni di dilavamento del versante. I materiali raccolti sono coerenti con quanto già documentato nell'area relativamente all'età del Ferro e all'età ellenistica. Tra i reperti rinvenuti figurano i sopracitati frammenti di coppa di produzione coloniale, a vernice nera di III secolo a.C. e della coppetta a pareti sottili, i quali sono stati rinvenuti in associazione ad abbondanti ceramiche di età medievale. L'ampio *range* cronologico in cui si inquadrano tali evidenze suggerisce possibili diverse fasi di frequentazione dell'area, pur considerando le problematicità insite in questo contesto specifico.

Proseguendo di poco più a sud lungo le pendici del centro storico, si sviluppa l'ampia superficie pianeggiante di Curnò (260m s.l.m.), contesto che si presenta disturbato da attività antropiche e ad oggi incolto. Anche qui è stato riscontrato un abbondante affioramento di materiale eterogeneo (UT 031) (Figura 5) che comprende, oltre al frammento di ceramica attica a vernice nera sopramenzionato, ceramica rivestita a invetriatura, a smalto, da fuoco, acroma e frammenti di laterizi. Tra questi si segnalano due frammenti databili tra XVI e XVII secolo, uno di produzione graffita arcaica sopracitato e uno in invetriata monocroma verde.

All'interno della stessa UR, poco più a sud, è stata riconosciuta una concentrazione di frammenti ceramici ampia circa 250 mq (UT 032) (Figura 5): figurano tra questi i due frammenti di produzione ad impasto, citati precedentemente, databili alla prima età del Ferro, rinvenuti in associazione a grandi tegami da fuoco tuttora in corso di studio.

Materiali simili provengono dall'attigua area di S. Leonardo (UT 040) (Figura 5), dove è stato possibile circoscrivere una concentrazione più ristretta, di circa 20 mq (UT 041) (Figura 5). Lo studio più approfondito di tali materiali, ancora da quantificare, permetterà di verificare se essi siano riferibili a contesti dell'età del Ferro. Questi rinvenimenti, dunque, colmerebbero la carenza di indagini sistematiche nell'area e potrebbero confermare la presenza dell'abitato ipotizzato da S. Luppino[26].

Anche l'UT 006, situata in località Squarcio, nella porzione settentrionale del comune, si presenta come un contesto interessante per via del rinvenimento del frammento di *skyphos* attico in prossimità di un'area nota per la presenza di una villa romana, oggetto di recenti scavi della Soprintendenza. Tale reperto attesta una fase cronologica non precedentemente documentata nel territorio comunale e potrebbe, inoltre, indicare una possibile frequentazione precedente alle fasi di età romana.

Come parte delle attività di verifica del noto, nonché in previsione delle future campagne di ricognizione, sono stati effettuati alcuni sopralluoghi nelle località di La Guardia e Acqua del Fico, già segnalate, rispettivamente, come aree di possibile abitato e necropoli dell'età del Ferro proposte da S. Luppino[27].

Nel primo caso, la forte urbanizzazione riscontrata sull'altura di La Guardia non permette di riscontrare tracce in superficie della passata frequentazione, nota da rinvenimenti e segnalazioni effettuati fino al secolo scorso. Nel caso di Acqua del Fico, invece, il minore impatto antropico ha permesso una maggiore conservazione del record archeologico che risulta per questo più leggibile. Si è scelto di procedere alla

---

[26] Luppino, Ferranti and Peroni 2004: 527-529.
[27] Luppino, Ferranti and Peroni 2004: 528-529.

documentazione fotografica ma non alla raccolta dei materiali affioranti, in attesa di approfondire le indagini nell'area durante la prossima campagna di ricognizione.

Prospettive di ricerca future

Gli obiettivi futuri mirano a definire le possibili aree di frequentazione nella fase protostorica e al proseguimento dell'indagine. In questo senso, sarà necessario approfondire lo studio dei materiali, specialmente per quanto riguarda i frammenti di età protostorica e medievale. Nell'ottica di un'archeologia al servizio della Comunità, tale linea di ricerca potrà contribuire a valorizzare la tradizione ceramica di Bisignano. Parallelamente, il completamento delle verifiche del noto concorrerà alla redazione di una Carta Archeologica di Bisignano, fondamentale per migliorare la conoscenza, la gestione e lo sviluppo del territorio.

Bibliografia

Colelli, C. and A. La Marca 2017. Bisignano fra storia e archeologia dalle origini all'Alto Medioevo, in A. Fucile (ed.) *Vasai e produzione ceramica a Bisignano*: 19-54. Bisignano: Apollo Edizioni.

Costantino, M., D. Mastroianni and R. Schiavonea Scavello 2018. La presenza longobarda nell'odierna provincia di Cosenza. Nuovi dati per una rilettura del paesaggio della Calabria settentrionale, in F. Sogliani, B. Gargiulo, E. Annunziata and V. Vitale (eds) *VIII Congresso Nazionale di Archeologia Medievale*, Vol. 2, Sezione III. Territori e Paesaggio, Società degli Archeologi Medievisti Italiani, Chiesa del Cristo Flagellato (ex Ospedale di San Rocco), Matera, 12-15 settembre 2018: 246-248. Matera: All'Insegna del Giglio.

Cuteri, F.A. and P. Salamida 2011. Ceramiche da mensa di età rinascimentale in Calabria. Forme e decorazioni dell'ingubbiata e graffita, in A. La Marca (ed) *Archeologia e ceramica. Ceramica e attività produttive a Bisignano e in Calabria dalla protostoria ai nostri giorni (Atti del convegno Bisignano, 25-26 giugno 2005)*: 167-176. Rossano: Grafosud.

Denaro, M. 2008. *La ceramica romana a pareti sottili in Sicilia*. Mantova: Società archeologica padana.

Frasca, M. 2002. Indigeni e Greci nella media valle del Crati, in A. La Marca (ed.) *Archeologia nel territorio di Luzzi: stato della ricerca e prospettive (Atti della Giornata di Studio, Luzzi, 20 maggio 1998)*: 61–64, Soveria Mannelli: Rubettino.

Guzzo, P.G. 1978. *Scavi e scoperte. Bisignano*, in *Studi Etruschi*, XLVI, 1978.

Hayes, J.W. 1972. *Late Roman Pottery*. London: British School at Rome.

La Genière, J. de 1970. Contribution à l'étude des relations entre Grecs et indigènes sur la mer Ionienne. *Mélanges d'archéologie et d'histoire* 82.2, 621-636.

La Genière, J. de 1985. Bisignano, in G. Nenci and G. Vallet (eds) *Biblioteca Topografica della Colonizzazione Greca in Italia e nelle Isole Tirreniche*: 65-66. Pisa-Roma: École Française de Rome.

La Marca, A. (ed.) 2002. *Archeologia nel territorio di Luzzi: stato della ricerca e prospettive (Atti della Giornata di Studio, Luzzi, 20 maggio 1998)*. Soveria Mannelli: Rubbettino.

La Marca, A. (ed.) 2011. *Archeologia e ceramica. Ceramica e attività produttive a Bisignano e in Calabria dalla protostoria ai nostri giorni (Atti del convegno Bisignano, 25-26 giugno 2005)*. Rossano: Grafosud.

Luppino, S., F. Ferranti and R. Peroni 2004. L'età del ferro a Bisignano, in *Atti della XXXVII riunione scientifica. Preistoria e Protostoria della Calabria (Scalea, Papasidero, Praia a Mare, Tortora. 29 settembre - 4 ottobre 2002)*, 525-539. Firenze: Istituto italiano di preistoria e protostoria.

Morel, J.P. 1981. *Céramique campanienne: les formes.* Rome: École Française de Rome, Palais Farnèse.

Quondam, F. 2015. Il mondo enotrio e la chora sibarita: processi di integrazione e dinamiche identitarie, in *Ibridazione e Integrazione in Magna Grecia. Forme Modelli Dinamiche*, Atti del 54° Convegno di Studi sulla Magna Grecia (Taranto, 25-28 settembre 2014), 407-439. Taranto: Istituto per la Storia e l'Archeologia della Magna Grecia.

Roma, G. 2010. *Nefandissimi Langobardi: mutamenti politici e frontiera altomedievale tra Ducato di Benevento e Ducato di Calabria*, in G. Roma (ed.) *I Longobardi del Sud*: 405-463, Roma: L'Erma di Bretschneider.

Settis, S. 1987. *La Calabria antica* in G. Cingari (ed.) *Storia della Calabria* 1. Roma: Gangemi.

Settis, S. 1994. *Età italica e romana* in G. Cingari (ed.) *Storia della Calabria* 1.2. Roma: Gangemi.

Sorriso-Valvo, M., C. Tansi and L. Antronico 1996. Relazioni tra frane, forme del rilievo e strutture tettoniche nella Media Valle del fiume Crati (Calabria). *Geografia fisica e dinamica quaternaria* 19: 107–117. Torino: Comitato glaciologico italiano.

Tansi, C., M. Folino Gallo, F. Muto, P. Perrotta and S. Critelli 2015. Carta sismotettonica e della franosità della valle del Fiume Crati" in D. Cristiano, G. Mendicino and G. Salerno (eds) *GIS Day Calabria*: 197-208. Rende: Map design project.

Sitografia

https://www.beweb.chiesacattolica.it/diocesi/diocesi/FV5/Bisignano

https://digi.vatlib.it/view/MSS_Vat.lat.1342

Punto Zero, una nuova *webapp* per la gestione, la fruizione e l'archiviazione del patrimonio archeologico di Ancona.

Eleonora Iacopini
(Sapienza Università di Roma)

Abstract: Punto Zero is a webapp developed for the integrated archiving of archaeological data from management to use, a useful tool to support the normal protection activities of the competent body. The web application is connected to a cartographic platform, which makes the visualization not only punctual of the archaeological data optimal, but allows you to navigate the plans of the different contexts, giving the administrator the possibility to manage the degree of access to the information he wishes, from the tourist to the researcher.

Keywords: Ancona romana, Archeologia urbana, Applicazioni web, GIS, Gestione archivi

Introduzione

Negli ultimi anni, dopo il magistrale lavoro di Stefania Sebastiani[1], le ricerche archeologiche ad Ancona si sono concentrate sullo studio di specifici contesti che sono stati oggetto di indagine archeologica, come ad esempio gli scavi dei magazzini del porto posti sul Lungomare Vanvitelli[2] oppure approfondimenti basati sullo studio dei materiali o dal riesame dei dati di archivio, tra questi quello sulla necropoli ellenistica-romana[3], l'analisi del complesso termale presso l'anfiteatro[4] oppure quello della *domus* di via Fanti[5].

Il progetto della carta archeologica di Ancona, nato dal recente accordo tra la Soprintendenza Archeologia, Belle arti e Paesaggio di Ancona e l'Università di Bologna[6], ha come obiettivo quello di mettere a sistema tutte le informazioni disponibili sulla città antica mappando e digitalizzando *in primis* tutta la documentazione conservata negli archivi della Soprintendenza, integrandola con le recenti scoperte. Questa attività ha fin da subito reso evidente la necessità di dotare l'organo di tutela di uno strumento per la gestione e l'archiviazione dei dati in acquisizione sia dal punto di vista catalografico che cartografico.

Ad oggi vi sono numerosi *software open source* destinati alla condivisione di dati archeologici e alla gestione degli stessi, come ad esempio *Arches for HERs*[7] (*Historic Environment Records*) o Geonode, utilizzato dal *Deutsches Archäologisches Institut*, tuttavia le peculiarità dell'archivio archeologico di Ancona, hanno portato alla creazione di un programma sviluppato *ad hoc* che tenesse conto della

---

[1] Sebastiani 1996.
[2] Emanuelli 2015; Sapone 2021; Salvini 2001, 2004, 2014.
[3] Colivicchi 2002, 2015; Coarelli 2008.
[4] Ciuccarelli 2012, 2018.
[5] Sinopoli 2019.
[6] Il progetto di ricerca è stato affidato a chi scrive, sotto il coordinamento scientifico di Maria Raffaella Ciuccarelli (SABAP Marche), Vincenzo Baldoni ed Enrico Giorgi (Università di Bologna).
[7] Enriquez 2018, https://www.archesproject.org/arches-for-hers/

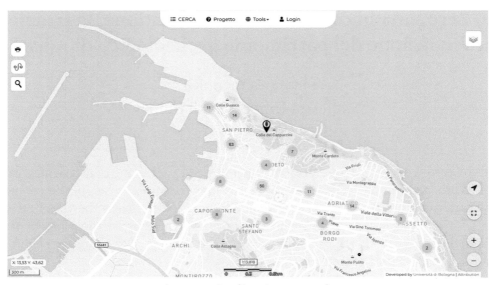

Figura 1 - Visualizzazione puntuale.

divisione interna dei dati, i quali sono ordinati in senso topografico e raccolti tra l'archivio storico, quello amministrativo, il settore dossier, i diari di scavo, l'archivio disegni e l'archivio fotografico.

Metodologia

La prima fase del progetto è consistita nella scansione dei documenti contenuti nei faldoni relativi all'archivio storico e all'archivio amministrativo, la cui lettura ha permesso l'inizio della catalogazione di tutte le informazioni in essi contenute relative ai diversi contesti. Un'analisi tesa alla verifica dei dati noti, all'integrazione di quelli mancanti e che in alcuni casi ha consentito di cogliere l'esistenza di notizie di ritrovamenti sporadici inediti.

Ogni faldone è stato scansionato in formato *raster* con risoluzione a 300 dpi e collegato alla scheda del dato archeologico rilevato (sito archeologico, ritrovamento sporadico, notizia, saggi preventivi, assistenze archeologiche etc.). Complessivamente sono stati raccolti più di 12.000 file, suddivisi in 280 cartelle, relativi a 205 siti archeologici.

Coerentemente con la finalità pubblica dei dati di pertinenza delle soprintendenze, le schede archivistiche dei siti archeologici sono state strutturate sulla base del modello Sito Archeologico 3.0 dell'Istituto Centrale Italiano del Catalogo e della Documentazione (ICCD) per consentire il dialogo e il trasferimento immediato dei dati in formato XML alla piattaforma *SigecWeb*.

In particolare per la creazione automatica del file XML è stato adottato il file XSD scaricabile direttamente dalla pagina *Github*[8] dell'ICCD.

Il file XSD descrive a sua volta il contenuto del file XML definendone i vincoli, quali elementi e attributi possono apparire, in quale relazione reciproca e infine quale tipo di dati può contenere il record.

---

[8] https://github.com/ICCD-MiBACT/Standard-catalografici

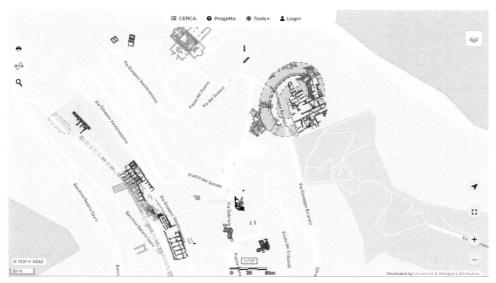

Figura 2 - Visualizzazione planimetrica.

Negli ultimi anni l'Istituto Centrale del Catalogo si è concentrato sull'applicazione e le potenzialità del *semantic web* come metodo per superare i problemi di interoperabilità tra i vari enti che si occupano della gestione dei beni culturali in Italia.

Nel web semantico gioca un ruolo fondamentale il concetto di ontologia, ovvero un modello di rappresentazione formale della realtà e della conoscenza, una struttura di dati che consente di descrivere le entità e le loro relazioni in un determinato dominio di conoscenza. Si parla di ontologie perché ne esistono numerose, ma la più comune nel web semantico presenta semplicemente una classificazione – definita attraverso schemi RDFS ed un insieme di regole per estrarre conoscenza.

La definizione di un bene culturale data la complessità della sua natura richiede l'uso di diverse ontologie, come ad esempio il *Dublin core* che può essere usato per descrivere e per rappresentare i contenuti effettivi dei campi delle schede di catalogo.

Il *Dublin core* è un sistema di metadati costituito da un nucleo di elementi essenziali ai fini della descrizione di qualsiasi materiale digitale (video, immagini, pagine Web, etc.), o di risorsa fisica, come reperti archeologici o opere d'arte.

Il progetto della carta archeologica di Ancona ha portato alla digitalizzazione di numerosi file provenienti dalle diverse sezioni dell'archivio. La mole di questi dati ed il loro enorme potenziale informativo ha portato alla costruzione di un sistema di metadatazione di questo tipo di risorse, che non rientravano in alcuno schema o *authority file* dell'ICCD.

Per questo si è deciso di associare ad ogni documento memorizzato nella banca dati, uno schema essenziale informativo applicando il sistema di metadatazione *Dublin core*.

Inoltre in particolare nel *SigecWeb* è presente un modulo che gestisce le richieste secondo il protocollo *Oai-pmh*, sviluppato dalla *Open Archives Initiative* e utilizzato per il recupero (o *harvesting*) dei metadati dei record appartenenti ad un archivio. Di norma i fornitori esterni di dati sono tenuti a consegnare i metadati XML proprio in formato *Dublin core*.

Una volta terminato il censimento dei siti, per ognuno di essi si è proceduto ad eseguire la scansione della documentazione di scavo (relazioni, schede US, diari di scavo) e dei disegni.

Figura 3 - Pop up informativo.

I dati archivistici per loro natura sono molto eterogenei, quindi alcuni siti noti nell'archivio amministrativo/storico non hanno alcun riscontro nei dossier di scavo oppure non sono dotati di alcun rilievo che ne consente il posizionamento planimetrico georiferito, viceversa vi sono dei disegni che non hanno alcun appiglio testuale, che ne descriva il contesto di scavo o la sequenza stratigrafica. Per tanto ogni tipologia di fonte ha permesso di ottenere informazioni diverse, le quali messe a sistema l'una con l'altra hanno aumentato notevolmente la loro comprensione ed il loro inserimento all'interno del tessuto urbanistico della città antica.

Grazie alla archiviazione digitale delle informazioni è stato possibile ricollegare i dati suddivisi nei vari archivi in un'unica schermata relativa al singolo contesto; in questo modo per ogni sito archeologico si può facilmente risalire al faldone amministrativo, ai disegni ad esso collegati, alle foto e ai dati di scavo delle diverse campagne che si sono succedute nel tempo.

Per quanto riguarda la costruzione della carta archeologica, sono state preliminarmente scansionate tutte le planimetrie relative ai singoli contesti presenti nell'archivio disegni della Soprintendenza. Ogni documento è stato georeferenziato, per poter poi avviare l'operazione di *editing*, che è stata realizzata con il *software open source* Qgis (3.16), mediante il quale è stato possibile ridisegnare ogni singolo elemento presente all'interno dei rilievi. I dati non sono stati digitalizzati in locale, ma utilizzando direttamente un *layer* collegato alla specifica tabella creata nel database *PostgreSlq/Postgis*.

Ogni elemento è stato poi unito al contesto di provenienza, alla datazione generica e specifica e alla sua tipologia (muro, pavimento, mosaico, strada basolata, colonna, canaletta etc...); pochi dati che tuttavia consentono, utilizzando la libreria *Javascript Leaflet*, di creare una cartografia online che tenga conto di questi parametri per differenziare la visualizzazione degli elementi sulla carta.

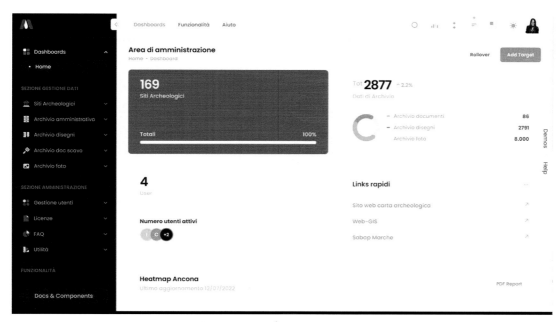

Figura 4 - Area di amministrazione.

Piattaforma informatica

Per l'informatizzazione di tutti i dati digitalizzati è stata costruita *ad hoc* una *webapp*, denominata Punto Zero, collegata ad un Web-GIS che funge da piattaforma cartografica per la visualizzazione e la navigazione della carta archeologica online[9] (Figura 1).

Il primo passo per la creazione di un'applicazione web è quello di realizzare un diagramma (*flowchart*) che renda graficamente in flusso delle azioni che il sistema deve compiere a seguito di un *input* proveniente da un utente. Questa operazione si basa sulla *user stories*, ovvero una descrizione delle funzionalità dell'applicazione dal punto di vista dell'utente. Queste operazioni precedono la scrittura del codice vero e proprio e sono fondamentali per la buona riuscita di un programma.

Nella fattispecie per questo progetto si è preferito utilizzare per la realizzazione dell'interfaccia lato *client* una *dashboard* in *Boostrap* 5[10], sviluppata con linguaggi di programmazione HTML, CSS e Javascript. Mentre dal punto di vista server, il linguaggio di programmazione utilizzato è PHP, grazie al quale è possibile aggiornare dinamicamente i dati della *webapp*, contenuti in un database PostgreSQL. La scelta di PostgreSQL è motivata dall'esistenza della piattaforma cartografica Web-GIS per l'implementazione della carta archeologica online; infatti questo database con la sua estensione *PostGis*, consente di gestire gli oggetti geografici ed effettuare su di essi delle interrogazioni di tipo spaziale.

Il sistema Web-GIS è costituito lato server dal software Java *Geoserver*[11] il quale consente di elaborare, modificare, interrogare e condividere i dati geografici contenuti nel database. Le *queries* effettuate sulla banca dati hanno restituito dei risultati elaborati come file *Geojson*, un formato *open* che consente di archiviare le primitive geometriche di tipo spaziale ed i loro attributi descrivendoli attraverso il *Javascript Object Notation*.

---

[9] L'applicazione è in fase di pubblicazione e quindi non è ancora disponibile per una consultazione online.
[10] https://getbootstrap.com/docs/5.0/getting-started/introduction/
[11] https://geoserver.org/

Figura 5 - Area di amministrazione – Heat Map.

Il formato *Geojson* viene successivamente letto dall'interfaccia cartografica lato utente, che come abbiamo visto in questo caso, è costituita dalla libreria *Javascript Leaflet*.

La *webapp* si compone di una parte pubblica, ovvero un sito internet in cui l'utente può effettuare diverse operazioni, tra cui la consultazione di tutte le schede sito, con la descrizione, la cronologia e tutti i riferimenti archivistici come l'elenco dei documenti amministrativi, l'elenco dei disegni e delle foto. Dal sito pubblico si accede inoltre alla carta archeologica che permette all'utente di visualizzare i siti archeologici sia in modo puntuale che planimetrico (Figura 2).

Il livello puntuale contiene, oltre ai siti archeologici più importanti, anche le indicazioni di ritrovamenti sporadici rinvenuti nel corso del tempo; interagendo con questi POI (*Point of Interest*) il fruitore potrà avere indicazioni specifiche sul punto, leggere la descrizione semplificata, quella tecnica, avere informazioni circa gli orari di apertura ed accedere a contenuti multimediali, come ricostruzioni tridimensionali, audioguide, *fotogallery* o consultare, se ne ha i privilegi, i dati archivistici scansionati (Figura 3).

Un ulteriore livello di lettura è quello planimetrico, infatti per quanto riguarda i contesti più noti e che possedevano un grado di documentazione tale da poter essere georeferenziata con precisione, l'utente può visualizzarli in pianta, la quale presenta la caratterizzazione dei vari elementi architettonici, la loro datazione e descrizione, con l'ausilio di cambi cromatici per la comprensione delle differenti fasi cronologiche.

Oltre alla parte pubblica l'applicazione è dotata di una parte amministrativa (Figure 4-5), che consente di gestire la piattaforma e i contenuti in essa inseriti, accessibile solo ai responsabili che hanno l'autorizzazione all'inserimento e alla modifica dei dati archeologici. La parte amministrativa è costituita da diverse sezioni: siti archeologici; archivio amministrativo; archivio disegni; archivio documentazione; archivio fotografico; bibliografia; ricerca; gestione utenti; assistenza.

Tra queste la sezione più importante è quella riguardante la gestione dei siti archeologici, dove è possibile consultare le schede inserite, modificarle, cancellarle o inserirne nuove.

La scheda si compone di diverse parti, la prima è costituita da tutta una serie di informazioni generali riguardanti la localizzazione del sito, la sua georeferenziazione, la descrizione, mentre la seconda elenca tutti i record collegati a quel dato sito provenienti dall'archivio disegni, dall'archivio foto e da quello amministrativo, dunque è possibile ad esempio vedere per ogni contesto quanti disegni ci sono in archivio, averne la descrizione, l'anno di realizzazione, il nome dell'esecutore, il numero di riferimento archivistico ed inoltre è possibile consultare direttamente la scansione del documento.

A queste si affiancano due sezioni riguardanti specificatamente la gestione della cronologia e delle quote. Per quanto riguarda la cronologia per ogni sito è possibile avere un inserimento plurimo nel quale indicare la datazione generica, quella specifica, al secolo e le destinazioni d'uso. In questo modo, per i contesti pluristratificati, frequenti in ambito urbano, balza subito evidente la sequenza cronologica ed i cambiamenti che un determinato edificio ha subito nel tempo, con ampliamenti, ridefinizione degli spazi e variazioni nello sfruttamento di determinate aree urbane. Queste aree informative sono intimamente collegate alla piattaforma GIS, poiché in funzione ad esempio della scelta cronologica che verrà effettuata sulla scheda, in automatico la visualizzazione della carta archeologica di quel contesto assumerà il colore relativo alle varie fasi per ciascun elemento digitalizzato e anche le *texture* si adegueranno al tipo di classificazione scelta.

Allo stesso modo ogni contesto ha la possibilità di avere un inserimento plurimo delle quote, specificando a cosa si riferisce il dato, ovvero cresta muraria, pavimento, piano di calpestio, dati altimetrici che andranno a formare automaticamente il *Digital Terrain Model* della città per ogni fase cronologica definita nel sistema.

Conclusioni

La *webapp* Punto Zero dunque è stata programmata per una gestione integrata del dato archeologico, considerando la sua complessità come oggetto di tutela, di valorizzazione, di studio, di programmazione urbanistica, ma anche come elemento di godibilità da parte di un pubblico più ampio, il quale attraverso questo strumento più intuitivo può comprendere il paesaggio urbano antico e le sue trasformazioni nel tempo, perché la città è un organismo in continua evoluzione.

A pieno regime Punto Zero potrà divenire strumento di supporto a complemento delle normali attività di tutela dell'ente pubblico per la gestione integrata dei dati archeologici già contenuti negli archivi della Soprintendenza Archeologia, Belle Arti e Paesaggio delle Marche e di nuova acquisizione, derivanti in particolare dalle attività di sorveglianza durante la realizzazione delle opere pubbliche.

L'elasticità del sistema consente di applicarlo con estrema disinvoltura anche ad altri contesti urbani, in quanto la logica alla base della struttura *software* e l'utilizzo di standard catalografici nazionali svincolano il suo utilizzo rispetto ad uno specifico contesto. Questo strumento inoltre è pensato per integrarsi con altri già esistenti, per dare una lettura diversa dei dati inseriti nel sistema con una finalità che va dalla protezione alla ricerca fino alla catalogazione digitale dei dati. Il sistema, infatti, non solo supporta l'archiviazione dei dati secondo le specifiche ICCD, ma fornisce anche strumenti per consentire la verifica molto rapida della sovrapposizione delle opere pubbliche con il patrimonio archeologico noto. Tali funzionalità sono rilevanti per l'archeologia preventiva, e forniscono all'organismo preposto uno strumento di consultazione basato sulla rappresentazione geografica delle prove archeologiche, facilitando la consegna di ulteriori prescrizioni. Attualmente la *webapp* relativa alla Carta Archeologica di Ancona non è disponibile online, poiché è in attesa della sua definitiva pubblicazione, tuttavia in parallelo stiamo lavorando all'implementazione di altri *tools* e alla distribuzione del software con licenza MIT.

Bibliografia

Ciuccarelli, M.R. 2012. *Il complesso termale nell'area dell'anfiteatro romano di Ancona: considerazioni preliminari sulle fasi e le tipologie pavimentali*, Tivoli, Edizioni Scripta

Ciuccarelli M.R. 2018. Recenti indagini archeologiche ad Ancona e nel suo territorio, in C. Birrozzi 2018. Riscoperte. Un anno di archeologia nelle Marche, in *Atti della Giornata di Studi (Ancona, 6 giugno 2017)*: 31-43. Fermo: Andrea Livi Editore.

Coarelli, F. 2002. *Le necropoli di Ancona, IV-III sec. a. C.: una comunità italica fra ellenismo e romanizzazione*, Napoli: Loffredo Editore

Colivicchi, F. 2015. Funerary ritual and cultural identity in the necropolis of Ancona. In F. Emanuelli and G. Iacobone 2015 (ed.) *Ancona greca e romana e il suo porto. Contributi di studio*: 63-76. Ancona: Italic Pequod.

Emanuelli, F. and G. Iacobone. 2015. *Ancona greca e romana e il suo porto. Contributi di studio*, Ancona: Italic.Pequod.

Enriquez, Al. 2018. The Arches Heritage Inventory and Management System for the Protection of Cultural Resources. *Forum Journal, National Trust for Historic Preservation*, vol. 32, no. 1, 30-38.

Salvini, M. 2007. Le attività nel porto romano di Ancona tra V e VIII secolo d.C., in S. Gelichi and C. Negrelli (eds) *Adriatico Altomedievale (VI-XI). Scambi, porti, produzioni*: 159-188. Venezia: Edizioni Ca'Foscari.

Salvini, M. 2014. Archeologia urbana ad Ancona: lo scavo sul lungomare Vanvitelli. In G. Baldelli (ed.) *Amore per l'antico. Dal Tirreno all'Adriatico, dalla Preistoria al Medioevo e oltre. Studi di antichità in ricordo di Giuliano de Marinis - Voll. 1-2*: 589-605. Roma: Edizioni Scienze e Lettere.

Salvini, M. 2001. *Lo scavo del Lungomare Vanvitelli. Il porto romano di Ancona*. Ancona.

Salvini, M. 2003. Ancona, Lungomare Vanvitelli: il porto romano, in F. Guidi (ed.) *Adriatica. I luoghi dell'Archeologia dalla Preistoria al Medioevo*, Ravenna, 27.

Sapone, V. 2021. *Porti medioadriatici Politiche marittime, infrastrutture e traffici in età romana (Ancona, Rimini, Ravenna)*. Roma: l'Erma di Bretschneider.

Sebastiani, S. 1996. *Ancona: forma e urbanistica*. Firenze: L'Erma di Bretschneider.

Sebastiani, S. 2014. Ancona: il sistema urbano in età romana, in G. Baldelli (ed.) *Amore per l'antico. Dal Tirreno all'Adriatico, dalla Preistoria al Medioevo e oltre. Studi di antichità in ricordo di Giuliano de Marinis - Voll. 1-2*: 579-585. Roma: Edizioni Scienze e Lettere

Sinopoli, G. 2019. Domus romane di via Fanti ad Ancona: scavi e contesto urbano. *Picus 34*: 225-285. Tivoli: Edizioni Tored s.r.l.

Sezione IV

Gestione delle risorse e sfruttamento del territorio

Gestione delle risorse e sfruttamento del territorio.

Maria Luisa Marchi
(Università degli Studi di Foggia)

Il tema del rapporto con la gestione e la trasformazione del territorio rappresenta un punto nevralgico di tutte le ricerche di topografia antica: quelle inerenti al rapporto dell'uomo antico con l'ambiente, la natura e il paesaggio.

Il paesaggio non è solo quello che vediamo, ma soprattutto il risultato di trasformazioni delle comunità che lo hanno vissuto e che lo vivono. A noi il compito di ricostruire questo lento divenire e di comprendere la storia dei territori leggendo nelle trasformazioni e nelle esperienze del passato una possibile chiave di lettura per preservare il territorio nel futuro.

Oltre all'approccio "estetico" assume importanza, quello "ecologico", ma anche un approccio strutturale e sistemico che utilizza l'analisi storica (in campo geografico, antropologico, archeologico, territoriale) per individuare i codici genetici le identità dei luoghi, delle cose, e delle persone. Quest'approccio storico consente di individuare quei caratteri strutturali che nel tempo non variano e garantiscono la "conservazione del sistema ed il suo adattamento a perturbazioni esterne"[1].

Appare evidente che la questione si inserisce perfettamente nella moderna sensibilità per tali argomenti e la discussione può orientarsi su molti fronti, che in questa sede sono stati variamenti esaminati.

Lo sfruttamento delle risorse e dell'ambiente è tema particolarmente attuale e si ricollega a quello conseguente dei cambiamenti climatici, affrontarlo in relazione al mondo antico ci induce a riflettere sull'evidente ripetersi degli eventi nel contesto naturale. I riscontri nei paesaggi antichi prevedono analisi ambientali approfondite dal punto di vista geomorfologico, la ricostruzione dell'assetto del territorio nell'antichità è necessario per comprendere le motivazioni del popolamento, per il quale incidono profondamente anche l'assetto idrogeologico ed idrografico.

Aspetti che emergono in particolar modo nell'articolo sulla valle del Belice[2], dove la ricerca archeologica ha fornito indizi per verificare la variazione delle differenze climatiche che sembrano incidere nella ricostruzione della copertura vegetativa, in un ampio lasso di tempo. L'autore giunge ad una conclusione che ci induce a riflettere. A parità di condizione climatiche, ciò che può aver determinato il collasso del patrimonio forestale fu l'intensificarsi dell'attività antropica, e, in particolare, dello sfruttamento agricolo e silvo-pastorale del territorio, fenomeni che vengono attribuiti alla colonizzazione greca della Sicilia. È probabile che la riduzione della copertura boschiva, l'aumento degli incendi e l'intenso sfruttamento delle risorse idriche per la produzione agricola, possono aver favorito l'aumento del deposito dei sedimenti e aver indotto condizioni microclimatiche locali più secche con il conseguente inaridimento del paesaggio. È possibile, dunque, immaginare una relazione di consequenzialità tra eventi storici e cambiamenti climatici e ambientali.

L'interazione e il rapporto tra l'uomo e l'ambiente appare evidente nell'articolo su Monte Rinaldo nel Piceno centro-meridionale[3], dove i fattori ambientali hanno in alcuni casi favorito e orientato le scelte

---

[1] Marchi c.s.
[2] Casandra *infra*.
[3] Pizzimenti and Belfiori *infra*.

antropiche, in altri momenti ne hanno limitato la portata e compromesso l'efficacia. Le recenti ricerche hanno consentito di cogliere in modo più complesso le potenzialità e le criticità di questo territorio in antico.

La presenza d'acqua e la buona disponibilità di risorse e di materie prime sembra abbiano favorito una lunga frequentazione del sito, è altresì possibile la fragilità del territorio con frequenti episodi di dissesto idrogeologico abbiano concorso all'abbandono dell'area. Ulteriori, episodi traumatici, forse sismici, dovettero influire sensibilmente sulla vita dell'area sacra e, contestualmente ad altri fattori (antropici e ambientali), concorrere alla sua dismissione. Rischio sismico e instabilità idrogeologica, del resto, sono tratti salienti di questo territorio la cui tenuta è stata messa a dura prova anche in tempi recentissimi.

Le ricerche presentate nel contributo sullo sfruttamento del territorio nella regione della Prima Cataratta del Nilo in Egitto[4], si inseriscono nel filone delle indagini che forniscono gli spunti per la comprensione delle scelte di popolamento. Nell'area presa in esame sembra che le strategie utilizzate per l'occupazione delle zone insediative, appaiono diverse, nonostante i punti in comune che si riscontrano nei vari insediamenti, legati allo sfruttamento delle risorse minerarie, al commercio e alla vicinanza con le aree coltivabili e l'acqua.

Ciò ci induce a pensare che i fattori di scelta insediamentali possano essere molteplici soprattutto in territori in cui il paesaggio appariva molto fluido, come la valle del Nilo, e dove le mutazioni sono fortemente condizionanti.

Di grande attualità il problema dell'approvvigionamento idrico che si collega con la recente emergenza della siccità a cui si riallacciano ancora una volta i cambiamenti climatici. La lettura attenta del paesaggio antico può rimandarci all'atavica necessità dell'approvvigionamento idrico e della raccolta delle acque.

D'altronde il tema è stato ampiamente trattato dagli studiosi che si occupano della ricostruzione del paesaggio e del territorio. Una esauriente sintesi si può ritrovare negli atti del convegno "Uomo Acqua e Paesaggio" tenutosi a Santa Maria Capua Vetere ormai nel lontano 1996[5]. Sintesi che ha messo in evidenza come l'attività legata all'utilizzo dell'acqua risulti da sempre il primario intervento dell'uomo sul paesaggio.

La gestione delle acque è un problema essenziale per ogni comunità ad elevata complessità abitativa e con estesi livelli di produzione e consumo: un fattore cruciale per garantire la stabilità delle condizioni insediative e lo sfruttamento efficiente del territorio, in primo luogo quello agrario legato alla produzione primaria. Seppur il rapporto tra uomo e risorse idriche sia documentato e trovi riscontri sin dalla preistoria è con l'età romana che trova, attraverso un'autorità politica in grado di imporre alla comunità strategie collettive di ampia portata, la massima documentazione. Troviamo infatti, ampi sistemi di bonifica, canalizzazione e irreggimentazione delle acque essenzialmente legati agli interventi agrari della *limitatio* e alle più estese divisioni centuriali.

A questo tema sono dedicati vari interventi della sezione che affrontano in modo originale il problema e soprattutto evidenziano fattori specifici in passato trascurati, in contesti cronologicamente anche originali.

---

[4] Nicolini *infra*.
[5] Quilici Gigli 1997.

Cisterne, canalizzazioni, opere di captazione e di regolarizzazione dei corsi d'acqua e più in generale le soluzioni adottate a servizio di un territorio sostanzialmente pianeggiante sono i protagonisti dell'articolo sull'approvvigionamento idrico di *Aquinum*[6] e del suo territorio e fanno intuire quanto complesso fosse questo sistema in una città romana, con una altrettanto articolata l'organizzazione produttiva a servizio del suburbio. La lunga tradizione di ricerche topografiche che hanno riportato in luce l'area urbana, ma anche le indagini territoriali immancabili in uno studio completo di un contesto, offrono la possibilità di confermare come la correttezza di applicazione dei metodi permetta una ricostruzione e una lettura delle trasformazioni dei paesaggi in un ampio quadro diacronico.

Indubbia l'importanza rivestita dallo studio degli acquedotti nell'archeologia romana e dal fondamentale ruolo rivestito nel mondo antico dall'approvvigionamento idrico. In particolare, gli acquedotti costituiscono un segno distintivo della civiltà romana, oltre ad esercitare un forte impatto sul territorio. Nell'immaginario collettivo, gli acquedotti romani sono comunemente associati alle maestose opere su arcuazioni che attraversavano vallate e scavalcavano fiumi, e che ancora oggi caratterizzano la periferia di Roma e di altre città dell'antico Impero Romano. In questo filone si inserisce lo studio dell'*Aqua Virgo*[7]. Lo speco, quasi interamente ipogeo, ha determinato la presenza di sporadiche tracce in superficie, ma al tempo stesso ha preservato la struttura originale e garantito l'ininterrotta attività dell'acquedotto, oggi il più antico ancora funzionante a Roma, il suo stato di conservazione permette di acquisire dati unici sui sistemi costruttivi degli acquedotti e sul loro funzionamento sul complesso sistema di captazione ed imbrigliamento delle acque. Questi dati permettono di ricavare considerazioni sulle modalità di sfruttamento del territorio e di gestione della risorsa idrica e meglio inquadrare il rapporto tra l'infrastruttura e il paesaggio circostante.

Ad un ambito cronologico decisamente più recente e ad un contesto paesaggistico più aspro rimanda la ricerca sullo sfruttamento dell'acqua e del carbone nell'area del Casentino in Toscana[8]. L'acqua e il carbone risultano essere i fattori economici propulsivi della montagna appenninica toscana tra XII e XV secolo per la molitura e la siderurgia. Le carbonaie e i mulini del Casentino, alla luce delle fonti storiche, archeologiche e geografiche, si sono dimostrati fondamentali per comprendere le dinamiche gestionali e materiali dei sistemi economici montani.

In linea con la moderna sensibilità per lo smaltimento dei rifiuti è l'interesse che si va manifestando anche per i sistemi di smaltimento antico come strumento di indagine dei contesti urbani e sociali e di analisi della loro valenza nell'ambito dell'igiene pubblica. Nonostante un noto riferimento di Strabone[9] secondo cui la realizzazione di cloache era un motivo di vanto per i Romani, ritenuti più lungimiranti e pratici dei Greci in questo e in altri ambiti connessi, come la realizzazione di strade e acquedotti, la letteratura antica concernente le infrastrutture legate allo smaltimento delle acque reflue e dei rifiuti urbani è estremamente scarna.

Non mancano però riferimenti ad altre realtà, forme e infrastrutture connesse allo smaltimento dei rifiuti. Più frequentemente, sono proprio questi ultimi ad essere oggetto di attenzione o comunque di menzione da parte degli scrittori, le cui informazioni concorrono a illustrare un quadro variegato, dal quale emerge la convivenza quotidiana con i rifiuti e con i problemi che essi e il loro smaltimento ponevano all'uomo antico[10].

---

[6] Murro *infra*.
[7] Amadasi *infra*.
[8] Biondi *infra*.
[9] Strabo V, 3, 8 C 235
[10] Magnani 2018.

Interessante ed originale l'analisi che fa in proposito V. Limina[11]. Affronta infatti lo studio dello smaltimento degli scarti e dei luoghi di discarica. Il lavoro approfondisce diversi aspetti delle società antiche: dai flussi commerciali alle abitudini di consumo, dal ciclo di vita 'primaria' dei materiali al loro secondo uso, dalla percezione degli spazi adibiti agli scarti e delle attività professionali connesse a questioni di natura legale e sociale. È ben evidenziato che la conoscenza relativa alla gestione dei rifiuti nell'antichità, seppur è ancora molto sottovaluta. Una maggiore attenzione agli scarti in relazione alla loro ubicazione topografica sarebbe utile, infatti, a una migliore distinzione tipologica tra contesti primari e secondari, tra immondezzai pubblici e privati, tra attività di consumo o artigianali alla base della formazione di differenti stratificazioni archeologiche[12]. La topografia dello scarto si rivela dunque un ambito dalle notevoli potenzialità data la possibilità di ricostruire le interazioni uomo-ambiente tramite l'analisi di aspetti socioeconomici, produttivi, commerciali, nonché relativi alla percezione e alla gestione degli spazi.

Nell'articolo si inserisce anche il vasto tema del reimpiego che vuole essere solo un aspetto del riuso. Il reimpiego come fenomeno è ampiamente trattato nei contesti archeologica di età romana, tardoantica e medievale ma qui viene finalizzato alla comprensione delle dinamiche di sviluppo dei "paesaggi del potere", ma anche dell'organizzazione degli spazi e delle risorse in ambito urbano e territoriale. Un'attenta ricostruzione della topografia dello scarto può anche consentire una definizione delle tendenze al riassorbimento degli scarti sul lungo periodo, una sorta di economia circolare *ante-litteram*.

In definitiva il paesaggio antico può essere analizzato attraverso le lenti della modernità con il tentativo di attualizzare le tematiche che lo riguardano, cercando di individuare i parallelismi tra fenomeni moderni ed interventi antichi. Vorrei in conclusione riprendere un noto assunto che ci induce a sottolineare come una buona conoscenza del paesaggio antico può aiutare a costruire un migliore paesaggio del futuro.

Bibliografia

Biundo, R. and M. Brando 2008. Caratteristiche della discarica e meccanica della stratificazione. L'approccio allo scavo, in F. Filippi (ed.) *Horti et Sordes, uno scavo alle falde del Gianicolo*: 93-96. Roma: Quasar edizioni.

Magnani S. 2018. Lo smaltimento dei rifiuti urbani nel mondo romano: significato culturale e valenza salutare delle cloache nelle fonti antiche, in M. Buona and S. Magnani (eds) *I sistemi di smaltimento delle acque nel mondo antico. Atti dell'Incontro di Studio, Aquileia 6-8 aprile 2017*, Antichità Altoadriatiche 87, Trieste.

Marchi M.L., 2023. I Paesaggi dei Monti Dauni raccontano la loro storia, in M.L. Marchi (ed.) *I Paesaggi raccontano.Archeologia e Storia dei Monti Dauni nel Palazzo della Cultura di Casalnuovo Monterotaro*. Foggia: Italo Muntoni.

Quilici Gigli S. (ed.) 1997, *Uomo Acqua e Paesaggio, Atti dell'Incontro di Studio, S.Maria Capua Vetere 22-23 novembre 1996*, ATTA II suppl. 1997.

---

[11] Limina *infra*.
[12] Biundo and Brando 2008: 93-94.

Sfruttamento del territorio e cambiamenti climatici nella valle del Belice tra la tarda età del Bronzo e la fine dell'età classica.

Margherita Casandra
(Université de Picardie Jules Verne - Amiens-France,
Università degli Studi di Palermo)

Abstract: since prehistoric times, the Belice Valley has been a place of encounters between different cultures thanks to its varied landscape and the richness of its resources. Through an interdisciplinary approach, the research analyzed the transformations it underwent between the late Bronze Age and the end of the Classical period as a result of its exploitation. The research attempted to demonstrate that the intensive use of the land by the Greeks altered the ecosystem of the area, accelerating the process of desertification and probably contributing to the weakening of the Greek colony of Selinunte.

Keywords: Sicilia occidentale, ambiente, risorse, produzioni, clima, GIS, archeobotanica.

Il paesaggio della valle del Belice

La conformazione geomorfologica, idrogeologica e ambientale della Valle del Belice e le condizioni climatiche favorevoli, diedero vita ad un paesaggio vario, ricco di risorse e crearono fin dall'antichità le condizioni favorevoli per lo sfruttamento del territorio. I numerosi siti che fin dalla Preistoria hanno costellato la valle sono la testimonianza dell'importante ruolo giocato da questo territorio nel quadro della storia del Mediterraneo. Una regione, dunque, di frontiera per la contiguità delle diverse culture che la popolarono, ma tutt'altro che marginale poiché dalla continua dialettica etnica tra ceppo sicano, greco e punico ebbero origine processi culturali e socio-economici che ne determinarono un'oggettiva diversità, definita "peculiarità belicina"[1]. Per questa ragione il territorio oggetto di studio non va inteso in senso strettamente geografico, ma si estende fino a comprendere tutte quelle comunità che parteciparono a queste forme di interazione e di contatto culturale (Figura 1).

Lo studio dell'ecosistema e delle interazioni morfologiche tra culture e paesaggio è, dunque, fondamentale per comprendere i processi che hanno reso quest'area densamente popolata da diverse etnie.

Dal punto di vista geomorfologico, il territorio della valle del Belice si presenta in modo molto vario e diseguale. Nella parte settentrionale e centro-orientale, dove spiccano i Monti di Palermo e i Monti Sicani, è caratterizzato da rocce carbonatiche e calcarenitiche che superano i 1000 m di altitudine e che sono stati tra i luoghi più idonei per gli insediamenti. La parte mediana della valle è, invece, caratterizzata da complessi collinari a matrice argillosa intervallati da ampie vallate, tra cui affiorano promontori calcarenitici isolati. Proseguendo verso Sud, l'andamento sinuoso delle colline lascia il posto ad un altopiano calcareo che degrada verso la costa bassa e sabbiosa, che è, a sua volta, intervallata a tratti da terrazzi marini calcarenitici (Figura 2a-b).

---

[1] Tusa 1994: 47-48, 69-70.

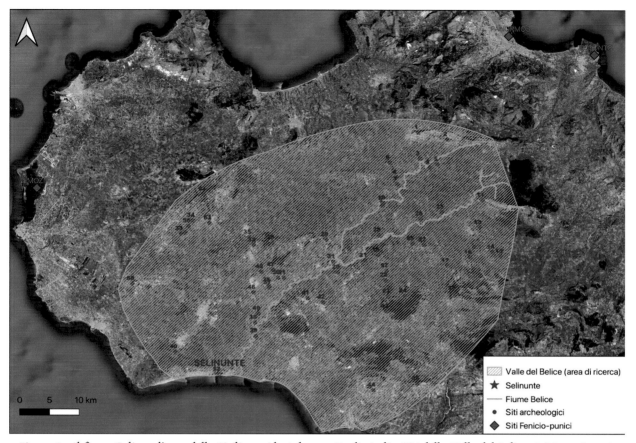

Figura 1 - Il fiume Belice e l'area della Sicilia occidentale oggetto di studio. Siti della Valle del Belice: 1. Monte Iato; 2. Contrada Kaggio; 3. Monte Raitano; 4. Contrada Pernice; 5. Monte Arcivocalotto; 6. Cozzo Balletto; 7. Contrada Perciata; 8. Pizzo di Pietralunga; 9. Monte Maranfusa; 10. Rocche Corona; 11. Pizzo Nicolosi; 12. Montagna Vecchia; 13. Cozzo Sant'Elena; 14. Contrada Noce; 15. Cozzo Spolentino; 16. Pizzo Castro; 17. Castellaccio di Campofiorito; 18. Rocca d'Entella; 19. Monte Triona; 20. Cozzo Malacarne; 21. Contrada badessa; 22. Bagnitelle di Sant'Antonio; 23. Chiappetta; 24. Scirotta; 25. Monte Poira; 26. Cozzo Spina; 27. Cozzo Giammaria; 28. Cozzo Balata; 29. Castellazzo di Poggioreale; 30. Monte Finestrelle; 31. Contrada Mandra di Mezzo; 32. Castellaccio di Santa Ninfa; 33. Castello della Mokarta; 34. San Ciro; 35. Timpone Pontillo; 36. Contrada Lo Stretto; 37. Torre Donzelle; 38. Castello della Pietra-Pizzo Don Pietro; 39. Montagnoli; 40. Erbe Bianche; 41. Montevago; 42. Santa Margherita Belice; 43. Monte Adranone; 44. Rocca Nadore; 45. Contrada San Benedetto-Caltabellotta; 46. Contrada Vallesecco; 47. Maccagnone-Partanna; 48. Montagna-Partanna; 49. Merlocco-Cerarsa- Partanna; 50. Tagliavia-Partanna; 51. Cifaglione-Partanna; 52. Selinunte; 53. Salemi; 54. Monte Polizzo; 55. Pomo di Vegna; 56. C.da Pitrazzi; 57. Vaccarizzo; 58. Roccazzo.

La diffusa presenza di rocce calcaree e di argilla di ottima qualità è stato, quindi, un fattore determinate nella scelta di quest'area come luogo idoneo per la diffusione degli insediamenti e per la tessitura di questo complesso arazzo culturale all'interno della Sicilia occidentale. L'estrazione e la lavorazione della pietra per costruire abitazioni e attrezzi agricoli, così come la lavorazione dell'argilla per la produzione ceramica furono una componente essenziale delle attività produttive delle comunità che popolavano la valle[2].

---

[2] Per l'uso della argilla e della pietra locale da parte delle comunità pregreche vedi: Montali 2003: 394; Spatafora 1993: 169; Trombi 2015: 164-172.

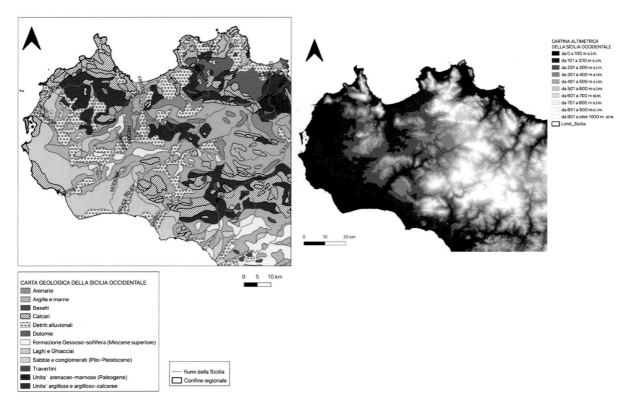

Figura 2 - a. Carta geologica della Sicilia occidentale; b. Carta altimetrica della Sicilia occidentale.

Fu, però, con la fondazione della colonia greca di Selinunte che se ne intensificò lo sfruttamento: fin dagli albori, infatti, Selinunte cominciò a produrre e ad esportare la propria produzione ceramica[3] ed a sfruttare le numerose cave per ricavare la "calcarenite selinuntina" di colore giallo affiorante in vaste aree attorno alla colonia e il calcare biancastro proveniente dalla cave di Misilbesi per lo più utilizzato nella scultura[4].

Anche l'assetto idrogeologico ed idrografico della valle ne favorì lo sfruttamento: il fiume Belice, lungo 95 km e con un bacino idrografico di 964 kmq, attraversa da Nord a Sud tutta la Sicilia occidentale con un asse idrografico orientato NE/SO e ne costituisce uno dei maggiori corsi d'acqua. Nella prima metà del suo percorso è diviso in due rami: il Belice Destro che nasce dai Monti di Palermo e il Belice Sinistro, detto anche Fiume Frattina, che nasce dalla Rocca Busambra, il rilievo più alto dei Monti Sicani. I due bracci del fiume uniscono il loro corso all'altezza di Monte Castellazzo di Poggioreale per sfociare su un tratto di costa a breve distanza dalla colonia greca di Selinunte, caratterizzato da dune costiere e zone umide (Figura 3a-b). La sua estensione lo rese la via di comunicazione preferenziale per le popolazioni che abitarono la valle, innescando così relazioni complesse tra le diverse culture. Sulla base della ricostruzione del paesaggio costiero selinuntino[5], il fiume Belice doveva essere a tratti navigabile per mezzo di piccole imbarcazioni: ricognizioni sul campo ed analisi della fotografia aerea hanno, infatti,

---

[3] De Angelis 2016: 243.
[4] Carapezza et al. 1983: 33, 40-41; Lazzarini 2016: 145-146; Peschlow and Bindokat 1990: 10 fig. 1.
[5] Bufalini et al. 2022: 80.

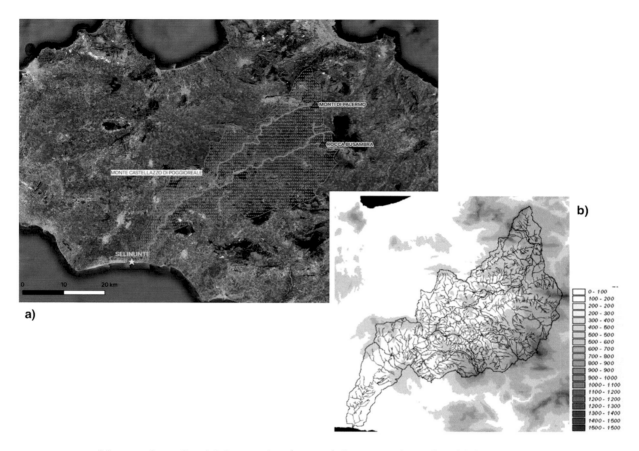

Figura 3 - a. Il bacino idrografico del fiume Belice (in rosso); b. Bacino idrografico del fiume Belice inserito su carta altimetrica della Sicilia (Fonte: Assessorato territorio ed ambiente - Regione Sicilia 2015, p. 20)

evidenziato che il letto del fiume era molto più ampio e sinuoso di quello attuale[6]. È probabile che l'aumento della portata d'acqua sia stata determinata da un innalzamento del livello del mare in conseguenza della Trasgressione Flandriana[7] e del clima caldo-umido che interessò il bacino del Mediterraneo almeno fino al III sec. a.C., come le indagini idrogeologiche e paleoclimatiche hanno evidenziato[8]. Nonostante le lunghe fasi di umidità siano state intervallate da brevi eventi climatici arido-secchi[9], la diminuzione delle precipitazioni durante questi periodi, non ha influito in modo significativo sul paesaggio della Sicilia occidentale che rimase densamente ricoperta da foreste fino a 2600/2500 anni fa. Le analisi effettuate al lago Preola ed a Gorgo Basso, infatti, hanno evidenziato alti valori pollinici a partire da 6900 fino a 2600 anni fa, riferibili soprattutto a *Quercus ilex* (leccio) e *Olea Europaea* (ulivo selvatico)[10]. Anche le indagini archeobotaniche effettuate nella parte più interna della Sicilia occidentale hanno confermato questa ricostruzione. Dalle analisi sui frammenti di carboni riconducibili al legname utilizzato per la costruzione della casa e rinvenuti negli strati dell'età del Ferro nella House 1 di Monte Polizzo[11], si riscontra la prevalenza di taxa riferibili all'*Olea Europea, Quercus sp.*

[6] Bufalini et al. 2022: 83 fig. 7.
[7] Antonioli et al. 2002: 130-133; Zazo et al. 2008: 73.
[8] Allinne 2008: 93; Calò et al. 2012: 120-121; Giraudi et al. 2011: 105-115.
[9] Di Rita et al. 2018: 7-8;
[10] Calò et al. 2012: 114-115 fig. 4; Tinner et al. 2009: 1503, 1507.
[11] Stika, Heiss and Zach 2008: 146; Stika and Heiss 2013: 82-83.

e *Ulmus*, così come negli strati di età arcaica e classica di Entella[12] dove prevale la *Quercus Ilex* e la *Quercus Robur*, attestandone una diffusione in quel periodo. La propagazione delle foreste fino ad età arcaica è documentata anche dal rinvenimento di resti di *cervus elaphus,* che provengono da contesti abitativi relativi alla tarda età del Bronzo[13], all'età del Ferro (XI-VIII sec. a.C.)[14] e all'età arcaica e classica (dal terzo quarto del VII al V sec. a.C.)[15], anche se le analisi dei reperti faunistici effettuate in alcuni di questi contesti hanno dimostrato che la diffusione di questo esemplare nella valle si ebbe soprattutto tra la tarda età del Bronzo e l'età del Ferro[16]. Poiché la sua esistenza è strettamente legata ad un habitat specifico caratterizzato da boschi e vegetazione ripariale[17], possiamo ipotizzare per lo stesso periodo una copertura forestale adeguata alla sua sopravvivenza. Attraverso i dati zooarcheologici sulla diffusione del *cervus elaphus,* i dati archeobotanici di Gorgo Basso, Lago Preola e Monte Polizzo e i numerosi toponimi locali come "Bosco della Guardiola", "Macchia di Lupo", Bosco nuovo", Bosco tre fontane" che ancora oggi sopravvivono, si è tentato di delineare l'area di diffusione della foresta nella valle del Belice fino ad età arcaica (Figura 4).

La frequenza e l'abbondanza delle precipitazioni alimentò, inoltre, le falde acquifere sotterranee dando vita a numerose sorgenti affioranti in superficie in corrispondenza degli strati argillosi impermeabili. L'alto livello delle acque sotterranee e il loro drenaggio in direzione SO, determinò la formazione di importanti fonti d'acqua in tutta la valle e perfino vicino alla costa[18].

Lo sfruttamento delle risorse agricole nella valle del Belice

La conformazione geomorfologica e idrografica favorirono anche la fertilità del territorio e il conseguente sviluppo agricolo della valle. Del resto, le fonti ci dicono che la motivazione della scelta della Sicilia da parte dei Greci per la fondazione delle colonie fu proprio la feracità dell'isola che, quindi, doveva essere già nota prima del loro arrivo[19]. È, dunque, probabile, come sostiene De Angelis, che i primi coloni furono convinti della produttività agricola della Sicilia, poiché incontrarono un paesaggio agrario già sfruttato con successo dalle popolazioni epicoriche[20]. Le analisi archeobotaniche effettuate a Mokarta, Salemi e Monte Polizzo, sottolineano come fosse privilegiata presso le comunità locali la coltivazione di leguminose e cereali ed in particolare della fava, dell'orzo e del farro[21]. Non sembra, però,

---

[12] Novellis 2021: 17-18.

[13] Castello di Mokarta (Chilardi 2006, poster).

[14] Monte Maranfusa (Di Rosa 2003: 399).

[15] Poggioreale (Falsone 1992: 311; De Angelis 2003b: 183); Monte Polizzo (Hnatiuk 2003: 294-297; Hnatiuk 2004: 180; Johansson 2004: 69-76); Monte Maranfusa (Di Rosa 2003: 399); Selinunte (Marconi 2019-2020: 6; Adorno et al. 2021: 4 nota 11; Mertens in c.s.), Entella (Guglielmino 1997: 957-978); Erbe bianche (Tusa 1993-94: 1537; Villari 1996: 27).

[16] Di Rosa 2003: 410; Villari 1997: 251.

[17] Di Rosa 2003: 410; Marconi 2019-2020: 6.

[18] Bufalini et al. 2022: 86 fig. 11; Crouch 2004: 72 fig. 3.18; Mazza 2021: 1073, 1075. Una nuova falda acquifera è stata rinvenuta nei recenti scavi sull'Acropoli di Selinunte: Marconi 2022, video del convegno.

[19] Ephorus FGrH 70 F137; Strabo 6.2.2

[20] De Angelis 2003a: 42.

[21] Morris and Tusa 2005: 57 tab. 2.; Stika, Heiss and Zach 2008: 142-144 tab. 1.

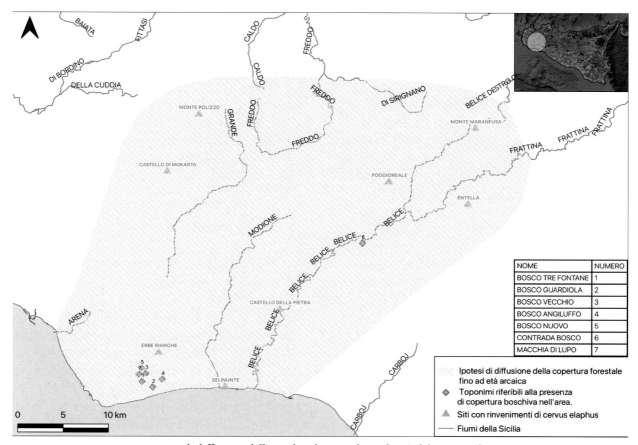

NOME	NUMERO
BOSCO TRE FONTANE	1
BOSCO GUARDIOLA	2
BOSCO VECCHIO	3
BOSCO ANGILUFFO	4
BOSCO NUOVO	5
CONTRADA BOSCO	6
MACCHIA DI LUPO	7

Ipotesi di diffusione della copertura forestale fino ad età arcaica

◆ Toponimi riferibili alla presenza di copertura boschiva nell'area.

▲ Siti con rinvenimenti di cervus elaphus

— Fiumi della Sicilia

Figura 4 - Ipotesi di diffusione dell'area boschiva tra la tarda età del Bronzo e l'età Arcaica.

che coltivassero l'ulivo per produrre olio prima dell'arrivo dei Greci: le indagini archeologiche effettuate a Monte Polizzo non hanno messo in luce macine per le olive databili ad età arcaica che, invece, erano presenti negli strati di V e IV sec. a.C. a Salemi[22] e, inoltre, le analisi cromatografiche compiute su residui del vasellame rinvenuto sempre nel sito di Monte Polizzo, hanno evidenziato l'uso di grasso animale nell'alimentazione[23].

Questa ipotesi sembra ulteriormente suffragata dalle recenti indagini archeobotaniche: mentre nella colonia greca di Selinunte si rinvengono frammenti di noccioli di olive, a Monte Polizzo l'ulivo è presente solo sotto forma di frammenti di carbone ma non di frutto; ciò dimostrerebbe che le popolazioni locali dell'età del Ferro utilizzassero l'ulivo selvatico come materiale da costruzione ma non lo coltivassero per ricavarne i frutti e, quindi, l'olio[24]. I Greci, inoltre, a differenza delle popolazioni locali, prediligevano il grano, le lenticchie e la veccia amara, anche se oggi sembra del tutto superata la teoria della monocoltura del grano in Sicilia e dell'inferiorità dell'orzo rispetto a quest'ultimo: un riesame delle fonti scritte greche ha evidenziato, infatti, come i Greci apprezzassero qualsiasi cereale da cui potessero ricavare la farina, compreso l'orzo[25]. Nonostante il contatto tra Greci e popolazioni

[22] Stika 2004: 268, 274.
[23] Agozzino 2004: 244.
[24] Stika, Heiss and Zach 2008: 146.
[25] Gallo 1983: 455 460; Gallo 1989: 41

locali avesse innescato un processo di "transculturazione"[26], permanevano alcuni aspetti fortemente identitari, come l'alimentazione, che ne sottolineavano le differenze.

Sulla base dei dati archeobotanici e archeologici è possibile ipotizzare una diversificazione funzionale del territorio e uno scambio pacifico tra i Greci e le popolazioni dell'entroterra almeno in un primo momento: le analisi effettuate da Barbara Zach sui campioni prelevati a Selinunte[27] hanno, infatti, evidenziato una maggiore quantità di pollini relativi a vegetazione selvatica piuttosto che a piante coltivate. Ciò è stato interpretato dagli studiosi come la prova della presenza di pascoli intensivi nel retroterra selinuntino per l'allevamento di cavalli e buoi. È, dunque, probabile che, almeno in una prima fase, la produzione cerealicola venisse prodotta dalle comunità limitrofe che scambiavano i prodotti agricoli in cambio di manufatti greci[28].

Paludi e zone umide nella Valle del Belice: una risorsa

L'abbondanza d'acqua superficiale in presenza di una conformazione litografica caratterizzata da strati argillosi impermeabili e dal deposito di sedimenti fluviali che impediscono il fluire delle acque verso il mare, ha probabilmente favorito la formazione di un ambiente stagnante, ancora oggi visibile in alcune aree della costa sud-occidentale (Figura 5). Le indagini sismiche condotte dall'equipe dell'Università di Kiel confermano una conformazione lagunare tendente all'impaludamento del Gorgo Cottone fin dalla fondazione della colonia greca di Selinunte[29]. Anche le indagini effettuate dall'Università di Camarino attestano la presenza di aree paludose sulla costa selinuntina: zone umide databili a circa 2700 anni fa sono state identificate ai margini delle foci dei fiumi Belice, Modione e Cottone. In particolare, le indagini stratigrafiche effettuate a circa 400m dalla foce del Modione hanno evidenziato che almeno 25 m di sedimenti dell'Olocene sono passati da strettamente marini, a depositi paludosi fino a colluviali[30]. Del resto, la stessa toponomastica della città fa riferimento alla presenza di aree umide sulla costa: il nome "Selinunte" deriverebbe dalla parola greca σελινον[31], il sedano selvatico, una pianta che cresce copiosa in prossimità della foce del fiume Modione e che necessita di condizioni di estrema umidità per la sua sopravvivenza. Paludi e stagni sono attestati nella valle anche dalle fonti scritte di età medievale e moderna. I documenti notarili[32] ci informano che i Monaci cistercensi di Delia bonificarono numerose zone umide nei feudi "Margio", "Fontanelle" e "Marcita" toponimi che si riferiscono all'abbondante disponibilità di acqua nella zona[33]. La cartografia ottocentesca e i resoconti di studiosi e viaggiatori[34] evidenziano la tendenza all'impaludamento non solo della costa ma anche dell'interno; riguardo al Gorgo Cottone, Fazello parla di un'area stagnante collocata tra il Belice e Selinunte e riferisce che "*Dopo la bocca del fiume Belice circa tre miglia, seguita uno stagno detto con voce Saracina Lalico, dove stagnano l'acque del mare e la state genera cattiva aria e molto pernitiosa a gli habitatori [...]*"[35]. Anche V.M. Amico parla di uno stagno collocato tra il Belice e Selinunte; scrive l'autore alla voce *Ialice*, riprendendo le parole di Fazello

---

[26] Sull'uso di questo termine per indicare la reciprocità dei rapporti culturali tra i coloni greci e le popolazioni dell'entroterra vedi Streiffert Eikeland 2006: 17-26.

[27] Stika, Heiss and Zach 2008: 142-144 tab. 1, tab. 4.

[28] Stika, Heiss and Zanch 2008: 147.

[29] Rabbel et al. 2014: 147.

[30] Bufalini et al. 2022 : 83-84, fig. 7.

[31] Columba 1991: 36 ; De Vido 2010: 609.

[32] Noto 1732.

[33] La Rosa 2021: 58.

[34] Hoüel 1782: 25; Harris and Angell 1826: 27; Reinganum 1827: pl. I; Hittorf and Zanth 1827: pl. 10; Serradifalco 1834; Schubring 1865: 400-403; Cavallari 1872: pl. I; Holm 1896 pl. IV; Hulot and Fougeres 1910: 313.

[35] Fazello 1574: 438.

"[...] *Stagno al di là della foce del fiume Belice, verso occidente. Si rifà dalle onde del mare che vi traboccano, perloché nella state è molto pernicioso agli abitanti* [...]"[36]ed ancora Amico alla voce *Gonusa*, altro nome con cui era appellato il Cottone nell'antichità, scrive "[...] *Avverte Cluverio che Diogene erroneamente appellò fiume quello stagno e tacque dei due altri vicini il Selino e il Belice* [...]". A proposito di Castelvetrano scrive sempre V.M. Amico "[...] *Gli amplissimi prati di Castelvetrano abbondano di vene d'acqua, ed in alcuni luoghi sono paludosi, chiusi tra i fiumi di Arena e Madiuno, per cui l'aria è poco salubre* [...][37]", a testimonianza della diffusione delle paludi anche nelle zone più interne della valle.

La tendenza alla formazione di zone paludose e stagnanti fu spesso sfruttata, almeno fino ad età arcaica, per integrare le risorse delle comunità antiche; gli acquitrini erano considerati parte integrante dell'economia rurale e pastorale del mondo antico, in quanto, consentendo uno sfruttamento misto della terra e dell'acqua, garantivano il fabbisogno alle comunità anche in condizioni di territori poco estesi o poco redditizi[38]. Le paludi erano sfruttate principalmente per il pascolo grazie alla migliore qualità dell'erba che vi si trovava, ma anche per l'allevamento delle anatre. Alcuni stagni erano attrezzati come vivai per ostriche o altri pesci che, in alcuni casi, probabilmente sopravvissero fino ad età moderna: in contrada Bigini V.M. Amico segnala nel '700 la presenza di un vivaio "[...] *dove deliziosamente nutresi ogni genere di pesce con anche delle alose* [...][39]". Anche la pesca era un'attività molto praticata nelle paludi ed in particolare nella valle del Belice, come ci confermano le fonti antiche e lo stesso Amico che, parlando dell'Ipsa/Belice, afferma che "[...] *passata la fortezza di Pietra* [Castello della Pietra?] *presenta la pesca di buonissime anguille, alose e muggini*[...][40]". Intorno alle paludi si praticava anche la caccia alle anatre selvatiche e ai cinghiali, pratica che continuò a essere diffusa fin nell'XIX secolo. Le zone umide erano anche ricche di canne palustri che oltre a crescere spontaneamente negli acquitrini, a volte venivano anche coltivate per essere usate come materiale da costruzione. Era diffusa anche una sorta di agricoltura palustre che oltre alle canne, era dedita alla coltivazione delle viti palustri, del salice e delle lenticchie.

Sfruttamento intensivo e modificazione del paesaggio nella valle del Belice

A partire da età tarda arcaica lo sviluppo dell'agricoltura fu accompagnato dal progresso tecnologico: è proprio in questa fase che nella valle del Belice si rinvengono i primi esemplari di attrezzi agricoli in ferro e di macine rotatorie che resero molto più agevole la bonifica del sottobosco, la coltivazione dei cereali, e la molitura. Tra il VI e il V secolo a.C. datano, infatti, sia gli esemplari di macine rotatorie rinvenute a Monte Castellazzo di Poggioreale ed a Monte Maranfusa[41] sia gli attrezzi agricoli in ferro rinvenuti a Selinunte[42]. Lo sfruttamento intensivo del territorio da parte dei Selinuntini determinò la progressiva deforestazione della valle del Belice: le analisi polliniche hanno dimostrato che il polline arboreo che per millenni fu di circa l'80% del totale, diminuì drasticamente al 20% durante l'età greca e la copertura boschiva sempreverde, diffusa nella regione fino a 2600 anni fa, venne gradualmente sostituita dagli arbusti infestanti e da colture. In concomitanza con l'aumento dei pollini riferibili a

---

[36] Di Marzo 1859: 538.
[37] Di Marzo 1859: 264.
[38] Sull'importanza delle paludi nell'antichità vedi Traina 1988.
[39] Di Marzo 1859: 144.
[40] Di Marzo 1859: 569.
[41] La datazione delle macine rotatorie rinvenute in questi contesti è metà/fine VI e gli inizi del V secolo. Montali 2003: 390-391, 393-394; Spatafora 1993: 168.
[42] Allegro 2000: 41-42.

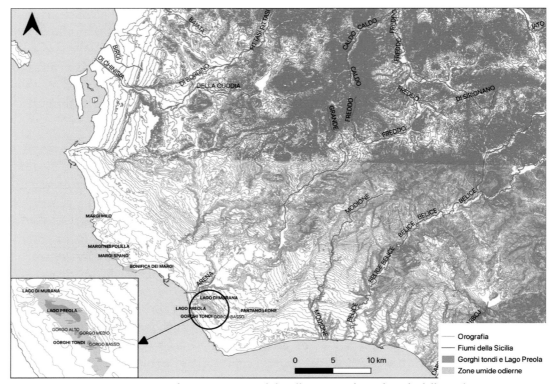

Figura 5 - *Aree umide ancora oggi visibili sulla costa sud-occidentale della Sicilia.*

piante infestanti, si è registrato anche il progressivo aumento di carboni[43]: questa correlazione ha suggerito agli studiosi che la distruzione delle foreste doveva essere messa in relazione con l'aumento degli incendi di origine antropica. In concomitanza con la scomparsa della foresta si registra, inoltre, un drastico abbassamento del livello del lago Preola e di Gorgo Basso e il dimezzamento dei resti faunistici riferibili al *cervus elaphus* documentato a Monte Maranfusa nei livelli di VI-V secolo a. C., che dall' 11,24% scendono al 4,13% del totale[44]. A parità di condizione climatiche, dunque, ciò che determinò il collasso del patrimonio forestale della costa fu l'intensificarsi dell'attività antropica, e, in particolare, dello sfruttamento agricolo e silvo-pastorale del territorio in concomitanza con l'arrivo dei Greci. È probabile che la riduzione della copertura boschiva, l'aumento degli incendi e l'intenso sfruttamento delle risorse idriche per la produzione agricola e per soddisfare il fabbisogno della popolazione selinuntina, possano aver favorito l'aumento del deposito dei sedimenti e aver indotto condizioni microclimatiche locali più secche con il conseguente inaridimento del paesaggio: le falde acquifere si prosciugarono e le foci dei fiumi Cottone, Modione e Belice si insabbiarono progressivamente, accentuando la stagnazione dell'acqua con la conseguente diffusione di malattie epidemiche. La stessa Selinunte, un tempo una delle città più fiorenti della Sicilia, risentì pienamente delle conseguenze del degrado ambientale provocato dall'indiscriminata distruzione del manto boschivo del suo retroterra. Le indagini stratigrafiche condotte presso le fortificazioni del fiume Cottone hanno evidenziato diversi depositi argillosi al di sopra del sottosuolo alluvionale naturale databili tra il II e III quarto del VI a.C. e il 409 a.C., rinvenuti lungo il paramento esterno delle fortificazioni e, in un caso, anche lungo il paramento interno[45]. Probabilmente l'incremento dei sedimenti che si andarono accumulando alle foci dei fiumi Modione e Cottone era tale che i Selinuntini non riuscirono a gestirlo con i sistemi di drenaggio

---

[43] Tinner et al. 2009: 1502.

[44] Di Rosa 2003: 399

[45] Mazza 2021: 1079, fig. 8; Mertens 2003: 301, fig. 376, 319.

che avevano utilizzato fino ad allora[46]: l'accentuazione del dilavamento del materiale alluvionale trasportato dai due torrenti che costeggiano la città e le terribili mareggiate causate dal *notos,* vento umido che soffiava da sud, portarono l'intera area al dissesto idrogeologico, alterando anche l'aspetto della linea di costa[47]. Il punto culminante di questa crisi ambientale è documentato da Diogene Laerzio che parla dell'intervento idraulico di Empedocle nel 444 a.C. per porre fine ad un grave problema di salute pubblica causato dalla presenza di zone malariche. Riferisce, infatti, Diogene Laerzio *"Poichè una pestilenza aveva colpito gli abitanti di Selinunte a causa dei miasmi pestilenziali provenienti dal fiume vicino così che essi morivano e le donne abortivano, Empedocle pensò di immettervi a proprie spese due fiumi di quelli vicini e mescolando le acque le addolcì"* [48]. È probabile, però, che questo intervento non abbia del tutto fermato il processo di insabbiamento della costa, dal momento che i dati archeologici documentano il progressivo deposito di strati alluvionali lungo le sponde del Gorgo Cottone fino al 409 a.C.[49]. Anche le indagini archeologiche condotte nell'area di Timpone Nero[50] e di Triolo[51], hanno evidenziato che le prime tracce dell'insabbiamento dell'area risalgono IV sec. a.C. È possibile, dunque, immaginare una relazione di consequenzialità tra eventi storici e cambiamenti climatici e ambientali, ipotizzando che la crisi ambientale che attraversò Selinunte possa aver indebolito la *polis* greca facilitandone la conquista[52].

Bibliografia

Agozzino, P. 2004. Appendix 1. Preliminary report on Gas Chromatography Analysis of Residues in storage vessels, in I. Morris, T. Jackman, B. Garnand, E. Blake, S. Tusa, P. Agozzino, T. Hnatiuk, G. Mahood, L. Meskell, R. Schon and H.P. Stika (eds) *Stanford University Excavations on the Acropolis of Monte Polizzo, Sicily, IV: Preliminary Report on the 2003 Season*: 276-274. Michigan: University of Michigan Press for the American Academy in Rome. http://www.jstor.com/stable/4238823

Allegro, N. 2000. Un ripostiglio di attrezzi agricoli da Himera, in I. Berlingò, H. Blanck, F. Cordaro, P.G. Guzzo, M.C. Lentini (eds) *Damarato. Studi di Antichità classica offerti a Paola Pelagatti*: 39-49. Milano: Electa.

Allinne, C. 2008. L'évolution du climat à l'époque romaine en Méditerranée occidentale: aperçu historiographique et nouvelles approches, in E. Hermon (ed.) *Verse une gestion intégrée de l'eau dans l'empire romain, Actes du Colloque International, Université Laval octobre 2006*, Atlante tematico di Topografia antica 16: 89-97. Roma: L'Erma di Bretschneider.

Antonioli, F., G. Cremona, F. Immordino, C. Puglisi, C. Romagnoli, S. Silenzi, E. Valpreda and V. Verrubbi 2002, New data on the Holocenic sea-level rise in NW Sicily (Central Mediterranean Sea). *Global and Planetary Change* 34: 121-140. https://doi.org/10.1016/S0921-8181(02)00109-1

Assessorato Territorio e Ambiente - Regione Sicilia 2015. Attuazione della direttiva 2007/60/CE relativa alla valutazione e alla gestione dei rischi di alluvioni. Piano di gestione del Rischio di Alluvioni (PGRA) All. A.18 - Bacino Idrografico del Fiume Belice (057). *Monografia Bacino*: 1-50.

Bufalini, M., D. Aringoli, P. Didaskalou, M. Materazzi, F. Pallotta, G. Panbianchi and P.P. Pierantoni 2022. Geo-enviromental chages and historical events in the area of the Greek archaeological site of Selinunte

---

[46] Crouch 2004: 75; Hermanns 2014: 114; Rubbel et al. 2014: 147.
[47] Bufalini et al. 2021: 80
[48] Diog.Laerz. VII, 2, 70.
[49] Mazza 2021: 1080; Mertens 2003: 350-351 fig. 398.
[50] Hermanns 2004: p. 42 f.
[51] Tusa 1984: 24-31; Tusa 1986: 26-28, 32-40.
[52] Crouch 2004: 87.

(Western Sicily, Italy). *Camhinos da historia* 27 (1) (gennaio/giugno): 71-95. https://doi.org/10.46551/issn.2317-0875v27n1p.70-95.

Calò, C., P.D. Henne, B. Curry, M. Magny, E. Vescovi, T. La Mantia, S. Pasta, B. Vannière and W. Tinner 2012. Spatio-temporal patterns of Holocene environmental change in southern Sicily. *Paleogeography, Paleoclimatology, Paleoecology* voll. 323-325 (15 marzo): 110-122. https://doi.org/10.1016/j.palaeo.2012.01.038.

Carapezza, M., R. Alaimo, S. Calderone and M. Leone 1983. I materiali e l'ambiente delle sculture di Selinunte, in V. Tusa (ed.) *La scultura in pietra di Selinunte*: 32-41. Palermo: Sellerio Editore.

Cavallari, F.S. 1872. Topografia di Selinunte e i Suoi Dintorni. *Bullettino Della Commissione Di Antichità e Belle Arti in Sicilia*, V: 1–8.

Chilardi, S. 2006. Le archeofaune dell'insediamento di Mokarta (poster), in *XLI convegno dell'Istituto Italiano di Preistoria e Protostoria - Dai Ciclopi agli Ecisti. Società e territorio nella Sicilia preistorica e protostorica* (16-18 novembre 2006).

Columba, G.M. 1991. *I porti della Sicilia*. Palermo: Accademia Nazionale di Scienze Lettere e Arti di Palermo.

Crouch, D. 2004. *Geology and settlement Greco-roman patterns*. Oxford: Oxford University Press.

De Angelis, F. 2003a. Equations of culture: the meeting of Natives and Greek in Sicily. *Ancient West and East* 2: 19-50.

De Angelis, F. 2003b. *Megara Hyblaiai e Selinous. The development of two Greeks city-states archaic period*. Oxford: Oxford University School of Archaeology.

De Angelis, F. 2007. Archaeology in Sicily 2001-2005. *Archeological Reports* 53: 123-190. https://www.jstor.org/stable/25066686.

De Angelis, F. 2016. *Archaic and Classical Greek Sicily: A Social and Economic History*. Oxford: Oxford University Press.

De Vido S. 2010. Selinunte. *Bibliografia Topografica della Colonizzazione Greca in Italia e nelle Isole tirreniche* XVIII: 596-678.

Di Marzo, G. 1859. *Dizionario topografico della Sicilia di Vito Amico tradotto dal latino e continuato sino ai nostri giorni*. Palermo: Salvatore Di Marzo Editore.

Di Rita, F., W.J. Fletcher, J. Aranbarri, G. Margaritelli, F. Lirer and D. Magri 2018. Holocene forest dynamics in central and western Mediterranean: periodicity, spatio-temporal patterns and climate influence. *Scientific Reports*, 8, n. 8929 (giugno): 1-13. https://doi.org/10.1038/s41598-018-27056-2

Di Rosa M. 2003. I resti faunistici, in Soprintendenza dei Beni Culturali ed Ambientali di Palermo (ed.) *Monte Maranfusa, un insediamento nella media valle del Belice*: 397-413. Palermo:

Falsone, G. 1992. Monte Castellazzo di Poggioreale. *Bibliografia Topografica della Colonizzazione greca in Italia e nelle isole tirreniche* X: 307-312.

Fazello, T. 1574. *Le due deche dell'historia di Sicilia*. Venezia: Domenico e Giovanbattista Guerra editori.

Gallo, L. 1983. Alimentazione e classi sociali: una nota su orzo e frumento in Grecia. *Opus II*: 449-467.

Gallo, L. 1989. Produzione cerealicola e demografia siciliana. *AION - Annali dell'Istituto Orientale di Napoli*: 30-53;

Giraudi, C., M. Magny, G. Zanchetta and R. Drysdale 2011. The Holocene climatic evolution of Mediterranean Italy: a review of the continental geological data. *The Holocene Special Issue* 21 (1): 105-115. https://doi.org/10.1177/0959683610377529.

Guglielmino, R.1997. Materiali arcaici e problemi di ellenizzazione ad Entella, in *Atti delle Seconde Giornate Internazionali di Studi sull'Area Elima* (Gibellina 22-26 ottobre 1994): 957-978.

Harris, W. and A. Samuel 1826. Sculptured Metopes discovered amongst the Ruins of the temples of the ancient city of Selinus, in *Sicily William Harris and Samuel Angell, in the Year 1823 described by Samuel Angell and Thomas Evans*. London: Priestley and Weale.

Hermanns, M.H. 2004. Licht und Lampen in westgriecheschen Alltag. Beleuchtungsgerät des 6.-3.Jhs. v. Chr, in *Selinunt, Inernational Archäologie* 87. Rahden/Westph: Verlag Marie Leidorf GmbH.

Hermanns, M.H. 2014. Die Hafenanlagen von Selinunt. Materialien zur einer westgriechischen Küstenstadt. *Mitteilungen des Deutschen Archäologischen Instituts römische Abteilung* 120: 99-134.

Hittorf, J.I., Z. Ludwig 1870. *Recueil des monuments de Ségeste et de Sélinonte*. Parigi: Imprimerie de E. donnaud.

Holm, A. 1896. *Storia Della Sicilia Nell'antichità (Vol. 1)*. Torino: C. Clausen.

Hoüel, J.P.L. (1782). *Voyage Pittoresque Des Isles de Sicile, de Malte et de Lipari, Où l'on Traite Des Antiquités Qui s'y Trouvent Encore: Des Principaux Phénomènes Que La Nature y Offre; Des Costume Des Habitans, & de Quelques Usages*. Paris: L'imprimerie de Monsieur.

Hnatiuk T. 2003. Appendix 1. Preliminary Faunal Report on the Acropolis of Monte Polizzo, 2002, in I. Morris, T. Jackman, E. Blake, B. Garnand, S. Tusa, T. Hnatiuk, W. Matthews and H.P. Stika (eds) *Stanford University Excavations on the Acropolis of Monte Polizzo, Sicily, III: Preliminary Report on the 2002 Season. Memoirs of the American Academy in Rome* 48: 294-297.

Hnatiuk, T. 2004. Appendix 2. Preliminary Faunal Report on the Acropolis of Monte Polizzo, 2003, in I. Morris, T. Jackman, E. Blake, B. Garnand, S. Tusa, T. Hnatiuk, W. Matthews and H.P. Stika (eds) *Stanford University Excavations on the Acropolis of Monte Polizzo, Sicily, III: Preliminary Report on the 2003 Season. Memoirs of the American Academy in Rome* 49: 247-253.

Hulot, J. and F. Gustave 1910. *Sélinonte, la ville, l'acropole et les temples*. Paris: Ch. Massn.

Johansson, F. 2004. Faunal Remains from the Excavation at Monte Polizzo, Sicily, in *The Sicilian Scandinavian Project, Field Reports 1998-2001*, 69-76. Göteborg: ed. C. Miihlenbock and C. Prescott.

Jonash, M., L. Adorno and R. Miccichè 2021. Selinunte: sondaggio nella stratigrafia del pianoro di Manuzza. Rapporto preliminare. *Fasti Online Documents & Research* 511: 1-31.

Lambeck, K., F. Antonioli, A. Purcell and S. Silenzi 2004a. Sea level change along the Italian coast for the past 10,000 yrs. *Quaternary Science Reviews* 23: 1567-1598. https://doi.org/10.1016/j.quaint.2010.04.026.

La Rosa, A., L. Gianguzzi, G. Salluzzo, L. Scuderi and S. Pasta 2021. Last tesserae of a fading mosaic: floristic census and forest vegetation survey at Parche di Bilello (south-western Sicily, Italy), a site needing urgent protection measure. *Plant Sociology* 58 (1): 55–74. https://doi.org/10.3897/pls2020581/04.

Lambeck, K., M. Anzidei, F. Antonioli, A. Benini and A. Esposito 2004b. Sea level in Roman time in the Central Mediterranean and implications for modern sea level rise. *Earth and Planetary Science Letters* 224 (gennaio): 563-575. https://doi.org/10.1016/j.epsl.2004.05.03.

Lazzarini, L. 2016 La calcarenite gialla dei templi di Selinunte: cave, caratterizzazione e problemi di conservazione, in V. Nicolucci (ed.) *Selinunte restauri dell'antico*: 145-153.Roma: De Luca Editori d'Arte.

Marconi, C. 2019-2020. Selinunte, Sicily. *Archeology Journal Institute of Fine Arts* 8: 6.

Marconi, C. 2022. Acropoli 2002. Cronaca di scavo (22 luglio 2022). Presentazione degli scavi di Selinunte e mostra dei principali reperti. *Facebook*, 22 luglio 2022. https://fb.watch/evqNq6i6i3/

Mazza, A. 2021. Waterscape and Floods Management of Greek Selinus: The Cottone River Valley. *Open Archaeology* 7 (Luglio): 1066-1090. https://doi.org/10.1515/opar-2020-0172

Mertens, D. 2003. *Selinus I. Die Stadt und ihre Mauern.* Mainz am Rhein: Verlag Pilippe Von Zabern.

Mertens, D. c.s. *Selinus III.2.* Die Grabungen am Ostrand der Agora.

Montali, G. 2003. Manufatti in pietra: macine, macinelle e pestelli, in *Monte Maranfusa. Un insediamento nella media Valle del Belice*: 379-396. Palermo: Assessorato Regionale dei Beni Culturali Ambientali e della pubblica Istruzione.

Morris, I. and S. Tusa 2005. Scavi sull'Acropoli di Monte Polizzo. *Sicilia Archeologica* 102: 35-84.

Noto, G.B. 1732. unpubl. Platea della Palmosa Città di Castelvetrano, Suo stato, Giurisdizione, Baronie e Contea del Borgetto aggregati. Manoscritto Biblioteca Municipale di Castelvetrano 53.

Novellis, D. 2021. Il contributo dell'archeobotanica allo studio delle paleovegetazioni del territorio entellino, in A. Coretti, An. Facella, M.I. Gulletta, C. Michelini and M.A. Vaggioli (eds) *Entella II. Carta archeologica del comune di Contessa Entellina dalla Preistoria al Medioevo*: 13-21. Pisa: Scuola Normale di Pisa.

Peschlow-Bindokat, A.1990. *Die steinbruche von Selinunte die Cave di Cusa und die cave di Barone.* Mainz am Rhein: Verlag Pilippe Von Zabern.

Rabbel W., G. Hoffmann-Wieck, O. Jakobsen, K. Özkap, H. Stümpel, W. Suhr, E. Szalaiova and S. Wölz 2014. Seismische Vermessung der verlandeten Buchten des Medioneund Gorgo Cotone. Hinweise zur lage des Hafens der antiken Stadt Selinunt, Sizilien. *Mitteilingen des Deutschen Archäologischen Instituts Römische Abteilung* 120: 135-150.

Reinganum, H. 1827. *Selinus Und Sein Gebiet.* Leipzig: B.G. Teubner.

Salinas, A. 1894. Relazione sommaria intorno agli scavi eseguiti dal 1887 al 1892. *Notizie degli Scavi* (giugno): 215-216.

Serradifalco, D. (Lo Faso Pietrasanta Duca di). 1834. *Antichità Della Sicilia esposte ed illustrate (Vol. 2).* Palermo: Andrea Altieri.

Schubring, J.1865. Die Topographie der Stadt Selinus in Nachrichten. *Nachrichten von der Königl. Gesellschaft der Wissenschaften und der Georg-Augusts-Universität zu Göttingen*: 401-443

Spatafora, F. 1993. Un Gruppo di macine da Monte Castellazzo di Poggioreale, in *Studi sulla Sicilia occidentale in onore di Vincenzo Tusa*, 165-171. Padova: Bottega d'Erasmo Ausilio.

Stika, H.P. 2004. Appendix 6. Preliminary Report on the Archaeobotanical remains (2003 season) from Monte Polizzo (sixth-fourth century B.C.) in Sicily, in I. Morris, T. Jackman, E. Blake, B. Garnand, S. Tusa, T. Hnatiuk, W. Matthews and H.P. Stika (eds) *Stanford University Excavations on the Acropolis of Monte Polizzo, Sicily, IV: Preliminary Report on the 2003 Season*: 276-274. Michigan: University of Michigan Press for the American Academy in Rome. http://www.jstor.com/stable/4238823

Stika, H.P. and A.G. Heiss 2013. Seed from the fire: charred plant remains from Kristian Kristiansen's excavation in Sweden, Denmark, Hungary and Sicily, in S. Bergerbrant and S, Sabatini (eds) *Counterpoint: Essays in Archaeology and Heritage Studies in Honour of Professor Kristian Kristiansen*: BAR International Series 2508: 77-86. Oxford: Archeopress. https://doi.org/10.13140/2.1.2214.4004

Stika H.P., A.G. Heiss and B. Zach 2008. Plant remains from the early iron Age in western Sicily: differences in subsistence strategies of Greek and Elimina sites. *Veget Hist Archaeobot* 17, suppl. 1(agosto): 139-148. https://doi.org/10.1007/s00334-008-0171-9

Streiffert Eikeland, K. 2006. Indigenous households: transculturation of Siclily and southern Italy in the Archaic period. *Gotarc* series B, vol. 44. Göteborg: Göteborg University.

Tinner, W., J.F.N. Leeunwen, D. Colombaroli, E. Vescovi, W.O. van der Knaap, P.D. Henne, S. Pasta, S. D'Angelo and T. La Mantia 2009. Holocene environmental and climatic changes at Gorgo Basso, a costal lake in southern Sicily, Italy. *Quaternary Science Reviews* 28, (luglio): 1498-1510. https://doi.org/10.1016/j.quascirev.2009.02.001.

Traina, A. 1988. *Paludi e bonifiche nel mondo antico*. Roma: L'Erma di Bretschneider.

Trombi, C. 2015. La ceramica indigena decorata della Sicilia occidentale. Mantova: Universitas Studiorum Editore.

Tusa, S. 1993-94. Ricognizione e scavo nel campo della ricerca archeologica preistorica, protostorica e subacquea nella provincia di Trapani. *Kokalos* 39-40, II, 2: 1493-1554.

Tusa, S. 1994. *La preistoria del basso Belice e della Sicilia meridionale nel quadro della preistoria siciliana e mediterranea*. Palermo: Società Storia Patria.

Tusa, V. 1984. Selinunte, Malophoros. Rapporto preliminare sulla prima campagna di scavi 1982. *Sicilia Archeologica* 17, 54: 17-58.

Tusa, V. 1986. Selinunte, Malophoros. Rapporto preliminare sulla seconda campagna di scavi. *Sicilia Archeologica* 19, 60/61: 13-96.

Villari P. 1996. Resti di due cervi (cervus elaphus L 1758) del V sec. .C. Ad Erbe Bianche (Campobello di Mazara, Sicilia occidentale), *Atti e Memorie Ente Faunistico Siciliano* IV: 27-38.

Villari, P. 1997. Evidenze di Processi di domesticazione del cervo (protobreeding) nella preistoria siciliana, in S. Tusa (ed.) *Prima Sicilia. Alle origini delle società siciliane*: 249-252. Palermo: Ediprint.

Zazo, C., C.J. Dabrio, J.L. Goy, J. Lario, A. Cabero, P.G. Silva Barroso, T. Bardaji, N. Mercier, F. Borja, E. Roquero 2008. The coastal archives of the last 15 ka in the Atlantic–Mediterranean Spanish linkage area: Sea level and climate changes. *Quaternary Internation* 181: 72-87.

Dinamiche di insediamento e sfruttamento del territorio nella regione della Prima Cataratta del Nilo (Egitto).

Serena Nicolini
(Università di Bologna)

Abstract: the First Cataract region (Egypt) has always played a crucial role as a crossroads for people living in adjacent landscapes and with different cultures. The area extends up to Kom Ombo in the north and the Bab el-Kalabsha in the south. Multi-temporality and multifunctionality appear as two important aspects: remote sensing data and topographical materials have been used for obtaining information about the strategies of natural resources exploitation and settlement adaptation. Widely known types of GIS analysis, data pertaining different aspects of the strategies of people in relationship with their landscape can be collected.

Keywords: landscape archaeology, remote sensing, First Cataract region, QGIS.

Intoduzione

La regione della Prima Cataratta del Nilo, posizionata nel sud dell'Egitto e con perno centrale la città moderna di Aswan, rappresenta da sempre un luogo di incontro tra culture diverse e di adattamento a condizioni territoriali complesse per quanto riguarda l'agricoltura e l'insediamento umano. A differenza infatti di altre zone lungo la media valle del Nilo, qui le sponde del fiume risultano molto strette e raggiungono solo 1-2km di larghezza, rendendo quindi difficoltosa la coltivazione; la presenza di numerose risorse minerarie costituisce una ricchezza ma pone anche sfide per il loro sfruttamento. Anche gli insediamenti hanno dovuto adattarsi a un territorio che garantiva una serie di opportunità ma anche notevoli problematiche. La caratteristica fisica di maggiore importanza della regione è rappresentata dalla cataratta, un insieme di isole di varie dimensioni e affioramenti rocciosi che rendono insicura e disagevole la navigazione sul Nilo, a causa della corrente e dei mulinelli.

Per meglio comprendere le dinamiche insediative in quest'area, è necessario porre l'attenzione non solo sulla valle del Nilo ma anche sulle regioni adiacenti che mostrano un'intensa frequentazione lungo i secoli legata, fra gli altri aspetti, alla presenza delle vie di comunicazione. L'area selezionata per questa ricerca comprende la valle del Nilo da Kom Ombo a Kalabsha e i deserti per una lunghezza di circa 60km a est e a ovest (Figura 1). Oltre a permettere una visione d'insieme della regione, questa selezione dà anche la possibilità di analizzare con la stessa metodologia la porzione settentrionale della Bassa Nubia, quasi completamente scomparsa in seguito alla costruzione delle due dighe di Aswan. I risultati preliminari di questo lavoro mostrano come le strategie insediative si siano modificate nei secoli e che questo non sia imputabile tanto a fattori climatici o ambientali, ma a motivazioni di altro genere.

La metodologia

Per quanto riguarda la metodologia seguita, i dati archeologici e geografici sono stati raccolti all'interno di un database sviluppato in QGIS e affiancato da uno in *Access*. La ricostruzione del territorio e in particolare della porzione meridionale sono state usate mappe topografiche compilate nella prima metà

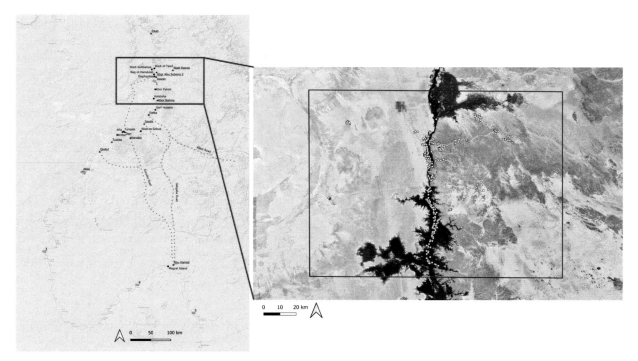

Figura 1 - La regione della Prima Cataratta del Nilo.

del XX secolo da diversi enti, immagini aeree storiche e satellitari, oltre a piante pubblicate in seguito a ricognizioni e scavi archeologici. Tutti i materiali raccolti sono stati georeferenziati usando come datum WGS84 e utilizzando le coordinate geografiche (se presenti sulle mappe) o attraverso un procedimento manuale che ha individuato quanti più punti di controllo possibili. La ricostruzione non è, tuttavia, completa, dal momento che i vari dataset non arrivano a coprire interamente l'areale preso in considerazione, mentre certe zone presentano uno o due soli dataset disponibili, a differenza di altre per le quali molte più informazioni possono essere raccolte.

Le immagini satellitari Landsat 7 e 8 sono state prese in considerazione, seppur in maniera limitata: infatti, il territorio che esse mostrano ha subito tanti e tali cambiamenti da rendere complesso potervi fare affidamento nel momento in cui si cerca di comprendere le dinamiche di popolamento antico. Non solo la costruzione delle due dighe ha avuto un impatto enorme sulla regione, ma anche l'aumento della popolazione negli ultimi decenni (1970-2020) ha causato l'estensione dei villaggi e delle città, la creazione di nuove infrastrutture quali autostrade e piloni per l'energia elettrica nel deserto, lo sbancamento di aree destinate all'impianto di nuovi campi coltivabili ed edifici, la realizzazione di canali artificiali per l'approvvigionamento idrico. Tutto questo ha comportato enormi cambiamenti nel territorio e anche la distruzione, in molti casi, di siti archeologici ha inciso pesantemente sulla possibilità di comprendere a pieno le dinamiche insediative del passato.

Per le analisi territoriali, si è utilizzato un DEM a 30m di risoluzione che ha il vantaggio di coprire l'intera estensione delle aree considerate ed è stato scaricato gratuitamente;[1] tuttavia, la risoluzione molto bassa non permette di considerare questi risultati definitivi e quindi essi rimangono soggetti a revisione critica. Il DEM è stato utilizzato, in particolare, per verificare l'accumulo idrico usando i plugin *Flow*

---

[1] Dal sito https://earthexplorer.usgs.gov.

Direction Model e *Flow Accumulation Model.*[2] I risultati hanno mostrato come in molti casi i siti archeologici noti, non considerando in questa sede la loro cronologia o tipologia, vadano a disporsi in corrispondenza o nelle immediate vicinanze dei maggiori punti di presenza idrica. Ciò conferma che le modalità insediamentali hanno sempre fatto attenzione a questo, nonostante oggi sia talvolta difficile notare: le condizioni climatiche attuali risultano leggermente diverse da quelle del passato, per cui a fronte della presenza di cisterne o sorgenti segnalate sulle mappe queste non risultano più attive. Occorre tuttavia notare che risultano sempre più frequenti i casi di piogge di breve durata ma di notevole intensità sia lungo la valle del Nilo che nei deserti adiacenti: tali temporali non di rado causano il riempimento degli *wadis* e violente inondazioni, per far fronte alle quali sono state realizzate delle dighe per proteggere le coltivazioni e gli insediamenti. È stato possibile utilizzare il DEM anche per proporre un primo modello di inondazione della valle del Nilo tramite *Floodplain Inundation Calculator*,[3] usando come dati le misurazioni del livello dell'acqua dalle serie storiche raccolte dai nilometri di Elephantine e de Il Cairo e relazionando le aree sommerse annualmente con la localizzazione dei siti archeologici sulla base della cronologia di questi ultimi.[4]

Le ricerche archeologiche

Le ricerche archeologiche sono da sempre state frequenti e numerose nell'area della Prima Cataratta e concentrate sulle sue caratteristiche peculiari, quali la presenza di importanti siti cultuali e di numerose iscrizioni di epoca dinastica (Figura 2). Le attività si sono concentrate su siti specifici, come Elephantine e Qubbet el-Hawa, o su zone più ampie ma ben riconoscibili come Wadi el-Hudi o il Gebel Tingar. Solo rare eccezioni hanno portato a ricognizioni su scala più ampia, che permettono di delineare le caratteristiche della presenza umana nell'area: il progetto Quarryscapes[5] ha posto l'attenzione sui siti di estrazione dei minerali, ma si è occupato anche della documentazione di arte rupestre, e l'Aswan-Kom Ombo Archaeological Project (AKAP, 2005-in corso)[6] i cui risultati sono al momento pubblicati solo parzialmente. Proprio sulla base dell'esperienza di AKAP si è cercato di allargare il più possibile l'analisi al territorio della Prima Cataratta, per andare oltre la dimensione del "sito" e studiare il territorio nel suo insieme, prospettiva questa che non ha molti paralleli a oggi in ambito egiziano.

Oltre a una base territoriale di carattere regionale, si è anche scelto di prendere in considerazione una cronologia ampia in modo tale da seguire gli sviluppi delle attività umane in questa zona in una prospettiva diacronica sviluppata tra l'Olocene (V millennio a.C.) e l'inizio del periodo islamico (fine VII secolo d.C.). Le epoche precedenti l'inizio del V millennio non sono state considerate in virtù del fatto

---

[2] Si ringrazia in particolare la dott.ssa Louise Rayne (Newcastle University), per l'aiuto nell'esecuzione delle analisi e nell'elaborazione dei risultati.

[3] Il plugin è stato elaborato e reso disponibile dalla dott.ssa Ukki Kaden a questo link: https://plugins.qgis.org/plugins/inundation_calculator/. Si ringrazia ancora una volta la dott.ssa Rayne per l'aiuto in questa fase della ricerca.

[4] Questa analisi è stata condotta in stretta collaborazione con il progetto "Egyptian state formation and the changing socio-spatial landscape of the First Nile Cataract region in the 4th-3rd millennia BCE (BORDERSCAPE)" (https://www.borderscapeproject.org), diretto dalla prof.ssa Maria C. Gatto. Si ringraziano la prof.ssa Gatto e il dott. Oren Siegel per la possibilità di prendere parte all'elaborazione dei dati. I risultati del lavoro saranno pubblicati a cura del progetto; una discussione preliminare può essere visionata sul sito di BORDERSCAPE, https://www.borderscapeproject.org/2022/04/11/borderscape-blog-11-visualizing-flood-data/.

[5] Abu-Jaber, Bloxam, Degryse and Heldal 2009 e bibliografia precedente.

[6] https://akapegypt.org/.

Project name	Focus area	Activities
The Aswan - Kom Ombo Archaeological Project (AKAP)	Selected areas between Aswan and Kom Ombo	Survey, excavation, rock art documentation, analysis of the findings
DAI Project on Elephantine Island	Elephantine Island	Excavation and analysis of the findings
Qubbet el-Hawa Project, West Aswan (Universidad de Jaén)	Qubbet el-Hawa	Excavation and analysis of the findings
Qubbet el-Hawa Research Project (University of Birmingham)	Qubbet el-Hawa	Excavation and analysis of the findings
Joint Swiss-Egyptian Mission, Swiss Institute Cairo and Aswan Inspectorate	Elephantine Island	Excavation and epigraphic documentation
Wadi el-Hudi, California State University	Wadi el-Hudi	Epigraphic and topographic documentation; excavation and analysis of the findings
Egyptian-Italian Mission at West Aswan (EIMAWA)	Aga Khan Mausoleum's necropolis	Excavation and documentation of tombs and findings
Philae-Project of the Austrian Academy of Sciences	Temple of Philae	Epigraphic documentation
Swiss Mission Fortification wall Aswan-Shellal	Wall linking Aswan and Shellal	Architectural documentation and excavation
DAIK / TOPOI	Deir Anba Hadra (St. Simeon)	Epigraphic and architectural documentation
WASRAP - Wadi Abu Subeira Rock Art Project, Abu Subeira, Aswan, Museum National d'Histoire Naturelle de Paris	Selected areas of Wadi Abu Subeira	Rock Art documentation
Rock art documentation project lead by the Aswan Inspectorate in Wadi Abu Subeira	Selected areas of Wadi Abu Subeira	Rock Art documentation
Austrian Academy of Sciences Project in Kom Ombo	Kom Ombo, selected areas around the temple	Excavation and analysis of the findings

Figura 2 - Le missioni archeologiche attive nella regione della Prima Cataratta del Nilo.

che i cambiamenti ambientali e climatici sono stati ampiamente documentati[7] e i dati a disposizione risultano essere pertinenti a pochi contesti archeologici ben studiati, mentre ampie aree non sono mai state esaminate dal punto di vista scientifico. Questo in realtà è un fattore comune a molte aree situate nella regione della Prima Cataratta, perché larghe porzioni del territorio non hanno ricevuto campagne di documentazione o ricognizione archeologica che avrebbero reso disponibili dati sul patrimonio presente. Tale mancanza di informazioni dipende da molte ragioni, una delle quali è la difficoltà di raggiungere tali aree e le condizioni proibitive di vita e lavoro sul campo. Da ciò si evince l'importanza che la ricerca archeologica tramite tecnologie di *remote sensing* ha assunto negli ultimi decenni, non solo come ricognizione preventiva delle evidenze ma soprattutto come strumento di analisi territoriale. Numerose sono le evidenze che si possono vedere a occhio nudo, se la risoluzione delle immagini è alta a sufficienza, dai siti di estrazione e lavorazione dei minerali a strutture in pietra di varia forma, isolate o raggruppate in insediamenti o necropoli. Si possono individuare anche i tracciati delle piste carovaniere, sebbene la continuità di utilizzo renda complesso distinguere il percorso antico quando questo è quasi completamente sovrapposto a quello/i moderno/i.

La conquista dell'Egitto da parte del mondo islamico rappresenta il termine finale del periodo considerato in questa ricerca per le conseguenze storiche, culturali e amministrative che l'evento ha innescato. Nonostante si possano individuare innumerevoli punti di svolta anche nelle epoche precedenti e l'avvento dell'Islam sia stato un processo durato a lungo nel tempo, questo ha comunque segnato in maniera tanto pervasiva la società egiziana da poter essere considerato come un punto di notevole distacco col passato.

---

[7] Kuper and Kröpelin 2006.

I risultati preliminari

L'analisi territoriale condotta sulla base delle informazioni a disposizione permette di tracciare un quadro preliminare del popolamento della regione della Prima Cataratta in prospettiva diacronica, a cui è necessario affiancare anche l'osservazione dei territori limitrofi per avere una visione a più ampio raggio. Alcuni aspetti che meriteranno ulteriori approfondimenti sembrano rilevanti da questi punti di vista, soprattutto quando li si va a considerare anche sulla base dell'osservazione storica e delle dinamiche di sviluppo.

Purtroppo, al momento i dati riferibili al V millennio a.C. sono molto limitati, ma è interessante notare che sepolture riferite a questo periodo siano state documentate nel deserto orientale lungo lo Wadi el-Lawi e i suoi affluenti.[8] Il IV millennio, al contrario, è caratterizzato da una presenza umana estesa e identificata nella maggioranza dei casi dall'elemento egiziano che predomina su quello nubiano (Figura 3a). Sono noti inoltre siti a carattere misto, in cui le due culture risultano attestate e pertanto è possibile ipotizzare una coesistenza e delle relazioni di scambio. Occorre notare che molti dei siti documentati sono necropoli, rimaste in uso anche per diverse epoche come quella di Sheikh Mohamed a nord di Aswan,[9] quella di Shellal[10] e quella di Khor Bahan[11] solo per citare alcuni esempi. Tantissimi sono anche i siti di arte rupestre, che mostrano l'interesse a controllare il territorio o a lasciare tracce di chi lo ha attraversato sia lungo la valle del Nilo che nei deserti e lungo *wadis* e *khors*. La popolazione appare diffusa nel territorio, in piccoli insediamenti di meno di un ettaro di estensione con le relative necropoli che fanno quindi supporre una presenza non numerosa ma dispersa nella regione fino ad arrivare all'Oasi di Kurkur, dove si segnala un insediamento a carattere probabilmente temporaneo che apre a considerazioni in merito alla diffusione dei gruppi umani. L'unica eccezione è rappresentata da Kom Ombo, per il quale al momento non sono disponibili informazioni certe su queste epoche, ma in futuro i dati risulteranno più sicuri grazie al prosieguo delle ricerche archeologiche. Il ruolo di preminenza di Elephantine assunto nel corso del III millennio sembra essere in contrasto con la possibilità di avere un centro amministrativo importante a Kom Ombo, sebbene in epoche diverse le due realtà abbiano convissuto.

Nel passaggio con l'epoca dinastica, nei primi secoli del III millennio (Figura 3b), si aprono nuove dinamiche di insediamento che appaiono poco chiare per mancanza di dati archeologici se riferite al primo periodo dinastico (dinastie I-II). È assai probabile che il processo di diminuzione dei centri abitati e delle relative necropoli e l'accentramento su Elephantine, iniziato già nelle fasi avanzate del IV millennio, sia proseguito durante le prime dinastie per apparire in maniera più che evidente con l'Antico Regno. Emergono in seguito interessi specifici verso le risorse minerarie di Wadi el-Hudi, mentre le presenze nel deserto occidentale sono localizzate nell'Oasi di Kurkur indicando l'attivazione dei percorsi che conducevano dalla valle alle grandi oasi e alle piste carovaniere che attraversavano il deserto, a conferma di quanto noto dalle fonti storiche. Il II millennio (Figura 4a) è caratterizzato da un'estesa presenza egiziana e nubiana a dimostrazione della natura complessa della regione nel contesto geografico di riferimento. Il concetto di frontiera o confine amministrativo nei termini che conosciamo oggi o che si può applicare in altre epoche appare estremamente limitante per una situazione che mostra elementi culturali diversificati, che non appaiono in contrasto aperto. Sembra

---

[8] Gatto 2005.
[9] Junker 1919.
[10] Reisner 1910: 17—74.
[11] Reisner 1910: 114—142.

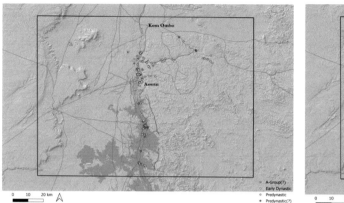 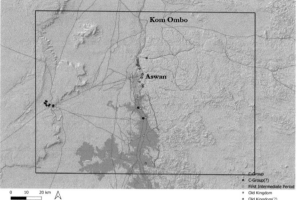

Figura 3 - La distribuzione dei siti archeologici: a)a sinistra, la situazione durante il IV millennio a.C.; b) a destra, la situazione durante le fasi avanzate del III millennio a.C.

più corretto evidenziare la convivenza di tali elementi e la loro compresenza negli stessi siti a prescindere dalla tipologia di questi ultimi.

Risulta difficile fare dei confronti con la prima metà del I millennio a.C. per via della scarsità delle evidenze archeologiche ed epigrafiche, mancanza che non è imputabile esclusivamente a una più scarsa frequentazione dell'area o a una diminuzione della popolazione. Con buona probabilità, i siti riferibili a questi periodi sono in netta continuità con le epoche precedenti e con quelle successive e, di conseguenza, le evidenze possono essere state in parte o integralmente riutilizzate in seguito o obliterate. Saltano però all'occhio le iscrizioni regali che marcavano importanti snodi fluviali, quali Elephantine, Konosso e Gudhi scelti dai sovrani della XXVI dinastia,[12] o lungo le direttrici di collegamento, come le iscrizioni di Taharqa sulla strada tra Kalabsha e Tafa.[13] Sono inoltre frequenti i casi di oggetti ed elementi architettonici assegnabili a questo periodo, rivenuti privi di contesto archeologico, segnalati solo brevemente da viaggiatori o archeologi e spesso spostati in luoghi considerati più congrui per l'esposizione e la conservazione: tali testimonianze, frequenti nell'area di Philae e Shellal, non possono essere considerate diversamente dal ritrovamento sporadico, ma indicano comunque la frequentazione e l'attività edilizia nell'area. L'epoca tolemaica appare invece in maniera molto più estesa ed evidente, in tutta la regione, questa volta però intesa come valle del Nilo, dal momento che non vi sono tracce archeologiche chiaramente riferibili a questo periodo nei deserti. È tuttavia ipotizzabile l'uso delle maggiori direttrici di comunicazione, che poi saranno fondamentali in epoca romana. Anche in questo caso, molto spesso le testimonianze sono frammentarie o abbiamo informazioni derivanti da riutilizzi, come nel caso della cappella di culto che era stata realizzata a Kalabsha, della quale è stato possibile recuperare parte dei blocchi solo in seguito allo smantellamento del tempio di Mandulis.[14] Molto interessante è quanto si vede nella zona di Philae con la crescita in termini fisici ma anche rituali del tempio di Iside e di quello collegato sull'isola di Biga, dove sorgevano anche degli insediamenti la cui datazione prima dell'epoca islamica non è mai stata verificata, ma anche lo sviluppo delle necropoli su quella di el-Hesa.

---

[12] Per Elephantine e Konosso si rinvia alla numerosa bibliografia disponibile e alle risorse online. Per Gudhi, si veda Reisner 1910: 155.
[13] Weigall 1907: 68. Weigall 1908: 105. Roeder 1911: 211-12.
[14] Wright 1987.

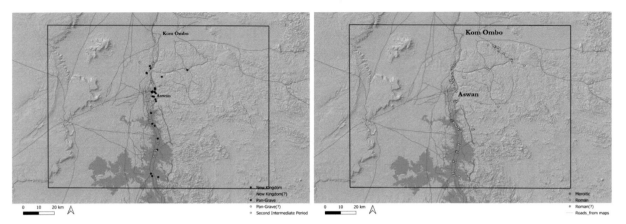

Figura 4 - La distribuzione dei siti archeologici: a) a sinistra, la situazione durante il II millennio a.C.; b) a destra, la situazione durante l'epoca romana (I secolo d.C.).

A partire dai decenni finali del I secolo a.C., l'area della Prima Cataratta diviene fondamentale luogo di transito, culto e traffici da parte dell'amministrazione romana e dei rapporti con l'impero Meroitico (Figura 4b): come detto in precedenza e a differenza di altre aree quali il Fayum e il Delta, la regione non vanta ampi spazi coltivabili, ma garantisce l'approvvigionamento di materie lapidee di qualità e consente i collegamenti con la costa del Mar Rosso come indicato dai numerosi rinvenimenti di aree di sosta e ceramica da trasporto lungo gli *wadis*. Lungo la valle, inoltre, sono numerosi gli insediamenti per l'esercito, come Nag el-Hagar[15] all'ingresso meridionale della piana di Kom Ombo. Il grande sviluppo dei centri di Tafa e Qertassi può essere legato, con una buona dose di probabilità, allo sfruttamento delle cave di granito e arenaria localizzate rispettivamente nelle vicinanze dei due siti. La costruzione del tempio di Mandulis a Kalabsha, iniziato da Augusto, deve avere influenzato la vita nel villaggio costruito a ovest del grande monumento, insieme alla presenza del restringimento del Nilo (Bab el-Kalabsha), sebbene la sfera d'influenza romana sulla Δωδεκάσχοινος arrivasse molto più a sud fino a Dakka. Per quanto riguarda la presenza di elementi culturali diversi, in epoca romana sono molto frequenti i materiali ceramici pertinenti i Blemmies del deserto orientale in concomitanza dei siti di sosta lungo le piste carovaniere, facilmente distinguibili dalle anfore romane perché non torniti: il loro ruolo come componenti fondamentali all'interno dei traffici commerciali. Su base epigrafica, l'elemento meroitico è presente nei templi maggiori con iscrizioni e graffiti, ma risulta molto meno visibile nel record archeologico, a differenza di quanto attestato nelle zone più a sud e quindi da mettere in relazione a precise scelte insediative e alle relazioni tra le varie componenti culturali.

Nel corso del I secolo d.C., la progressiva espansione del cristianesimo si riflette nella costruzione di edifici di culto e in monasteri, oltre che nella rifunzionalizzazione dei templi già presenti in chiese (e, successivamente, in moschee). È opportuno sottolineare la continuità di utilizzo di questi siti, in particolare: in molti casi, essi rimarranno in uso per secoli e subiranno interventi di sistemazione o ristrutturazione, divenendo dei veri e propri punti di riferimento per la topografia della regione. Anche l'arte rupestre vede l'introduzione di alcuni motivi iconografici nuovi, come la croce, che in precedenza non erano attestati nonostante la loro semplicità.[16]

---

[15] Mackensen and el-Bialy 2010 e bibliografia precedente.
[16] Verner 1973.

Conclusioni

I risultati preliminari dell'analisi territoriale sulla base dei periodi cronologici di riferimento mostrano come le scelte insediamentali nella regione della Prima Cataratta abbiano seguito strategie diverse nonostante i punti in comune legati allo sfruttamento delle risorse minerarie, al commercio e alla vicinanza con le aree coltivabili e l'acqua. Questi risultati tuttavia, non tengono conto dei numerosi siti archeologici per i quali non si hanno informazioni sufficienti a stabilirne la cronologia e/o la tipologia. Per il momento, essi non sono stati inseriti nelle analisi, ma essi mostrano una maggiore estensione del popolamento e si ritiene pertanto che meritino di essere considerati. La domanda, tuttavia, riguarda il modo con cui li si può mettere in relazione alle evidenze per le quali le informazioni permettono di avere un quadro più preciso. Un possibile metodo consiste nell'assegnare a ciascun sito un indicatore di affidabilità, sulla base della fonte e dei dati a disposizione. In questo modo, sarebbe possibile inserire anche i siti più incerti nelle analisi, potendo in ogni momento segnalarli rispetto agli altri.

Per quanto riguarda la tipologia dei siti qui discussi, la grande varietà si riflette sul modo con cui essi possono essere visualizzati e, anche, considerati nel momento dell'analisi: un pannello di arte rupestre privo di altri riferimenti non ha lo stesso peso in termini di interpretazione archeologica di un sito con diverse *locations* e numerosi pannelli. Allo stesso modo, una sepoltura isolata non può essere messa sullo stesso piano di una necropoli con diverse centinaia di sepolture. Un indice della dimensione del sito e anche una stima del numero di strutture o *features*, in maniera più generale, verrà utilizzato per poter visualizzare la situazione considerando anche questo aspetto.

Ringraziamenti

La ricerca qui presentata è parte della tesi di dottorato di chi scrive, dal titolo "*Patterns of long-term settlement and land exploitation in the region of the Nile First Cataract (Egypt)*" (supervisor: prof. Antonio Curci; co-supervisor: prof.ssa Maria Carmela Gatto). Si ringraziano gli organizzatori del convegno Landscape3 per la possibilità di partecipare al convegno e avere accolto il presente contributo per la pubblicazione. Il progetto ha beneficiato dell'aiuto e della collaborazione di molte persone: si ringraziano la dott.ssa Louise Rayne, Newcastle University, per l'aiuto nell'interpretazione dei risultati e il dott. Oren Siegel, Polish Academy of Sciences, per la raccolta delle misurazioni delle piene e per l'elaborazione dei dati. L'interpretazione archeologica ha beneficiato delle conoscenze della prof.ssa Maria Carmela Gatto, Polish Academy of Sciences, che ha discusso i dati al momento di pubblicati delle ricerche di AKAP nelle aree considerate e ha fornito informazioni riguardanti le sue ricerche sui materiali documentati da Reisner. Un ringraziamento va ai revisori anonimi che hanno visionato il contributo, per i suggerimenti e le osservazioni. Qualsiasi errore è da imputarsi solo a chi scrive.

Bibliografia

Abu-Jaber, N., E. Bloxam, P. Degryse and T. Heldal 2009. *QuarryScapes: ancient stone quarry landscapes in the Eastern Mediterranean*. Oslo: Geological Survey of Norway. https://www.ngu.no/publikasjon/special-publication-122009-quarryscapes-ancient-stone-quarry-landscapes-eastern.

Gatto, M.C. 2005. Nubians in Egypt: Survey in the Aswan-Kom Ombo Region. *Sudan & Nubia* 9: 72—5.

Kuper, R. and S. Kröpelin 2006. Climate-controlled Holocene occupation in the Sahara: motor of Africa's evolution. *Science* 11, 313(5788): 803—7. http/: 10.1126/science.1130989.

Junker, H. 1919. *Bericht über die Grabungen der Akademie der Wissenschaften in Wien auf den Friedhöfen von El-Kubanieh-Süd Winter 1910-1911*. Wien: Hölder.

Mackensen, M. and M. el-Bialy 2013. Fourth Report of the Egyptian-Swiss Joint Mission at the Roman Fort at nag al-Hagar near Kom Ombo (Upper Egypt). *Annales du Service des Antiquités de l'Égypte* 84: 243—58.

Reisner, G.A. 1910. *The Archaeological Survey of Nubia. Report for 1907—1908*, Cairo: National Printing Department.

Roeder, G. 1911. *Les temples immergés de la Nubie. Debod bis Bab Kalabsche*. Le Caire : Imprimerie de l'Institut Français d'Archéologie Orientale.

Verner, M. 1973. *Some Nubian petroglyphs on Czechoslovak concessions*. Praha: Universita Karlova.

Weigall, A. 1907. *A Report on the Antiquities of Lower Nubia (the First Cataract to the Sudan Frontier) and their condition in 1906—7*. Oxford: Oxford University Press.

Weigall A. 1908. Upper Egyptian Notes. *Annales du Service des Antiquités de l'Égypte* 9: 105—112.

Wright, G. 1987. *Kalabsha III. The Ptolemaic Sanctuary of Kalabsha: its Reconstruction on Elephantine Island*. Mainz am Rhein: Philipp von Zabern,

Riuso, riciclo, rifunzionalizzazione:
pratiche di 'economia circolare' nell'antichità?
Riflessioni per una topografia dello scarto: il caso volterrano.

Valentina Limina
(Chargée de recherches F.R.S.-FNRS, UCLouvain, INCAL)

Abstract: the paper deals with reuse, recycling, and re-functionalization practices in Volterra and its territory between 2nd B.C.- 5th A.D. The aim is to demonstrate that a systematic study of these practices, integrating available sources and data, contributes to a better knowledge of resource management, space perception and the construction of landscapes of power. Thus, it prompts a reflection on the methodological approach to the human-environment relationship concerning adopting ante-litteram circular economy models in antiquity.

Keywords: Paesaggi, Riuso, Riciclo, Rifunzionalizzazione, Volterra.

Introduzione

Il contributo prende spunto dall'affermazione secondo cui i processi di creazione dei rifiuti rappresentano una costante antropologica universale, risultato del metabolismo di una società umana e dell'adattamento all'ambiente[1]. La gestione dei rifiuti nell'antichità, parte integrante dell'organizzazione territoriale, è stata al centro delle riflessioni archeologiche degli ultimi decenni[2]. Lo studio dello smaltimento degli scarti e dei luoghi di discarica consente di approfondire diversi aspetti delle società antiche: dai flussi commerciali alle abitudini di consumo, dal ciclo di vita 'primaria' dei materiali al loro secondo uso[3], dalla percezione degli spazi adibiti agli scarti alle attività professionali connesse a questioni di natura legale e sociale[4]. Nonostante la consapevolezza che l'archeologia debba essere "necessariamente una scienza della spazzatura"[5], la conoscenza relativa alla gestione dei rifiuti nell'antichità rimane ancora da approfondire ulteriormente. Una maggiore attenzione agli scarti in relazione alla loro ubicazione topografica sarebbe utile, infatti, a una migliore distinzione tipologica tra contesti primari e secondari, tra immondezzai pubblici e privati, tra attività di consumo o artigianali alla base della formazione di differenti stratificazioni archeologiche[6]. La topografia dello scarto si rivela dunque un ambito dalle notevoli potenzialità data la possibilità di ricostruire le interazioni uomo-ambiente tramite l'analisi di aspetti socioeconomici, produttivi, commerciali, nonché relativi alla percezione e alla gestione degli spazi[7].

Considerando necessaria un'attenta ricostruzione delle relazioni spaziali e sociali di fenomeni quali riuso, riciclo, rifunzionalizzazione, questo contributo prende in esame il territorio volterrano tra i secoli

---

[1] Havlìcek 2015, 47; O'Brian 2008.
[2] Dupré, Remolà 2000; Ballet et al. 2003; Remolà, Acero 2011; Bernal Casasola, Contino and Sebastiani 2022.
[3] Penã 2007.
[4] Manacorda 2008: 72.
[5] Trigger 2007: 427.
[6] Biundo, Brando 2008: 93-94.
[7] Sulla percezione dello spazio si rimanda alle considerazioni in Betts 2017.

II a.C.-V d.C. L'obiettivo è dimostrare che, grazie all'analisi integrata di fonti archeologiche, epigrafiche, letterarie, toponomastiche, è possibile contribuire a una migliore comprensione delle interazioni uomo-ambiente nel passato e, quindi, dei paesaggi antichi.

Volterra è un contesto peculiare caratterizzato da una continuità insediativa, pressoché ininterrotta, dal IX secolo a.C. ai giorni nostri. Centro etrusco dell'Etruria settentrionale, Volterra fu municipio, prima, e colonia romana, poi. A partire dalla seconda metà del V secolo d.C., divenne sede di una diocesi. La città, ubicata su un colle a circa 530 m sul livello del mare, domina le valli fluviali del Cecina (sud), del Fine (ovest) e dell'Era (nord), dell'Elsa (est). L'*ager Volaterranus* si estendeva per circa 2.000 kmq e, caratterizzato da una notevole varietà geomorfologica, disponeva di ingenti risorse idriche e idrotermali, agro-silvo-pastorali, bacini d'approvvigionamento per l'estrazione di alabastro, pietra, argilla. Alla gestione delle risorse si connettevano importanti attività produttive[8]. Il sistema portuale di *Vada Volaterrana*, compreso fra le foci dei fiumi Fine e Cecina, garantiva l'inserimento del territorio all'interno delle reti commerciali mediterranee[9], mentre la viabilità secondaria, composta da vie d'acqua e di terra, si collegava a quella consolare[10]. Per Volterra è finora mancata un'attenzione specifica alla ricostruzione di una topografia dello scarto che prendesse in esame e comparasse i dati provenienti dall'intero *ager* sul lungo periodo. Questo caso di studio appare interessante anche perché riuso, riciclo e rifunzionalizzazione interessarono prevalentemente materiali disponibili *in loco*. Questa 'virtuosa' tendenza, alla base del redditizio riassorbimento degli scarti, non solo ebbe ricadute sulla strutturazione dei paesaggi, ma sembra essere radicata localmente fino all'età moderna. Dall'XI secolo, in centri della Toscana come Pisa e Firenze, si moltiplicarono i traffici di materiali destinati al riuso o al reimpiego, mentre Volterra fu marginalmente interessata dal commercio di *spolia* provenienti dall'esterno[11]. In questo senso, una migliore comprensione delle pratiche di riuso, riciclo, rifunzionalizzazione per l'area in esame potrebbe aiutare a definire meglio i processi legati alla gestione delle risorse locali e allo smaltimento degli scarti, nonché di avanzare considerazioni in merito alla "economia dei rifiuti"[12]. In definitiva ci si chiede: è possibile comparare la gestione razionale dei rifiuti a un'economia circolare *ante-litteram*?

Sui concetti di riuso, riciclo, rifunzionalizzazione ed economia circolare

Nel VI secolo d.C., come riportato da Cassiodoro, la politica di Teodorico volta al restauro e al ripristino del decoro urbano normava il ricorso a smontaggio, recupero e reimpiego di materiali in ambito di edilizia pubblica[13]. Del resto, sono attestati anche casi di recupero di materiali da contesti sepolcrali, secondo il concetto per cui sarebbe stato insensato lasciare ai morti risorse utili per i vivi[14]. Spoliazione e reimpiego erano pratiche frequenti anche in epoche precedenti e sono numerosi i riferimenti nelle fonti giuridiche di età greca e romana[15]. Infatti, non erano solo le rovine architettoniche del passato ad affollare le città o specifiche aree all'interno dei loro territori, ma anche macerie e rifiuti di vario tipo.

---

[8] Sui paesaggi produttivi volterrani: Menchelli, Cherubini and Del Rio 2006.
[9] Pasquinucci and Menchelli 2017.
[10] Sulla viabilità, Pasquinucci and Genovesi 2006; Pasquinucci and Ciuccarelli 2004.
[11] Ciampoltrini 2018.
[12] Manacorda 2008: 73.
[13] Sulla politica edilizia di Teodorico: Saitta, 1993; La Rocca 1993.
[14] Cassiodoro, *Variae*, IV, 34: "immo culpae genus est inutiliter abditis relinquere mortuorum, unde se vita potest sustentare viventium" [è anzi una colpa lasciare inutilmente nascoste cose per i morti dalle quali i vivi possono trovare giovamento]. La Rocca and Tantillo 2017: 27-29.
[15] Anguissola 2002; Marano 2012; Marsili 2016.

Ecco perché esistevano norme e sanzioni a tutela della *salubritas* dell'ambiente cittadino e della collettività, insieme a un più generale uso razionale degli scarti[16]. In nessuna delle comunità del passato la gestione dei rifiuti avveniva in modo casuale, ma ogni contesto adottò strategie organizzative differenti dettate da contingenze topografiche, nonché dai tessuti sociale ed economico. Oltre a rimozioni sistematiche dei rifiuti era necessaria una certa organizzazione che prevedesse il loro trasporto, e/o rilavorazione prima della loro eventuale 'nuova vita'[17].

L'attenzione che oggi è data a questo specifico settore d'indagine è frutto di un maggiore interesse nei confronti dei rifiuti e del loro smaltimento, tema cardine dopo che le crisi economiche verificatesi dagli anni Settanta hanno spinto l'Occidente a riconsiderare il rapporto uomo-ambiente, incrementando la sensibilità degli individui sul tema[18]. A tale proposito, testimonianze come quella di Plinio il Vecchio rivelano la consapevolezza degli antichi riguardo lo sfruttamento intensivo delle risorse e le azioni antropiche distruttive e inquinanti: il disboscamento causava la carenza di legname, le attività dei *fullones* erano alla base della contaminazione delle acque, la cremazione dei corpi inquinava l'aria[19]. Occorre però chiedersi fino a che punto si possa parlare di "sensibilità ambientale"[20], e quanto il pragmatico "urbanesimo razionale" del mondo romano, che metteva le pratiche di riuso e riciclo all'interno di un sistema economico virtuoso, sia comparabile al concetto contemporaneo di economia circolare, fulcro delle attuali missioni governative a livello europeo e mondiale.

L'economia circolare, modello di equilibrio fra le esigenze personali e quelle dell'ambiente, rientra nel piano d'azione approvato dalla Commissione Europea nel 2021 e negli obiettivi dell'Agenda ONU 2030[21]. Lo scopo dell'economia circolare è quello di incentivare lo sviluppo di un modello di produzione e consumo che implichi condivisione, riutilizzo, riparazione, ricondizionamento, riciclo dei materiali in vista della riduzione al minimo dei rifiuti e della reintroduzione delle risorse nel ciclo economico[22]. Se i principi dell'economia circolare contrastano con il modello fondato sull' 'estrarre, produrre, utilizzare e gettare', bisogna anche chiedersi perché questo schema venga considerato 'tradizionale' dal momento che, a ben vedere, le economie preindustriali ne erano ben lontane e, anzi, le pratiche di reimpiego e riciclo dei materiali risultavano abbondantemente attestate. Nell'antichità, di fatto, i rifiuti erano ridotti al minimo, il problema dello smaltimento in buona parte risolto, i costi di produzione ridotti dal riassorbimento dei materiali più costosi e, grazie al riciclo, il valore dei cicli produttivi veniva incrementato. Sembrerebbe, dunque, che gli antichi adottassero pratiche di gestione degli scarti dalle ricadute positive sull'ambiente, una sorta di economia circolare *ante-litteram* per cui Roma è stata addirittura definita una "self-cleaning city"[23].

Rimane da stabilire in che misura sia possibile parlare di politiche 'ecologiche' a difesa dell'ambiente, nonché di scelte responsabili e consapevoli, e quanto invece questi atteggiamenti fossero dettati dalla

---

[16] Antico Gallina and Legrottaglie 2012.

[17] Munro 2011; 77-78 e fig. 1. Per il 'ciclo di vita' dei materiali si vedano le considerazioni in Peña 2007: 319-352.

[18] Fra i numerosi contributi sul rapporto uomo-ambiente nell'antichità: Cordovana and Chiai 2017; Fedeli 1990; Hughes 1975; Sallares 1991.

[19] Plinio il vecchio, *Naturalis Historia*, XVIII, 1,2,5.

[20] Monaco 2012; Bearzot 2004.

[21] Si fa riferimento agli obiettivi 11 e 12. https://unric.org/it/wp-content/uploads/sites/3/2019/11/Agenda-2030-Onu-italia.pdf

[22] Il testo integrale è disponibile alla pagina https://www.europarl.europa.eu/doceo/document/TA-9-2021-0040_IT.html; una scheda esplicativa è disponibile alla pagina https://www.europarl.europa.eu/news/it/headlines/economy/20151201STO05603/economia-circolare-definizione-importanza-e-vantaggi

[23] Rodriguez-Almeida 2000: 123-127.

possibilità di vantaggiose ricadute economiche a livello individuale o comunitario. A tale proposito, le fonti epigrafiche e letterarie ricordano infatti individui che guadagnavano dal commercio degli 'scarti'. Vi erano i *marmorarii* e i *lagonarii*, che si occupavano di smistare e vendere materiali di 'seconda mano' come frammenti edilizi e contenitori da trasporto, i *proxenetae* che raccoglievano e commerciavano vetri rotti, gli *scrutarii* che recuperavano qualsiasi materiale fosse ancora utilizzabile[24]. Sebbene sia spesso impossibile ricostruire tutte le fasi intermedie intercorrenti fra lo scarto e la sua nuova vita, così come comprendere chi fossero gli agenti deputati al controllo e alla gestione di smaltimento, riuso, riciclo, un approccio a tali pratiche coinvolge anche l'analisi degli aspetti economici, tecnologici, topografici e ideologici, come la relazione fra lo *status* di scarto e il concetto del confine[25].

Rimangono numerosi problemi di ricerca relativi all'identificazione dei rifiuti e al loro uso primario, nonché alla mancanza di una terminologia condivisa per l'interpretazione delle pratiche connesse alla loro gestione, trasformazione e/o smaltimento. Diversi studiosi hanno infatti sottolineato la mancanza di un lessico per indicare i rifiuti nelle antiche lingue greca e latina[26]; altri hanno messo in evidenza la difficoltà di classificare un certo materiale come rifiuto data l'influenza dei processi post-deposizionali, nonché della sua continua trasformazione da scarto a risorsa[27]. A oggi, come affermato da Ducwork e Wilson[28], lo studio dei fenomeni di reimpiego nel mondo romano manca di metodologie e vocabolari condivisi, nonché di un'integrazione all'interno di *dataset* archeologici[29].

Prima di procedere con l'analisi del caso volterrano, dunque, si ritiene d'obbligo una premessa terminologica. Una distinzione fra riuso, riciclo, rifunzionalizzazione induce a una necessaria riflessione in merito alle differenti '*behavioral practices*' che portarono alla formazione di diverse stratificazioni archeologiche coinvolgendo, a diversi livelli, spazio e tempo[30]. Per riuso si intende il reimpiego di un oggetto, inalterato o rilavorato in alcune sue parti, in un contesto differente, ma senza che ne venga mutata la funzione originaria[31]. Con riciclo si indica la serie di processi chimici, fisici, meccanici che possono implicare il reinserimento di un oggetto nel ciclo produttivo come nuova materia prima, o che comunque ne comportano l'alterazione, determinando una nuova funzione all'interno di un contesto differente rispetto all'originario[32]. Il termine rifunzionalizzazione viene qui introdotto, in quanto privo di ambiguità semantiche, per indicare tutte quelle azioni che modificano, a livello fisico o meccanico, ma non chimico, la funzione originaria dell'oggetto[33].

Il caso di studio

La distinzione tra riuso, riciclo, rifunzionalizzazione consente un approccio alternativo allo studio dei paesaggi e alla gestione delle risorse di Volterra. Nello studio dell'area in esame si rilevano diverse

---

[24] Antico Gallina and Le Grottaglie 2012: 130-133.

[25] Carandini 2000.

[26] Cordier 2003: 19-26; Naizet 2003: 13-17.

[27] Havlicek 2015.

[28] Duckworth and Wilson 2020: 23-26.

[29] Per ulteriori riflessioni sulla mancanza di un vocabolario condiviso: Bernard et al. 2009: 12-13.

[30] Peña 2007: 7-8.

[31] Per un'analoga definizione di riuso/reimpiego Ballet et al. 2003: 11.

[32] Rispetto alla distinzione fra 'riciclo' e 'rigenerazione' di Ballet et al. 2003, si preferisce la definizione di riciclo privilegiando come criterio distintivo l'alterazione fisico-chimica.

[33] Si preferisce il termine 'rifunzionalizzazione', usato per lo più in ambito architettonico e urbanistico nel senso di una modifica della funzione di un oggetto per adattarsi a nuove esigenze, per evitare ogni ambiguità con il termine 'riutilizzo' che viene invece impiegato in Ballet et al. 2003.

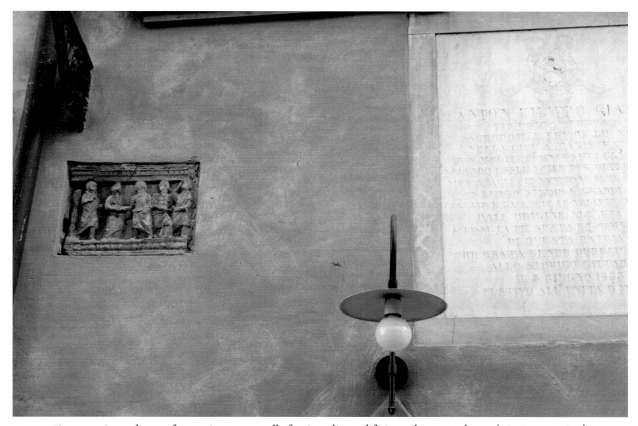

Figura 1 - Cassa di urna funeraria murata nella facciata di un edificio moderno a Volterra (Via Guarnacci 53).

criticità: la lunga continuità insediativa rende l'indagine di contesti pluristratificati complessa, o impossibile; la mancata localizzazione delle botteghe urbane rende invisibili anche le aree destinate allo smaltimento dei rifiuti legati alle attività produttive; le tracce di scarti individuate sul terreno rimangono spesso le uniche attestazioni di insediamenti da connettere alle attività produttive. Se i rifiuti associabili a unità abitative ci consentono di ricostruire strategie economiche e di sussistenza a livello locale[34], la deposizione o rimozione rituale di oggetti da, o in, aree a valenza sacra[35] acquistano significati da connettere a una complessa ritualità e percezione dello spazio. Per l'arco cronologico dei secoli II a.C.-V d.C., è difficile individuare 'discariche' distinguendo "contesti primari" e "contesti secondari"[36], considerando anche l'alta percentuale di materiali decontestualizzati e di rinvenimenti casuali che, a partire dall'età moderna (specie dal XVIII secolo), portarono alla formazione delle collezioni museali del territorio[37]. A tale proposito, la descrizione di Targioni Tozzetti relativa a un casale quattrocentesco in località 'Marmi è significativa[38]. Urne etrusche costituivano l'intera tessitura

---

[34] Si vedano per esempio i casi di San Mario (Motta, Camin and Terrenato 1993) o di Podere Cosciano (Camin 2005).

[35] Si citano, solo a titolo di esempio, i numerosi bronzetti con figure di portatori d'acqua in connessione con il culto delle acque, o il famoso caso del bronzetto di forma allungata detto 'ombra della sera' (Bruni 2007). Altri casi di deposizioni rituali sono stati riscontrati nell'acropoli urbana (Bonamici 2005) e in aree del territorio come Ortaglia (Bruni 2005) o presso l'acropoli di Casalvecchio a Casale Marittimo (Limina 2015).

[36] Per riflessioni sulle tipologie discarica antiche si rimanda a Biundo, Brando 2008.

[37] Bonamici and Rosselli 2012.

[38] «Al Portone, ne sobborghi di Volterra, è una casa da contadino fabbricata circa trecento anni sono, quasi tutta d'urne cinerarie antiche d'alabastro, state trovate nei sepolcri ipogei di quei contorni, nominata la Casa ai Marmi [...]. Ivi si osservano le facce di quell'urne e cassette smangiate, rose, e scanalate dall'aria di mare e dalle acque piovane» (Targioni Tozzetti 1751: 326-327).

muraria dell'edificio, a conferma di una tradizione di recupero di materiali locali che, probabilmente, a un certo punto della loro 'vita' erano stati considerati 'scarti', perdendo la loro identità primaria per acquisirne una nuova. Tracce di ciò sono ancora ben visibili a Volterra (Figura 1).

Il rapporto uomo-ambiente si rivela dunque fondamentale per comprendere lo sviluppo della città e del suo territorio, ma non sempre i processi post-deposizionali o la relazione fra dimensione culturale, percezione e ubicazione degli 'scarti' risultano di facile comprensione. L'analisi integrata delle fonti e dei dati disponibili consente di avanzare alcune considerazioni in merito a riuso, riciclo, rifunzionalizzazione e riguardo le aree di discarica. Tutto ciò, insieme all'analisi di materiali decontestualizzati può svelare dettagli interessanti riguardo la costruzione dei paesaggi e la percezione dello spazio e degli oggetti sul lungo periodo.

Riuso

I più famosi esempi locali di riuso sono quelli databili ai secoli XI e XII. Un sarcofago non terminato, databile fra III secolo e inizi del IV d.C., venne rilavorato e reimpiegato per le spoglie del vescovo Gunfredo[39]. Almeno quattro urne etrusche vennero modificate con l'aggiunta di iscrizioni o di elementi decorativi per ospitare reliquie di santi, fra cui San Clemente (Figura 2)[40], forse Sant'Attinia[41], San Quirino[42], e un ignoto santo nella cattedrale di Pistoia[43]. Questi riusi che, pur nella rilavorazione di alcune parti, non alteravano l'originaria funzione funeraria, furono dettati dal valore simbolico che gli oggetti del passato assumevano agli occhi dei gruppi dominanti[44]. Tuttavia, il riuso è attestato a Volterra già tra la fine del II secolo a.C. e il primo quarto del I secolo a.C. In un momento di grande sviluppo delle botteghe artistiche volterrane che producevano urne funerarie, fra i coperchi in tufo e alabastro ben ventitré figure maschili furono trasformate in femminili, mentre in tre casi avvenne l'opposto[45]. In sostanza, le botteghe rilavoravano i coperchi di una produzione pressoché standardizzata per adattarli alle esigenze della committenza. È stata avanzata l'ipotesi che alla trasformazione delle urne funerarie furono deputati gli stessi scultori che ne avevano realizzato la versione originale[46]. Dal momento che la maggior parte delle urne rilavorate è attribuibile alla bottega del cosiddetto "Gruppo Idealizzante", l'eventualità di un rapporto clientelare tra il maestro dell'*atelier* e la potente famiglia dei Cecina[47] induce

---

[39] Il sarcofago presenta una decorazione a strigilature e un busto maschile entro clipeo cui venne aggiunta una croce latina. Il sarcofago è stato considerato come non finito. Augenti, Munzi 1997: 47-51.

[40] L'urna (inv. 612) di San Clemente, conservata nella Pinacoteca di Volterra, è datata al IV secolo a.C. Come ricorda l'iscrizione, essa venne reimpiegata come reliquiario delle spoglie del Santo rinvenute nel 1140 in occasione dei lavori di restauro presso la Badia di San Giusto. Oltre l'iscrizione sul coperchio vennero aggiunti due lucchetti in ferro. Augenti, Munzi 1997: 55-56; Bonamici 1984.

[41] L'urna (inv. 526), detta di S. Attinia, data dal *Corpus delle Urne Volterrane* (*CUV* 2.II.3, p. 1754) alla seconda metà del IV secolo a.C., è oggi visibile presso la Pinacoteca di Volterra. Sono stati avanzati alcuni dubbi sul riuso come reliquiario in epoca medievale, e quindi sulla sua collocazione originaria (Bavoni 2007: 70-71). In ogni caso, il coperchio venne rilavorato per ricavare una figura femminile identificata dalla tradizione locale come una delle due martiri volterrane, Attinia o Greciniana. Le caratteristiche stilistiche sono state attribuite alla prima metà del XII secolo, d'ispirazione francese. Sull'urna: Burresi, Caleca 2006: 72.

[42] L'urna, databile all'inizio del I secolo a.C., venne recuperata a Badia a Isola, un'area vicina alla necropoli del Casone. Bonamici 1984: 211-213.

[43] L'urna viene datata alla fine del II secolo a.C. Bonamici 1984: 208-10.

[44] Per la legittimazione del potere vescovile mediante l'uso delle urne etrusche nel medioevo: Bonamici 1984: 213.

[45] Nielsen 1986.

[46] Secondo la ricostruzione della Nielsen, le botteghe artistiche attive contemporaneamente a Volterra dovettero essere almeno due o tre. Nielsen 1985: 52.

[47] I Cecina, famiglia di origine etrusca, legarono indissolubilmente i loro destini a quelli della città e del suo territorio, almeno fino al V secolo d.C. (Limina 2021 e bibliografia *ivi* riportata). Nei due ipogei di famiglia tutti i coperchi delle urne furono realizzati dalla bottega idealizzante piuttosto che dalla concorrente bottega realistica

Figura 2 - Urna riusata come reliquiario di San Clemente. Volterra, Pinacoteca.

a riflettere non solo sui possibili legami topografici fra gruppi familiari, botteghe, necropoli, ma anche sulle dinamiche produttive. La produzione standardizzata delle urne in tufo permetteva di ottimizzare il lavoro in cava e i blocchi rettangolari venivano realizzati con dimensioni tali da permetterne, forse, l'impiego anche in ambito edilizio[48]. Inoltre, grazie alla rilavorazione dei coperchi, i cicli produttivi erano valorizzati: mantenendo un livello di produzione basso si ottimizzavano tempo e costi, si evitava il rischio di giacenze invendute. Le aggiunte in alabastro, tufo o stucco avrebbero infatti adattato le urne alle esigenze della clientela ammortizzando rischi e costi, in quella che sembra essere stata una razionale strategia economica[49].

Fra i vari esempi volterrani di riuso in ambito funerario è anche il cosiddetto "Petriolo di Ponsacco", rinvenuto in un contesto ormai non chiaramente definibile, poi collocato in un edificio rurale presso la

---

(Nielsen 1985, 52 e nota 7). Un rapporto clientelare fra la bottega e almeno uno fra i rami della famiglia sembra ragionevole.

[48] Le dimensioni delle urne rilevate per l'officina del gruppo idealizzante variano fra i 2x0,75x1,5 e i 2x 0,75x1,25 piedi romani (Nielsen 1985: 53 e bibliografia *ivi* riportata). Per quanto riguarda le mura e le dimensioni dei blocchi che sembrano seguire il piede romano di 0,297m, Pasquinucci and Menchelli 2003, 51 e bibliografia *ivi* riportata.

[49] Nielsen 1986: 48.

chiesa di Sant'Andrea di Petriolo, nell'area settentrionale dell'area in esame. Si tratta di un cippo funerario claviforme in marmo risalente all'età ellenistica, rilavorato per ospitare il ritratto del defunto, probabilmente intorno al 10 a.C. In questo caso l'oggetto, evidentemente alterato, ha vissuto ben più di una vita, ma non ha perso l'originaria funzione. Verosimilmente, alla base del nuovo uso era il valore intrinseco del materiale in cui era stato realizzato l'oggetto: un pregiato marmo bianco a grana fine. Si tratta di un dato non irrilevante in un contesto di riorganizzazione come quello della Valdera volterrana in epoca augustea. Sfruttando a loro vantaggio la presenza di materiale riutilizzabile *in loco* e, contemporaneamente, conservando una tipologia funeraria generalmente usata dalle classi urbane dei municipi italici[50], i coloni reimpiegarono segnacoli etruschi. È forse possibile intravedere in ciò un tentativo di ostentare un'appropriazione del territorio, al tempo stesso materiale e ideologica?

Riciclo

Il riciclo inteso come alterazione fisico-chimica degli oggetti per la produzione di nuovi materiali risulta spesso difficile da accertare e, per questo, è frequentemente analizzato senza distinzione fra processi di rilavorazione e reimpiego[51].

Tracce di scorie abbinate a piccoli frammenti metallici possono essere indice di pratiche di riciclo effettuate in contesti domestici per riparazioni o per la realizzazione di utensili, a partire da materiali rotti o de-funzionalizzati. Ciò è ben visibile in numerosi siti dell'area in esame. Ad esempio, fra I-II secolo d.C., nei contesti rurali di Orceto e Pian di Selva nell'area settentrionale dell'*ager*, nonché in altri siti interni e costieri fino all'età tardoantica[52].

Il più noto caso di riciclo all'interno dei confini dell'*ager Volaterranus* è quello attestato presso la villa di Aiano a Torraccia di Chiusi[53]. Il complesso cessò di essere struttura residenziale tra la fine del V e la metà del VI secolo d.C. e venne trasformato in un cantiere di spoglio degli arredi e dei materiali da costruzione. Il riciclo fu sistematico e interessò materiali edilizi e decorativi. Dall'inizio del VI secolo d.C. numerosi ambienti vennero riorganizzati per una produzione altamente specializzata che aveva luogo in differenti aree del complesso. Degli ambienti produttivi, che reimpiegavano materiali edilizi di epoche precedenti, alcuni erano deputati alla lavorazione dei metalli, altri alla ceramica, altri ancora dell'oro. Erano inoltre previsti degli spazi di servizio per gli artigiani e delle aree di stoccaggio-decantazione, funzionali alle varie fasi dei processi produttivi. Fra le attività specializzate era anche il riciclo del vetro. Sono stati infatti rivenuti frammenti di vetro e circa 6.000 tessere di mosaico in pasta vitrea, provenienti dall'apparato decorativo della villa tardoantica[54]. La concentrazione maggiore di frammenti in buche ricavate all'interno di spazi aperti ha portato all'ipotesi che questi venissero usati come luogo di accumulo-scarico di materiali. I frammenti qui conservati avrebbero dato vita a nuovi oggetti in vetro, o per sarebbero stati venduti come vetro grezzo, mentre con il resto delle risorse trasformate nel sito si producevano materiali di pregio per nuovi gruppi dominanti[55].

Rifunzionalizzazione

Sono numerosissimi i casi in cui elementi fittili, scultorei, architettonici, vennero rifunzionalizzati per la creazione di strati di livellamento, per realizzare il riempimento di muri a sacco, o per cambiare la configurazione degli spazi. Fra i casi più evidenti di rifunzionalizzazione, i numerosi cippi claviformi o

---

[50] Ciampoltrini 2008, 19-20.
[51] Sull'approccio teorico alle fasi del riciclo Munro 2011.
[52] Sui siti, Limina 2021, specie 88-89 con bibliografia di riferimento.
[53] Sulla villa, Cavalieri 2009 e Cavalieri, and Peeters, 2020.
[54] Cavalieri, Camin, and Paolucci 2016.
[55] Cavalieri and Giumlia-Mair 2009; Cavalieri and Peeters 2020.

Figura 3 - Cippo funerario etrusco sezionato per la realizzazione dell'acquasantiera. Volterra, Battistero di San Giovanni.

troncoconici rinvenuti a Volterra[56] e in Valdera[57] trasformati in acquasantiere (o parti di esse) in epoca medievale o moderna (Figura 3). Altro esempio è l'epigrafe funeraria di *Florentius* che, datata fra metà IV-inizi V secolo d.C., è una delle pochissime testimonianze della necropoli cristiana che si sviluppò nell'area di Badia-Montebradoni[58]. Nel XII secolo la lastra di marmo venne ritagliata e rilavorata sul retro a creare una lunetta decorativa destinata alla facciata della chiesa di San Giusto. Venne allora

---

[56] Si tratta di un cippo a bulbo rifunzionalizzato come acquasantiera visibile nell'attuale battistero di San Giovanni a Volterra.
[57] Sui cippi rinvenuti a Treggiaia, Montefoscoli, Pappiana, Morrona: Ciampoltrini 1980.
[58] Sull'epigrafe di *Florentius* Augenti and Munzi 1997: 39.

Figura 4 - Retro dell'epigrafe di Florentius. Volterra. Pinacoteca

realizzata la raffigurazione di Atteone sbranato dai cani (Figura 4), scena mitologica reinterpretata in chiave cristiana come allusione della vulnerabilità della condizione umana[59].

Venne rifunzionalizzata più volte una delle più importanti epigrafi volterrane, quella menzionante il titolo "Colonia Iulia Augusta Volaterrae". L'iscrizione venne ritrovata nel 1989 a copertura di una tomba presso la chiesa di San Biagio (Montecatini Val di Cecina)[60]. La lastra era stata probabilmente recuperata, entro il XIV secolo, da possedimenti urbani del vescovo di Volterra per realizzare costruzioni a Montecatini. Tuttavia, alcuni graffiti e una *tabula lusoria* dimostrano che la lastra era già stata rifunzionalizzata in antico, in un contesto purtroppo non ulteriormente definibile[61].

Nel teatro urbano, fra il III secolo e la prima metà del IV secolo d.C., vennero smontati e reimpiegati diversi materiali probabilmente in connessione a una mutata funzione dell'intero complesso[62]. Poi, venne costruito un complesso termale che occupò lo spazio della *porticus pone scaenam* del teatro. Il monumento d'epoca precedente, abbandonato, divenne una 'cava' di materiali per la nuova costruzione. Diverse fra le epigrafi della *proedria* vennero rifunzionalizzate e due vennero forate per l'alloggiamento dei cardini di una porta[63] (Figura 5).

Nel quartiere retroportuale in località San Gaetano di Vada, fra la seconda metà del V ed il VII secolo d.C., gli abitanti seppellirono i loro defunti impiantando una necropoli nell'area del portico delle Grandi Terme[64]. Vennero così rifunzionalizzati tegole, coppi e frammenti di lastre pavimentali per il livellamento delle superfici, mentre anfore del tipo Keay 55 e 62A di produzione tunisina[65] per

---

[59] Furiesi 2019: 10-11.
[60] Munzi and Terrenato 1994.
[61] Munzi and Terrenato 1994: 31.
[62] Munzi 2000: 194.
[63] Si tratta delle lastre relative ai *loca* 20-21 e a due *loca* tra 37 e 54 della *proedria*: Munzi 2000: 112-13 e 128.
[64] Menchelli and Sangriso 2019: 462-463.
[65] Menchelli and Pasquinucci et al. 2018: 32-33.

Figura 5 - Lastra marmorea dalla proedria del teatro, forata per alloggiamento del cardine di una porta del complesso termale. Volterra, Museo Guarnacci.

l'*enchytrismos*, pratica funeraria attestata in Toscana a partire dal III secolo d.C.[66]. Ciò testimonia il recupero di materiale riutilizzabile *in loco*[67], nonché una più generale riorganizzazione degli spazi e delle strutture connesse ai magazzini.

Osservazioni e prospettive di ricerca

Gli esempi presentati sottolineano l'importanza di un'analisi approfondita circa le variabili percezioni degli oggetti e degli spazi sul lungo periodo[68]. Volendo avanzare delle considerazioni, il punto comune alla base di riuso, riciclo, rifunzionalizzazione era la capacità di rispondere efficacemente a specifiche esigenze economiche in relazione al valore intrinseco dei materiali. Se riciclo e rifunzionalizzazione appaiono maggiormente legati alla dimensione fisica dello spazio sul quale hanno avuto un impatto, il riuso, non alterando la funzione originaria dell'oggetto, rispondeva per lo più a necessità ideologiche legate al valore simbolico degli oggetti.

---

[66] Sulla diffusione dell'*enchytrismos* in Toscana: Costantini 2013.
[67] Le anfore di produzione tunisina Keay 55 e Keay 62A risultano essere fra quelle maggiormente attestate a Vada fra la seconda metà del V e il VI secolo d.C. (dati Cherubini, Del Rio dalla pubblicazione degli scavi di Vada attualmente in corso di stampa a cura di Simonetta Menchelli, Marinella Pasquinucci and Paolo Sangriso).
[68] Pitts 2019.

Gli accumuli intenzionali di scarti di produzione sono stati finora le uniche tracce per l'individuazione di diverse fra le fornaci e figline dell'*ager Volaterranus* interno e costiero[69], mentre per quanto riguarda altre aree occupate da materiali di 'scarto' si rileva che la dimensione topografica era strettamente connessa a una mutata percezione e riorganizzazione degli spazi, ma anche a differenti gusti e valori attribuiti agli oggetti.

Ad esempio, in età tardoantica, il *frigidarium* delle Grandi Terme a San Gaetano di Vada venne trasformato in discarica, ultima dimora per materiali eterogenei (frammenti ceramici, intonaci dipinti) e, soprattutto, per i resti di una statua in marmo del dio Attis, distrutta intenzionalmente[70]. Nell'area di Vallebuona, il teatro divenne una monumentale 'cava' di materiali in abbandono. Così, per la costruzione del nuovo impianto termale, non solo vennero impiegate *spolia*, ma la pietra locale (tufo di Pignano) che nell'adiacente teatro era stata usata per elementi di decorazione secondaria, divenne il materiale preferito per la realizzazione dei paramenti murari esterni[71]. Poi, fra XIII e XIV secolo, Vallebuona divenne un ambiente malsano e addirittura pericoloso, forse a causa della insufficiente regimentazione delle numerose fonti attestate nell'area che resero necessarie opere di livellamento e riempimento fino a seppellire quasi del tutto i resti dei monumenti di epoche precedenti[72].

La villa di Aiano si trasformò in un cantiere di smontaggio e riciclo di materiali provenienti dal ricco apparato decorativo, ospitando impianti produttivi in uno spazio funzionalmente riorganizzato e, verosimilmente, gestito da un potere a controllo dei processi e delle risorse[73].

Seguendo le più recenti prospettive di ricerca sulla percezione dello spazio nell'antichità, sarebbe poi interessante approfondire l'analisi dei complessi meccanismi relativi alle nozioni di disgusto, pulizia, proprietà, e le relative risposte di autodifesa, come la marginalizzazione e la purificazione, in reazione a fonti di inquinamento naturale, o comunque inevitabili in quanto rientranti all'interno delle attività di una comunità, nonché alle sue tradizioni[74]. A tale proposito, un'epigrafe, rinvenuta nei pressi di Poggio alle Croci a Volterra e databile fra I a.C. e I d.C., fa riferimento a una *lustratio*. Si trattava di una cerimonia di purificazione che, nel caso specifico, interessò il santuario urbano per le festività dell'inizio dell'anno[75]. Questa *lustratio*, che non sembra avere relazione con la ristrutturazione dell'area templare in età augustea[76], rientrava probabilmente fra quelle cerimonie ordinarie organizzate a intervalli regolari dai censori[77]. Ma cosa bisognava relegare, scartare, marginalizzare? Perché? E, soprattutto, dove? È possibile recuperare traccia archeologica di tali cerimonie per ricostruirne la dimensione topografica?

Volendo poi interrogarsi sugli agenti deputati al controllo e alla gestione dei rifiuti e/o ai processi di riuso, riciclo, rifunzionalizzazione, è necessario tenere a mente il valore economico di scarti e macerie ricordato da diverse fonti letterarie e passi del *Digesto*[78]. All'interno di questa "economia

---

[69] Sulle fornaci dell'area costiera Cherubini and Del Rio 1995; Menchelli, Cherubini and Del Rio 2006. Sulla Valdera e l'area interna del Volterrano: Saggin and Terrenato 1994; Castiglioni and Pizzigati 1997; Fontana, Mirandola 1997.
[70] Menchelli and Sangriso 2019: 462-463. La statua di Attis forse originariamente collocata nella *schola* è stata ritrovata frammentata in più di duemila pezzi durante la campagna di scavo 2006. A riguardo: Valeri 2007.
[71] Munzi and Terrenato 2000: 42-43.
[72] Munzi and Terrenato 2000: 11 e bibliografia *ivi* riportata.
[73] Cavalieri and Giumlia-Mair 2009; Cavalieri and Peeters 2020: 69.
[74] Bradley and Stow 2012.
[75] «Hostia in lustrum/arcis anno novo». L'epigrafe è riferita al sacrificio di un animale, probabilmente l'*ovis* di cui rimangono visibili solo le zampe, Per un commento sull'epigrafe da ultimo, Munzi 2000: 191.
[76] Munzi 2000: 191-192 e bibliografia *ivi* riportata; Bonamici 2003.
[77] Prosdocimi 1989.
[78] Marano 2012.

dell'immondizia"[79] trovavano posto strategie economiche 'indirizzate' da *gentes* coinvolte in commerci e attività produttive che, grazie alla loro incisività politica, riuscivano a determinare la selezione dei materiali da reimpiegare, a beneficio di propri interessi[80].

Per Volterra, un eventuale coinvolgimento di membri delle élites locali nelle dinamiche di riuso, riciclo, rifunzionalizzazione potrebbe essere ragionevolmente supposto per i Cecina. Non solo è significativo ricordare il riuso delle urne funerarie da parte di una bottega probabilmente legata alla famiglia da legami clientelari ma, ampliando l'analisi, altri membri della *gens*, dal I al VI secolo d.C., furono sicuramente coinvolti in attività di spoliazione e reimpiego a Roma, a Ostia, in Africa. Il console Caio Lecanio Basso Cecina Peto, *curator alveis Tiberis* nel 74 d.C., e figlio adottivo del Lecanio Basso proprietario di figline che producevano anfore Dressel 6B spesso impiegate nelle operazioni di drenaggio in area cisalpina, avrebbe promosso operazioni di bonifica idraulica e colmatazione in ambito ostiense, verosimilmente con l'uso di macerie e anfore[81]. In Numidia, il governatore Publilio Ceionio Cecina Albino (364-367 d.C.) fu promotore di diversi restauri e cantieri che spesso reimpiegarono elementi edilizi provenienti da monumenti di epoche precedenti[82] – per esempio, la basilica di Cuicul[83] si sostituì a un tempio di *Frugifer*, reimpiegandone diversi materiali[84]. Alla metà del V secolo d.C. il prefetto urbico *Rufius Caecina Felix Lampadius*, implicato in attività di restauro al Colosseo dopo il terremoto del 443 d.C., commemorò il suo evergetismo impiegando un blocco in marmo. Questo era stato precedentemente iscritto e usato come architrave al tempo di Vespasiano, poi era stato impiegato come stipite in occasione del restauro severiano, infine venne utilizzato nuovamente dal prefetto *Caecina* per la sua epigrafe commemorativa nel 444 d.C.[85]. Il *patronus* Decio Albino Cecina, prefetto del pretorio fra 500 e 503 d.C., aveva ricevuto da Teodorico l'autorizzazione ufficiale a smontare, comprandole, alcune lastre di marmo dal tempio di Marte Ultore nel foro di Augusto per poi disporne privatamente[86]. Insomma, se membri dei Cecina furono coinvolti, a vario livello, nella gestione/organizzazione di pratiche di smontaggio, riuso, rifunzionalizzazione non sembra irragionevole che individui legati alla famiglia, ancora presente nel Volterrano nel V secolo d.C.[87], potessero fare altrettanto in città e/o nel suo territorio[88]. Sarebbe inoltre interessante riuscire a ricostruire l'eventuale ruolo economico di tali individui in qualità di agenti privati o pubblici nelle dinamiche di gestione dei rifiuti e dei cantieri di smontaggio, nonché i possibili vantaggi economici derivanti da attività gestite lecitamente o, forse, illecitamente[89].

---

[79] Manacorda 2008: 73.

[80] Antico Gallina and Legrottaglie 2012: 134-135.

[81] Antico Gallina and Legrottaglie 2012: 134 e bibliografia *ivi* riportata.

[82] Sui Cecina in Africa: Davoine 2021: 188 (tav. 6) e 205-208; Limina 2021: 57-58.

[83] *ILAlg* II, 3, 7876 e 7877.

[84] La pratica di distruggere edifici per fare posto a nuove costruzioni era una pratica sanzionata. Il *Codex Theodosianus* imponeva infatti ai governatori il restauro degli edifici prima della costruzione di nuovi. Davoine ritiene quindi che nelle epigrafi si faccia riferimento al termine *rudera*, cioè ammasso di macerie, per giustificare una nuova costruzione al posto di un edificio che, invece, doveva ancora essere ben visibile. Davoine 2021: 207.

[85] Conti 2009: 30-31.

[86] Sulla vicenda cfr. Cassiodoro, *Variae*, IV, 30; Marsili 2016: 153.

[87] Fra le proprietà sicuramente attribuibili alla famiglia è la villa di Aginatio Albino ricordata da Rutilio Namaziano (*De reditu suo*, I, 453 491) e che è stata identificata nella villa di San Vincenzino a Cecina. Donati 2013.

[88] Si vedano anche le considerazioni in Cantini, Belcari, Raneri 2021: 140-141 sulla ristrutturazione della villa dell'Oratorio a Capraia (Limite), sulle relazioni dei Vetti con i Cecina, nonché sulla gestione dei materiali reimpiegati e i rispettivi territori di provenienza.

[89] Ad esempio, il prefetto dell'Urbe del 365 d.C. Rufio Volusiano Lampadio (che era marito di Cecinia Lolliana e padre del governatore di Numidia Publilio Ceionio Cecina Albino ricordato in precedenza) era noto per recuperare

In conclusione, un'attenzione maggiore alle aree di scarti e alle dinamiche connesse alla gestione dei rifiuti contribuirebbe a una migliore comprensione delle dinamiche di sviluppo dei paesaggi del potere, ma anche una maggiore definizione riguardo l'organizzazione degli spazi e delle risorse permettendo di rilevare eventuali divergenze o analogie nelle varie aree del territorio. Un'attenta ricostruzione della topografia dello scarto consentirebbe inoltre di definire ulteriormente quella che sembra una tendenza locale volta al redditizio riassorbimento dei suoi scarti sul lungo periodo, una sorta di economia circolare *ante-litteram*. Questa tendenza sembrerebbe avvalorare ulteriormente il cosiddetto paradosso di Volterra: una città secondaria, ubicata in posizione geografica tutto sommato sfavorevole se paragonata agli altri centri urbani della Toscana settentrionale, che seppe 'migliorarsi' conquistando un ruolo rilevante all'interno delle dinamiche economiche e politiche del Mediterraneo romano. È possibile ricondurre i benefici derivanti da un tale paradosso a un'interazione antifragile fra uomo e ambiente?[90] Si auspica che le future ricerche possano fornire ulteriori indizi per rispondere agli interrogativi fin qui sollevati.

Bibliografia

Anguissola, A. 2002. Note alla legislazione su spoglio e reimpiego di materiali da costruzione ed arredi architettonici, I sec. a.C.-VI sec. d.C., in W. Cupperi (ed.) *Senso delle rovine e riuso dell'antico*: 13-29. Pisa: Annali della Scuola Normale Superiore di Pisa IV.

Antico Gallina, M.V. and G. Legrottaglie 2012. Strategia del reimpiego, topografia dello scarto. Due casi fra archeologia e diritto. *Archeologia dell'Architettura* XVII (2012): 127-43.

Augenti, A. and M. Munzi. 1997. *Scrivere la città: le epigrafi tardoantiche e medievali di Volterra, secoli IV-XIV*. Firenze: All'Insegna del Giglio.

Ballet, P., N. Dieudonné-Glad and P. Cordier 2003. Introduction, in *La ville et ses déchets dans le monde romain : Rebuts et recyclages*. Actes du colloque de Poitiers 19-21 septembre 2002: 9-11. Montagnac: Mergoil.

Bavoni, U. 2007. Dopo il libro 'Volterra d'oro e di pietra' a cura di Maria Giulia Burresi e Antonino Caleca. *Rassegna Volterrana* LXXXIV: 45-80.

Bearzot, C. 2004. Uomo e ambiente nel mondo antico. *Rivista della Scuola Superiore di Economia e delle Finanze* 1: 9-18.

Bernal Casasola, D., A. Contino and R. Sebastiani (eds) 2022. *Da Roma a Gades. Gestione, smaltimento e riuso dei rifiuti artigianali e commerciali in ambiti portuali marittimi e fluviali. Atti del Workshop Internazionale (Roma, 19-20 settembre 2019)*. Oxford: Archaeopress.

Bernard, F., P. Bernardi, P. Dillmann, D. Esposito and L. Foulquier 2009. Introduction, in *Il reimpiego in architettura. Recupero, trasformazione, uso*: 7-21. Rome: Collection de l'Ecole Française de Rome.

Betts, E. (ed.) 2017. *Senses of the Empire. Multisensory Approaches to Roman Culture*. London-New York: Routledge.

---

illecitamente materiali edilizi per il restauro o la realizzazione di nuovi edifici a Roma così come testimoniato da Ammiano Marcellino (*Res gestae* 27, 3, 10).

[90] Riguardo il paradosso di Volterra e i concetti di resilienza e antifragilità si rimanda a Limina 2021 e Limina 2022 con relativa bibliografia.

Biundo, R. and M. Brando 2008. Caratteristiche della discarica e meccanica della stratificazione. L'approccio allo scavo, in F. Filippi (ed.) *Horti et Sordes, uno scavo alle falde del Gianicolo*: 93-96. Roma: Quasar edizioni.

Bonamici, M. 2005. Appunti sulle pratiche cultuali nel santuario dell'acropoli volterrana, in M. Bonghi Jovino and F. Chiesa (eds) *Offerte dal regno vegetale e dal regno animale nelle manifestazioni del sacro, Atti dell'Incontro di studio (Milano 2003)*: 1-14. Roma: L'Erma di Bretschneider.

Bonamici, M. (ed.) 2003. *Volterra, l'acropoli e il suo santuario, scavi 1987-1995*. Pisa: Giardini editori e stampatori.

Bonamici, M. 1984. Urne etrusche come reliquiari, in N. Andreae, S. Settis (eds) *Colloquio sul Reimpiego dei Sarcofagi Romani nel Medioevo (Pisa 5.-12. Settembre 1982)*: 205-16. Marburg: Lahn.

Bonamici, M. and L. Rosselli 2012. Volterra, in M.I. Gulletta and C. Cassanelli (eds) *Biblioteca Topografica della Colonizzazione Greca in Italia, vol. XXI*: 1023-1070. Pisa-Roma-Napoli: Scuola normale superiore, École française de Rome, Centre J. Bérard.

Bruni, S. 2007. L'ombra della sera: uso e abuso di un'immagine. Alcune considerazioni sul bronzetto volterrano. *Rassegna volterrana* 84: 193-233.

Bruni, S. 2005. Il santuario di Ortaglia nel territorio volterrano. Appunti sulle pratiche cultuali, in M. Bonghi Jovino and F. Chiesa (eds) *Offerte dal regno vegetale e dal regno animale nelle manifestazioni del sacro, Atti dell'Incontro di studio (Milano 2003)*: 15-29. Roma: L'Erma di Bretschneider.

Burresi, M.G. and A. Caleca 2006. *Volterra d'oro e di pietra*. Pisa: Pacini.

Bradley, M. and K. Stow 2012. *Rome, pollution and propriety: dirt, disease and hygiene in the eternal city from Antiquity to Modernity*. Cambridge: Cambridge university press.

Camin, L. 2005. Modelli d'insediamento e strutture abitative rurali nella media Val di Cecina fra età ellenistica ed età romana: l'esempio di Podere Cosciano. *Quaderni del Laboratorio Universitario Volterrano* XI: 77-84

Cantini, F., R. Belcari and S. Raneri 2021. I laterizi della villa dei Vetti. Materiali, tecniche costruttive e organizzazione del cantiere nel Valdarno tardo antico, in E. Bukowiecki, A. Pizzo and R. Volpe (eds) *Demolire, Riciclare, Reinventare. Atti del III convegno internazionale "Laterizio" (Roma, 6-8 marzo 2019)*: 129-144. Roma: Quasar.

Castiglioni, M., and A. Pizzigati 1997. Preliminare ad un'indagine topografica sulla valdera in età romana. *Contributi della Scuola di Specializzazione in Archeologia dell'Università di Pisa* 1: 13-38.

Carandini, A. 2000. I rifiuti finalmente accolti. Appunti per l'utilizzo investigativo delle immondizie e per una teologia della purificazione, in J.An. Remola Vallverdu and X. Dupré Raventós (eds) *Sordes urbis. La eliminación de residuos en la ciudad romana. Actas del la reunión de Roma (15-16 de noviembre de 1996)*: 1-2. Roma: L'Erma di Bretschneider.

Cavalieri, M. 2009. Vivere in Val d'Elsa tra tarda Antichità e alto Medioevo. La villa romana di Aiano-Torraccia di Chiusi (Siena, Italia). *FOLD&R, The Journal of Fasti On Line* 156.

Cavalieri, M. and A. Peeters 2020. Dalla villa al cantiere. Vivere in Toscana tra tarda Antichità ed alto Medioevo: la villa d'Aiano (Siena), in M. Cavalieri and F. Secchi (eds) *La villa dopo la villa: Trasformazione di un sistema insediativo ed economico in Italia centro-settentrionale tra tarda Antichità e Medioevo*: 61-78. Louvain: Press Universitaire Louvain.

Cavalieri, M., L. Camin and F. Paolucci 2016. I sectilia vitrei dagli scavi della villa romana di Aiano-Torraccia di Chiusi (Siena, Toscana). *Journal of Glass Studies* 58: 286-291.

Cavalieri, M. and A. Giumlia-Mair 2009. Lombardic glassworking in Tuscany. *Materials and Manufacturing Processes* 24: 1023-32.

Cherubini, L. and A. Del Rio 1995. Appunti su fabbriche del territorio pisano e volterrano. *Annali della Scuola Normale Superiore. Classe di Lettere e Filosofia* 25, no. 1-2: 351-88.

Cherubini, L., A. Del Rio and S. Menchelli 2006. Paesaggi della produzione: attività agricole e manifatturiere nel territorio pisano-volterrano in età romana, in S. Menchelli and M. Pasquinucci (eds) *Territorio e produzioni ceramiche. Paesaggi, economia e società in età romana*: 69-76. Pisa: Pisa University Press.

Ciampoltrini, G. 2018. 75. Architrave modanato; 76. Sarcofago strigilato; 77. Frammenti d'età etrusca e romana, in U. Bavoni et al. (eds) *Il Museo Diocesano d'Arte Sacra di Volterra*: 270-281. Pisa: Pacini.

Ciampoltrini, G. 2008. La Valdera romana fra Pisa e Volterra. *Quaderni Pecciolesi* 1: 17-29.

Ciampoltrini, G. 1980. I cippi funerari della bassa e media Valdera. *Prospettiva* 21 (Aprile): 74-82.

Conti, C. 2009. Blocchi lapidei riutilizzati nei restauri del Colosseo. In Bernard et al. (eds) *Il reimpiego in architettura. Recupero, trasformazione, uso*: 27-32. Roma: Ecole française de Rome.

Cordier, P. 2003. Les mots pour le dire: le vocabulaire des rebuts et leur représentations, in Ballet et al. (eds) *La ville et ses déchets dans le monde romain : Rebuts et recyclages*. Actes du colloque de Poitiers 19-21 septembre 2002: 19-26. Montagnac: Mergoil.

Cordovana, O.D., and G. Chiai (eds) 2017. *Pollution and the Environment in Ancient Life and Thought*. Wiesbaden: Franz Steiner Verlag.

Costantini, A. 2013. Il reimpiego delle anfore tardoantiche: considerazioni sulle sepolture ad enchytrismos in Toscana. *Archeologia Classica* 64: 657-676.

Davoine, C. 2021. *La ville défigurée. Gestion et perception des ruines dans le monde romain (Ier siècle a.C. -IVe siècle p.C.)*. Bordeaux: Ausonius.

Donati, F. 2013. La testimonianza di Rutilio Namaziano e l'identificazione della villa di Albino Cecina: una vexata questio, in F. Donati et al. (eds) *La villa romana dei Cecina a San Vincenzino (Livorno). Materiali sullo scavo e aggiornamenti sulle ricerche*: 55-79. Pisa, Felici.

Duckworth, C. and A. Wilson 2020. *Recycling and reuse in the Roman Economy*. Oxford: Oxford University Press.

Fedeli, P. 1990. *La natura violata: ecologia e mondo romano*. Palermo: Sellerio.

Furiesi, A. 2019. *La Pinacoteca di Volterra. Una guida per il visitatore*. Pisa: ETS.

Havlíček, F. 2015. Waste Management in Hunter-Gatherer Communities. *Journal of Landscape Ecology*, vol 8/n. 2: 47-59.

Hughes, D. 1975. *Ecology in ancient civilizations*. Albuquerque: New Mexico University Press

La Rocca, M.C., 1993. Una prudente maschera 'antiqua'. La politica edilizia di Teoderico, in *Teoderico il Grande e i Goti d'Italia, Atti del XIII Congresso Internazionale di Studi sull'Alto Medioevo (Milano, 2-6 novembre 1992)*: 451-515. Spoleto: Centro Italiano di Studi per l'Alto Medioevo.

La Rocca, C. and I. Tantillo 2017. Corredi, corpi e reliquie nelle *Variae* di Cassiodoro. La competizione tra re e vescovi per le risorse del sottosuolo, in V. Loré, G. Bührer-Thierry and R. Le Jan (eds) *Acquérir, prélever, contrôler: Les ressources en compétition (400-1100)*: 21-42. Turnhout: Brepols Publishers.

Limina, V. 2022. Quando le città 'non muoiono'. Il caso volterrano e la Tuscia settentrionale tardoantica: resilienza o antifragilità?, in M.L. Marchi, G. Forte, D. Gangale Risoleo, I. Raimondo (eds) *Landscape 2: una sintesi di elementi diacronici. Crisi e resilienza nel mondo antico*: 105-110. Venosa: Osanna Edizioni.

Limina, V. 2021. *Poteri e strategie familiari di Volterra. Il caso di una comunità etrusca nel mondo romano*. Oxford: BAR Publishing.

Limina, V. 2015. L'«acropoli» di Casalvecchio presso Casale Marittimo (PI): risultati da uno 'scavo d'archivio'. *FOLD&R, The Journal of Fasti On Line* 337: 1-25.

Manacorda, D. 2000. Sui «mondezzari» di Roma tra antichità e età moderna, in J.A. Remola Vallverdu and X. Dupré Raventós (eds) *Sordes urbis. La eliminación de residuos en la ciudad romana. Actas del la reunión de Roma (15-16 de noviembre de 1996)*: 63-73. Roma: L'Erma di Bretschneider.

Marano, Y. 2012. Fonti giuridiche di età romana (I secolo a.C.-VI secolo d.C.) per lo studio del reimpiego, in G. Cuscito (ed.) *Riuso di monumenti e reimpiego di materiali antichi in età postclassica: il caso della Venetia*: 63-84. Trieste: Editreg.

Marsili, G. 2016. Il riuso razionale. Cantieri di smontaggio e depositi di manufatti marmorei nella documentazione archeologica ed epigrafica di età tardoantica, in *Paesaggi urbani tardoantichi: casi a confronto, VIII Edizione Giornate Gregoriane, Agrigento, 29-30 novembre 2014*: 149-56. Bari: Edipuglia.

Menchelli, S. and P. Sangriso 2019. *Vada Volaterrana. Le Grandi Terme*, in M. Medri and A. Pizzo (eds) *Le Terme pubbliche nell'Italia romana (II a.C.- fine IV d.C.) architettura, tecnologia e società. Seminario Internazionale di Studio (Roma, 4-5 ottobre 2018)*: 457-65. Roma: RomatrePress.

Menchelli, S., M. Pasquinucci et al., 2018. Vada Volaterrana. Scavi e ricerche 2015-2016. *Quaderni del Laboratorio Universitario Volterrano* XVIII (2015/2016): 27-40.

Mirandola, R. and S. Fontana 1997. Progetto per l'archeologia di Volterra e del territorio. Archeologia di un'area marginale: La Valle dello Sterza. *Contributi della Scuola di Specializzazione in Archeologia dell'Università di Pisa* 1: 59-86.

Monaco 2012. Sensibilità Ambientali nel diritto romano, tra prerogative dei singoli e bisogni della collettività. *Teoria e Storia del Diritto Privato* V: 1-40.

Motta, L., L. Camin and N. Terrenato 1993. Un sito rurale nel territorio di Volterra. *Bollettino d'Archeologia* 23-24: 109-116.

Munro, B. 2011. Approaching Architectural Recycling in Roman and Late Roman Villas, in D. Mladenović and B. Russell (eds) *TRAC 2010: Proceedings of the Twentieth Annual Theoretical Roman Archaeology Conference*: 76-88. Oxford: Oxbow Books.

Munzi, M. 2000. Le epigrafi della *proedria*, in M. Munzi and N. Terrenato (eds) *Volterra il teatro e le terme. Gli edifici, lo scavo, la topografia*: 109-38. Firenze: All'Insegna del Giglio.

Munzi, M. and N. Terrenato 1994. La colonia di Volterra. La prima attestazione epigrafica ed il quadro storico e archeologico. *Ostraka* 3: 31-42.

Naizet, F. 2003. Les déchets et leur traitement: éléments de terminologie à l'usage des archéologues, in Ballet et al. (eds) *La ville et ses déchets dans le monde romain : Rebuts et recyclages.* Actes du colloque de Poitiers 19-21 septembre 2002: 13-17. Montagnac: Mergoil.

Nielsen, M. 1986. Late Etruscan Cinerary Urns from Volterra at the J. Paul Getty Museum: A Lid Figure Altered from Male to Female, and an Ancestor to Satirist Persius. *The J. Paul Getty Museum Journal* 14: 43-58.

Nielsen, M. 1985. La bottega e l'organizzazione del lavoro, in A. Maggiani (eds) *Artigianato artistico in Etruria*: 52-61. Milano: Electa.

O'Brian, M. 2008. *Crisis of Waste?: Understanding the Rubbish Society.* New York and London: Routledge.

Pasquinucci, M. and M.R. Ciuccarelli 2004. I collegamenti fra Volterra e la Val di Cecina: aspetti della viabilità suburbana ed extraurbana, in *Quaderni del Laboratorio Universitario Volterrano* 8: 201-15.

Pasquinucci M. and S. Genovesi 2006. Ricerche archeologiche-topografiche in ambito volterrano: l'alta Valdera. *Quaderni del Laboratorio Universitario Volterrano* 10: 113-30.

Pasquinucci, M. and S. Menchelli 2017. Rural, Urban and Suburban Communities and their economic Interconnectivity in coastal North Etruria (2nd century BC - 2nd Century AD), in T. de Haas and G. Tol (eds) *The economic integration of Roman Italy, Rural Communities in a globalizing World*: 322-341. Leiden-Boston: Brill.

Pasquinucci, M. and S. Menchelli 2003. Le mura etrusche di Volterra, in S. Quilici Gigli (ed.) *Atlante Tematico di Topografia Antica*: 39-53. Roma: L'Erma di Bretschneider.

Peña, T. 2007. *Roman Pottery in the Archaeological Record.* Cambridge: Cambridge University Press.

Pitts, M. 2019. *The Roman Object Revolution: Objectscapes and Intra-Cultural Connectivity in Northwest Europe.* Amsterdam University Press.

Prosdocimi, A. 1989. Le religioni degli italici, in *Italia omnium terrarum parens*: 477-545. Milano-Genova-Verona: Scheiwiller.

Remolá, J. A. and J. Acero (eds) 2011. *La gestión de los residuos urbanos en Hispania : Xavier Dupré Raventós (1956-2006). In Memoriam.* Merida: Consejo Superior de Investigaciones Científicas.

Rodríguez-Almeida, E. 2000. Roma, una città self-cleaning?, in J.A. Remola Vallverdu and X. Dupré Raventós (eds) *Sordes urbis. La eliminación de residuos en la ciudad romana. Actas del la reunión de Roma (15-16 de noviembre de 1996)*: 123-127. Roma: L'Erma di Bretschneider.

Saitta, B. 1993. *La* civilitas *di Teodorico: rigore amministrativo, tolleranza religiosa e recupero dell'antico nell'Italia Ostrogota.* Roma: L'Erma di Bretschneider.

Sallares, R. 1991. *The Ecology of the Ancient Greek World,* Ithaca (NY): Cornell University Press.

Terrenato, N. and A. Saggin 1994. Ricognizioni archeologiche nel territorio di Volterra. *Archeologia Classica* 46: 465-480.

Targioni Tozzetti, G. 1751. *Relazioni d'alcuni viaggi fatti in diverse parti della Toscana: per osservare le produzioni naturali, e gli antichi monumenti de essa*, 2. Firenze: Stamperia Imperiale.

Valeri, C. 2007. Una statua di Attis dal porto di Vada Volaterrana. *Archeologia Classica* LVIII: 273-91.

Trigger, B. 2007. *A History of Archaeological Thought. Second Edition.* Cambridge: Cambridge University Press.

Sfruttamento delle risorse e riuso dei materiali in un territorio fragile: Monte Rinaldo (FM), dal santuario tardo-repubblicano alle forme di popolamento e utilizzo del suolo in età alto-imperiale.

Francesco Pizzimenti
(Università di Bologna)

Francesco Belfiori
(Università di Bologna)*

Abstract: the research carried out by the University of Bologna inside the late republican sanctuary of Monte Rinaldo (FM) has highlighted how, from the early moments of its life, the structures had to coexist and, in some cases, overcome a series of conditionings imposed by the nature of the place: supporting or contrasting them with some technical-constructive solutions. Proof of the difficult balance between the natural factor and human presence, the rereading of archival data and their integration with the latest stratigraphic data has allowed us to detect the traces of some natural events that had to affect life and perhaps the abandonment of the area.

Keywords: paesaggio sacro, Monte Rinaldo, reimpiego, risorse naturali.

Premessa

Le ricerche dell'Università di Bologna nel complesso monumentale tardo-repubblicano di Monte Rinaldo – riscontri stratigrafici all'interno dell'area archeologica e ricognizioni di superficie nel territorio circostante[1] – oltre a fornire nuove informazioni sull'assetto architettonico del santuario romano-latino e sulle espressioni di cultura religiosa sue proprie[2], stanno anche delineando meglio dal punto di vista cronologico le fasi di sistemazione e di vita dell'area sacra (II-I sec. a.C.), nonché quelle successive alla distruzione del luogo di culto (I sec a.C. – I sec. d.C.)[3]. Non solo: l'incontro di studio

---

* Queste pagine sono frutto del lavoro congiunto dei due autori: Francesco Belfiori [F.B.] ha lavorato ai paragrafi 2. *Il sito: inquadramento storico-geografico e brevi cenni alla storia delle ricerche* e 4. *Il collasso del santuario alla fine della Repubblica: fenomeni naturali e scelte antropiche (e pratiche rituali?)*; Francesco Pizzimenti [F.P.] ai paragrafi 3. *Monte Rinaldo e le risorse del territorio: affioramenti, approvvigionamento e sfruttamento* e 5. *Dopo il santuario: reimpieghi edilizi, riuso degli spazi e riconversione funzionale dell'area*; premessa e riflessioni conclusive sono condivise.

[1] Le ricerche dell'Università di Bologna, in regime di concessione, sono dirette da Enrico Giorgi (DiSCi, Unibo) in accordo con la Soprintendenza ABAP per le province di Ascoli Piceno, Fermo, Macerata. Sul campo, le attività sono coordinate dagli scriventi e da Paola Cossentino, con l'insostituibile aiuto di Matteo Tempera e Gianmarco Lanciotti. La *British School at Rome* prende parte al progetto per quanto riguarda le indagini geofisiche, curate da Stephen Kay. Le ricerche sono rese possibili grazie alla lungimiranza e alla generosa ospitalità del primo cittadino di Monte Rinaldo, Gianmario Borroni, cui va la nostra più sincera riconoscenza.

[2] Tra cui la titolarità di Giove sul santuario, affiancato da una serie di altre divinità (Ercole, Apollo, Vesta), di cui resta traccia nelle numerose dediche graffite su *instrumentum sacrum* (ceramica) recuperato dai recenti scavi.

[3] I principali riferimenti bibliografici relativi alle ricerche dell'Università di Bologna a Monte Rinaldo sono reperibili nelle note che seguono.

bolognese ha offerto lo spunto per riflettere su di un tema, il rapporto tra uomo e ambiente nel mondo antico, che a Monte Rinaldo può essere approfondito grazie a dati di certo più sostanziosi oggi rispetto che in passato o, quantomeno, declinato grazie a essi in termini più articolati. In particolare, per ciò che concerne l'impatto che una costruzione di questo tipo dovette avere sul territorio e sulle sue risorse, ma anche – in modo speculare e affatto complementare – per quanto riguarda i vincoli e i condizionamenti di origine ambientale cui le scelte antropiche dovettero far fronte, sia durante la vita del santuario sia all'indomani del suo abbandono, quando l'area fu riconvertita ad altra funzione e fruita attraverso modalità sensibilmente differenti[4].

I recenti riscontri sul terreno, infatti, mostrano che fin dalle prime fasi di impianto del santuario, le strutture dovettero coesistere con una serie di condizionamenti imposti dalla natura e dalle caratteristiche paleo-ambientali del luogo, assecondandoli o contrastandoli a seconda dei casi ora per trarne beneficio, ora per cercare di limitarne possibili effetti dannosi nei confronti delle opere umane. Inoltre, la rilettura dei dati archivistici già disponibili negli archivi della Soprintendenza ha permesso di valutare con altro piglio alcune delle informazioni già registrate all'epoca delle prime esplorazioni archeologiche, e di individuare le tracce di alcuni eventi naturali che sembrerebbero aver rappresentato una vera e propria costante nell'interazione uomo-ambiente a Monte Rinaldo durante l'intero arco di vita e di utilizzo del sito.

[F.B., F.P.]

Il sito: inquadramento storico-geografico e brevi cenni alla storia delle ricerche

L'area archeologica 'La Cuma' (Figura 1), nel territorio comunale di Monte Rinaldo (FM), occupa un pianoro solo in parte regolarizzato artificialmente (350-360m slm.), ubicato lungo il pendio collinare che risale alla sinistra idrografica del fiume Aso, nella media valle compresa tra i comuni di Ortezzano e di Montelparo, a 25km circa a Sud-Ovest di Fermo (colonia latina del 264 a.C.: Flor. I 14, 2) e a 45km circa a Nord di Ascoli Piceno (comunità alleata di Roma per tutta l'età repubblicana fino alla guerra Sociale: Liv. X 10, 12 e Plin. *Nat.* 3, 110)[5].

Il sito è stato indagato a più riprese, tra la seconda metà del '900 e i primi anni 2000, a partire dal '57, quando il santuario venne individuato[6]: le prime campagne di scavo condotte per conto dall'allora Soprintendenza alle Antichità delle Marche, diretta da Giovanni Annibaldi, portarono in luce un'ampia area sacra composta dai resti pertinenti a un tempio tuscanico, di cui si conservavano solo parte delle fondazioni del podio, a un portico configurato ad "L" disposto a circoscrivere i lati Nord (*porticus duplex*) ed Est (portico con *tabernae*) della spianata del santuario e a un secondo edificio di culto, un sacello denominato Edificio C posto ad Ovest rispetto all'edificio templare[7].

---

[4] Il palinsesto stratigrafico documentato dalle ricerche a Monte Rinaldo (scavi 2017-2023) copre un lasso di tempo compreso tra la fine del III-inizi del II sec. a.C. e la fine del I-inizi del II sec. d.C.

[5] Linee di sviluppo storico e di sintesi per il Piceno in età repubblicana (III-I sec. a.C.) in Paci 1998; Id. 2003; Bandelli 2007, con riferimenti alle fonti e alla letteratura. Per un inquadramento del territorio e della viabilità di questo settore del Piceno centro-meridionale in età romana, cfr. almeno Ciuccarelli 2012; Menchelli 2012; Paci 2014; Giorgi and Demma 2018; Giorgi, Demma, and Belfiori 2020, 3-43 (Giorgi); Giorgi 2021; Demma and Giorgi 2022.

[6] Annibaldi 1957; Id. 1958; Id. 1973. Per la storia delle ricerche sul sito cfr. ora Demma 2018.

[7] Descrizione dello stato di fatto delle strutture prima delle nuove ricerche in Giorgi, Demma, and Belfiori 2020: 45-52 (Giorgi).

Figura 1 - Monte Rinaldo (FM), vista da Nord sulla Valdaso: in evidenza la località "la Cuma". A sinistra (Sud), il Monte dell'Ascensione; a destra (Ovest) la catena dei Sibillini con il Monte Vettore. Nelle foto piccole il santuario tardo-repubblicano e la sua localizzazione nel contesto regionale (archivio scavi e ricerche Unibo-DiSCi).

Lo scavo venne condotto fin dall'inizio con metodo non stratigrafico: nei primi anni (1957-1959), dopo l'apertura di alcuni saggi esplorativi (sei in tutto), vennero eseguite delle trincee profonde fino a 2 m. seguendo, di volta in volta, le evidenze emergenti che furono congiunte tra loro solo alla fine della campagna di scavo tramite sterri. I materiali subirono inoltre un processo di selezione che, assieme all'impossibilità di ricondurli a sequenze stratigrafiche certe, ha reso molto difficile una datazione del contesto sulla base della cultura materiale recuperata e ancora conservata. Solo a partire dagli anni Sessanta si ebbe una documentazione più accurata delle operazioni[8].

Naturalmente, il monumento è il risultato di una serie di interventi edilizi succedutisi nel tempo – anche a breve distanza – ma, prima dei recenti riscontri stratigrafici[9], la ricostruzione delle principali fasi evolutive del complesso si è dovuta basare da una parte sulla paziente opera di ricucitura, revisione critica e studio della documentazione d'archivio prodotta in precedenza (taccuini di scavo e appunti, schizzi e disegni, rilievi e fotografie del secolo scorso)[10]; dall'altra, sull'analisi autoptica e sulle misurazioni *in situ* prestate alle strutture, peraltro rese non sempre agevoli dai numerosi interventi di restauro e di consolidamento – piuttosto invasivi – che hanno compromesso, alle volte

---

[8] Le principali, ripercorse nei dettagli in Demma 2018, *passim* e in Giorgi, Demma, and Belfiori 2020: 95-107 (Demma): 1957-59 (scoperta del complesso; scavo della *porticus duplex* e del tempio); 1960-61 (saggi presso l' "aula" della *porticus duplex*; individuazione dell'edificio C); 1966 (scavo del portico orientale con *tabernae*); 1982-83 (scavo nell'edificio C); anni '90 e primi anni 2000 (riscoperta del portico orientale con *tabernae*; interventi puntuali nell'edificio C e nel tempio).

[9] Belfiori, Cossentino, and Pizzimenti 2020.

[10] Demma 2018; Giorgi, Demma, and Belfiori 2020: 95-170 (Demma).

irrimediabilmente, la loro corretta osservazione[11]. Congiuntamente, si è proceduto allo studio dei principali elementi architettonici su base morfologica e stilistica: capitelli e basi di colonna e, soprattutto, il sostanzioso nucleo di terrecotte architettoniche recuperate nell'arco di sessant'anni di scavi – quantunque non continuativi – pertinenti ai sistemi di rivestimento e di decorazione delle coperture lignee degli edifici[12].

Ciò ha permesso di ricostruire almeno due momenti edilizi principali. Una prima fase collocata nella prima metà del II sec. a.C. (plausibilmente nel secondo quarto del secolo) con la costruzione di un tempio tuscanico e di un portico alle sue spalle (la *porticus duplex* a Nord) in un'area che, pur avendo restituito in tempi più o meno recenti tracce sporadiche di una labile frequentazione precedente, non sembrerebbe essere stata stabilmente insediata prima di questo momento[13]. È più di un'ipotesi quella che scorge, dietro la fondazione del santuario, un atto di evergetismo a favore delle comunità coloniali romano-latine di questo settore rurale del Piceno centro-meridionale da parte di una committenza urbana: provvedimenti analoghi sono del resto noti, proprio in questo stesso periodo, in diverse località della Penisola e dello stesso comparto piceno (Liv. XLI 27, 10-13)[14].

Una seconda fase di ripristino e ampliamento del santuario si segnala alla metà/seconda metà del II sec. a.C., forse indotta da un evento traumatico. Il tempio venne ricostruito così come la *porticus duplex* risalente alla fase precedente, ma ora per buona parte riedificata e ampliata e alla quale venne aggiunto, perpendicolare a essa, un portico con *tabernae* a chiusura del lato orientale del santuario. A questa fase risalgono anche i resti di un edificio individuato ed esplorato per la prima volta tra il 2018 e il 2023[15]: si tratta di strutture che regolarizzano e delimitano lo spazio sacro nel settore occidentale del santuario anche se, occorre precisare, con uno sviluppo planimetrico non ancora colto nella sua esattezza – complici anche i rilevanti interventi di spogliazione e di riutilizzo successivi (cfr. *infra*) – e che, in ogni caso, risulta asimmetrico e parzialmente dissimile rispetto a quello del portico con *tabernae* sul lato opposto. L'edificio, a ogni modo, risulta effettivamente databile alla metà/seconda metà del II sec. a.C. sulla base delle associazioni stratigrafiche, di quelle ceramiche (tra cui alcuni depositi cd. "di fondazione" in corrispondenza dei muri) e della tecnica edilizia, la medesima che caratterizza le altre strutture del santuario in questa fase[16]. Poco dopo gli interventi anzidetti, e comunque entro lo scorcio del secolo, si procede anche con la costruzione del sacello a Ovest del tempio, noto come Edificio C e forse dedicato a Ercole[17]. Da questo momento il santuario assume, sostanzialmente, la sua configurazione definitiva e in parte attualmente visibile (Figura 2)[18].

---

[11] Demma 2018: 115-118; Giorgi, Demma, and Belfiori 2020: 107-118 (Demma): si può richiamare qui l'anastilosi della *porticus duplex* (1959-1963) con le contestuali opere di drenaggio e di contenimento delle scarpate a monte, che comportarono financo lo smontaggio completo e la successiva ricollocazione dei muri in opera quadrata (1963-1977); i restauri rivolti alle strutture del portico con *tabernae* a Est – una vera e propria ricostruzione *a fundamentis* in realtà – e dell'edificio C (prima metà degli anni '2000).

[12] Demma and Belfiori 2019; Giorgi, Demma, and Belfiori 2020: 145-150 (Demma), 173-185 (Belfiori).

[13] Di questa fase, restano il colonnato ionico-italico e le murature in blocchi di arenaria della *porticus duplex*; alcuni lembi murari del podio del tempio (crepidine); diverse serie di terrecotte architettoniche riferibili ai più antichi sistemi di rivestimento fittile delle coperture di questi edifici (comprese le *disiecta membra* pertinenti ai frontoni).

[14] Cfr. già Torelli 1983 e ora, per una disamina più circostanziata del problema, Giorgi, Demma, and Belfiori 2020: 167-170 (Demma).

[15] Cfr. nel dettaglio Belfiori, Cossentino, and Pizzimenti 2020: 76-92 (Pizzimenti).

[16] Ciottoli fluviali e scapoli di arenaria messi in opera con malta di argilla o di calce piuttosto scadente.

[17] Sulla titolarità di culto del sacello vd. *supra* nota 2.

[18] Piuttosto chiaro le citazioni di modelli ben noti in tutta l'Italia centro-meridionale (e non solo) in età tardo-ellenistica: Coarelli 1987; D'Alessio 2011.

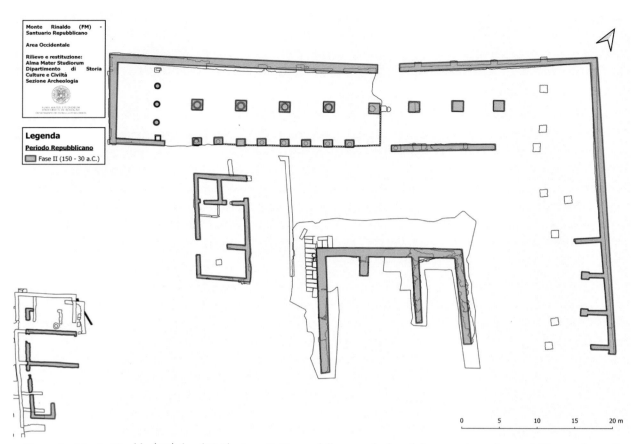

Figura 2 - Monte Rinaldo (FM), località "la Cuma". Pianta della seconda fase del santuario tardo-repubblicano, dopo gli scavi 2019-2022 (rilievo e restituzione Unibo-DiSCi).

Ritornando all'edificio occidentale di recente individuazione, le sue strutture sembrerebbero riferirsi a un edificio a pianta rettangolare (ca. 6,5 x 12 m), orientato Nord-Sud e suddiviso internamente in almeno tre vani, dei quali uno con ingresso da Est e un altro con una (probabile, perché mal conservata) apertura a Sud. A est, verso lo spiazzo del santuario, tale fabbricato era servito da un marciapiede largo circa un metro, il cui piano di calpestio in battuto di terra era contenuto da un muro di crepidine fondato per circa 0,60 m. Ancora più a Est, un lungo canale di deflusso e smaltimento delle acque (Nord-Sud) segnava il limite effettivo della spianata del santuario a occidente : la sua spalletta orientale (seppur rimaneggiata in una seconda fase) era originariamente costruita con conci di arenaria; l'altra spalletta consisteva invece nella *crepido* stessa, fondata come anticipato per una sessantina di cm e impermeabilizzata con malta di calce idraulica sul suo prospetto esterno, ma in realtà interno allo speco, per 0,50 m circa (la profondità della conduttura al di sotto del p.d.c. del marciapiede e di quello corrispondente della piazza porticata). Le tre strutture (edificio, marciapiede e canalizzazione), come detto, vennero costruite nell'ambito del medesimo progetto edificatorio volto (anche) a chiudere e a regolarizzare, seppur solo parzialmente, il lato occidentale dell'area sacra. Non è da escludere, al momento, che almeno una delle stanze dell'edificio anzidetto potesse in realtà trattarsi di una vasca, come sembrerebbero suggerire le tracce di cocciopesto rilevate su alcuni dei lacerti murari (Figura 3)[19]. La presenza di infrastrutture idrauliche, del resto, ben si accorderebbe con l'abbondante presenza d'acqua nella zona, specialmente nel pendio soprastante dove sono note diverse risorgive (cfr. *infra*). Acqua che potrebbe quindi essere stata captata, convogliata nel luogo di culto, qui raccolta in apposite

---

[19] Giuliani 2006: 222-226.

Figura 3 - Monte Rinaldo (FM), località "la Cuma". Santuario tardo-repubblicano, settore occidentale (Area 6, campagna di scavo 2022): murature rivestite in cocciopesto pertinenti al santuario, al di sotto dell'edificio rurale di età alto-imperiale (archivio scavi e ricerche Unibo-DiSCi).

strutture e, infine, impiegata per molteplici scopi: da concepirsi, cioè, non esclusivamente in termini rituali e/o liturgici[20] – questi già ammissibili per via delle infrastrutture idrauliche presenti all'interno del cd. Edificio C: una vasca e una fontana[21] – ma anche utilitari e, per così dire, "profani". Per esempio, in relazione ai bisogni dell'economia agropastorale cui le comunità locali dovevano essere naturalmente votate[22].

Nei decenni successivi alla guerra Sociale l'area sacra sembra essere stata oggetto di nuovi interventi, rivolti a porzioni limitate degli edifici già esistenti (per esempio le aule ioniche poste alle due estremità della *porticus duplex*) e compresi entro un lasso di tempo molto breve, alcuni dei quali peraltro neanche conclusi. Negli anni centrali del I sec. a.C., infatti, si assiste alla definitiva dismissione del santuario che, come suggeriscono le nuove ricerche, sembrerebbe essere stata dettata da una serie di concause delle quali, si direbbe, solo alcune imputabili alla volontà e all'azione dell'uomo.

[F.B.]

---

[20] È appena il caso di precisare che la presenza di acqua in un santuario non possa essere presa come prova di per sé sufficiente ad ammettere un "culto delle acque"; piuttosto, si dovrebbe pensare a un utilizzo ordinario – e tutto sommato intuitivo – dell'acqua in rapporto alle esigenze della normale prassi di culto (cfr. per esempio Scheid 2011).

[21] Cfr. già Demma 2018: 79-80 e Giorgi, Demma, and Belfiori 2020: 135-139.

[22] Cfr. l'ormai classico Gabba and Pasquinucci 1979 e, più recentemente, gli studi raccolti in Forni and Marcone 2002. Per il caso specifico cfr. Giorgi, Demma, and Belfiori 2020: 17-20, 42-43 (Giorgi), con riferimenti.

Monte Rinaldo e le risorse del territorio: affioramenti, approvvigionamento e sfruttamento

Che la forte presenza d'acqua, ancora oggi caratterizzante 'la Cuma'[23], possa considerarsi come uno dei fattori che in antico conferì a tutta l'area una spiccata vocazione all'insediamento, nonché uno dei prerequisiti che potrebbero aver favorito la *locatio* del santuario proprio in quel punto, è ipotesi ragionevole ma alle volte sottostimata in letteratura, se non addirittura all'origine di talune interpretazioni. L'argomento, infatti, pur ben sollevato dalla tradizione di studi, si è prestato ad alcuni fraintendimenti per quanto riguarda l'interpretazione storico-religiosa del contesto, mentre sembrerebbe non essere stato debitamente valorizzato dalle proposte ricostruttive delle dinamiche insediative[24]. Per esempio, è utile ricordare l'esistenza, a breve distanza dal santuario (0,5km ca.), dei resti tuttora affioranti di una cisterna in opera cementizia di notevoli dimensioni (10,50 x 14,30m.), munita di contrafforti esterni disposti a intervalli regolari, pertinente verosimilmente a una "villa" rustica di età tardo-repubblicana e primo imperiale riportata in luce, sempre nel 1957, nei campi allora segnalati di proprietà Antogniozzi-Pasqualini. Il complesso, tra le altre cose, presentava alcuni vani mosaicati e una serie di strutture destinate alla captazione e all'utilizzo dell'acqua, tra cui due vasche pavimentate in cocciopesto delle quali una rettangolare (2,45 x 0,90 m ca.) e l'altra absidata (diam. 2,50m ca.), pertinenti probabilmente a un ninfeo[25].

Ritornando al santuario, la sua costruzione all'inizio del II sec. a.C., dovette quindi verosimilmente tenere conto della forte disponibilità di risorse idriche (da impiegarsi non soltanto per scopi rituali, cfr. *supra*) in un sito che, per tutta l'età repubblicana, assume un'assoluta preminenza – gestionale e forse istituzionale – sul comprensorio territoriale circostante, in rapporto alle dinamiche di stanziamento e di occupazione del suolo[26]. Inoltre, è probabile che un'iniziativa del genere abbia comportato uno sforzo di notevole portata sia in termini economici, sia per quanto attiene alla forza lavoro impiegata e, non da ultimo, anche a livello di impatto ambientale.

In particolare, la monumentalità degli elementi architettonici, che nella prima fase costruttiva vengono realizzati esclusivamente in blocchi di arenaria[27], dovette comportare il ricorso non solo a una serie di competenze tecnico-artigianali forse venute da fuori e legate in qualche modo alla committenza del santuario[28], ma di certo anche una notevole attività di sfruttamento degli affioramenti rocciosi che, sebbene non siano stati ancora rintracciati i fronti di cava antichi, è ragionevole pensare possano trovarsi nelle immediate vicinanze[29]. Le ricognizioni nel territorio circostante al santuario hanno infatti evidenziato, come confermato anche dalla lettura della carta geologica di questa zona, che a breve distanza sono presenti diversi affioramenti di arenaria compatibile con quella utilizzata per l'edificazione del luogo di culto. I più prossimi all'area di nostro interesse sono quelli presenti nel

---

[23] Demma 2018, *passim*; inoltre, è sensibile la presenza di risorgive, rigagnoli e pozzi tuttora osservabili nei campi a ridosso e a monte del santuario.

[24] Per quanto riguarda la prima questione, cfr. nota 20 *supra* e nota 59 *infra* e soprattutto le precisazioni in Demma 2018: 90-91 e 105-109, riprese e circostanziate ulteriormente in Giorgi, Demma, and Belfiori 2020: 164-167 (Demma).

[25] Demma 2018: 67-73.

[26] Cfr. nota 5 per quanto riguarda le distribuzioni viritane promosse col plebiscito Flaminio (232 a.C.), le deduzioni delle colonie di *Pisaurum* e *Potentia* (184 a.C., Liv. XXXIX 44, 10), la colonizzazione di età graccana. Sulle ipotesi che riconoscono nel santuario il baricentro, evidentemente pubblico, a servizio di uno o più *pagi* cfr. da ultimi Giorgi, Demma, and Belfiori 2020: 12-21, 23-31, 38-43 (Giorgi) e 156-158, 170 (Demma); Giorgi, Pizzimenti, and Kay 2020.

[27] Nei muri della *porticus deuplex* i blocchi (mediamente 0,90 o 1,20 x 0,60 x 0,60m) disegnano un'orditura pseudoisodoma a giunti asimmetrici: Adam 1988: 117-118.

[28] Cfr. paragrafo precedente e nota 12 per i confronti con analoghi manufatti di area laziale.

[29] Per l'estrazione, il taglio, il trasporto e la messa in opera della pietra da costruzione cfr. Adam 1988: 23-60; inoltre, vd. di recente Paci 2021, in part. 37-38 per il santuario di Monte Rinaldo.

Comune di Montalto delle Marche e nel Comune di Montelparo: tra questi due, i secondi, essendo collocati sulla medesima sponda fluviale, sono forse da preferire ai primi.

Inoltre, l'impianto delle strutture cultuali dovette fin dall'origine convivere, e in alcuni casi superare, con una serie di condizionamenti imposti dalla natura del luogo, assecondandoli o contrastandoli con alcune soluzioni tecnico-costruttive. Le indagini presso la zona occidentale dell'area sacra hanno infatti messo in luce una serie di riporti di materiale inerte[30], associabili alle fasi di apprestamento del complesso sacro (prima metà del II sec. a.C.), che insistevano su una potente massicciata di ghiaia e ciottoli di medie dimensioni atta, verosimilmente, a consolidare il versante e a regolarizzare lo spazio per il culto.

Che l'area fosse percorsa da alcune irregolarità è emerso anche con la prosecuzione degli scavi: in un approfondimento puntuale condotto nella medesima zona (Saggio 4/2018), è stato parzialmente intercettato un avvallamento nel substrato sterile del pendio. Anche in questo caso, la discontinuità nel suolo naturale venne regolarizzata colmandola parzialmente tramite uno strato piuttosto coerente e uniforme a forte matrice organica (composta da ceneri, carboni, ossi animali) e con presenza quasi esclusiva di materiali ceramici, per lo più a vernice nera. È quindi ipotizzabile che questa azione di riporto, collocabile alla metà del II sec. a.C., oltre a rispondere a motivi legati alla pratica sacra – riferibile cioè ai così detti depositi "diffusi" di dismissione, delle vere e proprie colmate la cui natura

Figura 4 - Monte Rinaldo (FM), località "la Cuma". Santuario tardo-repubblicano, settore occidentale (Area 4, campagne di scavo 2018-19): a. riporti di materiale pesante per il consolidamento del versante collinare; b. Saggio 4/2018: "colmata" di riporto per regolarizzare gli avvallamenti del pendio; c. prospetto Nord di un muro repubblicano: in evidenza l'andamento delle fondazioni ad assecondare la pendenza del versante (archivio scavi e ricerche Unibo-DiSCi).

---

[30] Strati a matrice limo-argillosa alternati a uno strato di ghiaino e arenaria sbriciolata: Belfiori, Cossentino, and Pizzimenti 2020: 77 (Pizzimenti).

Figura 5 - Monte Rinaldo (FM), località "la Cuma". Scavi nel santuario tardo-repubblicano, anni 1959-60: sopra, rocchi di colonne ionico-italiche della porticus duplex restaurate in antico (grappe a doppia coda di rondine); sotto, porticus duplex, "aula" occidentale: in evidenza una colonna ionica e una lesena d'anta in crollo e il muro di fondo del portico spanciato (da Giorgi, Demma, Belfiori 2020: 99, 129, 138 su gentile concessione delle SABAP AP, FM, MC e AN, PU).

rituale è suggerita dalla selezione consapevole e accurata del materiale da seppellire[31] – sia stata realizzata anch'essa al fine di regolarizzare la superficie del pendio collinare, che sarebbe stata da lì a breve interessata dall'impianto delle nuove strutture descritte in precedenza.

I resti di queste murature, riferibili alla seconda fase di strutturazione del santuario, sono stati individuati nelle due aree (Area 4 e Area 6) aperte durante le campagne di scavo 2018 e 2019[32] dove, in alcuni tratti, è stato possibile cogliere alcune particolarità nella loro realizzazione: è stato osservato, infatti, che il setto più settentrionale di queste strutture, conservato in parte anche in alzato, presentava negli ultimi due metri verso Est un improvviso approfondimento a livello delle fondazioni, laddove è stato possibile riconoscere e seguire l'andamento del pendio antico (Figura 4).

[F.P.]

[31] Belfiori and Giorgi 2021; Parisi 2017: 544-549.
[32] Vd. paragrafo 2.

Il collasso del santuario alla fine della Repubblica: fenomeni naturali e scelte antropiche (e disposizioni rituali?)

Come in parte anticipato, è ipotizzabile che appena prima della costruzione di queste strutture alla metà del II sec. a.C. – e più in generale, a determinare il passaggio tra la prima e la seconda fase monumentale del santuario – sia occorso un evento traumatico, forse un terremoto. Così parrebbero suggerire le tracce riferibili a un restauro antico riscontrate, in particolare, nel colonnato centrale del portico settentrionale, che lascerebbero intendere un suo recupero e una sua parziale ricostruzione proprio in questo frangente: è stato osservato, infatti, come i tamburi delle colonne siano in molti casi rilavorati e disomogenei tra loro per dimensioni e, talvolta, risultino ricongiunti per mezzo di grappe metalliche; i capitelli ionico-italici, databili all'inizio del secolo, sono pertanto da considerarsi pertinenti all'impianto originario dell'edificio ma recuperati e rimessi in opera in questa seconda fase (Figura 5)[33].

La documentazione d'archivio permette inoltre di cogliere come anche il definitivo abbandono del santuario sia da attribuire, almeno come concausa, a episodi di origine naturale e presumibilmente violenta: le foto degli anni '50 sono testimoni di estesi e consistenti cedimenti strutturali, con le membra del portico Nord rinvenute nell'esatta posizione di crollo; inoltre, documentano la presenza di un consistente strato di interro accumulatosi tra i diversi momenti di crollo delle strutture, riconducibile plausibilmente a eventi franosi e/o alluvionali (Figura 5). Ancora, i dati raccolti di recente dagli strati di crollo, distruzione e spogliazione delle strutture del santuario sembrano circoscrivere tali avvenimenti negli anni centrali del I sec. a.C.[34]

Non è facile comprendere se collassi di questo tipo siano da attribuire a un unico episodio, eventualmente di natura sismica. Per l'area e per il periodo di nostro interesse, sono noti almeno due eventi: uno tramandatoci da Giulio Ossequente e avvenuto attorno 100 a.C. ca. «nel Piceno» (*Prodigiorum liber*, 45), troppo risalente forse rispetto agli orizzonti cronologici anzidetti[35]; l'altro, tràdito da Cicerone (*har. resp.* 28, 62), colpì in particolare *Potentia* negli anni centrali del I sec. a.C. (56 a.C. circa) e risulterebbe pertanto più compatibile con tali cronologie[36].

Che si tratti di terremoti o di uno smottamento del pendio collinare, o di entrambi gli eventi concentrati in un lasso di tempo relativamente breve, le membra degli edifici dell'area sacra mostrano gli esiti di eventi traumatici che decretarono la fine del santuario, siano questi ricordati o meno dalla tradizione letteraria[37]: non solo i crolli documentati *in situ*, come detto, ma anche le tracce di smottamenti del pendio a valle, probabilmente favoriti dall'abbondante presenza di acqua nel suolo (che in altro momento aveva orientato favorevolmente la scelte antropiche[38]), sono percepibili guardando sia le foto d'epoca[39], sia le strutture del settore orientale del santuario (tempio e portico) che hanno subito in maniera piuttosto evidente una rotazione verso Est (cioè verso valle) (Figura 6).

È plausibile, dunque, che il complesso monumentale già irrimediabilmente compromesso nella sua integrità da tali episodi, venne definitivamente privato della sua funzione sacra (e pubblica) attraverso

---

[33] Demma and Belfiori 2019: 343-344 (Demma); Giorgi, Demma, and Belfiori 2020: 128-129 (Demma).

[34] Belfiori, Cossentino, and Pizzimenti 2020: 104-106 (Cossentino).

[35] Ma forse più confacente a giustificare gli ultimi interventi di ripristino approntati nel luogo di culto nel corso della prima metà del I sec. a.C.?

[36] Traina 1994.

[37] Al momento non trova appigli concreti la proposta – pure attraente – di collegare l'evento ai fatti della guerra Sociale: APP. *BC* I 204-210 (capp. 47-48); LIV. *Per.* LXXIV; VELL. II 21, 1; OROS. V 18, 8-21.

[38] Vd. paragrafo precedente.

[39] Al momento della scoperta, il perimetrale occidentale in opera quadrata del portico settentrionale presentava un vistoso spanciamento.

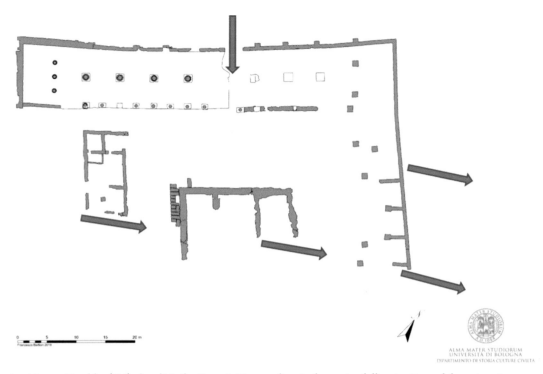

Figura 6 - Monte Rinaldo (FM), località 'la Cuma'. Tracce di scivolamento delle strutture del santuario verso valle (elaborazione Unibo-DiSCi).

specifici e precisi rituali – come normalmente ci si aspetterebbe in questi casi – che, tuttavia, non è stato possibile per il momento documentare meglio sul terreno[40]. Piuttosto ciò si evince – ma il ragionamento è induttivo – dall'immediata riconversione dell'area ad altra funzione, per così dire "profana": nel corso della seconda metà del I sec. a.C., infatti, una buona porzione dell'ormai *ex*-santuario venne occupata da una serie di edifici dallo spiccato carattere rustico-utilitario, verosimilmente privati.

[F.B.]

Dopo il santuario: reimpieghi edilizi, riuso degli spazi e riconversione funzionale dell'area

Le nuove esplorazioni dell'area immediatamente ad Ovest dell'Edificio C (campagne 2018, 2019, 2022) hanno riportato parzialmente in luce, oltre a murature riferibili alla seconda fase di strutturazione dell'area sacra[41], una serie di strutture successive alla dismissione e all'abbandono della stessa (fine I sec. a.C. – fine I sec. d.C.). Esse insistono direttamente sopra le costruzioni più antiche, sfruttandole in certi casi come fondazione per i nuovi alzati. L'orientamento di questo edificio più recente, pertanto, risulta essere condizionato dalle preesistenze riferibili al santuario.

Esso consiste in una serie di vani (A-B; C; D; E) – interessati anche da modificazioni interne nel corso del I sec. d.C. – che si sviluppano longitudinalmente lungo l'asse Est-Ovest e che si raccordano con un muro di fondo principale, che corre in senso (convenzionale) Nord-Sud. A Ovest di tale muro (quindi a monte

---

[40] Ma vd. su tutti Liv. I 55, 3 (*exauguratio*). Per i cd. "depositi di obliterazione" nei luoghi di culto si rimanda a Parisi 2017: 555-559, con riferimenti.

[41] Vd. *supra* paragrafo 2.

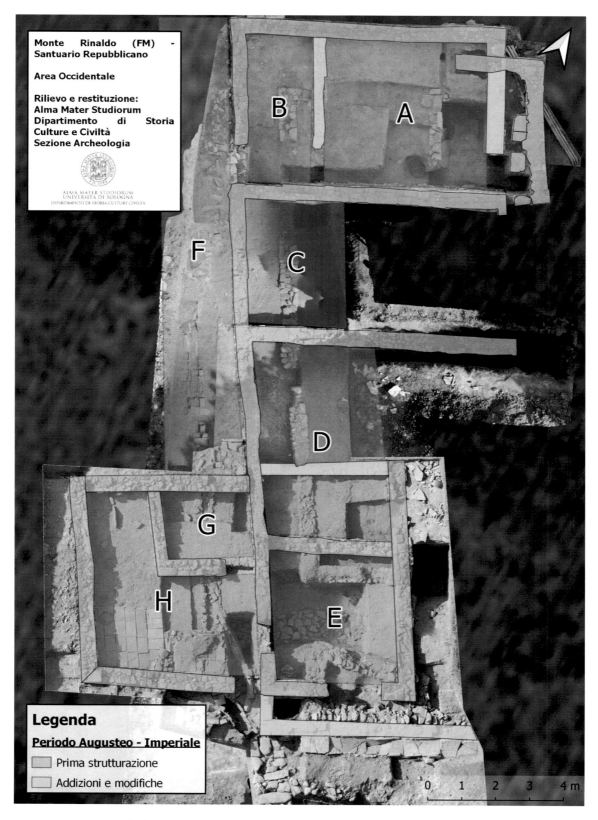

Figura 7 - Monte Rinaldo (FM), località "la Cuma". Santuario tardo-repubblicano, settore occidentale (Area 4-6, campagne di scavo 2018 – 2022), edificio rustico di età alto-imperiale (rilievo ed elaborazione Unibo-DiSCi).

del pendio) l'edificio si articola in ulteriori due ambienti: uno a è forma di "L" (vano H) comunicante con l'esterno (a Sud) e con il vano E (a Est), l'altro di piccole dimensioni (vano G) comunicante solo con il precedente (Figura 7). Queste due stanze si direbbe compongano una sorta di annesso semi-indipendente, forse per necessità di tipo funzionale: in effetti, il vano H ospita un forno e subito a ovest di questo – presso l'angolo Sud-Ovest della stanza – è visibile una pavimentazione (o un basso basamento: 1.90 x 1.90m ca.) realizzata con laterizi manubriati, disposti di piatto su sei filari, allettati sopra un massetto di malta di calce. È possibile che tale piano fosse funzionale alle lavorazioni svolte nel punto di fuoco contermine[42]. A Nord di tale settore (e quindi a Ovest dei vani A-B, C, D), forse un'area cortilizia.

La conferma che in questa zona il terreno fosse in pendio è data dalle quote relative tra gli ambienti: tra tutti i vani individuati, quelli posti più a occidente del diaframma Nord-Sud che li raccorda presentavano il piano di calpestio in terra battuta a una quota più alta rispetto a quella dei battuti dei vani immediatamente a Est. Almeno due porte consentivano la comunicazione e il salto di quota tra gli ambienti[43].

Proprio la pendenza del terreno e la necessità di preservare la stabilità di questo edificio, mettendolo al riparo dal pericolo di possibili smottamenti e/o alluvioni causati dall'abbondante presenza di acqua nel pendio soprastante, decretarono la necessità di approntare a suo servizio un complesso sistema di canali di drenaggio e di smaltimento delle acque (anche meteoriche)[44]. Si contano almeno due canali di deflusso esterni all'edificio, a Nord e a Sud di esso, utili a raccogliere le acque a monte e a convogliarle verso valle, seguendo le linee di pendenza, al fine di garantire così il drenaggio dell'area. Tali condutture sono costruite con materiali di recupero, in particolare con i tegoloni del tetto del tempio[45] infissi di taglio per realizzare le spallette e, sopra di esse, adagiati di piatto come copertura. Un'altra conduttura, costituita da tubuli ricavati da coppi giustapposti, corre invece in senso Nord-Sud attraverso l'area cortilizia (vano F) e al di sotto dei battuti pavimentali dei vani G e H, andando forse a scaricare, almeno in un certo momento, all'interno del canale posto a Sud dell'edificio[46] (Figura 7). Oltre al sistema di drenaggio e di smaltimento delle acque è plausibile che il fabbricato fosse anche servito da un sistema di adduzione, almeno nella sua fase di impianto originario[47].

Il complesso sembrerebbe potersi datare, con buoni margini di sicurezza, alla tardissima età repubblicana (periodo triumvirale-augusteo) ed essere stato utilizzato almeno fino alla fine del periodo giulio-claudio ma forse anche oltre, comunque entro lo scorcio del I sec. d.C.[48] Il cambio di funzione dell'area e la posteriorità di questo edificio rispetto alle strutture del santuario, sono stati confermati

[42] Vd. Giuliani 2006: 206-209. Nel basamento era presente un incasso di forma circolare, al momento dello scavo chiuso da una sorta di "tappo" di frammenti laterizi, ricavato intenzionalmente risegando i manubriati e sulla cui funzione al momento permane più di un dubbio.
[43] Belfiori, Cossentino and Pizzimenti 2020: 82, nota 27.
[44] Cfr. almeno Adam 1988: 284-288.
[45] Dimensioni: 1.05 x 0.54m ca.
[46] Non si può tuttavia escludere, vista la tecnica costruttiva, che la struttura potesse fungere originariamente da sistema di adduzione.
[47] Al suo esterno (fronte Est), infatti, sono stati rinvenuti diversi tronconi di una *fistula* plumbea, dei quali almeno uno sembrerebbe tuttavia in posto, coperto da coppi e posato contestualmente alla costruzione del perimetrale nord dell'edificio (Vano A-B). Tale muro, infatti, presenta un apposito incasso utile al passaggio della conduttura plumblea al di sotto di esso, la quale a ogni modo parrebbe non servire direttamente i vani descritti sopra (almeno allo stato attuale delle ricerche). Per un inquadramento minino dei sistemi di adduzione delle acque in età romana cfr. Adam 1988: 257-285; Bruun 1991; Tölle-Kanstenbein 1993; Antico Gallina 2004; Bianco 2007.
[48] Belfiori, Cossentino and Pizzimenti 2020: 104-106 (Cossentino).

da tre tipi di dati: la stratigrafia, i materiali ceramici associati e la tecnica edilizia delle strutture murarie[49].

Proprio quest'ultima ha reso possibile relazionare tale edificio dai caratteri rustici-utilitari con alcune murature già note (ma rimosse) sin dagli anni '50-'60 e in particolare con le superfetazioni individuate sia all'interno del portico settentrionale, sia al di sopra e attorno ai muri perimetrali dell'Edificio C[50]. Come nel caso di quelle recentemente documentate, infatti, anche quelle rinvenute in passato erano costruite con scapoli di arenaria e ciottoli fluviali legati da malta di calce e, soprattutto, con l'abbondante riutilizzo di elementi fittili fratti provenienti dalle coperture e dal partito architettonico dei precedenti edifici sacri. Ciò consente di dedurre, in ultima analisi, che nell'area del santuario, all'indomani della sua distruzione, fosse presente più di un edificio o quantomeno un complesso edilizio dallo sviluppo più articolato di quello attualmente osservabile (forse organizzato in diversi corpi di fabbrica). Di certo, tali costruzioni andarono a occupare tutto il settore occidentale dell'area sacra, l'estremità Ovest della *porticus duplex* (dove in età repubblicana era la cd. "aula" ionica) – ora frazionata al suo interno da tramezzi – e l'Edificio C, che da un certo momento venne peraltro trasformato in recinto funerario[51].

Un secondo nucleo di strutture contemporanee a quelle appena descritte, individuato e scavato per la prima volta nel 2021, è invece da ubicarsi a meno di 100m a Sud dall'area sacra.

Il complesso ha una pianta rettangolare divisa in due settori non comunicanti, entrambi accessibili da Est e separati da un divisorio portante orientato Est-Ovest (Figura 8). La porzione più meridionale rispetto a tale muro è incentrata su una corte d'ingresso, probabilmente scoperta (A), che funge da disimpegno nei confronti di un vano posto immediatamente a Ovest (B) e di un corridoio orientato Nord-Sud (C), che a sua volta conduce ad altre due stanze (D ed E). Di queste, il vano D (a Est del corridoio) presenta una piccola vasca in corrispondenza dell'angolo Sud-Est, approssimativamente quadrata e con due spallette costruite con elementi laterizi infissi di taglio (manubriati interi su un lato; tegole integre di reimpiego sull'altro)[52]. Il fondo della vasca consiste in un vespaio di pezzame laterizio e ceramico rivestito da uno strato impermeabilizzante di cocciopesto piuttosto grossolano. La vasca, non più profonda di 0, 25m ca., è munita di un sistema di scarico verso l'esterno dell'edificio[53] e di un basamento dalla dubbia funzione tangente a una delle sue spallette (Ovest). Tali dotazioni sconsiglierebbero di vedere nella vasca un bacino di raccolta e di conservazione dell'acqua[54], ma sembrerebbero viceversa renderla adatta a un qualche tipo di attività pratica, forse funzionale a una filiera lavorativa più complessa.

---

[49] Belfiori, Cossentino and Pizzimenti 2020: 82-88 (Pizzimenti).

[50] Operazioni condotte tra 1958 e 1965 con sistematico e meticoloso rigore, tanto che attualmente di tali superfetazioni resta traccia solo nei documenti d'archivio che effettivamente confermano estese opere di smontaggio delle murature più recenti per recuperare le decorazioni fittili in esse reimpiegate e per privilegiare la lettura delle fasi pertinenti al santuario: Demma 2018: 115.

[51] Belfiori, Cossentino and Pizzimenti 2020: 105 e nota 67 (Cossentino), seconda metà/fine I sec. d.C.; Giorgi, Demma, and Belfiori 2020: 135-141 (Demma) e tav. 9.

[52] Dimensioni: 1,25 x 1,30m. ca.

[53] Ricavato all'interno delle murature, in corrispondenza dell'angolo Sud-Ovest della vasca, era infatti un tubulo formato da coppi che consentiva il deflusso dei liquidi verso l'interno di una canaletta posta appena fuori l'edificio. Tale conduttura è del tutto simile ai canali già descritti *supra* (tegole, in questo caso fratte, poste di taglio per le spallette e piane per la copertura).

[54] Necessità peraltro soddisfatte dalla presenza di un pozzo appena fuori l'edificio (cfr. *infra*).

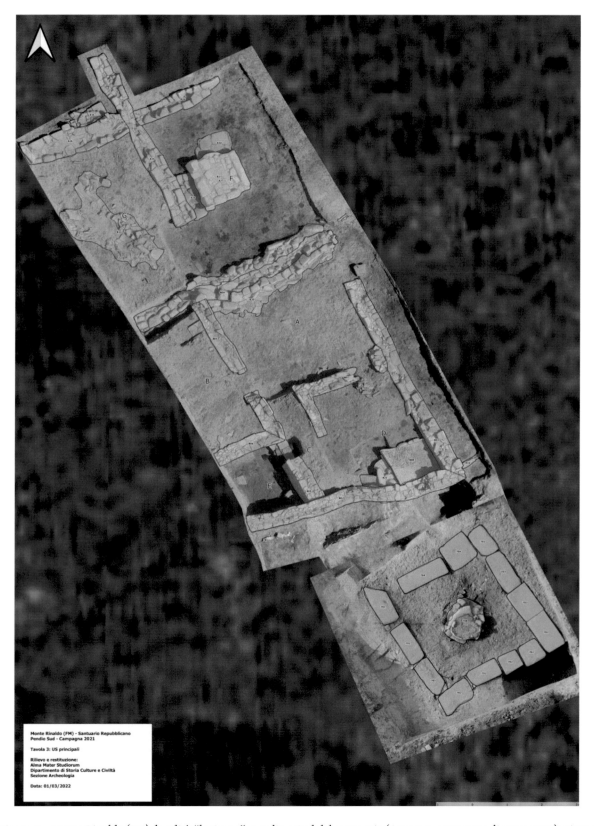

Figura 8 - Monte Rinaldo (FM), località "la Cuma", pendio a Sud del santuario (Area 7-8, campagna di scavo 2021): pianta del complesso rustico (rilievo ed elaborazione Unibo-DiSCi).

Effettivamente, è molto probabile che tutto il settore settentrionale dell'edificio fosse adibito a officina. In particolare, il vano F si presenta come una sorta di recinto scoperto con il lato Est completamente aperto e comunicante verso l'esterno: al centro è un basamento (1,25 x 1,45m circa) costruito con blocchi di arenaria di reimpiego e frammenti di decorazione architettonica del santuario, tenuti insieme in modo molto tenace. Sopra tale basamento al momento dello scavo erano tracce evidenti di fuoco e di rubefazione, mentre in tutta l'area attorno a esso è stato recuperato un numero cospicuo di oggetti metallici, la maggior parte in ferro, molti dei quali attrezzi (o parti di essi) manomessi o rotti[55].

Inoltre, un potente strato di accrescimento di colore grigio scuro o nero copriva il piano battuto del Vano F[56]. Livelli analoghi erano presenti anche all'esterno dell'edificio a Est, sì da credere che possa trattarsi nel loro insieme dell'esito di scarichi e di spargimenti, continui e reiterati, degli scarti e dei residui delle attività artigianali, evidentemente metallurgiche, ospitate nel Vano F e concentrate, in particolare, sul basamento posto al centro interpretabile come fucina per la lavorazione (o per la rilavorazione) degli oggetti in ferro rinvenuti numerosissimi nei suoi pressi[57].

La tecnica edilizia cui ricorrono le strutture di questo edificio è la medesima già riscontrata in precedenza, nelle murature del vicino complesso rustico-funzionale costruito in età triumvirale-augustea sopra le strutture distrutte, abbandonate e poi pesantemente rimaneggiate del santuario repubblicano. Tuttavia, i muri del settore settentrionale di questo edificio sono prevalentemente costituiti con ciottoli di fiume di grandi dimensioni e con elementi lapidei in arenaria, sbozzati e rilavorati a partire dai blocchi del portico settentrionale e del tempio del santuario, consolidati con malta d'argilla o scarsissima malta di calce. Una tecnica edilizia all'insegna del recupero e del reimpiego, dunque, ma che in questo caso sembrerebbe aver selezionato e prediletto elementi di più grandi dimensioni a discapito del laterizio: un'opzione forse più congeniale alla destinazione funzionale degli ambienti in questione – forse anche in ragione di una possibile maggiore refrattarietà dei materiali? – adibiti allo svolgimento di attività pesanti che prevedevano l'uso del fuoco e alte temperature. È inoltre ipotizzabile che il ricorso a una tecnica edilizia più massiccia possa non essere stata estranea alla volontà di garantire maggiore solidità e stabilità dell'impianto in questo settore, vista anche l'instabilità del suolo e del pendio testimoniata dalle forme e dalle dinamiche di crollo delle murature rilevate al momento dello scavo, che sembrerebbe testimoniare l'occorrenza di movimenti tellurici e franosi all'origine della distruzione e dell'abbandono definitivo dell'edificio (Figura 8).

Anche nel caso di questo edificio, l'interazione uomo-natura non sembrerebbe essere stata sempre delle più semplici: se da un lato le caratteristiche del luogo permisero l'accesso ad alcune risorse fondamentali per il funzionamento dell'impianto (acqua e legname), dall'altro i dati raccolti sembrano sostanziare ulteriormente l'impressione circa la fragilità dell'assetto idrogeologico del terreno sul quale esso sorse. Esemplificativo del primo caso è l'individuazione, appena all'esterno dell'edificio, di un pozzo per la captazione dell'acqua, in tutto e per tutto simile a quello rinvenuto alla fine degli anni '50

---

[55] Lame di coltelli e di seghe, catene, chiodi, almeno un'ascia, punte di trapano/scalpello, cardini e serrature, chiavi, forse un compasso: i materiali sono ancora in corso di studio (M. Barbieri, Un'officina a Monte Rinaldo (FM): contesto topografico e cultura materiale di un colono romano di prima età imperiale, a.a. 2020/21, tesi di laurea magistrale, rel. Prof. Enrico Giorgi).

[56] Ricco di terra concottata, di carboni e di lenti di cenere in concentrazioni variabili, nonché caratterizzato da tracce di rubefazione e dalla presenza di ingenti scorie e grumi ferrosi.

[57] Per l'interpretazione delle strutture, da considerarsi comunque preliminare, cfr. una casistica di contesti simili a quello descritto: Alessio 1990; Alessio 1996 (Manduria, TA, loc. Terragna); Bernardi 2016 (Montebelluna, TV, loc. Posmon); Vennarucci, Van Oyen and Tol 2018; Van Oyen et al. 2019; Van Oyen et al. 2022 (Cinigiano, GR, Podere Marzuolo).

a ridosso delle strutture del portico settentrionale[58], la cui menzione nelle carte d'archivio si è prestata per lungo tempo a non pochi fraintendimenti[59]. Per quanto riguarda il secondo punto, invece, anche i muri di questo edificio recavano chiari i segni delle pesanti ripercussioni dovute a uno smottamento del terreno, osservabili in particolar modo lungo il perimetrale meridionale e, forse, nel collasso del tramezzo portante Est-Ovest (Figura 8).

La stratigrafia, i materiali ceramici e la tecnica edilizia delle strutture murarie[60] circoscrivono la costruzione, l'uso e il crollo di questo edificio entro un periodo relativamente breve, tra la seconda metà del I sec. a.C. e la fine del I sec. d.C.[61] Conseguentemente, è possibile relazionare tale struttura sia con il complesso posteriore al santuario rinvenuto all'interno dell'area archeologica, descritto pocanzi, sia con la "villa" riportata in luce nel 1957 a poche centinaia di metri a Sud[62]. Relazione certo ancora per buona parte da approfondire e da comprendere, sia per ciò che attiene ai verosimili rapporti reciproci tra questi insediamenti (funzionali ed eventualmente gerarchici), sia nei confronti dei più ampi assetti territoriali del periodo (agrari, demografici, socioeconomici). È forse utile ricordare, in questo senso, che all'indomani della battaglia di Filippi (42 a.C.) tutto il comprensorio fermano venne interessato da nuove distribuzioni viritane, tra l'età triumvirale e quella augustea, promosse forse da Antonio per ricompensare i veterani di Cesare che avevano servito nella *legio IV Macedonica* (*Lib. col.* I L226, 9-10: *Ager Firmo Piceno limitibus triumuiralibus in centuriis est per iugera ducena adsignatus*; *Lib. col.* II L256, 2-3: *Firmo Picenus. ager eius lege triumuirale. in centuriis singulis iugera CC. finitur sicuti ager Foro Nouanus*)[63] e che insediamenti simili e coevi a quelli di Monte Rinaldo sono stati segnalati negli ultimi anni in diverse altre località della Valdaso[64].

[F.P.]

Uomo e ambiente a Monte Rinaldo: spunti storico-archeologici per la comprensione di un territorio fragile

Le recenti ricerche dell'Università di Bologna a Monte Rinaldo stanno progressivamente definendo meglio le forme e i modi con cui l'uomo e l'ambiente interagirono in questo settore del Piceno centro-

---

[58] Tale pozzo presentava presso l'imboccatura un dolio (diametro 80 cm circa) privato del fondo e riadattato a vera, che insisteva su una ghiera formata da un'opera mista di tegole di reimpiego, ciottoli e terrecotte architettoniche evidentemente recuperate nel santuario.

[59] Cfr. *supra* paragrafo 3. Le proposte che vorrebbero riconoscere in tale pozzo il baricentro delle attività cultuali del santuario – supponendolo "sacro" quindi – sono evidentemente frutto di una contestualizzazione della struttura quantomai problematica: si tratta, infatti, di un pozzo riferibile all'insediamento di età alto imperiale e non già al luogo di culto, come ben precisato in Demma 2018: 89-90, 105-106 e in Giorgi, Demma and Belfiori 2020: 104-106 (Demma).

[60] Fondazioni in ciottoli fluviali di dimensioni variabili e in conci e/o scaglie irregolari di arenaria (ca. 0,50m). Al di sopra, la zoccolatura conservata mediamente per 0,60m mostra un ordito più regolare, con filari di blocchetti di arenaria o ciottoli più piccoli sbozzati all'esterno alternati a 2/3 corsi di laterizi fratti, non di rado tegole e terrecotte architettoniche reimpiegate dal santuario, il tutto legato per mezzo di malta di argilla (rara è la presenza di tracce di calce).

[61] Indicativa a tal proposito la presenza di terra sigillata italica, tra cui i frammenti di un bel piatto con orlo verticale ingrossato superiormente, decorato a matrice con maschera teatrale e festone (cfr. piatto 20.4 del *Conspectus formarum terrae sigillatae Italico modo confectae*, prima metà del I secolo d.C.).

[62] Vd. *supra* paragrafo 3.

[63] Cfr. anche *CIL*, IX 5527 (titolo funerario di un aquilifero della suddetta legione); *CIL*, IX 6086 (XIX) (ghianda missile della *legio quarta*). Riferimenti alle fonti e agli studi in Giorgi, Demma and Belfiori 2020: 41-43, 85-86 (Giorgi); Menchelli 2012: 54, 153-154.

[64] Pasquinucci and Menchelli 2004.

meridionale in età romana. La lettura integrata di fonti e dati di natura eterogenea e provenienza differente, infatti, consente di cogliere in modo più complesso le potenzialità e le criticità di questo territorio in antico, e di individuare un insieme di fattori che, se in alcuni momenti favorirono e orientarono le scelte antropiche, in certi altri ne limitarono la portata e ne compromisero l'efficacia.

In questi termini, la presenza d'acqua e la buona disponibilità di risorse e di materie prime (da costruzione per esempio) favorirono di certo la frequentazione de "la Cuma" per diversi secoli (tra II sec. a.C. e I-II sec. d.C.); d'alto verso, è altresì ipotizzabile che frequenti episodi di dissesto idrogeologico abbiano concorso negativamente alla gestione e all'integrità del santuario prima e delle più recenti strutture rustico-produttive poi. Allo stesso modo, sembrerebbe ammissibile che episodi traumatici ulteriori, forse sismici – alcuni indizi in tal senso sono osservabili sulle strutture e rintracciabili nella documentazione d'archivio – dovettero influire sensibilmente sulla vita dell'area sacra e, contestualmente ad altri fattori (antropici e ambientali), concorrere alla sua dismissione. Rischio sismico e instabilità idrogeologica, del resto, sono tratti salienti di questo territorio la cui tenuta è stata messa a dura prova anche in tempi recentissimi[65].

La continuità di frequentazione del sito all'insegna però di una sensibile discontinuità nelle modalità della sua fruizione, ossia della riconversione funzionale (e presumibilmente privata) degli spazi precedentemente comunitari adibiti al culto, si coglie bene anche nell'uso e nel riuso delle risorse disponibili in zona, siano esse quelle naturali (materie prime: pietra, legno, acqua) o quelle di origine artificiale. Indicativo in tal senso è il diffuso e sistematico reimpiego dei materiali edilizi del santuario repubblicano – finanche a distanze ragguardevoli e ancora nel Medioevo[66] – nella costruzione dei nuovi insediamenti agricoli/produttivi alla fine del I sec. a.C. In definitiva, le nuove ricerche a Monte Rinaldo restituiscono i termini di una dialettica tra uomo e ambiente costante nel tempo ma dinamica e mutevole, forse mai capace di giungere a un equilibrio definitivo. Equilibrio che invece pare presentarsi, in passato come nel presente, alquanto precario e instabile.

[F.B., F.P.]

Bibliografia

Adam, J.-P. 1988. *L'arte di costruire presso i Romani. Materiali e tecniche.* Milano: Longanesi.

Alessio, A. 1990. Manduria (Taranto), Terragna. *Taras* X, 2: 391-393.

Alessio, A. 1996. Il territorio ad oriente di Taranto, tra la chora greca e la Messapia settentrionale, in F. D'Andria and K. Mannino (eds) *Ricerche sulla casa in Magna Grecia e in Sicilia. Atti del colloquio (Lecce, 23-24 giugno 1992)*: 379-402. Galatina: Congedo Editore.

Annibaldi, G. 1957. Monterinaldo (Picenum, Ascoli Piceno). Scavi e scoperte. *FA* XII, 1957, n. 5323.

Annibaldi, G. 1958. Monterinaldo (Picenum, Ascoli Piceno). Scoperta di un santuario in contrada Cuma. *FA* XIII, 1958, n. 2345.

Annibaldi, G. 1973. Monterinaldo. *EAA*, suppl. 1970, 502, Roma.

---

[65] Il riferimento è naturalmente ai tristi eventi causati dalla sequenza sismica del 2016 – che di fatto ha dato il via alla nuova stagione di ricerche – o ancora agli episodi di dissesto idrogeologico che hanno funestato il centro-nord delle Marche nel 2022.
[66] Demma 2018: 112 (reimpieghi edilizi nella chiesa rurale di Santa Maria in Montorso, di ambito farfense, risalente nel nucleo originario al IX-X secolo)

Antico Gallina, M. 2004. *Acque per l'utilitas, per la salubritas, per l'amoenitas*. Milano: ET Edizioni.

Bandelli, G. 2007. Considerazioni sulla romanizzazione del Piceno (III-I secolo a.C.). *Studi Maceratesi* 41: 1-26.

Belfiori, F. and E. Giorgi 2021. Archeologia del "sacro" nel santuario di Monte Rinaldo tra vecchi materiali e nuove ricerche. *DialArchMed* IV, 255-267.

Belfiori, F., P. Cossentino and F. Pizzimenti 2020. Il santuario romano di Monte Rinaldo (FM). Relazione preliminare delle campagne di scavo 2017-2019. *Picus* XL: 71-122.

Bernardi, L. 2016. La fucina romana di Montebelluna, località Posmon (Treviso). Studio dei micro-residui di forgiatura del ferro. *Archeologia veneta* XXXIX: 123-151.

Bianco, A.D. 2007. *Aqua ducta, aqua distributa. La gestione delle risorse idriche in età romana*. Torino: Zamorani Editore.

Bruun, C. 1991. The Water Supply of Ancient Rome: A Study of Roman Imperial Administration. *Commentationes humanarum Litterarum 93*. Helsinki: *Societas Scientiarum Fennica*.

Ciuccarelli, M.R. 2012. *Inter duos fluvios. Il popolamento del Piceno tra Tenna e Tronto dal V al I sec. a.C.* Oxford: BAR.

Coarelli, F. 1987. *I santuari del Lazio in età repubblicana*. Roma: La Nuova Italia Scientifica.

D'Alessio, A. 2011. Spazio, funzioni e paesaggio nei santuari a terrazze italici di età tardo-repubblicana. Note per un approccio sistemico al linguaggio di una grande architettura, in E. La Rocca and A. D'Alessio (eds) *Tradizione e innovazione. L'elaborazione del linguaggio ellenistico nell'architettura romana e italica di età tardo-repubblicana*: 51-86. Roma: L'Erma di Bretschneider.

Demma, F. 2018. Monte Rinaldo: sessanta anni di ricerche e restauri presso il santuario romano de "La Cuma". *Picus* XXXVIII: 95-152

Demma, F. and F. Belfiori 2019. Il santuario romano di Monte Rinaldo nel Piceno: architettura, decorazione e culto, in P. Lulof, I. Manzini and C. Rescigno (eds) *Deliciae Fictiles V. Networks and Workshops. Architectural Terracottas and Decorative Roof Systems in Italy and beyond. Proceedings of the Fifth International Conference held at the University of Campania "Luigi Vanvitelli" and the National Archaeological Museum in Naples, March 15-17, 2018*: 343-353. Oxford: Oxbow Books.

Demma, F. and E. Giorgi 2022. Asculum e Roma. Nuovi dati, in R: Perna, R. Carmenati and M. Giuliodori (eds) *Roma e il mondo adriatico. Dalla ricerca archeologica alla pianificazione territoriale. Atti del Convegno Internazionale, Macerata (18-20 maggio 2017)*, II: 713-730. Roma: Quasar.

Forni, G. and A. Marcone 2002. *Storia dell'agricoltura italiana, I. L'età antica. 2. L'Italia romana*. Firenze: Edizioni Polistampa.

Gabba, E. and M. Pasquinucci 1979. *Strutture agrarie e allevamento transumante nell'Italia romana (III-I sec. a.C.)*. Pisa: Giardini Editore.

Giorgi, E. 2021. Diramazioni della Salaria sul versante adriatico. *ATTA* 31: 147-166.

Giorgi, E. and F. Demma 2018. Riflessioni sulla genesi e lo sviluppo urbano di Asculum nel Piceno. Dalla Città Federata alla Colonia Romana. *ATTA* 28: 53-76.

Giorgi E., F. Demma and F. Belfiori 2020. *Il santuario di Monte Rinaldo. La ripresa delle ricerche (2016-2019)*, Bologna: BUP.

Giorgi E., F. Pizzimenti and S. Kay 2020. The sanctuary of Jupiter at Monte Rinaldo: a sacred landscape in the heart of Picenum, in F. Boschi, E. Giorgi and F. Vermeulen (eds) *Picenum and the Ager Gallicus at the Dawn of the Roman Conquest. Landscape Archaeology and Material Culture*: 157-164. Oxford: Archaeopress.

Giuliani, Cairoli F. 2006. *L'edilizia nell'antichità*. Roma: Carocci.

Menchelli, S. 2012. *Paesaggi piceni e romani nelle Marche meridionali. L'ager firmanus dall'età tardo-repubblicana alla conquista longobarda*. Pisa: Pisa University Press.

Paci, G. 1998. Dalla prefettura al municipio nell'agro gallico e piceno, in *Los orígines de la ciudad en el Noroeste Hispánico*, Actas del Congreso Internacional (Lugo, 15-18 de Mayo 1996), 55-64. Lugo: Deputacion de Lugo.

Paci, G. 2003. La nascita dei municipi in area centro-italica: la scelta delle sedi. *HistriaAnt* 11: 33-39.

Paci, G. 2014. *Storia di Ascoli dai Piceni all'epoca romana*, Ascoli Piceno: Librati.

Paci, G. 2021, Materiali da Costruzione, Marchi ed Iscrizioni di Cava nelle Città Romane dell'Area Medio-Adriatica. In M.S. Vinci and A. Ottati (eds) *From the Quarry to the Monument. The Process behind the Process: Design and Organization of the Work in Ancient Architecture. Proceedings of the 19th International Congress of Classical Archaeology, Archaeology and Economy in the Ancient World, Cologne/Bonn, 22 – 26 May 2018*, Propylaeum Vol. 26: 37-56. Heidelberg: Heidelberg University Library.

Parisi, V. 2017. *I depositi votivi negli spazi del rito. Analisi dei contesti per un'archeologia della pratica cultuale nel mondo siceliota e magnogreco*. Roma: L'Erma di Bretschneider.

Pasquinucci M. and S. Menchelli 2004. Viabilità, popolamento rurale e sistemazioni agrarie nell'ager Firmanus. *ATTA* 13: 135-146.

Scheid, J. 2011. *Quando fare è credere. I riti sacrificali dei Romani*. Roma-Bari: Laterza.

Tölle-Kanstenbein, R. 1993. *Archeologia dell'Acqua. La cultura idraulica nel mondo classico*, Milano: Longanesi.

Torelli, M. 1983. Edilizia pubblica in Italia centrale tra guerra sociale ed età augustea: ideologia e classi sociali, in *Les «bourgeoisies» municipales italiennes aux IIe et Ier siecles av. J.-C. : Actes du Colloque International du CNRS n. 609, Naples, Centre Jean Berard, Institut Français de Naples, 7-10 décembre 1981*: 241-250. Napoli

Traina, G. 1994. Sismicità storica nelle Marche nell'antichità. Esame critico delle fonti letterarie. *Le Marche. Archeologia Storia e Territorio 1991/92/31*, 75-81. Sassoferrato: Folignolibri.

Van Oyen, A., R.G. Vennarucci, A.L. Fischetti and G.W. Tol 2019. Un Centro Artigianale Di Epoca Romana: Terzo Anno Di Scavo A Podere Marzuolo (Cinigiano, Gr). *BA Online* X, 2019/3-4: 71-84.

Van Oyen, A., G.W. Tol, R.G. Vennarucci, A. Agostini, V. Serneels, A.M. Mercuri, E. Rattighieri and A. Benatti 2022. Forging the Roman Rural Economy: A Blacksmithing Workshop and Its Tool Set at Marzuolo (Tuscany). *American Journal of Archaeology* 126.1: 53–77.

Vennarucci, R.G., A. Van Oyen and G.W. Tol 2018. Una comunità artigianale nella Toscana rurale: il sito di Marzuolo, in V. Nizzo, A. Pizzo, E. Chirico (eds) *Antico e non antico. Scritti multidisciplinari offerti a Giuseppe Pucci*: 589-597. Milano-Udine: Mimesis Edizioni.

Lo sfruttamento dell'acqua e del carbone in Casentino (Toscana): i casi studio di Pratovecchio Stia e di Raggiolo tra XII e XV secolo.

Andrea Biondi

(Università del Litorale "Univerza na Primorskem, Koper", Università Cattolica di Milano)

Abstract: The mills and charcoal kilns of Raggiolo and Pratovecchio Stia in the Casentino valley (Tuscany, Italy) constituted two relevant economic aspects within the counts Guidi local domination (12th - 15th centuries). The water wheels and the charcoal kilns that survive today are here analyzed through historical, archaeological and geographical sources and through LiDAR and field surveys methodologies to reconstruct the local medieval economic systems.

Keywords: archeologia, Casentino, acqua, carbone, LiDAR, mulino.

Introduzione

Il contributo raccoglie alcune considerazioni sviluppate sia in sede convegnistica sia dai dati desunti dagli studi, dalle mappature eseguite per fotointerpretazione di immagini derivate da dati LiDAR (*Light Detection and Ranging*) e da ricognizioni sul campo svolte tra Raggiolo e Pratovecchio Stia nell'alto Casentino fiesolano in Provincia di Arezzo, nella Toscana nord/orientale (Figura 1)[1]. Le risorse su cui si è concentrata l'attenzione sono state l'acqua e il carbone, fondamentali fattori economici propulsivi della montagna appenninica toscana e del contesto considerato tra XII e XV secolo per la molitura e la siderurgia. Le carbonaie e i mulini del Casentino, infine, alla luce delle fonti storiche, archeologiche e geografiche, si sono dimostrati fondamentali per comprendere le dinamiche gestionali e materiali dei sistemi economici montani.

Raggiolo

La ricerca presso Raggiolo è stata condotta in un'area campione di 1815,8 ettari localizzata a ovest dell'abitato, tra i territori degli attuali comuni di Ortignano Raggiolo e di Castel San Niccolò, e caratterizzata da una natura montana e boschiva di castagni e faggi e con quote che oscillano tra i 780m slm e i 1590m slm. (Figura 2). Per quanto riguarda l'idrografia, il contesto è attraversato dal torrente Teggina, dal torrente Solano, dal fosso Ceccarino, dal torrente Garliano e dal fosso del Gavino[2].Il centro

---

[1] Si ringrazia la DREAM Italia S.p.A. per i dati LiDAR e i dott. Andrea Rossi (Coordinatore Ecomuseo del Casentino) e Paolo Schiatti (Presidente Brigata di Raggiolo) per il supporto e il sostegno.
[2] Bicchierai 2006.

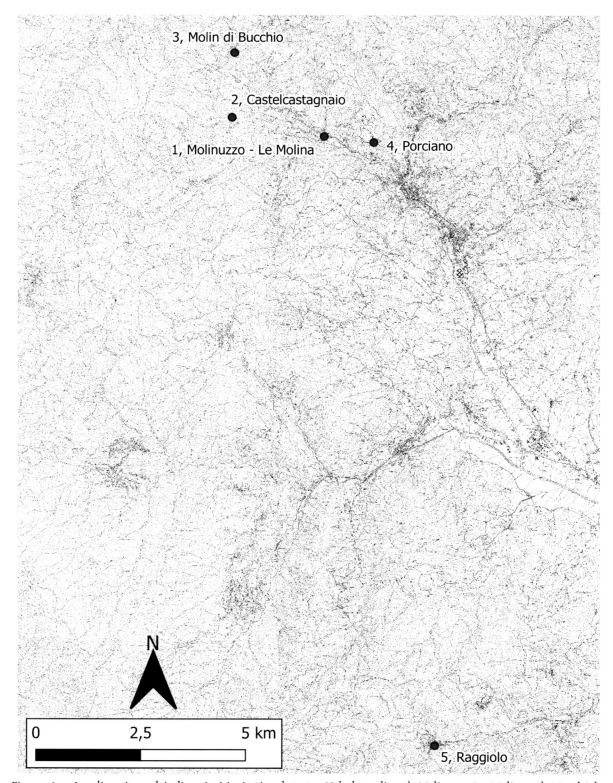

Figura 1 - Localizzazione dei diversi siti citati nel testo. Nel dettaglio: 1) Molinuzzo-Le Molina; 2) Mandriole-Castelcastagnaio; 3) Molin di Bucchio; 4) Porciano; 5) Raggiolo.

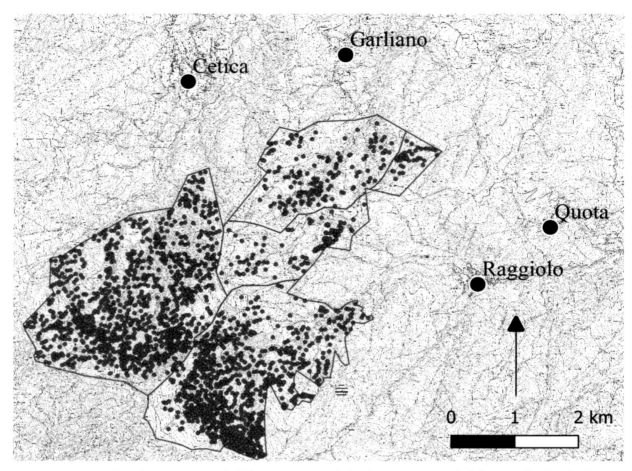

Figura 2 - L'area di studio presso Raggiolo definita in rosso con la localizzazione puntuale delle aie carbonili individuate.

abitato di Raggiolo, oggi nel Comune di Ortignano Raggiolo, si posiziona presso la confluenza del fosso Barbozzaia nel torrente Teggina (uno dei principali affluenti di destra casentinesi del fiume Arno)[3]. Localizzato sulle pendici del Pratomagno a una quota compresa tra i 520 e i 600m slm, il territorio di Raggiolo confina a nord con le località di Quota (Comune di Poppi) e di Garliano (Comune di Castel San Niccolò), a est con Ortignano (a 3km da Raggiolo), a sud con i centri di Carda e Calleta (Comune di Castel Focognano) e a ovest con il massiccio del Pratomagno (in particolar modo con il crinale aldilà del quale si trovano le comunità di Rocca Ricciarda e di Loro Ciuffenna nel Valdarno). L'abbondanza locale di precipitazioni, i versanti collinari piuttosto ripidi e il terreno prevalentemente impermeabile danno periodicamente origine a un regime di acque notevole per portata ed energia. Quest'ultima decisa abbondanza, come tratteremo più diffusamente in seguito, potrebbe aver favorito nel basso Medioevo le attività ad essa legate unitariamente all'importanza del controllo dei boschi da parte dell'autorità politica locale[4].

La prima testimonianza del centro di Raggiolo è identificabile in un privilegio dell'imperatore Ottone I datato al 967 e riportato negli *Annales Camaldulenses*[5]. Raggiolo, almeno nell'XI-XII secolo, avrebbe fatto parte delle giurisdizioni ecclesiastiche della pieve di Santa Maria di Buiano e dell'Abbazia di San Gennaro di Capolona che, controllando tutta l'attuale valle del torrente Teggina, rientrarono nella sfera

---

[3] Schiatti 1995.
[4] Biondi 2018.
[5] Bicchierai 1992.

politica dei conti Guidi a partire dalla metà del XII secolo. Da questo periodo, con lo spostamento degli interessi comitali interamente verso il Casentino, il controllo politico dei Guidi inglobò anche i diritti di patronato sui territori delle due istituzioni religiose appena ricordate. Nel 1164, infatti, l'imperatore Federico I concesse ai conti Guidi il controllo sull'Abbazia di San Gennaro di Capolona e sulla pieve di Santa Maria di Buiano, mentre Raggiolo venne concessa solo per una quarta parte[6]. Sempre nel corso della seconda metà dello stesso secolo la politica dei conti puntò decisamente a un rafforzamento del dominio dei valichi casentinesi attraverso il Monte Falterona e a un generale processo di creazione di sistemi difensivi e di controllo della valle[7]. È possibile che in questa fase anche il centro di Raggiolo, posto al controllo della valle del Teggina tra Pratomagno, Casentino e Valdarno, sia stato riconfermato nel proprio ruolo all'interno del generale ristrutturarsi dei possedimenti guidinghi[8].

Passando al XIII secolo, la prima attestazione di strutture militari presso Raggiolo risale al 1225[9]. In questa fase il potere dei conti Guidi si estese rapidamente a tutta la valle del torrente Teggina e si venne a formare anche la loro signoria stabile e completa su Raggiolo. Quest'ultima, diventata entro la fine del XIII secolo possesso esclusivo e indiviso del conte Guido Novello II dei conti Guidi, oltre al centro omonimo, comprendeva le valli dei torrenti Teggina, Scheggia e Solano e i centri fortificati di Montemignaio, Castel San Niccolò, Garliano, Cetica, Quorle, Quota e Ortignano[10].

La presenza del conte appena ricordato, tra la fine del XIII e l'inizio del XIV secolo, determinò una forte espansione delle manifatture siderurgiche di Raggiolo, come testimoniato nei registri notarili datati tra il 1299 e il 1335 del notaio Ser Giovanni di Buto da Ampinana che visse e operò al servizio del conte tra la fine del XIII e gli inizi del XIV secolo[11]. Lo sviluppo siderurgico locale, inoltre, si determinò anche grazie a un fondamentale sodalizio economico tra il conte e i rappresentanti locali delle corporazioni artigiane fiorentine attive nel settore delle armi (Chiavaioli, Ferraioli e Calderai). Per tale motivo, soprattutto nei primissimi anni del XIV secolo, l'attività siderurgica raggiolatta si specializzò proprio nella produzione di semi-lavorati ferrosi e acciaiosi per l'industria bellica, concentrandosi in tre opifici con magli idraulici posizionati alle falde del castello di Raggiolo presso la confluenza del torrente Barbozzaia nel torrente Teggina[12]. Altro fattore di forte influenza dovettero essere anche le positive condizioni ambientali del centro in questione tra cui, come già considerato, l'esteso manto boschivo locale e l'abbondanza di precipitazioni e di torrenti, assolutamente necessari per l'attività siderurgica in termini di combustile (carbone di legna) e raffreddamento e forza motrice per i magli delle fabbriche (acqua)[13].

A proposito del ciclo di lavorazione del carbone, nel XIV secolo i castagneti da frutto e da legname costituivano una delle principali risorse locali con lo sfruttamento del bosco ceduo e delle faggete per legna e carbone di castagno e faggio[14]. Sulle risorse boschive, il conte Guido Novello II esercitava diritti signorili sul taglio della legna e sulla sua vendita: sappiamo, ad esempio, che il conte su una vendita di legna tagliata dal prezzo di 10 lire, sufficiente a fare 100 salme[15] di carbone, riceveva dal venditore 5 lire, pari alla metà dell'intero valore. Considerando in modo specifico la produzione del carbone vegetale

---

[6] Rauty 2003: 298-300.
[7] Wickham 1997.
[8] Vannini 1995.
[9] Bicchierai 2006.
[10] Bicchierai 2007.
[11] Barlucchi 2006; Barlucchi 2011: 303.
[12] Bicchierai 1992.
[13] Barlucchi 2006.
[14] Bicchierai 1993.
[15] Barlucchi 2006. Una salma di carbone corrispondeva a 70 kg.

combustibile, nel corso della dominazione dei conti Guidi a Raggiolo si evince una complessa organizzazione ad esso dedicata dipendente dalla manifattura siderurgica delle tre fabbriche ricordate sul Teggina: il materiale ferroso, importato in massima parte dall'Isola d'Elba, veniva integrato anche con giacimenti locali presso Ortignano, Carda e Calleta e con i residui ferrosi presenti in grande concentrazione in diversi affluenti del torrente Teggina, presso Raggiolo[16]. Rifacendosi alla testimonianza del notaio Giovanni di Buto, sappiamo che sia il faggio sia il castagno erano ampiamente utilizzati per produrre carbone e che quest'ultimo veniva poi usato nelle fabbriche di semi-lavorati ferrosi[17]. Nel 1319, ad esempio, Giovanni di Buto registra i contratti di acquisto di 120 salme di carbone di castagno e di 150 salme di carbone di faggio da parte di alcuni dei gestori delle fabbriche[18]. Inoltre un numero così elevato di forni concentrato in uno spazio limitato doveva realizzare una produzione di ferro potenzialmente continua: uno stesso forno per completare un ciclo produttivo necessitava di almeno tre giorni di tempo, fra la carica, l'accensione e la cottura, il raffreddamento e la manutenzione, dopo che la bluma prodotta era passata al maglio e alla forgia; da qui l'esigenza di disporre di più forni in batteria per produrre semilavorati ferrosi a un ritmo giornaliero.

Dal punto di vista dell'organizzazione del lavoro, per soddisfare l'appena citato elevato fabbisogno di combustibile, l'acquisizione del carbone avveniva tramite l'acquisto del legname su porzioni di bosco, di proprietà dei conti Guidi, da far tagliare e cuocere a piccole società di carbonai presenti tra Raggiolo, Quota, Garliano, Cetica e Giogatoio[19]. I contratti venivano stipulati tra dicembre e febbraio e prevedevano la fornitura del carbone tra giugno e settembre in modo da attivare le produzioni siderurgiche in autunno.

Una volta pronto, il carbone di castagno veniva venduto in lotti da 100 salme, mentre quello di faggio tra le 50 e le 100 salme: complessivamente la lavorazione di ogni salma costava 3 soldi e mezzo[20]. Il carbone di castagno nei documenti appare più pregiato e più caro di quello di faggio: 100 salme di carbone di faggio, nel 1319, vengono vendute a 11 lire, mentre la stessa quantità di carbone di castagno a un prezzo di più di 18 lire[21].

La consegna del carbone poteva avvenire direttamente presso le carbonaie oppure, con un costo superiore, poteva essere trasportato direttamente alle fabbriche[22]. Presso queste ultime, stando alle fonti, vi erano anche dei magazzini di stoccaggio chiamati "carbonili". Di grandi quantità di carbone, ancora una volta, ci informa Giovanni di Buto: nel giugno del 1319 Toro Restori dichiara che presso le fabbriche sul Teggina si trovavano 2146 salme di carbone pari a circa 150 tonnellate[23].

Un ultimo aspetto che si vuole riportare è quello relativo alla quantità di lavoro e di ricchezza prodotti dalle fabbriche raggiolatte: in particolar modo è ipotizzabile un impiego di una quindicina di persone che, sommate a quelle coinvolte nelle attività collaterali, in riferimento soprattutto alla produzione di carbone vegetale, portano a supporre un ruolo certamente non ininfluente negli equilibri economici di Raggiolo tra XIII e XIV secolo. Se non si conoscono i ricavati della vendita diretta dei semi-lavorati

---

[16] Bicchierai 1994.

[17] Barlucchi 2011; Lugli and Pracchia 1995.

[18] Bicchierai 1992.

[19] Barlucchi 2011.

[20] All'inizio del XIV secolo, per avere un'idea dei valori monetari, 1 fiorino valeva 60 soldi.

[21] Bicchierai 1992.

[22] Barlucchi 2011.

[23] Bicchierai 1992.

ferrosi e acciaiosi, è nota invece la rendita degli affitti delle fabbriche per i conti Guidi pari a 180 lire annue.

A proposito delle successive vicende storiche di Raggiolo, in seguito alla morte di Guido Novello II nel 1320 il sito passò alla famiglia dei Tarlati di Pietramala per poi entrare nei dominii di Firenze nel 1357. Secondo i patti stabiliti, le fabbriche, i pascoli, i boschi e le selve e ogni diritto già appartenenti alla comunità di Raggiolo rimasero ad essa. Il ruolo e l'importanza strategica delle ferriere sul Teggina, così, non si esaurirono con l'assoggettamento di Raggiolo a Firenze (nonostante anche una ribellione contro quest'ultima nel 1391) e, all'interno dei termini della sottomissione, vennero stipulati dei patti di salvaguardia riguardanti proprio gli opifici.

Dal XV secolo, l'industria del ferro in Casentino seguì una parabola discendente dovuta al ridimensionamento della produzione di armi da parte di Firenze rispetto a quella di Milano e alla sostituzione pressoché completa del carbone del Casentino con quello della Montagna Pistoiese (per il fabbisogno delle produzioni ferrose e acciaiose fiorentine): da questo momento in poi, probabilmente, le piccole realtà imprenditoriali casentinesi sopravvissute si limitarono a soddisfare le necessità locali[24]. Tale fenomenologia storica a Raggiolo è testimoniata dal fatto che le tre fabbriche sul Teggina risultano essere attive solo fino al 1391[25]. Queste ultime comunque dovettero essere definitivamente defunzionalizzate nel 1440 quando, nel corso della guerra tra Firenze e i Visconti di Milano, il condottiero Niccolò Piccinino devastò Raggiolo e ne massacrò la popolazione (va anche ricordato che durante questa crisi militare l'afflusso di materia prima ferrosa dalla vena elbana venne interrotto)[26]. Tale evento, unitariamente alla sfavorevole e mutata congiuntura economica appena descritta, determinò la mancata riedificazione degli opifici e nel 1484 l'unica ferriera superstite nell'area risultava essere quella di Ortignano, a 3 km in direzione est rispetto a Raggiolo[27].

Per individuare la traccia materiale delle aie carbonili nel territorio di Raggiolo è stata eseguita una mappatura manuale delle stesse a partire da un modello digitale del terreno analizzato (DTM, *digital terrain model*) a sua volta derivato da dati LiDAR[28]. In tal modo si è arrivati a coprire una vasta zona di indagine identificando 2197 probabili aie carbonili con una densità media per ettaro di 1,2 (Fig. 2). Si è deciso di effettuare l'operazione di analisi delle immagini digitali da remoto e senza aver prima avuto visione diretta del contesto, in modo tale da non essere condizionati da un'eventuale conoscenza pregressa della posizione delle piazzole.

Il rilevamento manuale per fotointerpretazione delle aie carbonili ha riscontrato notevoli somiglianze morfologiche tra queste con quelle individuate in altri casi toscani[29]: appianamenti ellittici del piano di campagna apparivano identificabili, per morfologia e posizionamento, come probabili antiche aie carbonili (Figura 3)[30]. Accanto a tale prima disamina, si sono notati anche alcuni altri elementi ricorrenti rispetto alle piazzole, come il loro posizionarsi lungo le curve di livello, l'estrema vicinanza delle stesse a corsi d'acqua e, infine, la presenza di sentieri minori che, raccordandosi a quelli tutt'ora esistenti, ne

[24] Barlucchi 2011.
[25] Bicchierai 1992.
[26] Barlucchi 2006; Barlucchi 2011; Bicchierai 2006. Anche Stia e Castel San Niccolò vennero devastati nel 1440 dalle milizie viscontee guidate da Niccolò Piccinino.
[27] Barlucchi 2011.
[28] Bottalico et al. 2016; Carrari et al. 2017; Rutkiewicz et al. 2019; Stagno 2019.
[29] Bottalico et al. 2016; Carrari et al. 2017.
[30] Hesse 2010.

assicuravano probabilmente il collegamento permettendo lo spostamento e il trasferimento del carbone vegetale.

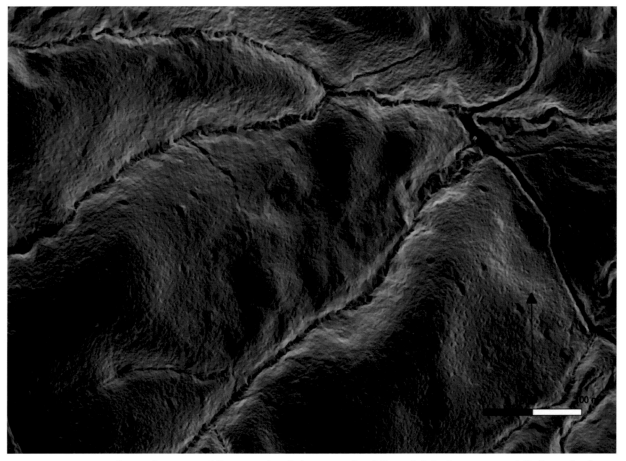

Figura 3 - Esempio di visualizzazione delle aie carbonili (punti neri) e della viabilità, dei sentieri e dell'idrografia (linee scure) sulla mappa delle pendenze del terreno.

In via del tutto preliminare, si è tentato di elaborare una stima del rapporto tra legna e carbone utilizzati nel corso del XIV secolo nella contea di Guido Novello II facendo riferimento a uno studio incentrato sull'analisi delle aie carbonili in un contesto di 902km² lungo il fiume Mała Panew nella Polonia meridionale[31]. In quest'ultimo caso si è arrivati a stimare che un singolo forno basso medievale (XIII-XV secolo) per la cottura del metallo avrebbe consumato in media fino a 1500 m³ di legna all'anno. A partire da questo dato, si può supporre per le tre ferriere raggiolatte un consumo annuo di 4500 m³ di legna. Se consideriamo poi che queste rimasero in uso tra la fine del XIII secolo e la fine del XIV secolo, la loro attività nel corso di un secolo potrebbe aver consumato 450.000m³ di legna. Partendo dalle dimensioni medie riportate per le aie carbonili in Toscana (diametro di 6,30m e superficie di 30m²), si è così tentata una valutazione preliminare del volume potenziale delle carbonaie raggiolatte e del numero di aie carbonili necessarie per rifornire le ferriere di Raggiolo nel periodo di tempo ricordato. La forma delle carbonaie è stata assimilata per semplicità a un semi-sferoide avente una dimensione orizzontale di 3,15m di raggio e una dimensione verticale di 2m[32], ottenendo un volume del semi-sferoide pari a 41,6m³. Dividendo la quantità di legna consumata annualmente dalle tre ferriere di Raggiolo (4500m³)

---

[31] Rajman 2009.
[32] Rutkiewicz et al. 2019.

per il volume potenziale di legna di una singola carbonaia (41,6m³), per semplicità considerato privo di vuoti, si può ipotizzare, con larga approssimazione, che dovessero essere attive almeno 108 aie carbonili all'anno per rifornire le fabbriche raggiolatte nel momento del loro massimo sviluppo. Assumendo poi che il taglio del bosco venisse praticato con il trattamento a sterzo con un periodo di curazione di 8 anni e che ogni aia carbonile venisse attivata con la stessa frequenza, il numero complessivo di carbonaie necessario per alimentare le fabbriche di Raggiolo potrebbe essere stato di 864. Tali considerazioni, seppur basate su varie assunzioni e su un approccio semplificato, portano ad avanzare alcune ipotesi che potrebbero giustificare il numero di carbonaie mappate oggi nell'area di studio, come l'esistenza non nota di altre fabbriche con altrettante ferriere nei diversi centri della contea di Raggiolo, la possibilità della presenza di molteplici forni per ogni singola ferriera e l'eventualità che nuove aie carbonili possano essere state costruite in periodi storici successivi a quello esaminato in questo ambito.

Pratovecchio Stia

L'area analizzata in questa seconda parte del contributo si localizza nel Comune di Pratovecchio Stia. Le emergenze archeologiche qui identificate sono costituite da quattro mulini distribuiti sia lungo l'Arno sia in connessione ai suoi principali affluenti nel tratto compreso tra Molin di Bucchio e Stia in quella che è la porzione più settentrionale dell'alto Casentino e della Provincia di Arezzo, nella Toscana nord/orientale[33]. Questi siti, Molin di Bucchio, Molinuzzo e i due mulini di Mandriole, sono stati analizzati anche in rapporto ai due centri fortificati di Porciano e Castelcastagnaio appartenuti ai conti Guidi e databili, nelle loro strutture monumentali e origini insediative, a partire dall'XI secolo (Figura 1)[34].

Il sito di Porciano è testimoniato per la prima volta in un documento del 1017 che lo conferma come luogo di rogazione di atti privati per i conti Guidi[35]. La prima notizia di fortificazioni presso il sito, invece, si data al 1115 e, sempre nello stesso secolo, viene nuovamente citato nel 1164 in un diploma di Federico I Barbarossa[36]. Passando al secondo centro fortificato dell'area, Castelcastagnaio viene ricordato per la prima volta nel 1055 e viene riportato come struttura fortificata nel 1063[37]. I soggetti responsabili della sua fondazione andrebbero ricercati non nei conti Guidi, ma più probabilmente nei conti di Romena, i quali, come avvenne anche per il castello di Romena stesso, lo cedettero, dopo la seconda metà del XII secolo, ai conti Guidi[38]. Complessivamente, come già anticipato a proposito di Raggiolo, anche Porciano e Castelcastagnaio sarebbero rientrati all'interno della politica guidinga di un maggiore rafforzamento nel controllo dei valichi attorno al Monte Falterona e a un generale processo di creazione di sistemi difensivi e di controllo dell'alto Casentino fiesolano[39].

L'assetto appena definito per il XII secolo, a partire dalla morte di Guido VII (alla fine del secondo decennio del XIII secolo), conobbe una profonda frammentazione che, non solo in Casentino, comportò la suddivisione del patrimonio dei conti tra quattro differenti rami, spesso in competizione tra loro e nei cui conflitti vennero a infiltrarsi i poteri cittadini. Tali dinamiche storiche si inseriscono a loro volta all'interno del più ampio e continuativo contrasto tra due modelli socio-economici opposti: da una parte

---

[33] Biondi 2015. Riguardo agli aspetti insediativi, costruttivi e funzionali delle diverse strutture molitorie si desidera ringraziare Claudio Bucchi e Fernando Boschi.

[34] Biondi 2016.

[35] Rauty 2003: 50-51; Biondi 2018.

[36] Rauty 2003: 298-301; Wickham 1997: 311-312.

[37] Cortese 2000.

[38] Rauty 2003: 298-301.

[39] Wickham 1997.

la società comunale e dall'altra quella feudale. Nell'alto Casentino fiesolano, tra XIII e XV secolo, tale fenomenologia storica assunse caratteristiche molto evidenti soprattutto nei contrasti tra i due rami guidinghi di Porciano Modigliana e di Dovadola, i quali condussero proprie autonome e conflittuali esperienze politiche che comportarono un continuo e costante sgretolamento dell'originale immenso patrimonio comitale ad opera del crescente potere fiorentino[40]. Parallelamente, questo fenomeno di tensione interna tra i discendenti di Guido VII provocò, da un punto di vista materiale e architettonico, processi di monumentalizzazione delle residenze comitali: la grande torre palaziale di Porciano ne rappresenta l'esempio più esemplificativo per l'intero Casentino.

L'inclusione dei mulini analizzati in questa sede all'interno dei sistemi territoriali dei castelli di Porciano e Castelcastagnaio è attestata in diverse occasioni tra il XIII e il XV secolo.

Per quanto riguarda Porciano, il castello sembrerebbe essere stato direttamente preposto al controllo di un'area compresa tra gli attuali siti di Le Molina e di Molinuzzo distanti tra loro appena 400 m. I due centri appena ricordati conservano palesemente, da un punto di vista toponomastico, il riferimento all'attività molitoria. Per Le Molina, tuttavia, non vi è più alcuna testimonianza architettonica di mulini, mentre per Molinuzzo, come vedremo a breve, è ancora perfettamente riconoscibile l'impianto molitorio citato nelle fonti. Aldilà di queste osservazioni, la località di Le Molina è citata e segnalata in un documento del 10 settembre del 1262 in cui i due fratelli Tingo e Puccio di Porciano, assieme ad altre terre che si localizzavano nei pressi delle mura del castello di Porciano[41], donavano all'abbazia di San Fedele di Strumi anche un mulino ubicato proprio presso la località Le Molina. La fonte appena riportata fu rogata nel castello di Porciano e al cospetto del conte Corrado dei conti Guidi di Porciano Modigliana. Passando al sito di Molinuzzo, aldilà del nome specifico, quest'ultimo ha conservato anche la struttura di un mulino e una forte memoria di tale attività, che è sopravvissuta fino a tempi recentissimi, cessando solo dopo l'alluvione del 4 novembre del 1966[42]. Il sito viene citato per la prima volta nel 1474 all'interno dell'opera di Girolamo da Raggiolo intitolata "Hieronimi Radiolensis Miracula S. Joan. Gualb." e dedicata a Lorenzo de' Medici che riferiva dell'apparizione della Madonna alla contadina Vanna, il 20 maggio del 1428, presso il Santuario di Santa Maria delle Grazie, a poca distanza a nord del sito stesso[43]. Vanna, residente a Le Molina, infatti, stando al racconto suddetto, subito dopo l'apparizione si sarebbe recata presso una familiare che abitava presso un mulino in località Molinuzzo descritto, all'epoca, come non troppo distante dal fiume Arno e quasi nel letto del fiume. Tale caratterizzazione topografica e la citazione stessa del sito fanno sì che l'identificazione con l'opificio molitorio attuale sia altamente plausibile.

Passando al centro fortificato di Castelcastagnaio, le sue pertinenze, tra cui i mulini ad esso ricollegabili, sono citate in due occasioni. Nel 1268, tra gli effetti delle devastazioni dei ghibellini presso Castelcastagnaio ai danni di Guido Guerra e Guido Selvatico (appartenenti al guelfismo toscano), vengono citati anche alcuni mulini[44]. La notizia di ben tre mulini lungo l'Arno sempre presso Castelcastagnaio è confermata nuovamente nel 1332 all'interno del testamento del conte Ruggero dei conti Guidi di Dovadola[45]. I mulini in questione, infine, troverebbero alcune coincidenze geografiche con le attuali strutture molitorie presenti tanto a Molin di Bucchio quanto a Mandriole.

---

[40] Biondi 2018.
[41] Vannini 1987.
[42] Per questa informazione si ringrazia Fernando Boschi.
[43] Pasetto 2000.
[44] Di Coppo Stefani 1777: 174.
[45] Cherubini 2009.

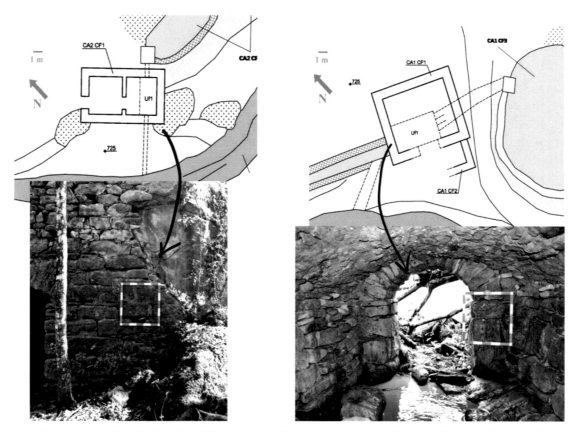

Figura 4 - Planimetrie e foto di dettaglio delle murature dei due mulini di Mandriole; in basso a destra, il dettaglio, dall'interno, di una delle due imboccature dei carcerai.

Da un punto di vista strutturale e paesaggistico, procedendo da nord/ovest verso sud/est, tutte le strutture molitorie analizzate, e cioè Molin di Bucchio, Mandriole e Molinuzzo, si sono dimostrate indicativamente efficaci nel delineare alcuni caratteri comuni e ricorrenti (Figure 4 e 5)[46]. Il mulino di Molin di Bucchio si localizza a 576m slm e si posiziona presso la confluenza del torrente Vincena nell'Arno (a 200m in direzione sud) lungo la sponda sinistra di quest'ultimo. Il sito di Mandriole, lungo il torrente Vincena, presenta due strutture molitorie che si localizzano in un'area pianeggiante a quota 725m slm e ampia un ettaro, tra il corso del torrente Vincena a nord e le colline di Castelcastagnaio a sud. Il sito di Molinuzzo, infine, si colloca lungo la riva destra dell'Arno a 508m slm posizionandosi in un pianoro stretto tra le pendici settentrionali di Poggio Roseto (776m slm) a sud dell'Arno e il fiume stesso (a nord-nord/est).

Nella definizione degli aspetti fondativi e costruttivi delle strutture molitorie si è rilevata una certa metodicità nella scelta dei siti di localizzazione. I mulini sarebbero stati realizzati potendo sfruttare le risorse fluviali a loro disposizione e, allo stesso tempo, mettendoli al riparo dalle calamità legate a un comportamento distruttivo delle stesse (esondazioni e smottamenti causati tanto da acque meteoriche che di superficie)[47]. Tutte le strutture analizzate sono localizzabili in aree pianeggianti delle valli fluviali

---

[46] Biondi 2015.
[47] Queste considerazioni devono anche tener conto della minore portata d'acqua attuale dei fiumi rispetto al passato in seguito alla realizzazione dei moderni acquedotti.

dell'Arno e del torrente Vincena[48], insistono su affioramenti di roccia arenaria sagomati e rettificati per adeguarli alla verticalità delle pareti dei mulini[49], sono leggermente rialzate rispetto ai letti attuali dei corsi fluviali di approvvigionamento idrico e sono poste a una certa distanza da questi (Figure 4 e 5)[50]. Nel caso di Molin di Bucchio la messa in sicurezza dagli eventi distruttivi del fiume Arno venne attuata con la collocazione di quelle che sono le sue strutture probabilmente più antiche a sud di un'ampia ansa dell'Arno e a 30-35m di distanza dallo stesso. Il caso specifico del mulino di Molinuzzo è ancora più indicativo per comprendere tali strategie insediative. Il complesso molitorio in questione, infatti, si colloca a 200m in direzione nord/ovest rispetto a una curva a gomito compiuta dal fiume Arno che, provenendo da un andamento nord-sud, si trova a impattare contro un ampio affioramento di roccia arenaria che gli fa assumere una nuova direzione ovest-est. Questo affioramento continua per 150m costituendo, di fatto, un argine naturale sui cui contrafforti si va a installare il berignolo[51] del mulino. In tal modo i vantaggi della fondazione del mulino sull'affioramento sopra definito sarebbero stati duplici: da una parte il mulino non avrebbe subito l'effetto di erosione delle acque rispetto agli strati terragni su cui fu costruito; dall'altra parte il fatto di sorgere a valle del gomito fluviale prima ricordato lo avrebbe messo in rapporto con un fiume molto meno impetuoso e, quindi, meno pericoloso.

Riguardo ai sistemi di captazione, utilizzo e deflusso delle acque da parte delle strutture molitorie considerate, questi risultano alimentati da corsi d'acqua maggiori (fiume Arno e torrente Vincena) ma anche da affluenti minori, come un fosso presso i mulini di Mandriole, che va ad aumentare la portata del torrente Vincena, il fosso del Piano presso il Molinuzzo e il torrente Vallucciole, presso Molin di Bucchio, che incrementa la forza del fiume Arno[52]. Nel caso di Molin di Bucchio il berignolo e il bottaccio[53] di captazione a monte della struttura molitoria risultano attualmente restaurati e caratterizzati dall'utilizzo di pietra arenaria e cemento, mentre nei due casi specifici di Mandriole e di Molinuzzo le condizioni di conservazione dei canali di adduzione (lunghi rispettivamente 300 e 1300m)[54] e di fuoriuscita delle acque e delle vasche di raccolta sono piuttosto compromesse. Specifico, per i due casi, è comunque l'uso diffuso della pietra arenaria sia come materiale per realizzare i muretti contenitivi[55] delle canalizzazioni sia sottoforma di grandi lastre, per la foderatura impermeabile del fondo delle stesse. Caso particolare di artificio per la captazione delle acque è quello rilevabile presso il sito di Mandriole dove, a una quota di 780m slm e a 300m dal mulino di sud/ovest, la grande fossa naturale del Rondone viene ancora oggi alimentata da una cascata di 3 m di altezza derivante da un fronte naturale di roccia nel corso del torrente Vincena. Presso la fossa il berignolo era scavato

---

[48] I mulini di Mandriole sorgono in una ristrettissima area pianeggiante compresa nella vallecola del torrente Vincena ad una quota di 725m slm.

[49] Nel caso del mulino nord/est di Mandriole la muratura del prospetto ovest risulta essere in appoggio a due grandi affioramenti di pietra arenaria che costituiscono il fondamento dell'intera struttura.

[50] Il mulino di Molinuzzo è a 10m in direzione nord dal fiume Arno, posizionandosi su un piccolo rialzo del terreno ad una quota di 5-6m rispetto al letto attuale del corso fluviale.

[51] Con "berignolo" si indica una condotta più o meno a cielo aperto che permetteva l'alimentazione e il deflusso delle acque necessarie alla molitura.

[52] Nel caso di Molin di Bucchio, il berignolo del mulino si alimentava direttamente dall'Arno nei pressi della confluenza in questo del torrente Gravina a 500m di distanza dal mulino stesso.

[53] Con "bottaccio" si intende il bacino artificiale di riserva idrica creato a monte di un mulino. Da qui l'acqua affluiva alle pale dei ritrecini (le ruote orizzontali) attraverso una o più condotte.

[54] Questi ultimi, considerando i casi specifici di Molinuzzo e di Mandriole, erano realizzati parallelamente ai corsi fluviali da cui venivano alimentati.

[55] Tali muretti contenitivi, quando i berignoli non sono direttamente ricavati scavandoli nella pietra arenaria, sono costituiti da paramenti murari realizzati con blocchi in arenaria.

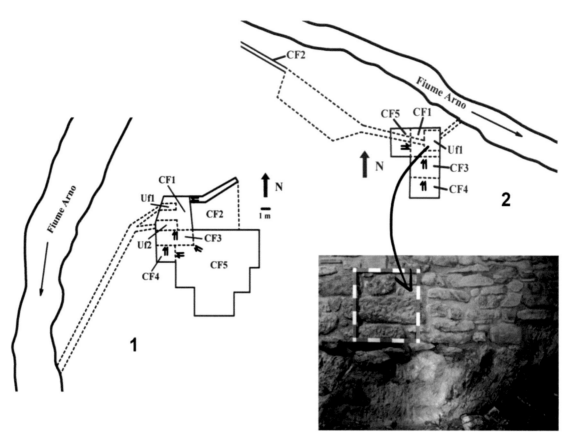

Figura 5 - Planimetrie e foto di dettaglio delle murature dei due mulini di Molin di Bucchio (1) e di Molinuzzo (2).

direttamente nella roccia e, a valle, era contenuto all'interno di una paratia lignea per l'assenza, verso il corso d'acqua, di un elevato fronte di argine tra il canale e il torrente Vincena. Conferma di questo artificio tecnico nel contenere e incanalare l'acqua del torrente sono le numerose buche di palo allineate lungo il berignolo subito a ridosso di questo e incassate a ovest nella roccia affiorante[56]. Tale accorgimento tecnico doveva essere funzionale a imbrigliare la maggiore forza e velocità del fiume derivante dalla cascata riuscendo ad alimentare entrambi i mulini di Mandriole. Un'ulteriore caratteristica dei berignoli indagati, infine, è quella che è stata rilevata presso Molinuzzo: a 500m dal mulino stesso e a una quota di 510m slm si colloca una chiusa di regimentazione realizzata interamente in pietra con un sistema ad angolo retto tra una grande lastra in arenaria disposta orizzontalmente di faccia lungo il margine esterno del berignolo e una seconda disposta in verticale e caratterizzata da due profonde scanalature di 5cm di profondità. I solchi suddetti sarebbero stati funzionali alla regolamentazione delle acque che, in caso di manutenzione e di riparazione del berignolo e del bottaccio, potevano essere gestite facendole defluire direttamente nell'Arno andando a interrompere il berignolo con delle paratie che venivano fatte scorrere nelle apposite scanalature.

---

[56] Tale paratia è rimasta in funzione e costantemente mantenuta fino ai primissimi anni '60 del XX secolo. Per questa informazione si ringrazia Claudio Bucchi.

Per quanto riguarda i bottacci originali dei mulini, questi sono ancora visibili sia a Molin di Bucchio che presso i due mulini di Mandriole. A Molin di Bucchio il bottaccio[57] è di forma rettangolare, lungo 20-25m, largo tra i 15m e i 5m e presenta una particolare forma a imbuto in relazione ai due fori di adduzione delle acque dell'Arno in corrispondenza dei due carcerai[58] e dei corrispettivi ritrecini del mulino. Presso Mandriole, anche per lo stato precario di conservazione delle vasche di raccolta dei mulini, i bottacci sono difficilmente misurabili. Entrambi sono di forma ellittica e risultano contenuti da pareti di roccia arenaria, da massicciate di terra o da lacerti murari[59].

A proposito dei carcerai dei mulini censiti, questi sono sempre singoli rispetto alle strutture molitorie che se ne servono, come presso il Molinuzzo e Mandriole dove erano ospitate due ruote idrauliche (Figure 4 e 5). L'unico caso di doppio carceraio che presentava, ciascuno, un singolo ritrecine, è quello di Molin di Bucchio che ha due archetti di fuoriuscita dell'acqua lungo il suo prospetto occidentale. In tutti i casi censiti i carcerai risultano fondati sulla roccia arenaria e presentano forme rettangolari di 5,20/3m x 2,50/2,20m[60]. Le murature interne dei carcerai, infine, comprese le loro volte a botte, risultano interamente realizzate in arenaria.

Nelle volte di tutti i carcerai analizzati si sono individuate alcune tipologie di forature. La prima di queste (di forma quadrangolare con lati di 21-30cm) è quella destinata ad accogliere gli alberi rotori verticali troncoconici di rotazione alla cui estremità inferiore erano fissate le ruote idrauliche orizzontali (i ritrecini) che, spinte dall'acqua, mettevano in moto le macine a cui erano fissate tramite le anime in ferro terminanti nelle "nottole" (le teste metalliche incassate nelle macine). La seconda tipologia di forature è costituita da buche quadrangolari con la misura dei lati molto variabile e destinate ad accogliere i regolatori verticali dell'apertura o della chiusura delle bocchette (dette "docce" o "cateratte") che permettevano all'acqua di essere proiettata dal bottaccio alle pale delle ruote idrauliche orizzontali ("ritrecini") dei mulini all'interno dei loro carcerai. Una terza tipologia di foratura era quella destinata ad accogliere i pali verticali che alzavano e abbassavano, tramite l'uso ulteriore di una palificazione lignea orizzontale (detta banchina e che costituiva la base di appoggio dell'intero impianto di macinatura), il ritrecine e, quindi, la distanza tra le due macine collocate nel palmento. In tal modo si determinavano le diverse granulometrie delle farine prodotte.

Da un punto di vista architettonico tutti i mulini censiti e riportati in questa sede si sviluppano in altezza su tre piani sovrapposti: il carceraio, con le ruote idrauliche (i ritrecini), al piano inferiore; il palmento, a un livello mediano; i locali abitativi del mugnaio in alto. Tutti gli elevati sono realizzati interamente in pietra arenaria, mentre la copertura del tetto, quando non sostituita da moderne tegole e coppi, è assicurata da sistemi di travatura lignea coperti da grandi lastroni squadrati sempre dello stesso tipo lapideo.

Le macine, infine, erano l'elemento fondamentale dei mulini e, allo stesso tempo, una delle loro parti più costose, dipendendo da queste ultime la buona qualità della farina prodotta. Presso i mulini di

---

[57] Il bottaccio di Molin di Bucchio e il relativo sistema di captazione delle acque dall'Arno sono databili ad una fase relativamente recente delle vicende edilizie del complesso (XX secolo).

[58] Con "carceraio" si indica, all'interno delle strutture molitorie, il locale in cui erano collocate le ruote idrauliche orizzontali che permettevano il movimento delle macine.

[59] Presso il Molinuzzo il sistema di captazione, raccolta e deflusso delle acque è quasi del tutto scomparso, essendo stato in gran parte smantellato nel XX secolo.

[60] L'unico caso in cui non si sia in presenza di carcerai rettangolari è quello di uno dei due di Molin di Bucchio che è di forma circolare (3,50m di diametro e con un'altezza di 2,50m).

Mandriole e di Molin di Bucchio, a differenza di quello di Molinuzzo[61], nei palmenti si localizzano ancora le macine in posizione (due per ogni ambiente).

Conclusioni

Complessivamente, tramite le diverse tipologie di fonti e di strumenti di analisi riportate, le carbonaie e gli opifici idraulici descritti nel presente contributo si sono rivelati fondamentali indicatori storico-archeologici per la ricostruzione dei paesaggi storici e delle dinamiche insediative casentinesi tra XII e XV secolo.

Da un punto di vista paesaggistico, le carbonaie si trovano quasi sempre in presenza di abbondanti fonti d'acqua per tutte le esigenze necessarie alla loro gestione. La grande quantità di aie carbonili identificate nell'area di studio di Raggiolo è stata probabilmente favorita dalle attività collegate alla metallurgia e all'industria di fusione del ferro sotto il dominio dei conti Guidi nel XIV secolo. Tuttavia, ulteriori studi sono comunque necessari per comprendere quanto la produzione siderurgica medievale possa aver inciso sulla presenza delle carbonaie ancora oggi esistenti. A tale proposito potrebbero essere condotte nelle aie carbonili specifiche indagini pedologiche, archeologiche, antracologiche al radiocarbonio e dendrologiche sui depositi sedimentari. In tal modo, datando le carbonaie, incrociando i dati con le distribuzioni delle stesse e avvalendosi del patrimonio storico e archivistico disponibile per Raggiolo, si potrebbero delineare quadri interpretativi più ampi e precisi di quelli ipotizzati e proposti in questa sede.

Passando ai mulini descritti, questi si possono inserire in processi di utilizzo e trasformazione che hanno attraversato i secoli fino ad oggi, costituendo un nodo centrale nel paesaggio storico delle popolazioni dell'alta valle dell'Arno e dei conti Guidi tra XII e XV secolo. Tali strutture, inoltre, si inserivano nel sistema di controllo dei castelli di Porciano (in rapporto a Molinuzzo) e di Castelcastagnaio (per Mandriole e Molin di Bucchio), confermando un sistema storico-paesaggistico ricorrente per il Medioevo europeo e italiano, costituito da ponti, mulini, strade e castelli. In questa sede si è così voluto segnalare, accanto all'alta concentrazione tra XII e XV di strutture molitorie in questo primo tratto dell'Arno, anche una certa costanza degli assetti insediativi della signoria guidinga nell'alto Casentino fiesolano tra XI e XV secolo nel rapporto tra strutture di controllo (i castelli) e produttivo-viarie (i mulini e la micro viabilità ad essi relativa). I comuni caratteri costruttivi e fondativi dei complessi molitori, in conclusione, rafforzerebbero, anche da un punto di vista materiale, l'interpretazione di un'effettiva regia unitaria degli assetti territoriali e delle risorse locali da parte dei conti Guidi tra XII e XV secolo.

Bibliografia

Barlucchi, A. 2006. La lavorazione del ferro nell'economia casentinese alla fine del Medioevo (tra Campaldino e la battaglia di Anghiari). *Annali Aretini* 14: 169-200.

Barlucchi, A. 2011. Osservazioni sulla produzione del carbone di castagno in Casentino (secoli XIV-XV). *Annali Aretini* 19: 291-308.

---

[61] Tra gli anni '50 e '60 del XX secolo, le macine del mulino non erano monolitiche ma realizzate in pezzi o spicchi in pietra bianca e venivano contenute da cerchiature metalliche.

Bicchierai, M. 1992. Un castello casentinese nel primo Trecento. L'ambiente, gli uomini, le attività. *Rivista di Storia dell'Agricoltura* 32, no. 2: 73-112.

Bicchierai, M. 1993. Un castello casentinese nel primo Trecento. La signoria dei conti Guidi e la conquista fiorentina. *Rivista di Storia dell'Agricoltura* 33: 23-72.

Bicchierai, M. 2006. *Una comunità rurale toscana di antico regime: Raggiolo in Casentino.* Firenze: Firenze University Press.

Bicchierai, M. 2007. La lunga durata dei beni in una comunità toscana: il caso di Raggiolo in Casentino, in R. Zagnoni (ed.) *Comunità e beni comuni dal Medioevo ad oggi:* 45-60. Porretta Terme-Pistoia: Società Pistoiese di Storia Patria.

Biondi, A. 2015. I caratteri delle strutture molitorie, in C. Molducci and A. Rossi (eds) *Il ponte del tempo. Paesaggi culturali medievali:* 45-50. Castel San Niccolò: Ecomuseo del Casentino.

Biondi, A. 2016. Acqua e fortificazioni tra XII e XV secolo. Tre casi studio dell'alto Casentino fiesolano. *Archeologia Medievale* 43: 321-336.

Biondi, A. 2018. Acqua e insediamenti castrensi casentinesi (XI-XIII secolo). *Annali Aretini* 26: 41-67.

Bottalico, F., E. Carrari, A. Barzagli, G. Chirici, D. Travaglini and F. Selvi 2016. Utilizzo di dati ALS per la mappatura delle aie carbonili nelle foreste mediterranee. *ASITA:* 81-82.

Carrari, E., E. Ampoorter, F. Bottalico, G. Chirici, A. Coppi, D. Travaglini, K. Verheyen and F. Selvi 2017. The old charcoal kiln sites in Central Italian forest landscapes. *Quaternary International* 458: 214-223.

Cortese, M.E. 2000. L'incastellamento nel territorio di Arezzo (secoli X-XII), in R. Francovich and M. Ginatempo (eds) *Castelli, storia e archeologia del potere nella Toscana medievale:* 67-109. Firenze: All'Insegna del Giglio.

Cherubini, G. 2009. La signoria del conte Ruggero di Dovadola nel 1332, in F. Canaccini (ed.) *La lunga storia di una stirpe comitale. I conti Guidi tra Romagna e Toscana:* 407-444. Firenze: Olschki.

Di Coppo Stefani, M. 1777. *Istoria Fiorentina, pubblicata, e di annotazioni, e di antichi munimenti accresciuta ed illustrata da fr. Ildefonso di San Luigi.* Firenze.

Hesse, R. 2010. LiDAR – derived Local Relief Models – a new tool for archaeological prospection. *Archaeological Prospection* 17: 67-72.

Lugli, F. and S. Pracchia 1995. Modelli e finalità nello studio della produzione di carbone di legna in archeologia. *Origini, Preistoria e Protostoria delle civiltà antiche* 28: 425-479.

Pasetto, F. 2000. *Santa Maria delle Grazie di Stia in Casentino. Storia e significato religioso di un santuario mariano.* Stia: Edizioni parrocchia Santuario Santa Maria delle Grazie.

Rajman, J. 2009. Dzieje hutnictwa żelaza na środkową małą panwią, in J. Szulc (ed.) *Z biegiem Małej Panwi z biegiem lat: zarys dziejów terytorium gminy Zawadzkie:* 94-103. Cracovia: Zedowice.

Rauty, N. 2003. *Documenti per la storia dei conti Guidi in Toscana. Le origini e i primi secoli. 887-1164.* Firenze: Olschki.

Rutkiewicz, P., I. Malik, M. Wistuba and A. Osika 2019. High concentration of charcoal hearth remains as legacy of historical ferrous metallurgy in southern Poland. *Quaternary International* 512: 133-143.

Schiatti, P. 1995. *Il patrimonio architettonico minore diffuso del Casentino. Raggiolo e la valle del Teggina.* Arezzo: Editori del Grifo.

Stagno, A.M. 2019. *Gli spazi dell'archeologia rurale. Risorse ambientali e insediamenti nell'Appenino ligure tra XV e XXI secolo.* Firenze: All'Insegna del Giglio.

Vannini, G. 1987. *Il castello di Porciano in Casentino. Storia e archeologia.* Firenze: All'Insegna del Giglio.

Vannini, G. 1995. Una terra di castelli. Appunti Casentinesi tra storia e archeologia, in P. Schiatti (ed.) *Il patrimonio architettonico minore diffuso del Casentino. Raggiolo e la valle del Teggina*: 27-32. Arezzo: Editori del Grifo.

Wickham, C. 1997. *La montagna e la città: gli Appennini toscani nell'alto Medioevo.* Torino: Paravia/Scriptorium.

Aqua Virgo tra campagna e città:
lo sfruttamento del territorio e delle risorse idriche.

Maria Elisa Amadasi
(Sapienza Università di Roma)

Abstract: *Aqua Virgo* is the oldest aqueduct still functioning in Rome. The underground channel has ensured the continuous activity of the aqueduct and preserved it from the test of time. The structure provides a unique example for the study of ancient hydraulic technologies, due to its generally undamaged condition. Through interdisciplinary methods between the study of literary sources and archival documents, field walking surveys and speleological inspections of the channel's interior, it is possible to better assess the level of understanding reached by the romans towards water and soil exploitation.

Keywords: *Aqua Virgo*, archeologia del paesaggio, approvvigionamento idrico.

Introduzione

L'approvvigionamento idrico ha sempre rivestito un ruolo fondamentale nel mondo antico. In particolare, gli acquedotti costituiscono un segno distintivo della civiltà romana. Oltre ad esercitare un forte impatto sul territorio avevano imprescindibili risvolti di carattere economico, sociale e politico.

Nell'immaginario collettivo, gli acquedotti romani sono comunemente associati alle maestose opere su arcuazioni che attraversavano vallate e scavalcavano fiumi, e che ancora oggi caratterizzano la periferia di Roma e di altre città dell'antico Impero Romano. Gli archi monumentali, citati nella letteratura come una delle meraviglie del mondo, furono, fin dalla tarda antichità, un punto di riferimento per i pellegrini e per i viaggiatori di Roma; nel Settecento erano annoverati tra le tappe principali del Grand Tour[1], e nel periodo romantico rappresentavano un soggetto ricorrente nella produzione letteraria e pittorica. Ciononostante, gli acquedotti su di arcate costituivano solo una minima parte del sistema di approvvigionamento idrico. La conduzione fuori terra, al di sopra di arcuazioni o sostruzioni, rappresentava una soluzione architettonica lunga, dispendiosa e soggetta al deperimento per via dell'azione antropica e dei fattori esogeni. Per queste ragioni, gli acquedotti correvano principalmente sottoterra, sfruttando tecniche costruttive di più agile realizzazione e a minore impatto ambientale.

Tra gli undici acquedotti realizzati per rifornire la città di Roma, l'*Aqua Virgo* costituisce un esempio emblematico. Lo speco, quasi interamente ipogeo, ha determinato la presenza di sporadiche tracce in superficie, ma al tempo stesso ha preservato la struttura originale e garantito l'ininterrotta attività dell'acquedotto, oggi il più antico ancora funzionante a Roma.

Lo stato di conservazione dell'*Aqua Virgo* permette di acquisire dati unici sull'acquedotto. Attraverso lo studio delle fonti antiche ed archivistiche, coniugate con la geoarcheologia, le ricognizioni di superficie, le ispezioni speleo archeologiche e le analisi archeometriche, è possibile acquisire nuove informazioni sulle caratteristiche architettoniche antiche e i rifacimenti occorsi nel tempo, sulle modalità costruttive via via adottate, e sul complesso sistema di captazione ed imbrigliamento delle acque. Questi dati

---

[1] Le Pera and Turchetti 2007: 16.

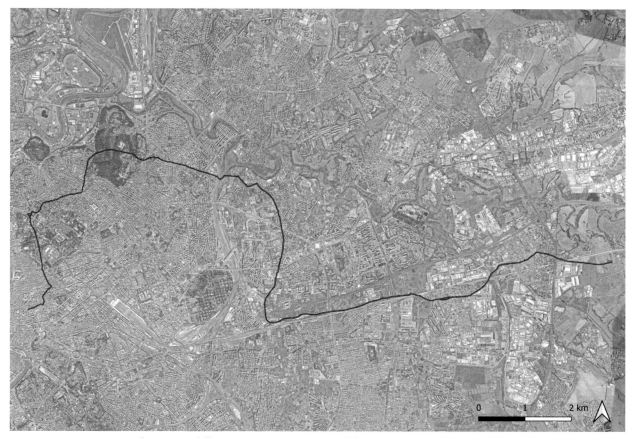

Figura 1 - Il tracciato dell'Aqua Virgo antico in una elaborazione QGIS su base Google Satellite.

permettono di ricavare considerazioni sulle modalità di sfruttamento del territorio e di gestione della risorsa idrica e meglio inquadrare il rapporto tra l'infrastruttura e il paesaggio circostante.

L'*Aqua Virgo* tra campagna e città

Il *Virgo* capta le proprie acque a circa venti chilometri a est di Roma, in un'area paludosa presso la località di Salone[2]. Da qui l'acquedotto prosegue verso ovest, in direzione della città, con un percorso prevalentemente sotterraneo che in linea di massima fiancheggia l'antica Via Collatina (Figura 1). In prossimità della località di Bocca di Leone, il *Virgo* emerge in superficie per la prima volta[3], poi procede con uno speco ipogeo fino alla zona di Gottifredi, dove per un breve tratto si presenta nuovamente fuori terra[4]. L'acquedotto continua il proprio tragitto sotterraneo verso ovest fino a Portonaccio, dove compie una brusca e inaspettata deviazione verso nord, distaccandosi dall'andamento della Collatina[5]. In prossimità del fiume Aniene piega nuovamente ad ovest, scavalcando il fosso della Maranella in origine su di una serie di archi, per poi continuare in sotterranea. Successivamente oltrepassa il fosso di Sant'Agnese su di una sostruzione, oggi scomparsa, e prosegue con un tracciato ipogeo al di sotto di Villa Ada Savoia; procede verso sud in direzione di Villa Borghese e infine entra in città dal versante settentrionale sottopassando il Muro Torto. Dalle pendici del Pincio, in corrispondenza dell'isolato

---

[2] Aicher 1995: 39.
[3] Ashby 1991: 203.
[4] Aicher 1995: 69.
[5] Lanciani 1881: 334.

compreso tra le attuali Vie Francesco Crispi, Via di Capo le Case e Via dei Due Macelli, l'acquedotto prosegue fino al Campo Marzio su di arcate[6]. L'antica mostra terminale dell'acquedotto non è mai stata identificata, ma nel commentario di Frontino veniva ubicata di fronte ai *Saepta Iulia*[7], non lontano dal Pantheon. Da quest'area l'acqua veniva distribuita entro la città mediante tubature e canali sotterranei che sono stati solo parzialmente individuati[8].

Le sorgenti dell'*Aqua Virgo*. Modalità di captazione presso il bacino imbrifero di Salone

Il territorio di Salone ricade nell'Unità Idrogeologica dei Colli Albani: un substrato formatosi dall'attività dell'Apparato dei Colli Albani e costituito da depositi vulcanici piroclastici e colate laviche. In quest'area, ubicata sul versante settentrionale dei Colli Albani, la circolazione idrica sotterranea è caratterizzata da un andamento centrifugo, che a nord tende ad abbassarsi di quota in prossimità dell'asse drenante rappresentato dal fiume Aniene[9]. Qui è presente la vasta emergenza della falda acquifera che è stata utilizzata fin dall'epoca romana attraverso la conduzione dell'*Aqua Virgo*[10]. Le sorgenti di Salone sono tra le maggiori sul territorio comunale della Capitale e le uniche ad essersi mantenute fino ad oggi libere da superfetazioni.

In direzione di Roma l'acquifero riaffiora nuovamente nei punti di intersezione con aree depresse, dando origine ad altre sorgenti. La presenza di queste emergenze idriche ha verosimilmente influenzato il tracciato dell'acquedotto, determinandone curve e deviazioni appositamente realizzate al fine di inglobare le acque via via intercettate[11]. È possibile che anche la brusca deviazione dell'acquedotto verso nord, nella zona di Portonaccio, sia da connettere alla volontà di condurre nuove vene idriche che altrimenti sarebbero rimaste escluse.

Le sorgenti dell'*Aqua Virgo* sgorgavano entro la tenuta di Lucullo (*Ager Lucullanus*), in corrispondenza dell'ottavo miglio dell'antica Via Collatina[12] (Figura 2). La zona, fino al XIX secolo parte del Capitolo di Santa Maria Maggiore, si estende entro i limiti del Municipio VI, è di proprietà di Roma Capitale, e data in gestione ad ACEA Ato2, che si occupa della salvaguardia delle risorgive e delle attività di manutenzione e messa in sicurezza dell'acquedotto.

A livello topografico e topologico, l'area risulta essere sostanzialmente simile all'antichità[13]. Un elemento di discontinuità con il passato è rappresentato dall'abbassamento della falda acquifera, di cui il prosciugamento di alcune polle, nonché la diminuzione della portata di altre, offre una chiara testimonianza.

---

[6] Front., *De aquae ductu Urbis Romae*: 22.
[7] Front., *De Aq. Urb.*: 22.
[8] Aicher 1995: 73.
[9] Corazza and Lombardi 1995: 188.
[10] Fabbri, Lanzini, Mancinella and Succhiarelli 2014: 94.
[11] Nicolazzo 1999: 36.
[12] Front., *De Aq. Urb.*: 10.
[13] Quilici 1968: 154.

Figura 2 - Salone. Dettaglio dell'area delle sorgenti con indicazione delle polle attive, dell'inizio del cunicolo dell'Aqua Virgo e dell'area di Vigna Vignetta. Rielaborazione di un'immagine satellitare dal Geoportale Nazionale (2012).

Il nucleo principale delle risorgive si trova a circa 23 metri sul livello del mare, nei pressi dell'attuale Casale di Salone, sul versante sinistro del fosso di Ponte di Nona[14]. Le polle attive ancora allacciate sono quattro e nel complesso hanno un volume di circa 800 l/s[15], ma nell'antichità la portata dell'acquedotto doveva essere molto maggiore; tuttavia è ignoto il numero delle sorgenti originariamente imbrigliate da parte dei Romani[16].

Ad eccezione delle informazioni tramandate da Frontino[17], sono pochi i dati a nostra disposizione relativi all'area e alle sue trasformazioni nel corso dei secoli. Anche tra la fine dell'Ottocento e l'inizio del Novecento, quando si sviluppò un interesse accademico crescente nel sistema di approvvigionamento idrico dell'antica Roma, l'apparato di captazione dell'*Aqua Virgo* fu destinatario di pochissime attenzioni. Gli studiosi che si occuparono del *Virgo* si limitarono a riportare il passo del commentario di Frontino relativo alle sorgenti, senza fornirne interpretazioni né corroborazioni basate su verifiche autoptiche.

---

[14] Lanciani 1881: 333.
[15] Coppa, Pediconi and Bardi 1984: 117.
[16] Van Deman 1934: 169.
[17] Front., *De Aq. Urb.*: 10.

Se si eccettuano i risultati ricavati dalle esplorazioni effettuate da ACEA Ato2 e risalenti alla fine degli anni Cinquanta e all'inizio degli anni Sessanta[18], che tuttavia avevano come obiettivo quello di verificare lo stato di conservazione del condotto e garantirne il regolare funzionamento, manca uno studio sistematico dell'apparato di captazione dell'*Aqua Virgo*.

Dall'aprile del 2020, grazie alla disponibilità di ACEA Ato2 e con il supporto della Sovrintendenza Capitolina ai Beni Culturali e della Sapienza, Università di Roma, sono state avviate ricognizioni presso l'area delle sorgenti. Le ricerche, effettuate al fine di individuare evidenze superficiali attribuibili all'acquedotto e al sistema di presa, si sono svolte parallelamente allo studio delle fonti letterarie e antiquarie, dei documenti d'archivio e delle carte storiche, dei disegni e delle fotografie aeree e satellitari e, in alcuni casi, sono state affiancate da ispezioni ai condotti ipogei.

La continua attività dell'acquedotto rende spesso impraticabile l'accesso diretto ai cunicoli, causando difficoltà nell'analisi del sistema di captazione delle acque[19]. Per ovviare a questo problema, grazie alla collaborazione del CNR e dell'Istituto di Scienze del Patrimonio Culturale di Napoli, sono in corso prospezioni geofisiche presso l'area delle sorgenti. Le indagini si concentrano in due siti: a nord della Via Collatina, a circa 45 metri a nord est della torre medioevale, e a sud, nell'area denominata Vigna Vignetta. I settori di ricerca sono stati selezionati sulla base della documentazione reperita presso gli archivi della Capitale e tenendo conto delle condizioni di accessibilità al sito e delle caratteristiche geomorfologiche del terreno.

La descrizione dell'area delle sorgenti offerta da Frontino: «*Concipitur Virgo via Collatina ad miliarium octavum, palustribus locis, signino circumiecto continendarum scaturiginum causa. Adiuvatur et compluribus aliis adquisitionibus*»[20] (La Vergine è captata all'ottavo miglio della Via Collatina, in luoghi palustri, racchiusa in un muro in signino che ne contiene le scaturigini. È accresciuta anche da molte altre captazioni)[21] ha creato alcuni problemi di interpretazione a causa del discusso significato del termine *signinum*. Una volta appurato che per *signinum* sia da intendersi non un rivestimento idraulico, come più volte erroneamente indicato in letteratura[22], ma una struttura idrica[23], si sta cercando di risalire alla sua ubicazione e alle sue caratteristiche architettoniche. In Frontino una simile descrizione non si trova in riferimento a nessun altro acquedotto, fattore che, in mancanza di confronti certi, rende ancora più complessa l'identificazione dell'*opus signinum*.

Negli anni Sessanta, l'archeologo Lorenzo Quilici, con il supporto di alcune carte reperite presso l'Archivio di Stato di Sant'Ivo alla Sapienza e risalenti al primo ventennio dell'Ottocento, nonché di alcuni documenti fotografici e grafici risalenti alla fine del XIX secolo, propose di identificare l'*opus signinum* con un muro dall'andamento ovest-est, attualmente scomparso, che avrebbe delimitato il bacino imbrifero sul versante settentrionale, poco più a sud della linea ferroviaria Roma-Sulmona, evitando la fuoriuscita delle acque[24].

Alla luce dello studio delle fonti antiche ed archivistiche, supportate dalle recenti ricognizioni superficiali, sembra che per *opus signinum* non si dovesse riconoscere un muro con funzione di diga, ma un bacino adibito alla raccolta delle acque. Il verbo *circumicio*, impiegato da Frontino e derivato dal

---

[18] Figura 1961: 12.
[19] Ashby 1991: 202.
[20] Front., *De Aq. Urb.*: 10.
[21] Pace 2010: 236.
[22] Nicolazzo 1999: 80.
[23] Cifarelli 2013: 52; Giuliani 1990: 172-174; Montanari 2020: 147.
[24] Quilici 1968: 154.

Figura 3 - Salone. Ispezione di ACEA presso Vigna Vignetta (1965). Braccio tributario in muratura. Foto 04346 BNT di proprietà di ACEA S.p.A., da Archivio Storico ACEA S.p.A (riprodotta per concessione di ACEA S.p.A., ogni diritto riservato).

lessico architettonico, induce ad immaginare una struttura posta intorno alle polle in maniera da cingerle[25]. Probabilmente presso le sorgenti non si ergeva un singolo serbatoio di elevate dimensioni, ma piuttosto una serie di bacini più piccoli, ognuno dei quali facente capo ad un gruppo di polle. Questo espediente avrebbe reso più semplice gestire il flusso dell'acqua e le attività di pulizia e di manutenzione.

Senz'ombra di dubbio il sistema di presa delle acque doveva essere articolato. Come tramanda Frontino nel *De aquae ductu Urbis Romae*, l'acquedotto, oltre ad essere alimentato dalle risorgive superficiali, riceveva apporti da polle minori e cunicoli secondari scavati direttamente nella roccia: «*Adiuvatur et compluribus aliis adquisitionibus*»[26]. Questo sistema di presa si attuava sia nel bacino imbrifero delle sorgenti, sia lungo il percorso verso Roma.

Poco dopo la metà del secolo scorso, per far fronte alla crescente richiesta idrica di Roma, ACEA SpA intraprese delle trivellazioni presso Salone, con l'obiettivo di individuare nuove polle da imbrigliare e condottare a Roma. Tra il 1957 e il 1960 furono effettuati dei saggi a sud della moderna Via Collatina, nell'area detta di Vigna Vignetta. Durante uno dei sondaggi venne intercettato un cunicolo idrico risalente al periodo romano. Al momento della scoperta, il canale fu rinvenuto ricolmo di detriti, acqua e limo e in quella stessa occasione fu spurgato, restaurato e rimesso in funzione[27]. Lo speco, interamente scavato nel tufo, aveva un orientamento SE-NO e presentava larghezza e altezza variabili. Durante le ispezioni fu evidente che il condotto rappresentava solo una parte di un più articolato sistema di presa delle acque, esso riceveva infatti apporti idrici da un cunicolo laterale scavato nel banco tufaceo e da lunghe fenditure sui piedritti. Inoltre, a circa 100 metri di distanza dalla Via Collatina, lo speco si sdoppiava in due rami: uno proveniva da est, era scavato nel banco roccioso e presentava un andamento NE-SO; l'altro, proveniva da ovest, era interamente realizzato in opera reticolata e aveva un orientamento SO-NE (Figura 3). Entrambi i bracci fungevano, a loro volta, da canali drenanti, inglobando le acque via via intercettate.

Allo stato attuale delle ricerche non sono state reperite fonti antiche relative alla presenza di cunicoli idrici a sud della Via Collatina. Riferimenti al reticolo di Vigna Vignetta non compaiono nemmeno nelle più antiche rappresentazioni cartografiche di Salone. In un disegno cinquecentesco attribuito a Pirro Ligorio e custodito agli Uffizi[28], così come nelle piante settecentesche relative ai lavori di ripristino

---

[25] Montanari 2020: 147.
[26] Front., *De Aq. Urb.*: 10.
[27] Quilici 1968: 155.
[28] GDSU, inv. 4326A.

diretti dall'architetto Luigi Vanvitelli[29], compariva solamente l'area a nord della Via Collatina. Anche gli studi condotti dall'ingegnere Angelo Vescovali alla fine del XIX secolo non presentavano alcun rimando ai cunicoli di Vigna Vignetta. Per queste ragioni si ritiene che il sistema di bracci tributari, con l'eccezione degli interventi degli anni Sessanta, abbia mantenuto inalterato il suo aspetto originario. Considerata l'assenza nelle fonti di qualsiasi riferimento a questa rete di cunicoli così estesa, non è da escludere che esistessero numerosi altri canali dislocati nell'area, oggi caduti in disuso, interrati e dimenticati.

La rete di cunicoli scoperta e riattivata a Vigna Vignetta rimase in funzione per circa un ventennio. L'inaugurazione del nuovo acquedotto di Roma, il Peschiera, provocò l'abbandono dei bracci secondari a portata ridotta. Tuttora il canale è in disuso e non presenta evidenze significative in superficie, se non manufatti di manovra per il sollevamento dell'acqua posizionati in occasione della riattivazione degli anni Sessanta. A causa dell'inattività e della mancanza di testimonianze tangibili sul piano di campagna, la memoria topografica dell'acquedotto è andata perduta e il personale tecnico di ACEA Ato2, fino alle ricerche condotte nei mesi scorsi, ignorava l'esistenza di cunicoli idrici risalenti al periodo romano.

Alla luce dei dati finora raccolti è stato possibile registrare due tipologie di captazione presso il bacino imbrifero di Salone. La prima è costituita dall'imbrigliamento di sorgenti vere e proprie, ovvero dall'annessione delle emergenze della falda acquifera che si attuano per tracimazione capillare attraverso il banco di pozzolane rosse[30]. La seconda è caratterizzata dalla presenza di un reticolo di canali tributari (*adquisitiones*) che possono apparire direttamente scavati nel banco roccioso, oppure essere dotati di pareti proprie in opera reticolata. I rami di presa sono a loro volta drenanti, alimentati dalle sorgenti incontrate lungo il percorso e da cunicoli laterali. Nel braccio in *opus reticulatum* di Vigna Vignetta è stato individuato un altro tipo di captazione che avviene mediante un sistema di presa al suolo. I piedritti in opera reticolata poggiano su filari di blocchi in leucitite rozzamente sbozzati e privi di legante, in maniera da lasciare spazio alla percolazione delle acque. Questa modalità di presa trova riscontro nel ramo delle Sette Botti, un canale di captazione dell'*Aqua Traiana* recentemente studiato dalla Sovrintendenza Capitolina ai Beni Culturali e da archeospeleologi[31].

L'*Aqua Virgo*: una galleria drenante. Modalità di captazione lungo il percorso verso Roma

Attraverso la lettura del *De aquae ductu Urbis Romae* si evince che la captazione delle acque non si esauriva nel bacino imbrifero di Salone, ma si estendeva anche verso ovest, in direzione di Roma[32]. Frontino, nel descrivere l'estensione del tracciato dell'acquedotto, faceva riferimento alla presenza di *adquisitiones* che, nel complesso, misuravano 1.405 passi (circa 2km)[33].

Poiché tuttora la portata dell'acqua aumenta notevolmente lungo il percorso[34], è chiaro che il *Virgo* sia arricchito da altre acquisizioni: le principali si trovano nelle località di Tor Sapienza, La Rustica, Bocca di Leone, Gottifredi e nelle aree di Villa Ada e di Villa Borghese[35].

---

[29] ASR, *Pres.Acq.Urb*, s. IV, b. 7, f. 25; Figura 1961: 10-11.
[30] Quilici 1968: 154.
[31] Santucci 2021: 127-34.
[32] Front., *De Aq. Urb.*: 10; Quilici 1968: 155.
[33] Front., *De Aq. Urb.*: 10.
[34] Quilici 1968: 160.
[35] Nicolazzo 1999: 36.

Figura 4 - Salone. Il canale principale dell'Aqua Virgo scavato nel banco roccioso.

Nel primo tratto di acquedotto, tra Salone e Bocca di Leone, l'apporto idrico è così intenso da aver reso spesso impossibili le esplorazioni dello speco[36]. Alla fine del XIX secolo, in occasione dell'ispezione diretta dall'ingegnere Vescovali, che aveva lo scopo di verificare lo stato del condotto, i primi cinque chilometri non poterono essere percorsi, motivo per cui questa porzione dell'acquedotto non compare nei prospetti dell'epoca. Attualmente, solo tra Salone e la località di Bocca di Leone, si calcola un'acquisizione di oltre 200 l/s[37].

Un altro indicatore dell'esistenza di apporti idrici lungo il tragitto verso Roma è rappresentato dal passo relativo alla misura della portata dell'*Aqua Virgo*[38]. Frontino fece riferimento all'impossibilità di calcolare il volume delle acque presso le sorgenti sia perché l'acqua si immetteva nel cunicolo troppo lentamente, sia perché erano presenti numerosi affluenti. Per questa ragione la misura fu effettuata molto più a valle, in corrispondenza del settimo miglio della Via Collatina, probabilmente in un'area compresa tra le località di Bocca di Leone e Pietralata.

Oltre al percorso prevalentemente ipogeo, la presenza di rami tributari è ciò che ha permesso la conservazione dell'acquedotto fino ai giorni nostri. Durante le invasioni gotiche del VI secolo fu danneggiata anche l'*Aqua Virgo*[39]. Le sorgenti di Salone finirono per ostruirsi e progressivamente vennero abbandonate e dimenticate. Ciononostante, l'acquedotto continuò a funzionare perché alimentato dalle risorgive imbrigliate lungo il tracciato verso Roma.

Nonostante finora siano stati investigati solo brevi tratti del condotto, è possibile confermare che lo speco principale costituisca esso stesso una galleria drenante, ricevendo un apporto d'acqua continuo[40]. La presenza di polle idriche e la consistenza dei terreni attraversati dall'acquedotto hanno influenzato la scelta del percorso e hanno determinato differenziazioni nell'impiego dei materiali edilizi, nell'adozione delle tecniche costruttive e nelle modalità di captazione delle acque[41].

A Salone, nel punto in cui comincia lo speco dell'*Aqua Virgo*, il sottosuolo è costituito da banchi di tufo lionato coerenti e compatti[42]. Qui l'acquedotto è stato scavato direttamente nella roccia e attualmente risulta privo di qualsiasi rivestimento idraulico (Figura 4). In occasione di un'esplorazione condotta nel

---

[36] Corsetti 1937: 62-63.
[37] Corsetti 1937: 63; Quilici 1968: 160.
[38] Front., *De Aq. Urb.*: 70.
[39] Ashby 1991: 201.
[40] Aicher 1995: 40.
[41] Quilici 1968: 129-30.
[42] Funiciello, Giordano and Mattei 2008.

giugno del 2021 all'interno del canale principale, è stato notato che sul lato destro idrografico, ovvero sul versante settentrionale dello speco, sono presenti piccole fessurazioni ricavate nella roccia da cui tuttora fuoriesce l'acqua. L'esistenza di falde acquifere secondarie fu certamente notata al momento dell'escavazione e le acque vennero verosimilmente intercettate e imbrigliate in concomitanza con la costruzione del condotto. Il trasudamento dell'acqua, che avviene direttamente dalla parete rocciosa, pare caratterizzare il tunnel per un'estensione di circa due chilometri[43].

Dalla documentazione fotografica risalente alle esplorazioni di ACEA Ato2 della metà del Novecento, si nota che, oltre alle fessurazioni nella parete rocciosa, sono presenti veri e propri bracci tributari identificabili con le *adquisitiones* citate da Frontino[44]. Nelle carte d'archivio finora consultate presso gli archivi storici di Roma mancano indicazioni precise riferite ai cunicoli di captazione allacciati all'acquedotto. Ulteriori investigazioni si riveleranno pertanto necessarie nel tentativo di censire i singoli rami di presa, comprenderne l'estensione, le caratteristiche architettoniche e analizzarne la portata.

In occasione di ispezioni condotte tra i mesi di giugno e novembre 2021 nel tratto di acquedotto che corre al di sotto del Colle Pincio, grosso modo all'altezza di Villa Medici, sono state riscontrate tecniche costruttive e modalità di captazione diverse rispetto a quelle individuate a Salone.

Qui pare che originariamente lo *specus* fosse stato scavato nel banco roccioso e successivamente foderato con un paramento murario, ma i numerosi interventi di restauro e lo spesso strato di malta idraulica steso sui piedritti e sulla volta, impediscono di risalire all'aspetto originario del condotto.

Restauri ingenti furono effettuati in epoca antica già ai tempi di Tiberio, di Claudio e di Adriano. Ma gli interventi più significativi risalgono al 1570, in occasione della realizzazione di un serbatoio idrico presso l'attuale Via del Bottino[45]. Altri rifacimenti consistenti vennero effettuati tra il 1740 e il 1744 in relazione alla costruzione della rinnovata fontana di Trevi[46], come testimonia la presenza di numerose iscrizioni databili a quel periodo impresse sulla malta dei piedritti.

Sulla sinistra idrografica, ovvero sul lato dell'acquedotto che dà a nord verso il colle Pincio, ricco di acquiferi[47], sono state individuate alcune bocchette di presa in muratura poste a distanza ravvicinata (Figura 5). Esse si trovano al di sotto del pelo dell'acqua attuale e presentano una forma rettangolare. Sono contornate sul lato superiore e sui fianchi da laterizi, mentre il lato inferiore poggia su blocchi di leucitite rozzamente sbozzati. Più a valle sono presenti altre bocchette, ancora funzionanti, posizionate più in alto, a circa 190 cm dal fondo dello speco. Esse immettono nel canale un'acqua ad alto contenuto di calcare, come riscontrato dalla presenza di massicce conformazioni calcariche in corrispondenza delle adduzioni.

Se per le captazioni del tratto iniziale a Salone si può essere piuttosto certi che l'allacciamento risalga all'epoca romana, per quelle esaminate al di sotto del Pincio sono necessari opportuni approfondimenti. L'acquedotto in questo punto è stato interessato da numerosi ed ingenti restauri che hanno inevitabilmente influito sull'aspetto originario dell'infrastruttura, di conseguenza, le stesse bocchette potrebbero costituire il risultato di un intervento più recente. La loro appartenenza al progetto originario romano piuttosto che a rimaneggiamenti successivi potrà essere stabilita solo alla luce dei

---

[43] Quilici 1968: 156.
[44] Front., *De Aq. Urb.*: 10.
[45] Van Deman 1934: 167-68.
[46] Nicolazzo 1999: 42-43.
[47] Corazza and Lombardi 1995: 194.

Figura 5 - Bocchette di captazione in muratura presso il colle Pincio.

risultati delle analisi archeometriche attualmente in corso. Durante le ispezioni al cunicolo sono stati prelevati campioni dalla malta di allettamento tra i laterizi delle bocchette di presa e dal rivestimento idraulico che ricopre piedritti, volta e pozzetti di aerazione. Lo studio delle componenti contenute nelle malte, nonché la caratterizzazione di legante e aggregato, permetteranno di stabilire la romanità o meno delle porzioni di acquedotto indagate. L'analisi della composizione mineralogica consentirà di risalire al luogo di origine dei materiali impiegati nella malta e quindi di comprendere eventuali specifiche scelte tecnologiche adottate dai Romani.

L'*Aqua Virgo* e lo sfruttamento del territorio

Come evidente analizzando la Carta Geologica del Comune di Roma[48], l'intero percorso dell'acquedotto fu influenzato dalla geomorfologia e dall'idrografia dei territori attraversati.

A Salone, nel tratto iniziale dell'acquedotto, il sottosuolo era costituito prevalentemente da tufi lionati, pozzolanelle e pozzolane rosse. Fu quindi possibile scavare lo speco direttamente nel banco roccioso e probabilmente i piedritti vennero lasciati liberi dal rivestimento idraulico per garantire la naturale percolazione delle acque dalle pareti.

---

[48] Funiciello, Giordano and Mattei 2008.

L'acquedotto proseguiva in direzione di Roma con un percorso sotterraneo scavato nel substrato roccioso coerente e stabile, ma nelle aree vallive di più recente formazione geologica, dove il sottosuolo era costituito da substrati limosi, argillosi e sabbiosi era più complesso garantire la stabilità dello speco. In prossimità dei corsi d'acqua e nei depositi alluvionali, il terreno era infatti più, incoerente, friabile e maggiormente soggetto a smottamenti, per queste ragioni il canale veniva rafforzato con un paramento in muratura[49]. La realizzazione di un'opera muraria di rinforzo dello speco si rendeva necessaria per la protezione del condotto da eventuali frane. In più, per evitare l'assorbimento e quindi la dispersione delle acque incanalate, piedritti e fondo del condotto erano solitamente rivestiti da uno strato di malta idraulica. L'*opus reticulatum* poteva comparire lungo i piedritti per brevi porzioni o per decine di metri, a seconda delle caratteristiche geologiche del terreno. Uno dei tratti in opera reticolata più estesi e meglio conservati si sviluppa tra le località di Bocca di Leone e di Gottifredi, ove sono anche state individuate alcune bocchette di presa ricavate nelle pareti[50].

In altri punti del tracciato, in corrispondenza di piccoli corsi d'acqua affluenti dell'Aniene, lo scavo dello speco si rese infattibile, pertanto fu necessario procedere con la conduzione dell'acquedotto fuori terra. Anche nel centro di Roma, una volta raggiunta la piana alluvionale della città, l'*Aqua Virgo* proseguiva fino al Campo Marzio al di sopra di una serie di arcate, oggi in gran parte distrutte o nascoste dall'espansione urbana.

Oltre al ricorso a differenti modalità costruttive e materiali, lungo lo speco ricorrevano espedienti tecnici per agevolare le attività di manutenzione e di pulizia dell'acquedotto, per gestire la velocità del flusso idrico e per garantire il deposito di impurità. Il canale presentava un andamento sinuoso con curve più o meno accentuate in maniera da poter sempre sfruttare il substrato roccioso più resistente e compatto[51]. In alcuni punti apposite rientranze, ricavate nelle pareti in prossimità dei pozzetti di aerazione, erano adibite al deposito e alla sedimentazione degli elementi inquinanti trasportati dalla corrente[52]. Il materiale accumulato veniva periodicamente estratto sfruttando la presenza dei pozzi. Cordoli in cocciopesto disposti lungo lo speco in muratura e gradoni in pietra nei tratti scavati nel banco roccioso avevano lo scopo di regolare la velocità del flusso idrico.

Conclusioni

Prima della realizzazione di un acquedotto i Romani si occupavano di selezionare le sorgenti più adeguate. Dalle testimonianze offerte da Vitruvio[53] e da Plinio[54] sappiamo che esistevano accurati sistemi di osservazione per la ricerca delle acque e per l'individuazione delle vene più idonee. Una volta rintracciate le sorgenti, bisognava appurare che queste si trovassero a una quota compatibile con la pendenza del condotto e con il livello della zona di erogazione. Inoltre era necessario tenere conto non solo delle proprietà organolettiche dell'acqua, ma anche dell'abbondanza e regolarità delle polle idriche e della possibilità di captazione delle stesse. Ricerca, imbrigliamento e conduzione delle acque erano operazioni complesse che presupponevano un'approfondita conoscenza del territorio e delle sue caratteristiche idrogeologiche.

---

[49] Aicher 1995: 69.
[50] Quilici 1974: 128.
[51] Quilici 1974: 128.
[52] Quilici 1968: 135.
[53] Vitruvio, *De Architectura*, VIII.
[54] Plinio, *Naturalis Historia*, XXVII; XXXI.

Non ci sono pervenute fonti antiche relative alla captazione e all'imbrigliamento dell'*Aqua Virgo*, ma si ritiene poco plausibile che la scoperta delle sorgenti presso l'Agro Lucullano risalga al tardo I secolo a.C. La zona era da tempo frequentata dai Romani che qui prelevavano materiali da costruzione e non è da escludere che le acque fossero già state impiegate secoli addietro per il sostentamento delle popolazioni stanziate nelle vicinanze e per la conduzione dell'*Aqua Appia* (312 a.C.), il primo acquedotto di Roma.

La scelta di non allacciare l'acqua del *Rivus Herculaneus*, l'attuale fosso di Ponte di Nona, che tuttora fluisce ai margini dell'area sorgentizia di Salone, è sintomo della consapevolezza dei Romani che si trattasse di un'acqua dalle proprietà diverse da quella che fu effettivamente imbrigliata. Gli antichi furono disposti a rinunciare alla quantità d'acqua che il *Rivus Herculaneus* avrebbe assicurato, in favore della qualità, così da non compromettere la purezza dell'*Aqua Virgo*. Secondo Plinio l'acquedotto sarebbe stato denominato *Virgo* proprio per differenziarlo dal *Rivus Herculaneus*[55], impiegato solo come canale di scolo per il surplus delle acque. Qualunque fosse l'origine del nome, fin dalla sua attivazione l'*Aqua Virgo* era conosciuta e celebrata per la sua bontà e freschezza. La qualità dell'acqua venne apprezzata non solo nell'antica Roma ma anche nel corso dei secoli e riferimenti alla purezza delle acque si ritrovano nelle carte d'archivio almeno fino agli anni Trenta.

L'elevata capacità dei Romani nel gestire e sfruttare le acque sorgive si riscontra anche in epoca pontificia quando, nel corso dei tentativi di ripristino delle sorgenti di Salone, anziché costruire nuovi condotti e dispositivi idraulici, si preferì ripulire e restaurare lo speco originale romano. Ancora oggi ACEA Ato2 tende a recuperare e ripristinare gli antichi manufatti, come evidente nel caso della riattivazione del ramo di Vigna Vignetta.

L'*Aqua Virgo* costituisce una testimonianza chiara dei diversi espedienti tecnici, idraulici ed architettonici adottati e delle svariate modalità di captazione, imbrigliamento e conduzione delle acque. Il ricorso a determinate tecniche edilizie e materiali rivela un'approfondita conoscenza delle caratteristiche geomorfologiche e idrogeologiche del territorio e un sapiente sfruttamento del suolo. Ma le scelte di volta in volta effettuate furono influenzate da dettami di carattere funzionale e pratico, politico ed economico piuttosto che ambientale[56]. Il paesaggio circostante veniva considerato specialmente in rapporto all'acquedotto e in funzione di esso e veniva plasmato senza che vi fosse un programma di "rispetto ambientale".

Se per la costruzione dell'acquedotto erano necessari il disboscamento di un'area, la perforazione di una montagna, piuttosto che l'attraversamento di un fiume, i Romani procedevano manipolando la natura senza tener conto di quegli aspetti che oggi definiremmo "tutela dell'ambiente e rispetto delle risorse naturali". Di conseguenza risulta impossibile parlare di consapevolezza ecologica come la intendiamo attualmente. Senz'ombra di dubbio i Romani erano consci degli effetti creati sull'ambiente ed erano attenti allo sfruttamento del territorio e delle sue acque, ma al tempo stesso, la convinzione che le risorse naturali fossero immense e inestinguibili ha fatto sì che i Romani non possedessero alcuna percezione di tipo ambientalista. Piuttosto erano mossi da motivazioni di carattere religioso, economico e politico, ma non da scelte dettate da ragioni ecologiche[57].

La promulgazione di normative in relazione all'amministrazione e alla tutela degli acquedotti a partire già dall'epoca repubblicana rappresenta una testimonianza dell'importanza attribuita dai Romani al sistema acquedottistico. Nel periodo augusteo, la riorganizzazione del sistema di approvvigionamento idrico, il restauro degli acquedotti esistenti, la conduzione di nuove acque, l'istituzione della *cura*

---

[55] Plin., *Nat. Hist.*, XXXI, 3.
[56] Arena 2021: 113.
[57] Fedeli 1997: 330.

aquarum come carica a sé stante e l'emanazione della *Lex Quinctia* (9 a.C.) confermano la grande attenzione destinata al mantenimento e al corretto funzionamento del sistema di rifornimento idrico. Con la *Lex Quinctia* vennero emanate apposite prescrizioni per la tutela e la salvaguardia degli acquedotti, alcune delle quali, come la necessità di mantenere una fascia di rispetto libera da costruzioni e coltivazioni ai lati dell'acquedotto, furono adottate anche dalla legislazione successiva e perdurano fino ai giorni nostri.

Nonostante l'*Aqua Virgo* abbia un impatto visivo inferiore rispetto agli acquedotti con le arcate monumentali che ancora caratterizzano il suburbio di Roma, presenta un rapporto intrinseco con il paesaggio, avendo influenzato nei secoli lo sviluppo di campagna e città.

L'ininterrotta attività dell'acquedotto testimonia l'instaurazione di un equilibrio perfetto tra uomo e ambiente, un equilibrio che perdura tuttora, seppure costantemente messo alla prova non solo dal passare del tempo e dai dissesti naturali, ma anche dalla forza distruttrice dell'uomo. I primi sconvolgimenti risalgono alle invasioni gotiche del VI secolo ma sono probabilmente gli avvenimenti più recenti ad averne definitivamente compromesso la qualità delle acque. Gli eventi bellici del secolo scorso e la diminuzione degli interventi di pulizia, di manutenzione e di restauro, coniugati all'espansione incontrollata della città e al conseguente inquinamento della falda acquifera, hanno irrimediabilmente deteriorato la qualità dell'acqua[58]. Negli anni Sessanta l'insieme di questi fattori ha portato al declassamento dell'acquedotto e alla dichiarazione di non potabilità delle sue acque[59]. Attualmente l'*Aqua Virgo* viene impiegato per l'irrigazione di giardini e parchi urbani, come quello di Villa Borghese, e per l'alimentazione di alcune delle principali fontane di Roma: la Barcaccia in Piazza di Spagna, le fontane di Piazza Navona e Piazza della Rotonda e la fontana di Trevi, che oggi costituisce la mostra terminale dell'acquedotto.

Bibliografia

Aicher, P.J. 1995. *Guide to the Aqueducts of Ancient Rome*. Wauconda: Bolchazy-Carducci Publishers. Inc.

Arena, G. 2021. Acque reflue e rischio ambientale: inquinamento fluviale nella Roma imperiale. *Erga-Logoi* 9: 107-32. https://dx.doi.org/10.7358/erga-2021-001-aren.

Ashby, T. 1991. *Gli acquedotti dell'antica Roma*. Roma: Quasar.

ASR, *Pres.Acq.Urb* = Archivio di Stato di Roma (Sant'Ivo alla Sapienza), Presidenza degli Acquedotti Urbani.

Bariviera, C. and P.O. Long 2020. An English Translation of Luca Peto, *Jurisconsul., De restitutione Ductus Aquae Virginis. The Waters of Rome* 11: 1-19.

Cifarelli, F.M. 2013. Tecniche costruttive del tardo ellenismo a Segni: verso una sintesi, in F.M. Cifarelli (ed.). *Tecniche costruttive del tardo ellenismo nel Lazio e in Campania, Atti del Convegno, Segni, 3 Dicembre 2011*: 43-54. Roma: Espera.

Coppa, G., L. Pediconi and G. Bardi. 1984. *Acque e acquedotti a Roma 1870-1984*. Roma: Quasar.

---

[58] Coppa, Pediconi e Bardi 1984: 117; Quilici 1968: 160.
[59] Figura 1961: 60.

Corazza, A. and L. Lombardi 1995. Idrogeologia dell'area del centro storico di Roma, in R. Funiciello (ed.) *La geologia di Roma. Il centro storico, Memorie Descrittive della carta geologica d'Italia*, 50: 178-211. Roma: Istituto poligrafico e zecca dello Stato.

Corsetti, G. 1937. *Acquedotti di Roma dai tempi classici al giorno d'oggi*. Roma: Fratelli Palombi Editori.

Fabbri, M., M. Lanzini, D. Mancinella and C. Succhiarelli 2014. *I geositi di Roma Capitale*, in *Geologia dell'Ambiente, supp. 3*. Roma.

Fedeli, P. 1997. Nos et flumina inficimus (Plin. Nat. 18,3). Uomo, acque, paesaggio nella letteratura di Roma antica, in S. Quilici Gigli and L. Quilici (eds) *Atlante tematico di topografia antica*, suppl. II: 317-30. Roma: «L'Erma» di Bretschneider.

Figura, V. 1961. *Attuali condizioni igieniche dell'antico acquedotto Vergine*. Roma: ATEL.

Funiciello, R., G. Giordano and M. Mattei. 2008. *Carta Geologica del Comune di Roma*. Firenze: S.E.L.CA.

GDSU = Gabinetto dei Disegni e delle Stampe degli Uffizi.

Giuliani, C.F. 1990. *L'edilizia nell'antichità*. Roma: La nuova Italia scientifica.

Lanciani, R. 1881. I *comentarii* di Frontino intorno le acque e gli aquedotti, silloge epigrafica aquaria. *MemLinc 4*. Roma: Salviucci.

Le Pera, S. and R. Turchetti 2007. Scrittori di acquedotti romani, in S. Le Pera and R. Turchetti (eds) *I giganti dell'acqua: acquedotti romani del Lazio nelle fotografie di Thomas Ashby (1892-1925)*: 15-24. Roma: Palombi 2007.

Montanari, P. 2020. *Aqua Marcia*: per il cocciopesto un'applicazione sperimentale. *Thiasos 9.1*: 135-52.

Nicolazzo, V. 1999. *Acqua Vergine a Roma: acquedotti e fontane*. Roma: ACEA.

Pace, P. 2010. *Acquedotti di Roma e il* De aquaeductu *di Frontino*. Roma: Betmultimedia.

Quilici, L. 1968. Sull'Acquedotto Vergine dal monte Pincio alle sorgenti. *Quaderni dell'Istituto di Topografia antica dell'Università di Roma* 5: 125-60. Roma: De Luca Editore.

Quilici, L. 1974. *Collatia 10*. Roma: De Luca Editore.

Santucci, E. 2021. Il ramo delle Sette Botti, in F.M. Cifarelli and M. Marcelli (eds) Aqua Traiana. *Le indagini fra Vicarello e Trevignano Romano. Nuove acquisizioni e prospettive di studio sull'acquedotto Traiano-Paolo*: 127-56. Roma: Gangemi Editore.

Van Deman, E.B. 1934. *The Building of the Roman Aqueducts*. Washington: Carnegie Institution of Washington.

Il ruolo delle risorse idriche nello sviluppo territoriale di *Aquinum.*

Giovanni Murro
(University of Groningen, Università del Salento)

Abstract: the start of the first systematic research in the urban area in 2009, as part of a major research programme on the territory by the University of Salento, and the activity of the Soprintendenza Archeologia Belle Arti e Paesaggio per le province di Frosinone e Latina, have led to the progressive acquisition of new data on the *ager* of *Aquinum*. In this article the archaeological and topographical data from both research sources are combined to contribute to a better topographical knowledge of *Aquinum* and the population of the area. The "fortune" of the area is historically linked to the abundant presence of water resources, which have influenced the settlement dynamics from protohistory to modern times. Water has played a fundamental role in the diachronic evolution of settlement dynamics, contributing to the formation/transformation of the landscape in antiquity: various archaeological remains, known from the bibliography or found during excavations, testify to its precise planning and management.

Keywords: topografia antica, *ager aquinas,* paesaggio agrario antico, evoluzione diacronica del paesaggio, gestione delle risorse idriche, centuriazione.

Introduzione

L'avvio delle prime indagini sistematiche in area urbana, nell'ambito di un programma di ricerca sul territorio strutturato attraverso prospezioni aerofotografiche e geognostiche, associate alla ricognizione sistematica del territorio[1], ha portato alla progressiva acquisizione di nuovi dati, contribuendo in modo significativo ad un "rinnovo" dell'interesse per *Aquinum*. Il sito, oggi in gran parte ricadente nel tenimento comunale di Castrocielo (FR), è oggetto di campagne di scavo da parte dell'Università del Salento a partire dal 2009: questa pianificata attività di ricerca, sta avendo significativi risultati anche in termini di coinvolgimento del grande pubblico, merito di una costante condivisione sui mezzi di comunicazione, su tutti i *social network*[2]. Ai progetti di ricerca accademici va aggiunta l'istituzionale azione di tutela del territorio da parte della Soprintendenza, che segue linee d'azione per lo più dettate da esigenze contingenti e legate alla realizzazione di opere pubbliche e private[3].

Questo contributo vuole raccordare i diversi dati, concentrandosi su alcuni dei comparti più rappresentativi, al fine di una migliore caratterizzazione, in termini archeologici e ambientali, degli aspetti insediativi dell'*ager aquinas.*

---

[1] Una sintesi recente in Ceraudo 2019: 250-274.
[2] Sulle strategie di comunicazione adottate vd. Caldarola 2018: 145-168.
[3] Gli interventi condotti sotto la direzione scientifica della Soprintendenza hanno sovente ricevuto parziale edizione, confluendo nei volumi di "Lazio & Sabina", convegno istituzionale della Soprintendenza.

Come eloquentemente suggerito dal suo nome, *Aquinum* si configura innanzitutto come un territorio che deve la sua fortuna storica ad una capillare presenza di risorse idriche, che nel tempo hanno influito in maniera determinante sui destini economici e ambientali del territorio.

Prima di *Aquinum*: dalla protostoria all'epoca preromana

Corsi d'acqua, risorgive e piccole e medie formazioni lacustri, ben distribuiti in tutto il territorio, furono i principali attrattori antropici, innescando dinamiche insediative precoci e strutturate sin dall'età del Bronzo finale, quando il vasto areale comprendente i territori di Piedimonte San Germano, Aquino, Castrocielo e Roccasecca, viene interessato da una presenza umana organizzata[4]. Le strategie del popolamento di questo periodo, consuete nella valle del Liri, prediligono posizioni arroccate all'interno di una dinamica insediativa legata al controllo dei corsi d'acqua e apparentemente isolativa: una sorta di incastellamento *ante litteram*, con vari siti d'abitato su rilievo isolato o lungo versanti collinari, che evolve in un graduale popolamento della pianura, verosimilmente a carattere stagionale, solo a partire dall'età del Ferro avanzata. Le ricognizioni sul territorio e i dati di scavo aiutano alla definizione di un quadro, senz'altro preliminare, che sembra però evidenziare una decisa predilezione per il piede di versante e le sommità del sistema collinare, dominante il lago di Capodacqua, uno dei principali punti nodali delle strategie insediative sin dalle fasi più antiche e l'area delle sorgenti di Fontana Coperta. Il censimento dei siti conferma chiaramente come il controllo delle risorse idriche, e in seconda battuta della viabilità pedecollinare rappresentata dalla c.d. *via Pedemontana*, sia un obiettivo prioritario (**Figura 1**). Emblematici in tal senso sono il numero e la posizione dei siti nel comune di Piedimonte San Germano, in prossimità del fosso delle Fragole[5], del fosso di S. Amasio[6] e dell'area delle sorgenti della Fontana Coperta[7] dove è possibile notare, all'interno di un sostanziale conservatorismo topografico, anche una diretta proporzionalità tra cronologia e posizione altimetrica dei siti[8].

La graduale occupazione della pianura, se da un lato appare ancora disomogenea nella distribuzione delle evidenze[9], trova nell'acqua un comune denominatore. Il lago di Capodacqua e l'area immediatamente ad ovest dei laghi che caratterizzeranno il sistema difensivo dell'*Aquinum* romana, diventano parte integrante della rete insediativa. Nel primo caso è accertata l'occupazione, alla fine

---

[4] Un quadro sintetico in Treglia 2007: 957-960.

[5] Hayes e Martini 1994: 191, n. 169; 192, n. 170.

[6] Belardelli, Angle, Di Gennaro e Trucco 2007: 387, n. 118, tav. V.; Hayes e Martini 1994: 191, 168.

[7] In posizione di media difendibilità e in posizione dominante è il sito di Monte Castellaccio, cfr. Biddittu e Segre 1976-1977: n. 35; Hayes e Martini 1994: nn. 159, 160; Repertorio Siti Protostorici 2007: 372, n. 113 (con bibliografia precedente).

[8] Hayes, Martini 1994: 191, nn. 163-164.

[9] I dati, sia da ricognizione che da scavo, sembrano in parte confermare la lettura relativa alla *uneven distribution* dei siti postulata da Hayes e Martini 1994: 14.

dell'Età del Ferro, delle aree prospicienti il lago[10], di quelle immediatamente a ovest dello stesso[11] e di quelle del versante collinare[12]. Più tardi sembrano essere invece i siti in pianura, le cui evidenze più rappresentative, stando ai dati archeologici acquisiti finora, sono per lo più riferibili ad epoca tardo arcaica, con il rinvenimento di nuclei funerari[13] significativamente posti lungo gli assi della prima organizzazione territoriale dell'agro e di resti di capanne riferibili ad un abitato[14]. Questi insediamenti, connessi ad una nuova organizzazione agricolo-produttiva e strategica del territorio, sono con molta probabilità dipendenti da *major sites* di riferimento, collocati in posizione dominante a controllo della viabilità di fondovalle, la cui posizione si motiva in funzione dei corsi d'acqua e delle aree di approvvigionamento idrico in generale. I siti costituiscono un vero e proprio sistema castellare tra collina e pianura, alla base di una distribuzione *vicatim* degli insediamenti che verrà meno solo dopo la colonizzazione e l'evoluzione in chiave urbana o protourbana del tardo IV sec. a.C.[15]

I dati archeologici finora acquisiti mostrano come per le fasi precedenti la romanizzazione dell'area non vi sia un sistema di gestione delle risorse particolarmente strutturato, ma uno sfruttamento funzionale al modello economico agro-pastorale delle comunità. L'occupazione della pianura si accompagna anche ad una evoluzione del rapporto con le acque, che si sostanzia anche di significati religiosi. I culti, formidabili elementi di aggregazione, costituiscono il primo passo verso la futura organizzazione urbana della città. Emblematico è il caso del lago maggiore di *Aquinum*: immediatamente a nord rispetto alla linea delle mura della futura colonia triumvirale sorge il più importante santuario extraurbano, in località Mèfete di Castrocielo, le cui prime fasi di occupazione si attestano allo stato attuale degli studi all' età del Ferro[16], con una monumentalizzazione tra la fine del IV sec. a.C. e il III sec. a.C. e continuità

---

[10] In loc. Capodacqua, immediatamente ad ovest della chiesa della Madonna dei sette dolori e a nord dell'attuale area parcheggio, una serie di lavori effettuati tra la fine degli anni '70 del secolo scorso e il 1983 sul piede di versante collinare sotto monte San Silvestro, portarono alla luce numerosissimi frammenti fittili che permettono di inquadrarare alcune fasi cronologiche dell'occupazione dell'area. Una buona quantità di frammenti fa riferimento a ceramica d'impasto, svariati frammenti di età romana e sporadica ceramica moderna. Dal sito è attestata una sepoltura, danneggiata durante i lavori di scavo della condotta idrica. Da questa è stata recuperata, quasi integra, una *oinochoae* apode a corpo globulare e collo troncoconico, con ansa sormontante impostata sull'orlo e sulla spalla, databile tra VII e VI sec. a.C, vd. Hayes e Martini 1994: 142, fig. 1-6; 188, n.141. L'area, seppur in presenza di indicatori solamente parziali, va contestualizzata nel quadro insediativo della tarda età del Ferro. A sostanziare ulteriormente questa lettura sono le evidenze rinvenute più a monte, relative con tutta probabilità ad un contesto abitativo di una certa rilevanza, benché ancora indefinito nella sua estensione.
[11] Materiali d'impasto, provenienti da un'area indagata in via della Stazione di Aquino, sembrerebbero relativi ai resti di un insediamento preliminarmente databile al VII-VI sec. a.C., cfr. Bellini, Matullo e Trigona: 445-450 (in cui viene però sostenuta una cronologia più alta, all'età del Bronzo).
[12] In una zona di difficile individuazione sul versante meridionale di monte S. Silvestro a Castrocielo, una serie di ricognizioni effettuate sia da studiosi locali, vd. Giannetti 1986: 203-206, che dai ricercatori della Mc Master University, hanno evidenziato la presenza di evidenze dell'Età del Ferro. Significativa è l'individuazione di una sepoltura femminile della tarda età del Ferro, distrutta durante i lavori di realizzazione della strada che conduce alla vasca di carico dell'acquedotto, i cui materiali sono conservati nel museo della città di Aquino.
[13] Finora risulta edito esclusivamente il nucleo funerario tardo arcaico in località Campo Cavaliere di Castrocielo, vedi Trigona 2012: 561-572. In corso di studio, da parte di chi scrive, sono invece le tombe dello stesso orizzonte cronologico rinvenute durante gli scavi del Gasdotto Busso-Paliano (2016) e del Collettore Fognario Co.S.I.LA.M (2020).
[14] È noto allo stato attuale degli studi un solo contesto, rinvenuto durante la realizzazione del Gasdotto Busso-Paliano. Gli scavi sono stati condotti, per la soc. Cooperativa Archeologia, da Manuela Cerqua.
[15] Ceraudo e Murro 2018: 13.
[16] L'occupazione del sito in loc. Méfete è ancora poco studiata. Sulla base di alcuni rinvenimenti si è ritenuto poter individuare per le prime fasi di occupazione dell'area, una forbice cronologica compresa tra X e metà VIII sec. a.C., cfr Guidi 1980: 148-155.

di vita fino al II sec. a.C.[17] (Figura 1, n. 11). A questo santuario dal carattere salutare, inizialmente dedicato ad una ignota divinità indigena delle acque e poi a quella osco-sannitica *Mefitis*[18] (da cui il toponimo "Mèfete"), ne va aggiunto un altro le cui evidenze più antiche andrebbero collocate a partire dal VI-V sec. a.C., nella zona dove sorgerà il tempio maggiore della città, il c.d. *capitolium*[19] (Figura 1, n. 10). Per entrambi i luoghi di culto è stringente il rapporto con l'acqua, per la vicinanza a sorgenti, per la connessione alla sfera della *sanatio* e per il fatto che fossero quasi certamente dedicati a divinità femminili.

La gestione delle risorse: l'acqua nella *Aquinum* romana

Se le dinamiche insediative di epoca preromana prediligono posizioni di relativa vicinanza alle risorse idriche esistenti, in una logica di sfruttamento che non evidenzia opere di regimentazione tangibili, in epoca romana si assiste ad una localizzazione capillare degli insediamenti, diffusi praticamente sull'intero territorio, e al tempo stesso -verosimilmente dall'epoca tardo repubblicana- ad una trasformazione sostanziale nella gestione delle risorse, soprattutto in funzione delle necessità della città romana. Mentre il comparto sud occidentale dell'agro, caratterizzato geomorfologicamente da terrazzi fluviali erosi da immissari minori del Liri, non sembra aver subìto sostanziali trasformazioni nel reticolo idrografico, il settore settentrionale dell'*ager aquinas* e l'immediato suburbio della colonia sono quelli in cui appaiono più evidenti delle forme di "dominio" dell'acqua.

Il fossato della città e i laghi

Emblematico è il caso che riguarda l'elemento topografico più caratterizzante di *Aquinum*. La presenza di un'ampia formazione lacustre, che rispondeva a precise logiche difensive, indirizzò le scelte topografiche alla base della deduzione della colonia. La città romana è in effetti caratterizzata da due aspetti peculiari: oltre alla particolare forma degli isolati, dipendente da un assetto territoriale preesistente[20], particolarmente interessante è il sistema difensivo (Figura 1, n. 12). Come evidenziato dall'analisi aerofotogrammetrica e dalle indagini sul campo, esso comprendeva una cinta muraria e un ampio fossato che racchiudevano la città sui suoi lati pianeggianti a nord, sud ed ovest. Il lato orientale invece, seppur quasi certamente munito di mura, risultava naturalmente difeso da uno iato geomorfologico costituito da tre laghi[21], bonificati verso la fine del XVI secolo, frutto di un fenomeno di sprofondamento naturale (*sinkhole*)[22]. Il paesaggio intorno alla città ha subìto sostanziali modifiche nel tempo, prima con l'apertura di cave moderne per l'estrazione di travertino e sabbia e, a partire dal dopoguerra, con progressivi ripascimenti agricoli per colmare i salti di quota. Un ingente apporto di

---

[17] Al momento il *terminus* cronologico non sembra trovare argomenti avversi, stando ai pochi studi editi. Per la ceramica a vernice nera, la cui datazione non sembra andare oltre il primo quarto del II sec. a.C., il riferimento è ancora Nicosia 1976; per quanto concerne l'apparato decorativo dell'edificio templare gli indicatori cronologici più affidabili riguardano le tipologie delle antefisse, la cui tipologia più attestata sembra essere quella con *Potnia Theron* di tipo classicistico e pantere, cfr. Andren 1940; Pensabene e Di Mino 1983: 118. Per il santuario è anche noto un esemplare, conservato nei depositi del Museo Archeologico di Cassino, del tipo con genio alato che suona la siringa, collocabile nel II sec. a.C., cfr Pensabene e Di Mino 1983: 128.
[18] Sui rapporti tra i santuari e lo sviluppo urbano di Aquinum, Coarelli 2008: 23-28.
[19] Sull'analisi del tempio e sulla ipotetica attribuzione a *Iuno Regina Populonia* vd. Murro 2010: 132-133.
[20] Sull'argomento, che esula dal tema trattato in questo contributo, si veda Ceraudo 2001: 161-175; Ulteriori considerazioni topografiche in Bellini e Murro 2019: 161.
[21] Sui nomi dei tre laghi, Maggiore, Trivio e Salvarecchia, vd. Bonanni 1922: 111.
[22] Sul fenomeno, che ha riguardato anche diversi altri bacini lacustri nel Lazio meridionale, Nisio e Scapola 2005: 223-239.

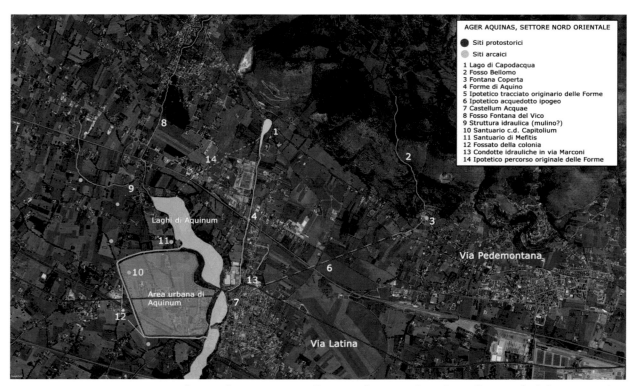

Figura 1 - Ager aquinas, area nord orientale. Immagine satellitare con le principali evidenze illustrate (rielab. G. Murro da Google Earth).

terreno è databile agli anni compresi tra il 1959 e il 1962, quando fu realizzata l'Autostrada del Sole. Tali cambiamenti, pur obliterando gran parte del tracciato della *fossa* che doveva correre intorno alla città, permisero comunque a C. F. Giuliani[23] di ricostruirne il percorso anche grazie all'ausilio delle fotografie aeree della RAF, definendo con maggiore precisione quanto già osservato da E. Grossi[24] e da G. Saflund[25]. Da ultimo, grazie a una nuova restituzione fotogrammetrica, l'articolazione del fossato è stata ulteriormente messa a punto da G. Ceraudo[26]. Le ipotesi formulate hanno trovato effettiva conferma, grazie a recentissimi scavi di archeologia preventiva[27]. Questi hanno messo in luce il fossato sul lato occidentale al di fuori della colonia, caratterizzato da un *plateau* di travertino superficiale e in più punti affiorante, oggetto di attività estrattiva in epoca romana. La colonna stratigrafica ha evidenziato come la preesistenza fosse originariamente una cava, con un ampio fronte profondo -4,80m dal pdc; la parte orientale è costituita da un piano orizzontale che verso ovest digrada in profondità con due gradoni: il primo con una conformazione a scarpa con inclinazione di circa 50°, dista da quello sottostante circa 1,20m. Il secondo gradone presenta sulla superficie dei segni la cui scansione regolare lascia supporre che si tratti di tracce dell'attività di estrazione. Dal secondo gradone la parete a scarpa è irregolare e raggiunge il fondo della cava seguendo una inclinazione di circa 50°. Il fondo è piano, quasi privo di pendenze nella porzione centrale e caratterizzato da due lievi depressioni, larghe poco più di 1m, sui margini est e ovest. La parete occidentale presenta un profilo verticale, quasi ortogonale rispetto al

---

[23] Giuliani 1964: 41-42.

[24] Grossi 1907: 65.

[25] Saflund 1932: 257, n. 1.

[26] Cfr. Ceraudo, nota 19.

[27] Gli scavi sono stati condotti da chi scrive, sotto la direzione scientifica del funzionario responsabile della Soprintendenza Archeologia Belle Arti e Paesaggio per le province di Frosinone e Latina Carlo Molle, che si ringrazia per aver permesso la menzione sintetica dei risultati delle indagini.

fondo. Il prospetto del fronte di cava presenta numerosi segni interpretabili in funzione della attività di taglio ed estrazione di materiale lapideo. Sulla parete rocciosa risultano percepibili svariate depressioni di forma sub rettangolare, disposti in fila dall'andamento pressoché orizzontato, a distanze diverse, variabili dai 16 ai 22cm. Questi si dispongono inoltre lungo venature del banco o sui piani di coltivazione della cava, interpretabili come indicatori del metodo di separazione dei blocchi. Per quanto concerne i piani di coltivazione della cava, è possibile rilevare due differenti altezze: una variabile tra i 64 e i 59cm, mentre l'altra attestata tra i 34 e i 30cm, elementi questi che permettono di risalire ad un generico modulo di estrazione dei blocchi. La larghezza massima del fronte di cava è di 12m sul margine superiore, mentre sul fondo l'ampiezza raggiunge 7,20m. La stratigrafia rinvenuta racconta del progressivo riempimento del fronte di cava. Lo strato di arativo si sovrappone ad un potente livellamento di sabbia di colore giallo, relativa ad un riempimento recente, verosimilmente da collocare negli anni di realizzazione e successiva messa in funzione dell'autostrada A1, tra il 1960 e il 1962. Lo strato si sovrappone ad un deposito a matrice limo-sabbiosa, di formazione alluvionale, privo di frammenti datanti e quasi privo di inclusi fatta eccezione per pochi frustuli di calcare e travertino. Al di sotto di questo vi è uno strato di colore marrone, a matrice sabbio-limosa, ricco di pietrame calcareo e ciottoli, con rari frammenti fittili non diagnostici, relativi a tegole o piccoli frammenti di ceramica comune, tutto il materiale rinvenuto presenta un alto livello di frammentazione e consunzione delle superfici, che nella stragrande maggioranza dei casi si presentano fluitate. Quest'aspetto porta a non escludere, anzi a considerare, che in antico a questa quota potesse scorrere acqua almeno nella porzione centrale della colonna stratigrafica, anche considerando l'andamento delle superfici di strato, caratterizzate da un profilo leggermente concavo. Lo strato sopracitato copre un deposito sabbioso molto compatto, ricco di ciottoli e pietrame calcareo con rari fittili di piccole dimensioni. Il deposito copre uno strato di origine antropica a matrice sabbiosa, estremamente compatto, costituito quasi esclusivamente da rottami edilizi di epoca romana (bozze di travertino locale di medie dimensioni, tegole) e frammenti di intonaci. Lo strato appare legato probabilmente alla fase di dismissione della cava, quando la stessa venne parzialmente colmata con materiale edilizio proveniente dalla demolizione di edifici verosimilmente ad uso abitativo. Lo strato copre direttamente il fondo della cava, fatta eccezione per gli angoli ovest ed est, caratterizzati da due strati di analoga composizione, a matrice limosa e quasi privi di inclusi. Il fondo della cava è tabulare, con una lieve pendenza verso est. Probabili elementi riferibili alla *fossa* perimetrale della città sono emersi anche immediatamente a sud della linea delle mura della colonia. Il tratto di fossato, percepibile in traccia da foto aerea, è stato parzialmente messo in luce durante scavi archeologici preventivi alla realizzazione del collettore fognario di collegamento tra l'agglomerato industriale di Castrocielo e il depuratore di Aquino. Lo scavo ha evidenziato due canali paralleli e di larghezze differenti, tagliati nello strato geologico di sabbie concrezionarie, che dovevano convogliare acqua nel terzo dei laghi aquinati. Tale configurazione lascia ipotizzare la realizzazione, presumibilmente nell'ambito della deduzione della colonia, di un circuito idrico che in senso antiorario, captando le acque del lago maggiore in prossimità dell'angolo nord-orientale dell'immediato suburbio della città[28], creava una sorta di *bypass* sul lago centrale, forse per permettere un più agevole sfruttamento delle cave ancora oggi visibili dal vallone di Aquino (Figura 2).

---

[28] Un'ipotesi questa già avanzata da C. F. Giuliani. Secondo lo studioso infatti *"la fossa derivava l'acqua, come mostra l'incile ancora visibile, dal lago settentrionale, alimentato dal fiumicello Le Sogne prima della deviazione e, dopo aver compiuto il giro ad O della città, la immetteva di nuovo nel lago meridionale..."*, vd. Giuliani 1964: 44.

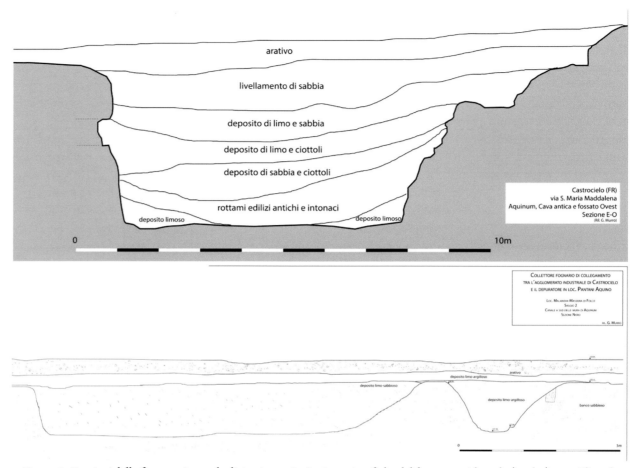

Figura 2 - Porzioni della fossa perimetrale di Aquinum. Sezioni stratigrafiche del fossato occidentale (in alto) e meridionale (in basso). Rilievi G. Murro.

Opere idrauliche sul territorio

Componevano l'assetto territoriale anche canali ed opere di regimentazione delle acque. Le attestazioni a tal riguardo sono distribuite diffusamente in vari settori dell'*ager aquinas*. Dal suburbio orientale della città provengono dati interessanti relativi a un articolato sistema di distribuzione e di raccolta delle risorse idriche. Scavi preventivi eseguiti lungo via Marconi (Figura 1 n. 13) hanno permesso di documentare un doppio sistema di canalizzazioni costituite da un triplice acquedotto ipogeo[29], coperto con sistema trilitico, verosimilmente connesso col passaggio della *via Latina* e sovrapposto ad un precedente canale con sponde regolarizzate da blocchi calcarei. I materiali rinvenuti all'interno degli specchi e nei livelli sottostanti di riempimento del canale più antico lasciano supporre una realizzazione in età repubblicana, con successive razionalizzazioni durante gli inizi dell'età imperiale. Quest'opera di derivazione originava ipoteticamente dalla sorgente di Capo d'Acqua, per poi essere convogliata in una grande cisterna in località Masseria Turco[30] e, attraverso la "formetella", un fossato ben delineato nella cartografia sia storica che attuale, raggiungeva questo settore dell'immediato suburbio orientale di

---

[29] Una sintesi dell'intervento in Bellini 2012: 553-559. Per un primo quadro d'insieme riguardante la gestione delle risorse idriche vedi Bellini, Murro, Trigona 2019: 70-72.
[30] La cisterna, disegnata negli acquerelli settecenteschi del Guglielmelli, è verosimilmente la stessa "presso Capodacqua", di cui parla il Bonanni, vd. Bonanni 1922: 48

Aquinum, caratterizzato in antico da una spiccata vocazione manifatturiera e produttiva, come sembrano dimostrare recentissimi scavi, ancora inediti[31].

Nello stesso areale, in via Soldato Ignoto, è attestata una imponente cisterna situata sotto villa Pelagalli, in una zona denominata dalla toponomastica locale come "la taverna vecchia" (Figura 1, n. 7) , e ancora prima nota come "la fontana"[32]. Si tratta di una struttura rettangolare ben conservata, originariamente rivestita da intonaco idraulico. Misura 10x14,80m, con muri spessi circa 0,70m in opera cementizia di scapoli di calcare, per una capacità complessiva di circa 400 metri cubi. La struttura è stata analizzata da V. Pelagalli che l'ha interpretata, condivisibilmente, come *castellum acquae* e posto in relazione all'acquedotto di *Aquinum* proveniente da Capodacqua[33]. All'interno di questo quadro c'è un ulteriore darto topografico, utile a fornire ulteriori elementi per la ricostruzione del sistema di regimentazione delle acque nel territorio: la cisterna sotto villa Pelagalli è infatti il punto terminale di un allineamento il cui punto di partenza va individuato circa 3km più a NE, ovvero in prossimità delle sorgenti in loc. Fontana Coperta a Castrocielo, sul piede di versante collinare che chiude a nord la pianura dell'agro aquinate. C'è la possibilità che in questo punto le acque del fosso Bellomo, corso d'acqua a regime torrentizio la cui sorgente va individuata a circa 600m di altezza tra il monte Aglietta e Le Mandre[34], possano essere state captate fino alla cisterna attraverso una condotta ipogea parallela al tracciato viario, in parte ricalcato dall'attuale via Ara Vittigli, in parte perfettamente percepibile in traccia da foto aerea, che attraversava in senso NE-SO l'*ager* nord orientale per poi innestarsi sulla *via Latina* (Figura 1 n. 6).

Il settore nord occidentale dell'agro aquinate restituisce testimonianze relative a strutture idrauliche relative a complessi architettonici privati: a circa 1 km a NO del centro storico di Castrocielo in loc. Fosso di Caprile, si conservano i resti di una grande cisterna, con murature in opera vittata di blocchetti di calcare e fasi precedenti in opera incerta, costituita da due corridoi intercomunicanti chiusi ad O da una vasca di captazione e filtraggio; la struttura delle dimensioni complessive di 24x5,2 m si dispone parallela alle curve di livello, facendo parte del complesso sostruttivo di una villa rustica terrazzata posta nelle immediate vicinanze. Pertinente alle strutture di quest'ultima sono state documentate strutture murarie in opera mista che conservavano tracce di intonaco idraulico. I materiali rinvenuti nell'ampio areale circostante definiscono un ampio arco cronologico di vita dell'insediamento, compreso tra la prima età repubblicana e la tarda età imperiale.

Resti di una importante struttura idraulica sono emersi nel suburbio settentrionale, a poco meno di 1km a NO della città, durante gli scavi preventivi alla realizzazione del gasdotto Busso-Paliano[35]. Le indagini hanno messo in luce un lungo canale in muratura (Figura 3). Sul lato orientale dello stesso, caratterizzato da un maggiore spessore, si innestano due ulteriori bassi contrafforti trasversali entro i

---

[31] Gli scavi, diretti scientificamente da Carlo Molle per la Soprintendenza e coordinati sul campo da Davide Pagliarosi, hanno evidenziato una imponente struttura produttiva. I dati di scavo sono attualmente in corso di studio.

[32] Del nome fa menzione il Bonanni, citato in Pelagalli 2016: 80.

[33] Pelagalli 2016: 46-48.

[34] L'area in questione non è lontana dalle alture della Forma Pozzo dei Monaci, dove Il Cagiano De Azevedo colloca "*tre cunicoli, parte sotterranei, parte superficiali, con lo speco alto circa m. 1,50*". Questi raccoglievano le acque sorgive della Forma, convogliandole in una cisterna. Secondo l'autore "*l'esterno degli specchi era in opera incerta e l'interno era rivestito di* signinum *per assicurare l'impermeabilità della conduttura*". Ulteriori approfondimenti sull'acquedotto in Cagiano De Azevedo 1949: 46-48.

[35] Gli scavi, inerenti alla bretella 6 V5 del lotto 2° dell'opera, sono stati condotti dalla soc. Coop Archeologia, coordinati sul campo da A. Chiatroni con la direzione scientifica di G. R. Bellini, allora funzionario responsabile per la Soprintendenza.

Figura 3 - Castrocielo, loc. Voccafurno. Resti di strutture idrauliche rinvenute durante gli scavi preventivi alla realizzazione del gasdotto Busso-Paliano (foto G. Murro).

quali vi è una struttura monolitica a sesto ribassato connessa alla presenza di flusso d'acqua canalizzato verso sud-ovest. Immediatamente ad ovest del canale sono state rinvenute due strutture murarie circolari, una delle quali munita di tubulo fittile di scarico. Pur trattandosi di dati inediti e in corso di studio, è possibile avanzare l'ipotesi che il complesso rinvenuto possa essere riferibile a un mulino[36], ipotesi questa confortata anche dalla presenza nelle immediate vicinanze di un corso d'acqua tutt'ora attivo (Figura 1 n. 9). È interessante notare inoltre come il canale, il cui orientamento è solidale con quello della centuriazione, sembri avere una precisa relazione, più a nord, con il fosso Fontana del Vico[37]. Il corso d'acqua, le cui sorgenti vanno individuate sulle alture a settentrione di Castrocielo e che costeggia ad est l'abitato, viene regolarizzato innestandosi su un allineamento centuriale, immettendosi poi, almeno parzialmente, nella canalizzazione a servizio del complesso idraulico.

L'area di Capodacqua

Le sorgenti di Capodacqua (Figura 4), principale bacino idrico dell'agro aquinate in epoca romana, hanno da sempre costituito un importante attrattore antropico. Nei dintorni del lago si assiste a una frequentazione senza soluzione di continuità che dalla fine dell'età del Ferro arriva fino al pieno

---

[36] La presenza di mulini nell'*ager aquinas*, ampiamente attestata su basi toponomastiche e bibliografiche per l'epoca medievale e iconografiche per quella moderna, è invece ancora poco documentata per l'epoca romana, fase per la quale sono noti ad oggi solo due casi entrambi inediti e in corso di studio.

[37] Attualmente il fosso è noto, per un errore di trascrizione nella cartografia, col nome di Fontana del Vivo.

Figura 4 - L'ager settentrionale di Aquinum e le sorgenti di Capodacqua viste da Monte San Silvestro (foto G. Murro).

medioevo e all'età moderna. Le esperienze insediative nell'area hanno determinato formazione della viabilità, aspetti identitari e progressiva trasformazione del paesaggio.   Tutto il comparto è caratterizzato da toponimi connessi sia alla presenza dell'acqua che alle attività produttive legate a essa. L'attuale via Cavallara, percorso pedecollinare strutturatosi in epoca preromana[38], delimita fisicamente l'area a settentrione. Oltre a questa, le vie Guadicciolo, Maturatore e Sode dell'Aspide, costituiscono i principali tracciati viari che percorrono ancora la zona. Il tracciato di via Guadicciolo, in buona parte solidale con la centuriazione, corre ad est delle Forme di Aquino, che dalle sorgenti di Capodacqua alimentavano i laghi della città romana, prosciugati verosimilmente nell'ultimo decennio del XVI secolo[39]. Quello delle Forme di Aquino, il cui tracciato rigidamente rettilineo e il nome stesso suggeriscono si tratti di un canale artificiale, è un caso complesso e intimamente connesso all'identità idrografica dell'area. Sulla cronologia di questa imponente opera idraulica non vi sono argomenti decisivi, ma alcuni elementi sembrerebbero suggerire una datazione al pieno medioevo: oltre alla netta divergenza rispetto all'assetto centuriale romano, è tutt'oggi visibile il passaggio del corso d'acqua sulla

---

[38] Sulla via Cagiano de Azevedo 1949: 58-59, al quale si deve il nome convenzionale di *via Pedemontana,*.

[39] L'importante opera di bonifica, volta a migliorare la pessima qualità dell'aria della zona, avvenne dopo il 1583, data in cui il marchese Giacomo Boncompagni acquistò la contea di Aquino, vd. Coldagelli 1969. Nella sua monografia su Aquino il Bonanni sembra fornire elementi decisivi per definire meglio la cronologia dell'opera di bonifica, terminata presumibilmente nel 1590. Lo studioso precisa infatti che "*il Marchese Giacomo Boncompagni di Roma comprò da Alfonso d'Avalos la contea di Aquino con istromento del 3 giugno 1583*" e che "*dopo 7 anni [...] prosciugò completamenti il lago maggiore ed i minori, dove le acque, ristagnavano approfondendo di varii metri la forma vecchia, che era lo scarico naturale delle acque che scendevano al lago maggiore da Fontana lo Vico, da Fontana Mucciomeo e da altre piccole fontanelle che vi sono all'intorno e fra esse Piscialvino*", vd. Bonanni 1922, 15.

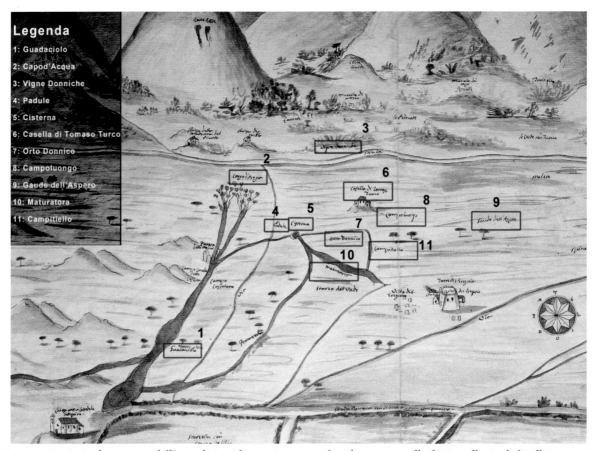

Figura 5 - *I principali toponimi dell'area di Capodacqua in uno stralcio di un acquerello di Marcello Guglielmelli, 1715-1717 (Archivio Montecassino, da Bellini, Murro, Trigona 2019).*

via Latina sotto l'arco onorario extraurbano c.d. "di Marcantonio", modifica avvenuta secondo il Bonanni all'inizio del XIII secolo sulla base dei documenti da lui stesso analizzati[40].

Ritornando sul nome "Guadicciolo", questo è visibile sia dalla cartografia storica che dalla moderna viabilità. Identifica una lunga fascia di territorio, parallela al corso delle Forme, che dalla moderna via Casilina risale fino alla via Cavallara. Il toponimo, fossile linguistico dell'occupazione longobarda[41], è evocativo di un paesaggio "misto" costituito da boschi, zone colte ed incolte, pascoli. Noto dal medioevo, compare come *Guadiczolus*, nel testo di un privilegio dei re Ugo e Lotario datato al 15 maggio 943[42]. La redazione del documento risalirebbe, non senza incertezze[43], con tutta probabilità al XII secolo. Il nome ritorna inoltre, come "Guadaciolo", in un acquerello settecentesco del Guglielmelli conservato presso l'Abbazia di Montecassino[44], raffigurante la zona di "Villa di S. Gregorio" (Figura 5).

---

[40] Bonanni 1922: 12-13 e relative note a p. 28, dove l'autore specifica che "*in quel tempo il flumicello le Sogne dalla sorgente venne fatto scorrere fino alla Parata e nella via Latina fu immessa l'acqua, facendola passare sotto l'arco trionfale edificato dagli aquinati a Marcantonio. Ancora si vedono le pietre nere del basolato della via Latina nel corso del fiume ed altre consimili nella costruzione della nuova cartiera Pelagalli furono rinvenute nel letto della corrente*". Chi scrive, seppur in accordo con una datazione al medioevo, sottolinea come l'attribuzione cronologica del Bonanni sia tutt'altro che certa, poiché avanzata sostanzialmente su base deduttiva.

[41] Sabatini 2015: 389 ss. Una spiegazione alternativa del toponimo in Beranger 1999: 138.

[42] Schiapparelli 1924: 203-206, n. LXVIII, n. LXVI; la questione viene ripresa da Pietrobono 2002: 200-202.

[43] Dubbi sulla datazione sono espressi in Pantoni 1947: 246-247.

[44] Una sintesi sui documenti cartografici del Guglielmelli è anche in Corsi 2008: 215-230.

Altro tracciato rilevante nella rete viaria della zona, anche questo connesso alla centuriazione per orientamento generale e posizione[45], è rappresentato da via Maturatore, toponimo attestato già nel XIV secolo[46] e presente nello stesso disegno, riportato col nome di "maturatora". L'attuale tracciato, che dalla via Cavallara si snoda in direzione SE per poi innestarsi ortogonalmente alla via Casilina, potrebbe ricalcare per buona parte quello che doveva essere il percorso in età basso medievale. Il nome "maturatore" è chiaramente connesso alle attività agricole e manifatturiere connesse all'acqua, identificando in questo caso un'area dove avveniva la macerazione della canapa. L'antichità e l'importanza di tale ciclo produttivo sono confermati anche da una notizia riportata dal Bonanni e datata al 3 agosto 1598, nella quale la Chiesa di Aquino rivendica il diritto di costruire frantoi oleari nella zona di Piedimonte e Villa S. Lucia, contro i monaci di Montecassino. Nel testo si legge: "*...intesi che dell'acqua di Capo d'acqua sotto il monte di san Silvestro si concede ogni sabato sera due once d'acqua a' Monaci Casinensi per darla alle fosse delle Maturatore per maturare sul sito loro lo lino e la canepa. Sia ha da vedere chi ha fatta q. concess. Perché di quest'acqua è padrone la Chiesa Cattedrale e nessuno ha potuto e può disporne*" [47]. Il documento offre diversi elementi di riflessione storica e topografica, su tutti la conferma della vocazione manifatturiera di questo settore dell'area di Capodacqua, con la presenza di una filiera produttiva ben differenziata, che inizia a strutturarsi almeno a partire dal medioevo, in una posizione privilegiata, e quindi contesa, per lo svolgimento di attività nelle quali l'acqua costituiva elemento imprescindibile.

Conclusioni

La breve disamina degli elementi fin qui descritti evidenzia un quadro complesso e ancora parziale, ma nel quale il ruolo giocato dalle risorse idriche appare determinante, non solo, come ovvio, nello sviluppo economico e demografico dell'agro aquinate, ma anche nella sua trasformazione diacronica.

Cisterne, canalizzazioni, opere di captazione e di regolarizzazione dei corsi d'acqua e più in generale le soluzioni adottate a servizio di un territorio sostanzialmente pianeggiante fanno intuire quanto complesso fosse il sistema di approvvigionamento idrico della città, con una altrettanto articolata organizzazione produttiva a servizio del suburbio.

La gestione e il "dominio" dell'acqua hanno senz'altro significato la fortuna di *Aquinum*. Se durante tutta l'epoca romana lo sfruttamento delle risorse idriche sembra aver avuto esiti armonici, nel medioevo queste rappresentarono un elemento di costante contesa, specie in settori-chiave come quello di Capodacqua. Concorse al declino delle condizioni di salubrità del territorio, e quindi ad un inevitabile calo demografico, una progressiva e squilibrata gestione delle risorse, iniziata già in epoca medievale come sembra suggerire l'interpretazione delle -poche- fonti disponibili, e reiterata, come evidenziato ancora in un severo giudizio redatto in un rapporto del 1827, fino all'epoca contemporanea.

Ulteriore elemento cardine per la comprensione della "fine" della città è rappresentato dai laghi. Da discutere sono in particolare le motivazioni dell'abbassamento e del progressivo impaludamento delle acque del lago maggiore, che portarono alla bonifica da parte dei Boncompagni. Non imputabili semplicemente a una interruzione naturale del flusso idrico dal lago di Capodacqua, le ragioni andrebbero piuttosto individuate altrove. Il declino del bacino lacustre troverebbe giustificazione in

---

[45] Murro 2021: 71-80.

[46] Nei regesti dell'archivio dell'abbazia di Montecassino, si rinviene il nome in un documento datato 5 giugno 1329, inerente la concessione di "cannapina" (ovvero un'area adibita alla coltivazione della canapa), da parte del vescovo cassinese Raimondo, vd Leccisotti 1972, VII, aula II, capsula XXXVI, n. 65, 228-229.

[47] Bonanni 1922: 15

un'azione antropica. Nello spettro delle varie ipotesi è possibile ricondurre il tutto a una massiccia opera di deviazione, riprendendo così le asserzioni del Bonanni sul *"deviamento della corrente Capo d'acqua da quell'antico corso nel luogo dove sta la stazione ferroviaria Roma-Napoli, detto Voccafurno, facendola scorrere diretta da nord a sud fino alla Parata"*[48].

Bibliografia

Andrén A. 1939-1940. *Architectural Terracottas from Etrusco-Italics Temples*. Lund Leipzig: CWK Gleerup: Harrassowitz.

Belardelli C., M. Angle, F. Di Gennaro and F. Trucco 2007. *Repertorio Dei Siti Protostorici Del Lazio : Province Di Roma Viterbo E Frosinone*. Borgo San Lorenzo (FI): All'insegna del giglio.

Bellini, G.R. 2012. L'ager di Aquinum: ricerca e tutela 2010. *Lazio e Sabina* 8: 553-559.

Bellini, G.R., G. Murro and S.L. Trigona 2012. L'ager di Aquinum: *la centuriazione. Lazio e Sabina 8, Roma 2011*: 573-581.

Bellini, G.R., G. Murro and S. L. Trigona 2019. Aquinum città dell'aqua, in M. Valenti (a cura di), Aqua. *L'approvvigionamento idrico e l'impatto nelle città romane del Lazio Meridionale*: 63-76. Comunità montana del Lazio: Taccuini del Museum Grand Tour 01.

Bellini, G.R., S.L. Trigona and G.M. Matullo 2012. Prima di Aquinum. Il popolamento del territorio in età protostorica. *Lazio e Sabina* 9: 445-450.

Bellini, G.R. and G. Murro 2019. Paesaggi agrari di Aquinum. Resti e contesti nella trasformazione diacronica del territorio. *Lazio e Sabina* 12: 157-166.

Beranger, E.M. 1999. Il monastero benedettino di S. Gregorio ad Aquino: un esempio di continuità di frequentazione lungo la 'via Latina nova', in Z. Mari and M.T. Petrara (eds) *Il Lazio tra antichità e medioevo. Studi in memoria di Jean Coste*: 131-142. Roma: Edizioni Quasar.

Bonanni, R. 1922. *Ricerche per la storia di Aquino*. Alatri: Prof. P. A. Isola Editore

Cagiano de Azevedo, M. 1949. *Aquinum (Italia Romana: Municipi e Colonie I.9)*. Roma: Istituto di Studi Romani Editore.

Ceraudo, G. 2001. Nuovi dati sulla topografia di Aquinum attraverso la fotointerpretazione archeologica e la ricognizione diretta. *Daidalos* 3: 161-175.

Ceraudo, G. 2019. Considerazioni topografiche a margine della scoperta del cosiddetto cesare di Aquinum: la fortuna è nel metodo. *Atti della Pontificia Accademia romana di Archeologia. Rendiconti* XCI: 249-274.

Ceraudo G. and G. Murro 2018. *Aquinum : Guida ai Monumenti e all'area archeologica. Nuova edizione aggiornata*. Foggia: Grenzi.

Corsi, C. 2008. La valle del Liri-Garigliano negli acquerelli del Guglielmelli: alcuni spunti per l'impiego della cartografia storica nella ricostruzione dei paesaggi antichi, in C. Corsi and E. Polito (eds) *Dalle*

---

[48] Bonanni 1922: 13.

sorgenti alla foce. Il bacino del Liri Garigliano nell'antichità: culture, contatti, scambi, Atti del Convegno Internazionale: 215-230.

Coarelli, F. 2007. Note sulla più antica storia urbanistica di Aquinum, in A. Nicosia and G. Ceraudo (eds) *Spigolature Aquinati, Studi storico-archeologici su Aquino e il suo territorio: Atti Della Giornata Di Studio - Aquino 19 Maggio 2007*: 23-28. Aquino: Museo della Città.

Coldagelli, U. 1969. Boncompagni, Giacomo. *Dizionario Biografico degli Italiani* 11.

Giannetti, A. 1986. *Spigolature di varia antichità nel settore del medio Liri.* Cassino: Banca popolare del cassinate.

Giuliani, Cairoli F., 1964. Aquino. *Quaderni dell'Istituto di Topografia Antica dell'Università di Roma I*: 41-49

Grossi, E. 1907. *Aquinum: Ricerche Di Topografia E Di Storia.* Roma: Ermanno Loescher & C. (W. Regenberg).

Guidi, A. 2008. Luoghi di culto dell'età del bronzo finale e della prima età del ferro nel Lazio meridionale. *Archeologia Laziale*, III: 148-55.

Hayes, J.W. and I.P. Martini (eds) 1994. *Archaeological survey in the Lower Liri Valley, Central Italy (BAR International Series 595).* Oxford: Tempus Reparatum

Leccisotti T. 1972. *Abbazia di Montecassino. I Regesti dell'archivio, 7, (Aula II. Capsule XXVIII-XLI).* Roma: Ministero dell'interno.

Murro, G. 2010. *Monumenti Antichi di Aquino: La Porta San Lorenzo e il cosidetto Capitolium.* Aquino: Museo della Città.

Murro, G. 2021. L'ager settentrionale di Aquinum: l'area di Capodacqua Il paesaggio antico e la sua evoluzione tra cartografia storica, fotointerpretazione e scavi. *Archeologia Aerea* XIV: 71-80. Foggia: Grenzi.

Nisio, S. and F. Scapola 2005. Individuazione Di Aree a Rischio Sinkhole: Nuovi Casi Di Studio Nel Lazio Meridionale. *Alpine and Mediterranean Quaternary* 18, 2: 223-239.

Pantoni, A. 1947. Una memoria scomparsa: San Gregorio di Aquino. *Benedectina* I: 249-258.

Pelagalli, G.V. 2016. *Un sito antico di Aquino. La Taverna ed il serbatoio di epoca romana del suo seminterrato, 'Castellum acquae'di un acquedotto di Aquinum.* Napoli: Enzo Albano Editore

Pensabene, P. and M.R. Di Mino. 1983. *Museo Nazionale romano. Le Terrecotte.* Roma: De Luca Editore.

Pietrobono, S. 2002. La via Latina nel Medioevo: l'apporto delle fonti medievali allo studio della viabilità nel territorio di Aquinum, in S. Patitucci Uggeri (ed.) *La viabilità medievale in Italia, contributo alla carta archeologica medievale*, Quaderni di Archeologia Medievale IV: 197-228. Firenze.

Sabatini, F. 2015. Riflessi linguistici della dominazione longobarda nell'Italia mediana e meridionale, in C. Ebanista and M. Rotili (eds) *Aristocrazie e società fra transizione romano-germanica e alto Medioevo. Atti del Convegno internazionale di studi, Cimitile, Santa Maria Capua Vetere 14-15 giugno 2012. Giornate sulla tarda antichità e il medioevo*, 6: 353-441. Napoli.

Soricelli, G. 2004. Saltus, in A. Storchi Marino (eds), *Economia, amministrazione e fiscalità nel mondo romano. Ricerche lessicali*: 97-123. Bari: Edipuglia.

Schiaparelli, L. 1924. *I Diplomi Di Ugo e Lotario, Berengario II e di Adalberto* Rist. anastatica [d. Ausg.] Roma 1924 ed. Torino: Bottega d'Erasmo.

Säflund, G. 1934. *Ancient Latin Cities of the Hills and the Plains: A Study in the Evolution of Settlements in Ancient Italy.*

Treglia, A. 2007. I Monti Aurunci e la valle del Liri: modelli di insediamento e loro sviluppo nell'età del bronzo. *Istituto Italiano di Preistoria e Protostoria. Atti della XL riunione scientifica* XL, II: 957-960.

Trigona, S.L. 2012. L'area funeraria tardo-arcaica in località Campo Cavaliere a Castrocielo (Frosinone). *Lazio e Sabina* 8: 561-572.

Riflessioni e nuove prospettive di ricerca sul sistema economico e ambientale epirota.

Federica Carbotti
(Università di Bologna)

Veronica Castignani
(British School at Rome)

Fabio Fiori
(Università di Bologna)[*]

Abstract: this contribution aims to present some forms of land organization and economic exploitation in ancient Epirus. Starting from a diachronic overview of population and economic resources of the Epirote landscape, the paper proposes a focus on some archaeological indicators useful to the reconstruction of Epirote ancient economy, whose studies still lack a systematic perspective on the entire region. Finally, some archaeozoological data from Phoinike and Butrint provide a preliminary environmental and economic framework related to cultural, residential and subsistence needs of local communities.

Keywords: Epiro, popolamento, sfruttamento del territorio, risorse naturali, archeozoologia.

Inquadramento geografico e ambientale

Qualsiasi riflessione sulle scelte insediative e sul sistema economico antico non può prescindere dalla conoscenza della geografia fisica della regione epirota e della sua evoluzione nel tempo. Il territorio ha una morfologia prevalentemente montuosa, con alti crinali che arrivano fino al mare creando una serie di approdi naturali, intervallati da strette aree vallive che favoriscono i collegamenti tra la costa e le regioni interne. Proprio l'interazione tra mare e terre emerse rappresentava un elemento di forte dinamismo nel paesaggio antico. È noto come le variazioni del livello relativo del mare e i cambiamenti del sistema idrografico incidano profondamente su topografia antica, economia, impianto urbanistico e condizioni microambientali dei centri costieri. Questo dinamismo ha interessato in particolare la baia e la pianura costiera di Phanari (antico *Glykys Limen*)[1] e la piana deltizia del Kalamas[2]. Anche il paesaggio costiero attorno a Phoinike e Butrinto è in continua evoluzione per la combinazione di processi naturali e antropici. La piana compresa tra Saranda, Phoinike e il lago di Vivari prevedeva ampie aree paludose alimentate dai numerosi rami della Bistriça, Pavla e Kalasa, del tutto bonificate attraverso regolazioni idrauliche e drenaggi novecenteschi[3]. Lungo la sponda meridionale del lago si affaccia il sito di Butrinto, sviluppatosi sulla sommità e lungo i fianchi di un promontorio all'estremità della penisola di Ksamil

---

[*] Il presente contributo nasce dalle attività della Missione Archeologica italo-albanese a Butrinto (Butrint Project), diretta da Enrico Giorgi (Università di Bologna) e Belisa Muka (Istituto di Archeologia di Tirana), che si ringrazia per l'opportunità di condurre questo studio.
[1] Besonen, Rapp and Jing 2003.
[2] Chabrol et al. 2012.
[3] Piastra 2010: 65-68.

Figura 1 - La regione epirota e i siti principali menzionati nel testo (rielaborazione di V. Castignani a partire da Aleotti, Gamberini e Mancini 2020, 46).

(Figura 1). Il paesaggio risulta oggi dominato dalla laguna e dalla piana deltizia della Pavla, ma originariamente l'area costituiva un'insenatura costiera progressivamente interrata dai depositi alluvionali della Pavla a Sud e della Bistriça a Nord. Butrinto sorgeva dunque all'interno di un ambiente perlopiù paludoso, almeno fino al V a.C. arroccata sulla cima del colle mentre il lago ne lambiva le prime pendici[4]. L'instabilità e l'impaludamento a cui erano soggette le pianure costiere spinsero il popolamento antico verso i luoghi d'altura, almeno fino all'arrivo di Roma che attuò interventi strutturati per la gestione del fondovalle. In questo contesto ambientale, l'economia epirota si presentava vocata soprattutto alle risorse agropastorali del territorio, allo sfruttamento dell'incolto per il pascolo e per la raccolta del legname, favorendo forme di aggregazione tribale essenzialmente transumanti e orientate alla sussistenza[5].

[V.C.]

Forme di popolamento in Epiro: una prospettiva diacronica

L'Epiro è controllato, almeno fino alla fine del V a.C., da numerosi *ethne*, gruppi tribali di cui parla ampiamente Strabone (VII, 7, 3ss). Il sostentamento di queste comunità era garantito da una economia

---

[4] Bescoby 2013; Hernandez 2017: 220-230.
[5] Giorgi 2022: 94.

mista agro-pastorale, che al contempo sfrutta le risorse naturali (economia dell'incolto) e prevede la produzione consapevole di *surplus* da scambiare per ottenere alcuni beni di prestigio di varia provenienza, una cui testimonianza è trasmessa dai ritrovamenti nelle necropoli[6]. Come conseguenza, la forma del popolamento prescelta dalle comunità dell'Epiro indigeno sembra essere quella che Tucidide (III, 94, 4) descrive come *oikòun de katà kómas ateikístous*. Il modello economico applicato da queste comunità, che persiste in Epiro dal II - I millennio a.C. almeno fino al V-IV a.C., non prevede transumanza su lunghe distanze perché implicherebbe gradi di specializzazione, condizioni economiche, ecologiche e politiche che non trovano riscontro nel mondo antico[7]. Al contrario, sembra che almeno fino al IV secolo a.C. fosse più comune una transumanza verticale su brevi distanze, che meglio si adatta alla frammentazione politica dovuta alla divisione in *ethne* e al loro popolamento per insediamenti sparsi. Allo stesso tempo, le indagini archeozoologiche stanno dimostrando sempre di più la presenza di una possibile transumanza stagionale che convive con lo sfruttamento di altre risorse naturali grazie a una gestione diversificata all'interno dell'economia locale epirota[8].

Dalla metà del IV a.C. prende avvio un processo di definizione urbana e un'intensa opera costruttiva, fenomeni derivati dal graduale superamento del sistema politico tribale a favore di un'entità politica federale più unitaria e complessa. Si assiste alla genesi dei maggiori centri urbani, necessari alla gestione degli aspetti politico-amministrativi e dell'economia locale, con compiti di coordinamento, controllo e tutela del territorio di pertinenza e della viabilità[9]. Accanto agli agglomerati maggiori emerge una varietà di centri fortificati secondari che si inseriscono in vario modo all'interno del modello insediativo locale, per alcuni aspetti ancora di tipo rurale. Questi non soppiantano, ma si integrano a un tipo di popolamento ancora *katà kómas*, come ben visibile nella media valle del Kokytos[10]: l'organizzazione territoriale rimarrà infatti per lungo tempo ancorata alla precedente forma tribale, con la persistenza di insediamenti poco nucleati dediti alla pastorizia transumante, allo sfruttamento dell'incolto e, in misura minore, all'agricoltura[11]. L'erezione di centri fortificati in contesti rurali o montagnosi implica la protezione non solo delle comunità del territorio, ma anche dei beni, dei prodotti della terra e dei pascoli d'altura. Alcuni centri si costituiscono, infatti, come piccole acropoli fortificate, non stabilmente occupate ma utilizzate come riparo di emergenza in caso di pericolo. Altri siti disponevano, invece, di un *euchorion* intramuraneo, impiegato come rifugio temporaneo per il popolamento sparso e per le risorse della comunità.

[F.C.; V.C.]

Indicatori archeologici del sistema economico epirota

Non esistono ancora studi complessivi che analizzino il sistema economico epirota, per quanto diverse analisi micro-regionali siano indicative in questo senso. La molteplicità dei dati da prendere in considerazione obbliga a procedere per gradi. Dalla lettura delle fonti emerge come la produzione

---

[6] Chandezon 2003; Cherry 1988; Douzougli and Papadopoulous 2010, 9-14; Forbes 1994; Forbes 1995; Forbes 2013; Forsén and Galanidou 2016; Garnsey 1988; Halstead 1987; Halstead 1990; Isager and Skydsgaard 1992: 83ss; Papayiannis 2017.

[7] Chang and Tourtellotte 1993; Cherry 1988: 29; Halstead 1990: 62-69; Sidiropolou et al. 2015.

[8] Deckwirth 2016; Papayiannis 2017.

[9] Rinaldi 2015.

[10] Forsén, Forsén, Lazari and Tikkala 2011; Forsén 2011.

[11] Giorgi 2022: 94.

Figura 2 - I buoi nei pressi di Kalivo, sul lago di Butrinto, a testimonianza di come l'allevamento sia ancora oggi una risorsa importante per la regione (F. Carbotti).

agricola dovesse avere un suo spazio nell'economia locale: la regina molossa Cleopatra esportava grano a Corinto; nel 169 a.C. l'Epiro fornì 20.000 *modii* di grano e 10.000 di orzo all'esercito romano; negli scontri contro Pompeo in Epiro, Cesare si spinse fino a Butrinto alla ricerca di frumento per le truppe poiché i soldati si sfamavano con orzo, legumi e carne ovina[12]. L'Epiro, dunque, produceva ed esportava grano e orzo, sebbene la resa cerealicola fosse meno rilevante rispetto ai ricchi pascoli e all'allevamento del bestiame[13]. Sappiamo da Varrone che i cavalli e i bovini epiroti erano molto apprezzati e che la regione di *Kestrine* era rinomata per l'allevamento dei *Kestrinoi boes.* Esiodo descrive la piana di Ioannina come ricca di prati per greggi e bovini, la cui grande mole e resa, secondo Aristotele, derivano dal foraggio disponibile in tutte le stagioni[14] (Figura 2).

Alla luce di queste testimonianze occorre valutare quali indicatori l'archeologia restituisce a sostegno del dato letterario. In questa sede, l'attenzione è stata rivolta verso *komai*, ville fortificate ed *euchoria*, poiché rappresentativi delle forme di popolamento e sfruttamento delle risorse in Epiro. Le *komai* costituivano l'ossatura della rete insediativa locale[15]. Gli studi nella valle del Kokytos di B. Forsén e N. Galanidou, così come gli studi sul bacino di Ioannina di G. Pliakou, di A. Douzougli e J. K. Papadopoulos

---

[12] Cesare, *Bellum Civile*, 4.3 16, 47-48; Licurgo, *Leocratea*, 26; Livio, *Ab Urba condita*, 44.16.

[13] Ecateo, FGrH I F 349; Pseudo-Scilace, 26; Pindaro, *Nemeo*, 4.84 f.; Plinio, *Naturalis Historia*, 8.45 e 176.

[14] Varrone, *De re rustica,* 2.5; Esiodo, *Eoiai*, fr. 97; Aristotele, *HA*, 3.2.I.

[15] Foxhall 2004; Foxhall 2020; Lera et al. 2009; Papadopoulos 2016; Shpuza 2010.

a Liatovouni e di I. Vokotopoulou a Vitsa Zagori, solo per fare alcuni esempi, hanno messo in luce come i primi insediamenti stabili, in cui l'agricoltura gioca un ruolo rilevante insieme alla pastorizia, sembrano comparire tra la fine del neolitico e l'inizio dell'età del bronzo, in contemporanea ai rifugi in grotta per la transumanza sul Pindo[16]. Come nel caso della *kome* di Goutsoura (2900-2400 a.C.), la loro economia non era basata solo sull'allevamento di maiali e ovicaprini, ma anche sullo sfruttamento delle risorse derivate (fusi per la lavorazione della lana), sulle attività di caccia e pesca (ami e ossa di animali selvatici), nonché dalla coltivazione dei campi (falcetti in silice e semi carbonizzati di cicerchia). Allo stesso modo, dalla prima età del ferro le modalità di insediamento prevedono la presenza di raggruppamenti di siti di piccole dimensioni, fattorie e piccoli villaggi coinvolti nello stesso tipo di attività. A partire dal IV sec. a.C., nonostante il ruolo accentratore delle *poleis*, queste *komai* vivono una fase di elevata organizzazione in quanto *nucleated settlements* e stratificazione sociale, testimoniata dalla comparsa di edifici con fondazioni in pietra e tetti di tegole (es. Gouriza, Gephyrakia[17]), nonché il passaggio da un allevamento a maggioranza bovina a uno a maggioranza ovicaprina come soluzione all'aumento demografico (es. i casi a confronto di Mavromandilia e Paramythia/Agios Donatos[18]). I casi di Rachi Platanias, Liatovouni e Vitsa Zagoriou mostrano che questi villaggi non erano realtà isolate ma parte di un *network* molto più ampio e interconnesso, come definito dai ritrovamenti di ceramica corinzia, dal Peloponneso e dalle isole ioniche, la cui economia era basata essenzialmente su agricoltura sedentaria e allevamento localizzato.

[F.C.]

Le cosiddette ville/residenze rurali o fortificate erano strutture funzionali allo sfruttamento, stoccaggio, prima lavorazione e, forse, alla distribuzione dei prodotti all'interno della rete commerciale locale. Si tratta di una tipologia rintracciabile perlopiù nelle regioni costiere di Caonia e Tesprozia, su modesti rialzi morfologici in prossimità delle aree vallive: la posizione rilevata ma non disagevole le rendeva ben difendibili, mentre la prossimità alla viabilità favoriva gli scambi su piccolo e medio raggio. Non rispondono a esigenze militari ma sono siti con valenza produttiva, commerciale e residenziale. L'erezione di mura e torrioni assicurava ai beni stoccati e a chi vi risiedeva una buona protezione da scorrerie e attacchi pirateschi[19]. La presenza stessa di *pyrgoi*, anche apparentemente isolati, in contesti rurali è stata a poco a poco svincolata da una lettura esclusivamente militare e associata a forme residenziali e di gestione economica. Se la presenza di torri porta a ipotizzare una protezione più sicura dalle incursioni periodiche, questa azione difensiva non riguardava tanto la pubblica sicurezza di un comparto territoriale, quanto più la protezione di beni e risorse private[20]. A questa categoria va forse riferita la torre di Pyrgi presso Eleftheri (Tesprozia). Si tratta di un contesto poco documentato, tuttavia l'impianto planimetrico (torre centrale e recinto in grossi blocchi), la posizione su di una bassa collina e la prossimità ai percorsi naturali trovano diretti confronti con le ville fortificate della Caonia costiera[21]. Conosciamo quali attività produttive venivano svolte grazie ad alcuni contesti meglio indagati. La villa ellenistica di Matomara (Albania) disponeva di un muro che recingeva un'area piuttosto estesa, tale da fungere forse anche da riparo per le greggi. La rilevanza della pastorizia nell'economia del centro è testimoniata dal rinvenimento di numerosi pesi da telaio che attestano la lavorazione della lana. Accanto all'allevamento, lo sfruttamento agricolo della piana sottostante doveva

---

[16] Douzougli and Papadopoulos 2010; Efstratiou et al. 2011; Forsén and Galanidou 2016; Pliakou 2010; Pliakou 2018; Vokotopoulou 1984; Vokotopoulou 1987.
[17] Turmo 2016: 2019.
[18] Deckwirth 2011; Niskaken 2009.
[19] Bogdani 2011; Giorgi 2012: 108-114.
[20] Morris, Papadopoulos 2005.
[21] Bogdani 2011.

costituire un'attività economica di rilievo dato il ritrovamento di numerosi frammenti di *pithoi* e anfore per lo stoccaggio e il trasporto delle derrate[22]. Lo stesso *Nekromanteion* dell'Acheronte (Tesprozia) è stato reinterpretato come una fattoria fortificata aristocratica negli anni Novanta[23]. Il sito ha restituito una notevole quantità di *pithoi* con tracce di granaglie, legumi e frutta, anfore da trasporto, *hydriae*, brocche, ceramica fine e da cucina, macine in pietra, pesi da telaio, grumi di ferro non lavorati e attrezzi agricoli. Secondo una recente rilettura la grande quantità di materiale e di utensili, parimenti all'estensione del sito e alla prossimità al *Glykys Limen*, farebbero pensare piuttosto a una stazione di scambio fortificata legata al porto[24]. Proprio la posizione strategica presso la baia suggerirebbe un coinvolgimento del sito negli scambi su lungo raggio, confermato dal rinvenimento di laterizi con bollo *COS*: è stato proposto di identificarvi un *Lucius Cossinius* di rango equestre[25], la cui *gens* sappiamo essere coinvolta nella proprietà fondiaria in Epiro e nei traffici commerciali con l'Oriente greco[26].

Altro indicatore utile nella ricostruzione del sistema economico epirota è l'eventuale presenza di un *euchorion* all'interno delle mura, uno spazio circoscritto, sgombro di edifici ravvisabile sia in diversi centri urbani (Phoinike, Gitana, Elea, Antigonea)[27], sia in alcune fortificazioni minori. Di questo elemento della topografia urbana abbiamo alcuni riferimenti nelle fonti. Gli *eurochora* compaiono in Filone di Bisanzio (*Poliorketikà*, A30, A32, C24) come luoghi aperti destinati alla movimentazione delle truppe e alla creazione di nuovi settori cittadini. Ancora, gli *eurychoroi* sono citati in un idillio di Teocrito (*Siracusane*, 15), descritti come spazi che potevano accogliere la popolazione di Alessandria d'Egitto in occasione di feste[28]. L'assenza di strutture nello spazio dell'*euchorion* e l'estensione piuttosto ampia potrebbero far pensare, nei territori montuosi dell'Epiro interno, anche a un rifugio per il popolamento sparso e per le risorse agro-pastorali della comunità, forse concepito come un insediamento più rarefatto e meno strutturato, con costruzioni in materiali deperibili. La presenza dell'*euchorion* è, dunque, un possibile indizio del tipo di popolamento e di attività economiche praticate. Il sito di Kalentzi (Molossia) potrebbe aiutare a comprendere le ragioni, anche economiche, dietro alla creazione di un *euchorion*. Il centro copriva una superficie ampia ma che poco si adatta a ospitare un'area insediativa stabile poiché sviluppata lungo un ripido versante roccioso[29]. La fortificazione si poneva forse a controllo dei percorsi di transumanza che attraversavano la regione della Tsoumerka e connettevano vari centri d'altura fino al bacino di Ioannina[30]. Per queste ragioni, lo spazio intramuraneo privo di edifici poteva offrire un riparo di emergenza non solo a chi occupava la fertile piana di Plesia sottostante, dove è noto il ritrovamento di alcune sepolture[31], ma anche a chi percorreva gli itinerari di montagna per le migrazioni stagionali, la cui rilevanza per le comunità dell'Epiro montuoso è ben nota[32].

[V.C.]

---

[22] Aleotti 2012: 339-351; Bogdani 2012: 323-338.

[23] Baatz 1999; Fouache, Quantin 1998.

[24] Forsén 2019: 9-11.

[25] Varrone, *De re rustica*, 2.11.1; 2.3.1; 2.10.1; 2.11.11; Cicerone, *Epistulae ad Atticum*, 1.19.11; 1.20.6; 2.1.1.

[26] Forsén 2019: 19-21.

[27] Rinaldi 2020.

[28] Ferrara 2022: 187.

[29] Gerogiannis 2021: 445-449.

[30] Dausse 2011: 165.

[31] Hammond 1967: 175-176.

[32] Cabanes 1990.

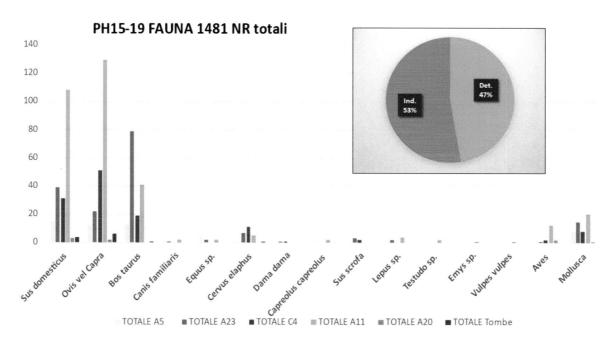

Figura 3 - Numero Resti (NR) totali per Phoinike relativi alle missioni archeologiche 2015-2019 (F. Fiori).

Analisi archeozoologica preliminare dei siti Phoinike e Butrinto

Tale analisi si inserisce all'interno delle attività svolte nel 2021 dall'Università di Bologna in collaborazione con l'Istituto di Archeologia di Tirana presso i siti di Butrinto e Phoinike in Albania meridionale. Lo studio sui due abitati della Caonia ha permesso di inquadrare, anche se in fase preliminare, caratteristiche economiche e di sostentamento della zona epirota che intercorrono dalla fase arcaica al periodo medievale. Entrambi i siti presentano come fonte principale di sussistenza un allevamento dedicato alle tre specie domestiche: suini, ovicaprini e bovini (Figure 3-4). Il Numero Resti (NR) di Phoinike sembra privilegiare maggiormente il numero degli ovicaprini, mentre nel sito di Butrinto il NR favorisce il quantitativo dei suini. Le pratiche d'allevamento di questi animali solitamente comportano e/o si accompagnano a forme di mobilità e percorrenza sul territorio da parte dei gruppi umani, che controllano la gestione delle mandrie e delle greggi con una cadenza probabilmente stagionale. Lo studio dei resti animali all'interno dei siti è uno strumento fondamentale per ottenere informazioni sull'economia pastorale[33]. Tuttavia, si necessita dell'integrazione di molteplici dati paesaggistici ed etnografici per comprendere dinamiche insediative e per individuare le possibili aree di competenza agricola, pascolo e quali lasciati con una copertura boschiva. I casi studio di Phoinike e Butrinto stanno già fornendo i primi risultati, quali la possibile copertura boschiva limitrofa al sito di Butrinto, che ha favorito verosimilmente l'allevamento dei suini. Diversamente, il sito di Phoinike poteva permettersi maggiori spazi per lo spostamento delle proprie greggi verso l'entroterra insieme allo sfruttamento di una considerevole attività venatoria al cervo e al cinghiale. Queste due specie dimostrano ancora una volta la presenza di ampi spazi incolti intorno al sito, come boschi e ampie radure. L'avifauna rinvenuta riguarda prevalentemente il pollo domestico, ma è attestata anche la cattura di esemplari selvatici. In conclusione, i dati faunistici ed economici di un modello di pastorizia affiancata a una piccola attività di caccia hanno una forte somiglianza con quelli noti nella regione della

---

[33] Curci et al. 2021.

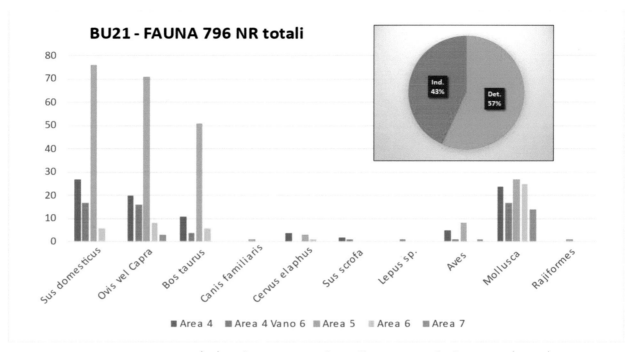

Figura 4 - Numero Resti (NR) totali per Butrinto relativi alla missione archeologica 2021 (F. Fiori).

Tesprozia[34], rappresentando così un modello ampiamente diffuso e condiviso lungo la costa epirota ed oltre, dove la commistione di risorse lagunari, marine e dell'entroterra trovano il giusto equilibrio.

[F.F.]

I molluschi e il paesaggio costiero, lagunare e fluviale

Lo studio preliminare delle malacofaune rinvenute presso Phoinike e Butrinto ha permesso di elaborare importanti considerazioni economiche ed ambientali. Le conchiglie recuperate descrivono due tipi di fondali e probabilmente anche due modalità di raccolta. Il primo riguarda un piano mesolitorale roccioso con la presenza consistente della prateria di posidonia oceanica a bassa-media profondità. In questa condizione costiera le principali specie raccolte per immersione o durante la bassa marea sono *Hexaplex trunculus, Spondylus gaederopus, Tarantinaea lignaria, Cerithium sp., Bittium sp., Monodonta sp. e Patella sp.* Il secondo tipo riguarda l'ambiente di laguna con un fondale molle sabbioso o fangoso. La principale specie raccolta in questo ambiente a scopo alimentare è la *Cerastoderma sp.*, la quale caratterizza questo bacino idrico in abbondanza e permette una sua raccolta durante la bassa marea. Di questo ambiente fanno parte anche i *Mytilus galloprovincialis* e le *Ostrea edulis*, i quali sono preziosi indicatori di acque a bassa salinità e che sembrano non subire uno sfruttamento intensivo da parte dell'uomo, ma più una raccolta spontanea a causa della mancanza dei consueti indicatori[35]. Infine, alcune sporadiche attestazioni di *Bolinus brandaris, Pecten Jacobaeus, Glycymeris sp.*, e della famiglia *Veneridae* attestano la presenza di un fondale marino molle sabbioso, che potrebbe indicare una condizione ecologica differente dalla principale linea di costa epirota. Tra i molluschi terrestri sono state identificate chiocciole della famiglia *Helicidae,* le quali prediligono ambienti umidi e ombrosi,

---

[34] Deckwirth 2011: 297-309; Niskanen 2009: 145-154.
[35] De Grossi 2015.

mentre la *Poiretia sp.* rinvenuta a ridosso delle mura di Butrinto, priva di interesse alimentare, attesta la presenza di un ambiente boschivo con foglie morte sul suolo durante le fasi di accumulo degli strati. In ultimo, la bivalve d'acqua dolce *Unio sp.* rinvenuta a Butrinto, che vive sul fondo fangoso di acque stagnanti o a corrente debole, indica un possibile sfruttamento anche di questo tipo di risorse dell'entroterra.

[F.F.]

Conclusioni

I dati raccolti durante le campagne archeologiche a Butrinto e Phoinike, in associazione con l'esame delle principali forme di popolamento e sfruttamento territoriale della regione epirota, consentono di formulare alcune considerazioni preliminari. Per Tesprozia e Molossia si dispone di studi per specifici comparti territoriali che illustrano in maniera approfondita il sistema economico locale. Questo si definisce a partire dal II millennio a.C. e sembra mantenersi grossomodo invariato almeno fino all'età ellenistica. Ciò dimostra come un'economia mista agro-pastorale, combinata a un popolamento non nucleato e raccolto in *ethne,* sia la soluzione vincente in un territorio montuoso, vasto e frammentato come l'Epiro. Per la Caonia, al contrario, lo stato delle conoscenze in merito allo sfruttamento del territorio è compromesso in parte dalla carenza di studi sistematici, in parte dalle continue trasformazioni del paesaggio. In questo contesto, le analisi archeozoologiche sopra esposte, per quanto preliminari, risultano indicative, poiché sembrano confermare le forme di sfruttamento economico messe in luce per il resto dell'Epiro. Mettendo a sistema i dati archeozoologici, la testimonianza delle fonti, i materiali da Matomara e quanto si evince dallo studio delle *komai*, si delinea un'economia mista in cui prevalgono lo sfruttamento dell'incolto e la gestione delle mandrie e delle greggi. In futuro questi dati preliminari dovranno essere affiancati da nuove analisi bioarcheologiche finalizzate a una ricostruzione paleoambientale attraverso lo studio carpologico, antracologico e palinologico. Inoltre, uno studio archeozoologico diffuso su tutto il territorio in esame permetterà una campionatura faunistica per preziose analisi isotopiche, che chiariranno alcuni aspetti sulla mobilità e gestione di questi animali, come le diverse tipologie di spostamento e la loro stagionalità; tutto questo è finalizzato a comprendere come le attività economiche dalla regione Caonia si integrano nel generale e complesso sistema epirota.

[F.C., V.C., F.F.]

Bibliografia

Aleotti, N. 2012. Considerazioni sui reperti ceramici di Matomara, in E. Giorgi and J. Bogdani (eds) *Il territorio di Phoinike in Caonia. Archeologia del paesaggio in Albania meridionale*: 339-351. Bologna: Ante Quem.

Aleotti, N., A. Gamberini and L. Mancini 2020. Sacred places, territorial economy, and cultural identity in northern Epirus (Chaonia), in E. Giorgi, G. Lepore and A. Gamberini (eds) *Boundaries Archaeology: Economy, Sacred Places, Cultural Influences in the Ionian and Adriatic Areas, Panel 7.3, Archaeology and Economy in the Ancient World 39. 19th International Congress of Classical Archaeology, Colonia/Bonn, 22– 26 Maggio 2018*: 45-63. Heidelberg: Propylaeum.

Baatz, D. 1998. Wehrhaftes Wohnen. Ein befestigter hellenistischer Adelssitz bei Éphyra (Nordgriechenland). *Antike Welt* 30 (2): 151-55.

Bescoby, D. 2013. Landscape and enviromental change: new perspectives, in I.L. Hansen, R. Hodges and S. Leppard (eds) *Butrint 4. The Archaeology and Histories of an Ionian Town*: 22-30. Oxford: Oxbow Books.

Besonen, M., R. George and J. Zhichun 2004. The Lower Acheron River Valley: Ancient Accounts and the Changing Landscape, in J. Wiseman and K. Zachos (eds) *Landscape Archaeology in Southern Epirus, Greece I (Hesperia Suppl. 32)*: 199-263. Princeton: The American School of Classical Studies at Athens.

Bogdani, J. 2011. Le residenze rurali della Caonia ellenistica. Note per una nuova lettura. *Agri Centuriati. An International Journal of Landscape Archaeology*, 8: 121-144. Pisa-Roma: Fabrizio Serra Editore.

Bogdani, J. 2012. L'insediamento di Matomara, in E. Giorgi and J. Bogdani (eds) *Il territorio di Phoinike in Caonia. Archeologia del paesaggio in Albania meridionale*: 323-338. Bologna: Ante Quem.

Cabanes, P. 1990. La montagne lieu de vie et de rencontre en Épire et en Illyrie méridionale dans l'antiquité, in G. Fabre (ed.) *La montagne dans l'antiquité. Actes du Colloque de la Sophau. Pau (Mai 1990)*: 69-83. Pau: Publications de 1'Université de Pau.

Chabrol, A., K. Pavlopoulos, G. Apostolopoulos and E. Fouache 2012.The Holocene evolution of the Kalamas delta (northwestern Greece) derived from geophysical and sedimentological survey. *Géomorphologie: relief, processus, environnement*: 45-58.

Chandezon, C. 2003. *L'élevage en Grèce (fin V^e-fin Ier s. a.C.). L'apport des sources épigraphiques*, Bordeaux: Ausonios.

Chang, C. and P.A. Tourtellotte 1993. Ethnoarchaeological Survey of Pastoral Transhumance Sites in the Grevena Region, Greece. *Journal of Field Archaeology* 20, n 3: 249-264.

Cherry, J.F. 1988. Pastoralism and the role of animals in the pre- and protohistoric economies of the Aegean, in C.R. Whittaker (ed.) *Pastoral economies in classical antiquity*: 6-34. Cambridge: University Press.

Curci, A., F. Fiori, C. Minniti and U. Tecchiati 2021. L'apporto dell'archeozoologia allo studio dell'economia pastorale e della transumanza. *Atti delle giornate di studio Archeofest 2018: Transumanza. Popoli, vie e culture del pascolo*: 35-47. Roma.

Dausse, M.-P. 2011. Les fortifications de Montagne de la Tsoumerka, in J.-L. Lamboley and M.P. Castiglioni (eds) *L'Illyrie méridionale et l'Epire dans l'Antiquité, 5. Actes du 5 colloque international de Grenoble (8-11 octobre 2008)*: 161-168. Paris: De Boccard.

De Grossi Mazzorin, J. 2015, Consumo e allevamento di ostriche e di mitili in epoca classica e medievale, in A. Girod (ed.) *Appunti di Archeomalacologia*: 153-158. Sesto Fiorentino: All'insegna del Giglio.

Deckwirth, V. 2011. A Tower of Meals: Trenches A and F of Agios Donatos in B. Forsén and E. Tikkala (eds) *Thesprotia Expedition II. Environment and settlement patterns*: 297-309. Helsinki: Foundation of the Finnish Institute at Athens.

Deckwirth, V. 2016. Faunal remains at Goutsoura: the Early Bronze Age Strata, in B. Forsén and E. Tikkala (eds) *Thesprotia Expedition II. Environment and Settlement Patterns*: 261-287. Helsinki: Foundation of the Finnish Institute at Athens.

Douzougli, A. and J.K. Papadopoulos 2010. Liatovouni: A Molossiam cemetery and settlement in Epirus. *Jahrbuch des Deutschen Archäologischen Insituts* 125: 1-88.

Efstratiou, N., P. Biagi, D. Angelucci and R. Nisbet 2011. Middle Palaeolithic Chert Exploitation in the Pindus Mountains of Western Macedonia, Greece. *Antiquity* 85: 1-5.

Ferrara, F.M. 2022. 'Gli sembrò che il luogo fosse il più adatto a fondare una città' (Arr. Anab. 3.1.5). Mari interni e paludi nella progettazione urbanistica macedone, in L.M. Caliò, G. Lepore, G. Raimondi and S.V. Todaro (eds), *Limnai. Archeologia delle paludi e delle acque interne*: 185-199. Roma: Edizioni Quasar.

Forbes, H.A. 1994. Pastoralism and settlement structures in ancient Greece, in *Structures rurales et sociétés antiques. Actes du colloque de Corfou (14-16 mai 1992)*: 187-196. Besançon: Université de Franche-Comté.

Forbes, H.A. 1995. The Identification of Pastoralist Sites within the Context of Estate-Based Agriculture in Ancient Greece: Beyond the 'Transhumance versus Agro-Pastoralism' Debate. *The Annual of the British School at Athens* 90: 325-338.

Forbes, H.A. 2013. The uses of the uncultivated landscape in modern Greece: a pointer to the value of the wilderness in antiquity?, in G. Shipley and J. Salmon (eds) *Human Landscapes in Classical Antiquity*: 82-111. London: Routledge.

Forsén, B. 2019. Disruption and Development: Tracing Imperial Vestiges in Epirus, in B. Forsén (ed.) *Thesprotia Expedition IV. Region transformed by Empire*: 1-48. Helsinki: Foundation of the Finnish Institute at Athens.

Forsén, B., J. Forsén, K. Lazari and E. Tikkala. 2011. Catalogue of Sities in the Central Kokytos Valley, in B. Forsén and E. Tikkala (eds) *Thesprotia Expedition II. Environment and Settlement Patterns*: 73-122. Helsinki: Foundation of the Finnish Institute at Athens.

Forsén, B. and N. Galanidou. 2016. Reading the Human Imprint on the Thesprotian Landscape: A Diachronic Perspective, in B. Forsén, N. Galanidou and E. Tikkala (eds) *Thesprotia Expedition III. Landscapes of nomadism and sedentism*: 1-28. Helsinki: Foundation of the Finnish Institute at Athens.

Fouache, E. and F. Quantin 1998. Représentations et réalité géographique de l'entrée des enfers de Thesprôtie (Greece) in C. Cusset (ed.) *La Nature et ses Representations dans l'Antiquité. École Normale Supérieure de Fontenay-Saint- Cloud, Actes du colloque des 24- 25 Octobre 1996*: 29-61. Paris: Canopé éditions.

Foxhall, L. 2004. Small, Rural Farmstead Sites in Ancient Greece: A Material Cultural Analysis in F. Kolb and E. Müller-Luckner (eds) *Chora und Polis*: 249-270. München: Oldenbourg.

Foxhall, L. 2020. The Village beyond the Village: Communities in Rural Landscapes in Ancient Greek Countrysides. *Journal of Modern Greek Studies* 38, n. 1, May: 1-20.

Garnsey, P. 1988. Mountain economies in Southern Europe. Thoughts on the early history, continuity and individuality of Mediterranean upland pastoralism, in C.R. Whittaker (ed.) *Pastoral economies in classical antiquity*: 196-209. Cambridge: University Press.

Gerogiannis, G.M. 2021. *L'Epiro dei Molossi. Difesa e gestione del territorio*. Roma: Edizioni Quasar.

Giorgi, E. 2012. Il territorio di Phoinike, in E. Giorgi and J. Bogdani (eds) *Il territorio di Phoinike in Caonia. Archeologia del paesaggio in Albania meridionale*: 29-144. Bologna: Ante Quem.

Giorgi, E. 2022. The destruction of Epirus after Pydna. Archaeology and literature, in M. Cipriani, E. Greco and A. Scalzano (eds) *Dialoghi sull'archeologia della Magna Grecia e del Mediterraneo. Atti del V Convegno internazionale di Studi (Paestum, 19-21 novembre 2020)*: 91-105. Paestum: Pandemos.

Halstead, P. 1987. Traditional and ancient rural economy in Mediterranean Europe: Plus ça Change?. *The Journal of Hellenistic Studies* 107: 77-87.

Halstead, P. 1990. Present to past in Pindhos: diversification and specialization in mountain economies. *Rivista di studi liguri* 56 (Gennaio-Dicembre), 1-4: 61-80.

Hammond, N.G.L. 1967. *Epirus. The Geography, the Ancient Remains, the History and the Topography of Epirus and the Adjacent Areas.* Oxford: Clarendon Press.

Hernandez, D.R. 2017. *Bouthrotos* (Butrint) in the Archaic and Classical Periods: The Acropolis and Temple of *Athena Polias. Hesperia: The Journal of the American School of Classical Studies at Athens,* 86: 205-271.

Isager, S. and J.E. Skydsgaard 1992. *Ancient Greek Agriculture. An introduction.* London, New York: Routledge.

Lera, P., S. Oikonomidis, A. Papayiannis and A. Tsonos 2009. Settlement Organization and Social Context in the SW Balcanic Peninsula (Epirotic and Albanian Coast) and Northern Italy During the Transitional Period Between the Late Bronze Age and the Early Iron Age (13th–9th BC) in E. Borgna and P. Cassola Guida (eds) *From the Aegean to the Adriatic: Social Organisations, Modes of Exchange and Interaction in the Post-palatial Times (12th–11th BC). Atti del Seminario internazionale, Udine (1-2 dicembre 2006)*: 325-343. Roma: Quasar.

Morris, S. and J.K. Papadopoulos 2005. Greek Towers and Slaves: An Archaeology of Exploitation. *American Journal of Archaeology* 109, n. 2: 155-225.

Niskanen, M. 2009. A shift in animal species used for Food from the Early Iron Age to the Roman Period, in B. Forsén (ed.) *Thesprotia Expedition I. Toward a regional history*: 145-154. Helsinki: Foundation of the Finnish Institute at Athens.

Papadopoulos, J.K. 2016. Komai, Colonies and Cities in Epirus and Southern Albania: The Failure of the Polis and the Rise of Urbanism on the Fringes of the Greek World, in B. Molloy (ed.) *Of Odysseys and Oddities. Scales and Modes of Interaction between Prehistoric Aegean Societies and Their Neighbours*: 435-460. Oxford-Philadelphia: Oxbow Books.

Papayiannis, A. 2017. Animal husbandry in Albania, Epirus and Southern Greece during the Bronze Age and the early Iron Age: questions of quantity, seasonality and integration to the economy and social structure, in M. Fotiadis et al. (eds) *Hesperos. The Aegean seen from the West. Proceedings of the 16th international Aegean conference, University of Ioannina, Department of Hisotry and Archaeology, Unit of Archaeology and Art History, 18-21 May 2016*: 339-348. Leuven-Liège: Peeters

Piastra, S. 2010. The Linkage between Land Reclamation and Dictatorial Ideology. Case-studies from Europe dating to the 20th Century, in S. Piastra (ed.) *Land Reclamations: Geo-Historical Issues in a Global Perspective*: 55-73. Bologna: Patron Editore.

Pliakou, G. 2010. Cômai et *ethne.* L'organisation spatiale du Bassin de Ioannina à la lumière du matériel archeologique, in J.-L. Lamboley and M.P. Castiglioni (eds) *L'Illyrie méridionale et l'Epire dans l'Antiquité V. Actes du Ve colloque International de Grenoble (10-12 Octobre 2008)*, 2 volumi: 631-647. Paris: De Boccard.

Pliakou, G. 2018. The basin of Ioannina in central Epirus, northwestern Greece, from the Early Iron Age to the Roman period. *Archaeological Reports* 64: 133-151.

Rinaldi, E. 2015. La città ortogonale in Epiro in età tardo-classica ed ellenistica. *Ocnus* 23: 107-136.

Rinaldi, E. 2020. *Agorai ed edilizia pubblica civile nell'Epiro di età ellenistica.* Bologna: Bononia University Press.

Shpuza, S. 2010. L'éspace rural illyro-epirote. Contribution à l'etude de l'occupation du territoire et de l'économie à l'époque romane in J.-L. Lamboley and M.P. Castiglioni (eds) *L'Illyrie méridionale et l'Epire dans l'Antiquité V. Actes du Ve colloque International de Grenoble (10-12 Octobre 2008)*, 2 volumi. Paris: De Boccard.

Sidiropoulou, A., M. Karatassiou, G. Galidaki and P. Sklavou 2015. Landscape Pattern Changes in Response to Transhumance Abandonment on Mountain Vermio (North Greece). *Sustainability* 7: 15652-15673.

Turmo, T. 2016. The Gouritza field: Looking beyond the surface scatter, in B. Forsén, N. Galanidou and E. Tikkala (eds) *Thesprotia Expedition III. Landscapes of nomadism and sedentism*: 341-360. Helsinki: Foundation of the Finnish Institute at Athens.

Turmo, T. 2019. The Gouriza Kiln and Adjacent Structures, in B. Forsén (ed.) *Thesprotia Expedition IV. Region Transformed By Empire*: 103-170. Helsinki: Foundation of the Finnish Institute at Athens.

Vokotopoulou, J. 1984. Η Ήπειρος στόν 8° καί 7° αἰῶνα π. X. *Annuario della Scuola archeologica di Atene e delle Missioni Italiane in Oriente - volume LX, Atti del convengo internazionale Grecia, Italia e Sicilia nell'VIII e VII secolo a.C. Atene 15-20 ottobre 1979*, Tomo II: 77-100. Roma: L'Erma di Bretschneider.

Vokotopoulou, J. 1987. Vitsa. Organisation et cimetières d'un village molosse, in P. Cabanes (ed.) *L'Illyrie méridionale et l'Épire dans l'Antiquité: Actes du Colloque international de Clermont-Ferrand, 22-25 octobre 1984*: 53-64. Clermont-Ferrand: Adosa.

List of contributors

Aldrovandi Letizia – letizia.aldrovandi@studio.unibo.it

Amadasi Maria Elisa – mariaelisa.amadasi@uniroma1.it

Ambrogio Bianca – bianca.ambrogio@studio.unibo.it

Antonelli Giacomo – giasvomo87@gmail.com

Belfiori Francesco – francesco.belfiori2@unibo.it

Bindelli Francesca – francesca.bindelli2@studio.unibo.it

Biondi Andrea – biondiandrea23@gmail.com

Bonfardeci Alessandro – alessandro.bonfardeci@unipa.it

Borella Carlotta – carlotta.borella@studio.unibo.it

Brancato Rodolfo – rodolfo.brancato@unina.it

Campana Stefano – campana@unisi.it

Campese Marco – marco.campese@uniba.it

Carbotti Federica – federica.carbotti@studio.unibo.it

Casandra Margherita – margherita.casandra@etud.u–picardie.fr

Castignani Veronica – v.castignani2@gmail.com

Cirigliano Prospero – cirigliano@lapetlab.it

Clementi Jessica – jessica.clementi@uniroma1.it

Cozzolino Marilena – marilena.cozzolino@unimol.it

D'Ambola Francesca – francesca.dambola@studio.unibo.it

Dastoli Priscilla Sofia – priscillasofia.dastoli@unibas.it

Fiori Fabio – fabio.fiori5@unibo.it

Fornasari Giacomo – giacomo.fornasari@unife.it

Francesconi Francesca – francesconifrancesca@gmail.com

Gangale Risoleo Davide – davide.gangale.risoleo@unical.it

Gentile Vincenzo – vincenzo.gentile86@gmail.com

Giacoppo Flavia – flavietta04@hotmail.it

Giorgi Enrico – enrico.giorgi@unibo.it

Giubileo Davide – davide.giubileo@studio.unibo.it

Guarino Giuseppe – giuseppe.guarino8@unibo.it

Iacopini Eleonora – eleonora.iacopini@gmail.com

Limina Valentina – valentinalimina@gmail.com

Malavasi Sara – sara.malavasi4@studio.unibo.it

Marchi Maria Luisa – marialuisa.marchi@unifg.it

Mastrocinque Gianluca – gianluca.mastrocinque@uniba.it

Matteazzi Michele – michele.matteazzi@unitn.it

Medas Stefano – stefano.medas@unibo.it

Mete Gianluca – gianluca.mete@virgilio.it

Mirto Vittorio – vittorio.mirto@unibo.it

Montalbano Sergio – mntsergio@gmail.com

Montana Giuseppe – giuseppe.montana@unipa.it

Murro Giovanni – g.b.m.murro@rug.nl

Nicolini Serena – serena.nicolini3@unibo.it

Oliva Maria Carmela – mery.oliva92@gmail.com

Pellegrini Beatrice – beatrice.pellegrini3@studio.unibo.it

Pizzi Marina – marina.pizzi@studio.unibo.it

Pizzimenti Francesco – francesco.pizziment3@unibo.it

Polizzi Giovanni – giovannipolizzi@live.it

Raimondo Ippolita – ippolita.r@gmail.com

Rivoli Matteo – matteo.rivoli@studio.unibo.it

Scerra Saverio – saverio.scerra@regione.sicilia.it

Sigismondo Giacomo – giacomo.sigismondo@studio.unibo.it

Storchi Paolo – paolo.storchi@unipv.it

Tarlano Francesco – francesco.tarlano@beniculturali.it

Tempera Matteo – matteo.tempera@studio.unibo.it

Tognotti Alessandro – alessandro.tognotti@studenti.unitn.it

Tomasi Jessica – jessica.tomasi1@studenti.unitn.it

Vagnuzzi Sofia – sofia.vagnuzzi@phd.unipi.it

Vermeulen Frank – frank.vermeulen@ugent.be